集成电路科学与工程系列教材

U0149994

微电子器件基础

王　颖　宋延兴　康大为　编著

电子工业出版社

Publishing House of Electronics Industry

北京·BEIJING

内 容 简 介

本书较全面地介绍常见微电子器件的基本结构、特性、原理、进展和测量方法。为了便于读者自学和参考，首先介绍微电子器件涉及的半导体晶体结构、电子状态、载流子统计分布和运动等基础知识；然后，重点阐述半导体器件中的结与电容等核心单元的特性和机理；之后，详细介绍双极型晶体管、MOS 场效应晶体管的基本工作原理、特性和电学参数；在对经典半导体器件基础结构、工作机理和电学特性进行详细阐述后，综述近年来基于硅和新材料的代表性器件；最后，概述半导体器件的表征与测量方法。本书提供配套的电子课件 PPT、习题参考答案等。

本书可作为电子信息类专业本科生、研究生相关课程的教材，也可供相关行业的工程技术人员学习和参考。

图书在版编目 (CIP) 数据

微电子器件基础 / 王颖，宋延兴，康大为编著. — 北京：电子工业出版社，2024.4

集成电路科学与工程系列教材

ISBN 978-7-121-47739-3

Ⅰ. ①微… Ⅱ. ①王… ②宋… ③康… Ⅲ. ①微电子技术－电子器件－高等学校－教材 Ⅳ. ①TN4

中国国家版本馆 CIP 数据核字（2024）第 079426 号

责任编辑：王晓庆

印　　刷：三河市华成印务有限公司

装　　订：三河市华成印务有限公司

出版发行：电子工业出版社

　　　　　北京市海淀区万寿路 173 信箱　　邮编：100036

开　　本：787×1 092　1/16　印张：19.5　　字数：499 千字

版　　次：2024 年 4 月第 1 版

印　　次：2024 年 4 月第 1 次印刷

定　　价：59.80 元

前　言

自 20 世纪 50 年代晶体管诞生以来，人类走向了以微电子技术为基础的信息时代。在信息爆炸的今天，人们对信息处理的速度和可靠性的需求与日俱增，同时对作为信息时代基石的微电子器件设计及工艺提出了更高的要求。在半导体技术激烈竞争的 21 世纪，业界对电子信息类学科人才的需求日益高涨，为了服务于电子信息类学科人才的培养和储备，作者为电子信息类学科学生及相关专业的从业者提供一本快速了解微电子器件基础知识、明晰微电子器件基本原理、掌握微电子器件表征方法的专业参考书。

本书从半导体物理基础知识出发，首先对微电子器件核心要素（结与电容）等基础结构的物理模型和电学行为进行阐述；其次，阐述双极型晶体管、MOS 场效应晶体管这两类经典半导体器件的基本结构、工作原理和电学特性；然后，介绍近年来具有代表性的 Si 基半导体器件和非 Si 基半导体器件；最后，概述半导体器件的表征与测量方法。本书所阐述的各类常用半导体器件的基本结构、物理特性、表征方法是从事半导体器件设计、制造、应用和调试等方面工作的专业技术人员必须掌握的基础理论知识。

本书在内容的选取和编排上，力求选材实用、难度适中、深入浅出、通俗易懂。基于基础概念的阐述，着重进行工作原理的描述，辅以必要的数学推导，适合初学者理解和掌握相关内容的要点，使读者通过本书可以对微电子器件领域的基础知识、结构组成、基本原理、研究进展和表征方法有清晰、完整的知识框架。在教学方面，本书可根据具体情况由教师任意选择和组合使用。

为方便教学，本书提供配套的电子课件 PPT、习题参考答案等，请登录华信教育资源网（www.hxedu.com.cn）注册后免费下载，也可联系本书责任编辑（wangxq@phei.com.cn）索取。

本书由王颖、宋延兴、康大为编著。其中王颖负责第 2、4、5 章的内容，宋延兴负责第 1、3 章的内容，康大为负责第 6 章的内容。宋延兴同时参与了全部章节的修正和完善工作。

由于编者水平有限，书中难免存在不足、不妥或错误之处，恳请专家学者和广大读者批评指正。

目　　录

第1章 半导体物理基础

根据导电能力的不同，可以将固体分为导体、半导体和绝缘体。半导体的导电能力介于导体和绝缘体之间，其导电能力容易受到温度、光照、磁场、电场和微量杂质含量等因素的影响而发生改变，半导体的这些特性使其获得了广泛的应用。目前硅有着先进的制作工艺和巨大的商业市场，其无疑是最重要的半导体材料之一。绝大多数分立器件和集成电路（IC），包括微型计算机的中央处理单元（CPU）和现代汽车中的点火模块等，都是利用半导体硅材料做成的。化合物半导体 GaAs 具有优越的电子输运性质和特殊的光学性质，被广泛地应用于激光二极管和高速集成电路等重要领域。而对于更多的半导体材料，人们根据材料特殊的光学、电学、热力学性质，将其应用在一些光电、高速、高温等领域。在本书中，将集中讨论目前在半导体材料中处于主导地位的硅。另外，对 GaAs 和其他半导体也会进行适当的讨论和定性说明。

本章系统地介绍半导体物理的相关知识；介绍半导体的晶体结构和晶向、晶面的定义；介绍半导体的价键模型和能带模型，以讨论半导体中的电子状态；介绍半导体的掺杂及其杂质能级；在半导体中载流子统计理论的基础上分析载流子的浓度，介绍载流子的产生与复合；对半导体中载流子的漂移运动与半导体的导电性进行推导和讨论；介绍载流子的扩散运动，建立连续性方程，为后面各种半导体器件原理的学习奠定理论基础。

1.1 半导体晶格

1.1.1 半导体材料

半导体材料多种多样，表 1-1 尽可能地给出了元素半导体及由元素所组成的化合物半导体与合金半导体。除Ⅳ-Ⅵ族化合物外，表 1-1 列出了元素周期表中的Ⅳ族元素和由Ⅳ族元素所组成的化合物半导体；Ⅲ族元素镓 Ga 与 Ⅴ族元素砷 As 结合可得到Ⅲ-Ⅴ族化合物半导体 GaAs；Ⅱ族元素锌 Zn 与Ⅵ族元素硒 Se 结合可得到Ⅱ-Ⅵ族化合物半导体 ZnSe；Ⅲ族元素铝 Al 和少量 Ga 的组合再与 Ⅴ族元素 As 结合可形成 $Al_xGa_{1-x}As$ 合金半导体。

半导体材料是典型的固体材料，其内部原子的空间排列在决定材料特性方面起着重要的作用。固体根据内部原子排列的不同，可分为三类，即无定形（非晶）、多晶和单晶。图 1-1 给出了这三种固体类型的示意图。无定形固体是指原子的排列不存在长程有序，无定形固体中存在许多小区域，每个小区域内的原子排列都不同于其他小区域内的原子排列。在单晶固体中，原子在三维空间中有规则地排列着，形成了一种周期性结构，单晶固体的任何一部分都完全可以由其他部分的原子排列所代替。多晶固体中存在许多小区域，每个小区域都具有完好的结构，而且不同于与其相邻的区域。

上述三种类型的固体结构都可以应用在现有的许多固体器件中。无定形（非晶）硅的薄膜晶体管被用作液晶显示器（LCD）的开关元件；多晶硅栅则用来制作金属-氧化物-半导体场效应晶体管（MOSFET）。不过，器件的大部分组成部分（如源、漏等部分）由单晶硅构成，因此，目前绝大多数半导体器件的制造依然使用单晶硅半导体。

表 1-1 半导体材料

一般分类		符号	半导体名称	一般分类		符号	半导体名称
元素半导体		Si	硅	化合物半导体	II-VI族	CdS	硫化镉
		Ge	锗			CdSe	硒化镉
化合物半导体	IV-IV族	SiC	碳化硅			CdTe	碲化镉
	III-V族	AlP	磷化铝			HgS	硫化汞
		AlAs	砷化铝		IV-VI族	PbS	硫化铅
		AlSb	锑化铝			PbSe	硒化铅
		GaN	氮化镓			PbTe	碲化铅
		GaP	磷化镓	合金半导体	二元合金	$Si_{1-x}Ge_x$	
		GaAs	砷化镓		三元合金	$Al_xGa_{1-x}As$（或 $Ga_{1-x}Al_xAs$）	
		GaSb	锑化镓			$Al_xIn_{1-x}As$（或 $In_{1-x}Al_xAs$）	
		InP	磷化铟			$Cd_{1-x}Mn_xTe$	
		InAs	砷化铟			$Ga_xIn_{1-x}As$（或 $In_{1-x}Ga_xAs$）	
		InSb	锑化铟			$Ga_xIn_{1-x}P$（或 $In_{1-x}Ga_xP$）	
	II-VI族	ZnO	氧化锌			$Hg_{1-x}Cd_xTe$	
		ZnS	硫化锌		四元合金	$Al_xGa_{1-x}As_ySb_{1-y}$	
		ZnSe	硒化锌			$Ga_xIn_{1-x}As_{1-y}P_y$	
		ZnTe	碲化锌				

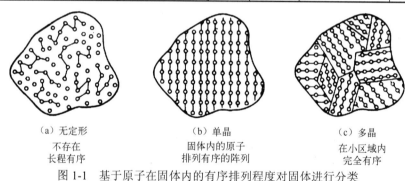

（a）无定形
不存在
长程有序

（b）单晶
固体内的原子
排列有序的阵列

（c）多晶
在小区域内
完全有序

图 1-1 基于原子在固体内的有序排列程度对固体进行分类

1.1.2 晶体的晶向与晶面

对于单晶，晶格是形成其晶体结构的最小单元。为了有助于了解晶格的概念，考虑图 1-2（a）中的二维格子。描述这个格子或完整地叙述格子的物理特性，只需要考虑图 1-2（b）中的晶格。如图 1-2（c）所示，只要把晶格有规律地、彼此相邻地堆积，就可以形成二维格子的形状。

晶格无须是唯一的。图 1-2（d）所示的晶格同样可以像图 1-2（b）那样用来描述图 1-2（a）的二维格子。晶格也无须是最小单元，事实上，可选取一些有较大直角边的晶格来取代那些有非直角边的基本单元，因为立方单元通常是晶格最简便的描述方法之一。

现实中的半导体晶体是三维晶体，图 1-3（a）是所有基本立方晶体晶格中最简单的，称为简单立方晶格。简单立方晶格是一个等边的立方体，它的每个顶点上都有一个原子。简单立方晶格是由平行的二维格子所构成的，每个顶点的原子为邻近的 8 个晶格所共有，因此每个晶格都只占有 1/8 个顶点原子，如图 1-3（b）所示。可以把图 1-3（b）所示的晶格像堆积木那样堆成一个简单立方格子。简单立方格子所形成的原子平面与图 1-2（a）所示的原子平面一致。基平面通常是指可作为平行地向下排列的原子平面的起点的那个平面，从基平面到与其平行的原子平面之间的距离称为晶格边长或晶格常数 a。

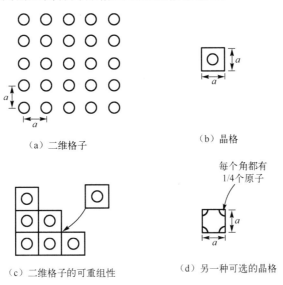

（a）二维格子　　　　　　　　　　　（b）晶格

（c）二维格子的可重组性　　　　　　　（d）另一种可选的晶格

每个角都有
1/4 个原子

图 1-2　晶体内的晶格

图 1-3（c）与图 1-3（d）所示的两种常用的三维立方晶格虽然复杂一些，但还是与简单立方晶格有着相似之处。图 1-3（c）的晶格在立方体中心有一个原子，这种结构称为体心立方（bcc）晶格。图 1-3（d）中的面心立方（fcc）晶格则是由立方体每个顶角上的原子和每个面内的原子组成的（注意，面心立方晶格每个面内的原子由相邻两个晶格共有，对于一个晶格而言只相当于半个原子）。图 1-3（a）所示的简单立方晶格含有 1 个原子（立方体 8 个顶角的每个顶角都只含有 1/8 个原子），而图 1-3（c）和图 1-3（d）所示的较复杂的体心立方晶格和面心立方晶格各包含 2 个和 4 个原子。

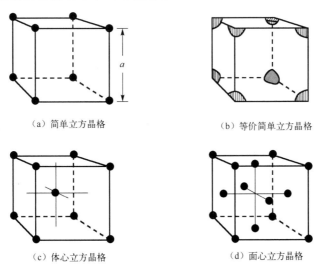

（a）简单立方晶格　　　　　　　　　　（b）等价简单立方晶格

（c）体心立方晶格　　　　　　　　　　（d）面心立方晶格

图 1-3　简单的三维立方晶格

实际晶体不会是无限大的，它们最终会终止于某一表面。半导体器件通常制作在表面上或近表面处，因此表面属性可能会对器件特性造成影响，可以用晶格 $\bar{a}$ 轴、$\bar{b}$ 轴、$\bar{c}$ 轴的平面截距来描述这些晶面。

图 1-4 给出了立方晶格经常考虑的三个平面。图 1-4（a）所示的面与 $\bar{b}$ 轴、$\bar{c}$ 轴平行，因此截距为 $p=1$、$q=\infty$、$s=\infty$。给出倒数，可得到密勒指数（1，0，0），因此图 1-4（a）中的平面称为（100）平面。类似地，与图 1-4（a）相互平行且相差几个整数倍的晶格常数的平面都是等效的，它们都称为（100）平面。用倒数获得密勒指数的好处在于，可以避免使用无穷大来描述平行于坐标轴的平面。为了描述穿过坐标系统原点的平面，对截距求倒数后就会得到一个或两个无穷大的密勒指数。然而，系统原点是任意给定的，通过将原点平移到其他等效格点，就可以避免密勒指数中的无穷大。

对于简单立方、体心立方和面心立方，对称度是很高的。三维中每条轴都可以旋转 90°，每个晶格点均可以用式（1-1）描述，即

$$\bar{r} = p\bar{a} + q\bar{b} + s\bar{c} \tag{1-1}$$

图 1-4（a）中的每个立方体平面都是完全等效的，可将这些平面分入同一组并用 {100} 平面集表示。

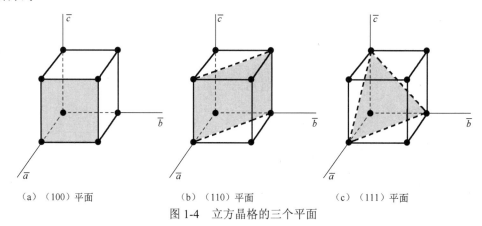

（a）（100）平面　　　　　（b）（110）平面　　　　　（c）（111）平面

图 1-4　立方晶格的三个平面

也可以考虑图 1-4（b）和图 1-4（c）所示的平面。图 1-4（b）所示的平面截距分别是 $p=1$、$q=1$、$s=\infty$。通过求倒数得到密勒指数，因此这个平面便是（110）平面。以此类推，图 1-4（c）所示的平面就是（111）平面。

晶体最近邻的平行等效平面的间距和原子表面浓度（单位是 cm^{-2}）是可以通过测量得出的两个晶体特征。原子表面浓度即每平方厘米内原子的个数，这些表面原子是被一个特殊平面分割的。同时，一个单晶半导体不会无限大，一定会终止于某些表面。原子表面浓度在决定其他材料（诸如绝缘体）如何与半导体材料表面相结合时具有重要的意义。

除了描述晶格平面，我们还想描述特定的晶向。晶向可以用三个整数表示，它们是该方向某个矢量的分量。例如，简单立方晶格的对角线的矢量分量为 1、1、1，体对角线描述为 [111] 方向，方括号用来描述方向，以便与描述晶面的圆括号相区别。

1.1.3　典型半导体的晶体结构

现在讨论与典型半导体内原子排列位置有关的问题。元素半导体 Si（Ge）的晶体结构如

图 1-5（a）所示。图 1-5（a）的原子排列是金刚石晶格，由于它与碳（C）同属Ⅳ族，因此具有金刚石的特征。金刚石晶格是一个立方体，在每个立方体的顶角和每个面上都有一个原子，这一点类似于面心立方（fcc）晶格。在图 1-5（a）的内部有 4 个添加的原子，其中一个正好位于立方体左前顶点对角线的四分之一处，另外三个内部原子分别位于对角线的四分之一处。虽然这从图 1-5（a）很难看出，但可以把金刚石晶格视为由两个 fcc 晶格相互嵌套而成。金刚石晶格的顶角和面上的原子可视为第一个 fcc 晶格，体内的原子可视为第二个 fcc 晶格，第二个 fcc 晶格位于第一个 fcc 晶格体内对角线方向的四分之一处。

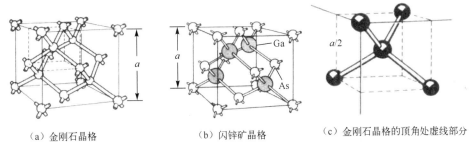

（a）金刚石晶格　　　　　（b）闪锌矿晶格　　　　　（c）金刚石晶格的顶角处虚线部分

图 1-5　经典半导体的晶体结构

　　包括 GaAs 在内的大多数Ⅲ-Ⅴ族半导体的晶体结构都是闪锌矿结构。图 1-5（b）所示的 GaAs 晶格属于闪锌矿结构，它和金刚石结构类似，只是晶格点分别被两种不同的原子所占据。镓原子处在两个嵌套 fcc 晶格的一个 fcc 晶格上，而砷原子处在另一个 fcc 晶格上。GaN 是Ⅲ-Ⅴ族半导体中的一个例外，它在纤锌矿结构中结晶最好，其为一种六方晶系晶格，是 ZnS 在闪锌矿之外出现的第二个同素异形体的叫法。GaN 出现的变形闪锌矿结构是较不稳定的，也不用在器件中。在纤锌矿晶格中，同时有两种类型的相邻原子之间的四面体结合，只是相邻的四面体晶向彼此相对，不同于闪锌矿结构。实际上，XY 化合物的四面体结合方式是与许多别的晶格兼容的，这可用 SiC 来说明，SiC 按闪锌矿结构并同时按许多别的同素异形体结构形成结晶。在所有情况下，最近的相邻原子的排列是相同的，每个硅原子都被 4 个碳原子围着，而碳原子在以硅为中心的四面体的角上，反之亦然。

　　在了解了原子在典型半导体中的排列规律之后，问题是如何行之有效地运用所学到的这些知识。晶格结构虽然可以用一些应用程序来计算，但几何式的计算对晶格结构的理解和应用仍是非常有益的。例如，硅在室温下的晶格常数 $a=5.43\text{Å}$（$1\text{Å}=10^{-10}\text{m}$），每个晶格内都有 8 个硅原子，它的体积为 a^3，所以每立方厘米的体积内有 5×10^{22} 硅原子或等于 $8/a^3$ 个硅原子。通过类似的计算还可以确定原子的半径、原子面间的距离等。学习这些知识的目的是进一步讨论半导体的晶格结构，建立图 1-5（c）所强调的由 4 个最近邻原子所构成的金刚石和闪锌矿晶格。晶体内部的化学键是由最近邻原子及它们之间的相互吸引所决定的，了解晶体中原子的空间排布和原子间的相互作用是分析晶体性质的关键。

1.2　半导体电子模型

1.2.1　价键模型

　　在晶体硅中，每个原子都有 14 个电子，每立方厘米的体积内有 5×10^{22} 个原子。要想研究硅中的电子，就必须找出更接近实际、更为简单的原子系统来描述电子的一般行为。单独的氢原子是所有原子系统中最简单的，氢原子由带负电的电子围绕实心带正电原子核的轨道旋转而组成，当氢原子被加热到一个激发温度时，系统具有发光性，其所发出的光是在分立的不连续的波长上观察到的。然而，根据经典理论，光波的波长应该是具有连续性的。

1913 年，玻尔（Niels Bohr）提出了一种解决问题的方法，他首先假定氢原子的电子要保持在一特定的轨道中运动，如图 1-6 所示，而绕轨道运行的电子的角动量取某一固定数值，然后发现电子的角动量"量子化"导致非连续的允许能级，直接使体系的能量量子化。如果电子的角动量被假定为 $n\hbar$，可以得到

$$E_{\mathrm{H}} = -\frac{m_0 q^4}{2(4\pi\varepsilon_0 \hbar n)^2} = -\frac{13.6}{n^2}\mathrm{eV}, \quad n = 1, 2, 3, \cdots \qquad (1\text{-}2)$$

式中，E_{H} 是氢原子内电子的约束能量，m_0 是自由电子的质量，q 是电子的电荷量，ε_0 是真空介电常数，h 是普朗克（Planck）常数，$\hbar = h/2\pi$，n 是能量量子数或轨道数。电子伏（eV）是能量的单位，$1\mathrm{eV} = 1.6 \times 10^{-19}\mathrm{J}$。由于氢原子内的能量被限制在某确定的能量级，因而从玻尔模型可知，电子从 n 比较高的能级跃迁到一个 n 比较低的能级，光的能量就是量子化能量，因此，氢原子所发出的光波波长是不连续的。

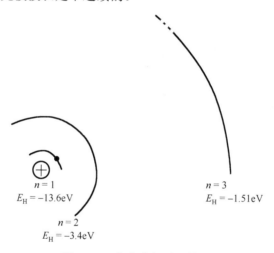

图 1-6　理想化的氢原子模型

从玻尔模型中得到了一个非常重要的概念，即在原子系统中，电子的能量是不连续的有限值。相对于氢原子，多电子原子硅的能级图看起来很复杂，描述一个硅原子与能量相关的特征却是相对容易的事情。如图 1-7 所示，14 个硅原子电子中的 10 个电子占据着非常深的能级，并且被紧紧地束缚在原子核的周围。事实上，这种束缚是很强的束缚，在化学反应或正常原子与原子间的相互作用中，这 10 个电子始终保持稳定的状态，这 10 个电子与原子核一起构成原子实。剩余的 4 个硅原子，其电子的束缚较弱，它们参与化学反应的能力却很强。这 4 个硅原子电子称为价电子，在描述原子之间的行为时，通常只考虑价电子的相互作用。如图 1-7 所示，如果未受到扰动，则 4 个价电子就会占据允许的 8 个状态中的 4 个，这是在原子实能级之上的次高能级。另外，有 32 个电子的锗原子（锗是另一种元素半导体）中的电子配置本质上与硅相同，只是锗的原子实有 28 个电子。

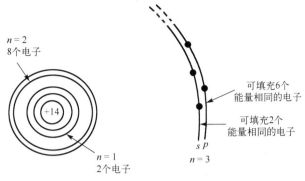

图 1-7　硅原子的电子结构示意图

　　孤立的硅原子含有 4 个价电子。硅原子在金刚石晶格中[如图 1-5（c）所示]，每个原子与其 4 个最近邻原子相互吸引，形成共价结合。这意味着从孤立原子到晶体状态，硅原子要与 4 个近邻原子共享它们的价电子。金刚石结构的原子与它周围的 4 个最近邻原子共有这些价电子，四面体键合的二维简化价键模型如图 1-8 所示。

　　在价键模型中，圆圈表示半导体原子实，而线表示一个共价键的价电子（每个原子都有8 条线与之连接，不仅贡献出了 4 个共享的电子，而且需要接受 4 个从其他原子共享的电子）。当然，这样的二维模型对于理解和研究原子的结合是一种理想的模型。

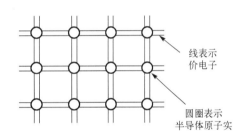

图 1-8　四面体键合的二维简化价键模型

　　虽然价键模型在后续问题的讨论中将会被大量地用到，但必须指出，价键模型是一种理想的模型，它有一定的应用范围。图 1-9 给出了价键模型的两个应用实例，图 1-9（a）画出了在晶格结构中的点缺陷，即少一个原子的价键模型，图 1-9（b）画出了在晶格结构中原子与原子之间的共价键断裂，释放出自由电子。

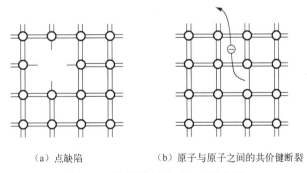

（a）点缺陷　　　　　　（b）原子与原子之间的共价键断裂

图 1-9　价键模型的两个应用实例

1.2.2　能带模型

　　半导体中的电子能量状态和运动特点及其规律决定了半导体的性质，价键模型能够描述半导体内与空间有关的状态。不过，在讨论半导体内与能量有关的物理量时，能带模型则变得更为重要。

一维恒定势场中的自由电子遵循薛定谔方程

$$-\frac{\hbar^2}{2m_0}\cdot\frac{\mathrm{d}^2\psi(x)}{\mathrm{d}x^2}+V\psi(x)=E\psi(x) \tag{1-3}$$

如果势场 $V=0$，则方程（1-3）的解为

$$\psi(x)=A\mathrm{e}^{i2\pi kx} \tag{1-4}$$

式中，$\psi(x)$ 为自由电子的波函数，A 为振幅，k 为平面波的波数，$k=1/\lambda$，λ 为波长。$\boldsymbol{k}$ 为矢量，称为波矢，波矢指向波面的法线方向。式（1-4）代表一个沿 x 方向的平面波，在量子力学中，$\boldsymbol{k}$ 具有量子数的作用。

由粒子性，有 $P=m_0\upsilon$，$E=P^2/(2m_0)$，又由德布罗意关系 $P=hk$，$E=h\nu$，因此有

$$\upsilon=\frac{hk}{m_0},\quad E=\frac{h^2k^2}{2m_0} \tag{1-5}$$

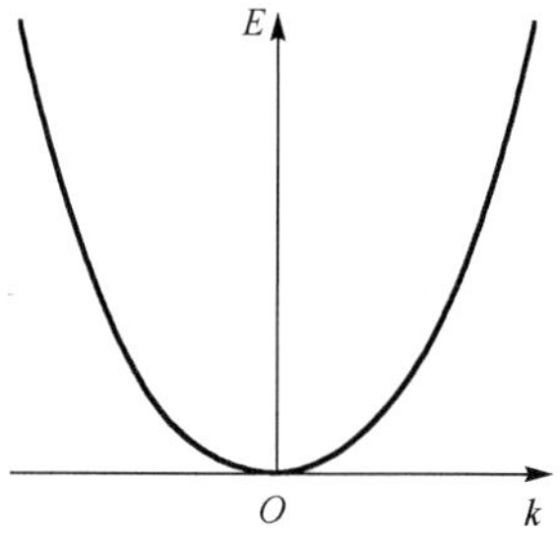

由式（1-5）可得到图 1-10 所示的 E-k 关系。

图 1-10 自由电子的 E-k 关系

1. 晶体中的薛定谔方程及其解的形式

自由电子的 E-k 关系曲线是连续的，半导体中电子势场的情况要复杂得多。一种描述晶体中电子的方法是单电子近似，单电子近似是一种假设，它认为晶体中的电子在原子核的势场及其他电子的平均势场中运动，并且这些原子核排列在一个具有严格周期性的晶格中。因此，晶体中的势场也会具有与晶格相同的周期性。在一维情况下，可以表示晶体中电子的薛定谔方程为

$$\begin{cases} -\dfrac{\hbar^2}{2m_0}\dfrac{\mathrm{d}^2\psi(x)}{\mathrm{d}x^2}+V(x)\psi(x)=E\psi(x) \\ V(x)=V(x+sa) \end{cases} \tag{1-6}$$

式中，s 为整数，a 为晶格常数。布洛赫定理指出式（1-6）的解必有以下形式

$$\begin{cases} \psi_k(x)=u_k(x)\mathrm{e}^{i2\pi kx} \\ u_k(x)=u_k(x+na) \end{cases} \tag{1-7}$$

式中，n 为整数，a 为晶格常数，$\psi_k(x)$ 为布洛赫波函数。比较式（1-4）和式（1-7），晶体中的电子在周期性势场中运动时与自由电子的波函数的形式类似，它表示了一个波长为 $2\pi/k$ 的在 $\boldsymbol{k}$ 方向上传播的平面波，不过这个波的振幅 $u_k(x)$ 做周期性变化，其变化周期与晶格周期相同。所以常说晶体中的电子以一个被调幅的平面波方式传播。显然，若令式（1-7）中的 $u_k(x)$ 为常数，则周期性势场中运动电子的波函数与自由电子的波函数完全相同。

根据波函数的意义，在空间某一点找到电子的概率与在该点波函数的模的平方成比例。对于自由电子，$|\psi\psi^*|=A^2$，即在空间各点找到电子的概率是相同的，这反映了电子在空间中的自由运动。而对于晶体中的电子，$|\psi_k\psi_k^*|=|u_k(x)u_k^*(x)|$，$u_k(x)$ 是与晶格同周期的函数，因此在晶体中各点找到该电子的概率也具有周期性变化的性质。这表明电子不再被严格限制在单个原子周围，而是能够自由地在晶格中的不同晶胞之间运动。因此，电子可以在整个晶体中进行漫游，这种运动被称为电子的共有化运动。在构成晶体的原子中，外层电子的共有化

运动较强，表现出与自由电子相似的特性，通常称为准自由电子。相比之下，内层电子的共有化运动相对较弱，与孤立原子中的电子行为相似。最后，布洛赫波函数中的波矢 k 与自由电子波函数中的波矢相同，它描述了晶体中电子的共有化运动状态。不同的 k 值对应着不同的共有化运动状态。

2．布里渊区和能带

为了解释晶体中能带的形成，考虑准自由电子的情况，也就是设想将一个电子引入晶体。由于晶格的存在，电子波遇到晶格原子时会发生反射。通常情况下，这些反射波会相互抵消，对前进波的影响较小。但是，当满足布拉格反射条件（在一维晶体中，布拉格反射条件为 $k = n/2a$，其中 $n = \pm1, \pm2, \cdots$）时，就会形成驻波，因此在这些特定条件下，电子波的定态将是一种驻波。由量子力学可知，电子的运动可视为波包的运动，而波包的群速度就是电子运动的平均速度 υ。如果波包的频率为 ν，则电子运动的平均速度 $\upsilon = \mathrm{d}\nu/\mathrm{d}k$，而 $E = h\nu$，因此电子的共有化运动速度为

$$\upsilon = \frac{1}{h}\frac{\mathrm{d}E}{\mathrm{d}k} \tag{1-8}$$

因为定态是驻波，所以在 $k = n/2a$（$n = \pm1, \pm2, \cdots$）处 $\upsilon = 0$（$\mathrm{d}E/\mathrm{d}k = 0$），得到图 1-11 中准自由电子的 $E\text{-}k$ 关系，图中的虚线是自由电子的 $E\text{-}k$ 关系曲线，这说明了晶体中的电子能级分布不再是连续的，而被分割成一系列允许的和不允许的能带。因此，晶体中的电子状态既不同于孤立原子中的电子状态，也不同于自由电子状态。在晶体中，电子形成了一系列相间隔的允带和禁带。

求解式（1-6）所示的周期性势场下电子的薛定谔方程，可以得到图 1-12 所示的晶体中电子的 $E\text{-}k$ 关系，其中虚线是自由电子的 $E\text{-}k$ 关系曲线。根据图 1-12 可知，当 $k = n/2a$（$n = \pm1, \pm2, \cdots$）时，能量不连续，形成一系列相间隔的允带和禁带。允带的 k 值位于名为布里渊区的区域中。

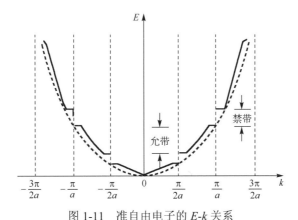

图 1-11　准自由电子的 $E\text{-}k$ 关系

第一布里渊区：$-\dfrac{\pi}{a} < k < \dfrac{\pi}{a}$。

第二布里渊区：$-\dfrac{2\pi}{a} < k < -\dfrac{\pi}{a}$，$\dfrac{\pi}{a} < k < \dfrac{2\pi}{a}$。

第三布里渊区：$-\dfrac{3\pi}{a} < k < -\dfrac{2\pi}{a}$，$\dfrac{2\pi}{a} < k < \dfrac{3\pi}{a}$。

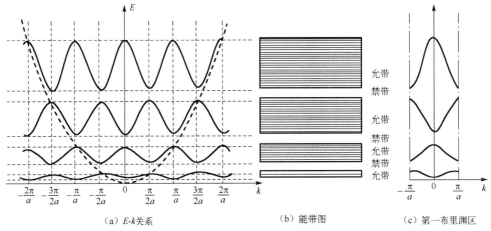

（a）E-k关系　　　　　（b）能带图　　　（c）第一布里渊区

图 1-12　晶体中电子的 E-k 关系

禁带出现在 $k=n\pi/a$ 处，即出现在布里渊区的边界上。每个布里渊区都对应于一个能带，得到图 1-12（b）所示的能带图。而 E-k 关系的周期性使其他布里渊区的能带可以移动 $n2\pi/a$ 后合并到第一布里渊区，得到图 1-12（c）所示的曲线。

一个 k 值对应于电子的一个能量状态，只要知道一个布里渊区内有多少个允许的 k 值，就可以知道一个能带中有多少个能量状态，即可知道一个能带中的能级数量。对一维晶格，利用循环边界条件 $\psi_k(L)=\psi_k(0)$，$L=Na$，N 是固体物理学原胞数，代入布洛赫函数得到 $k=n/(Na)=n/L$，$n=0,\pm1,\pm2,\cdots$，因此波矢 $\boldsymbol{k}$ 是量子化的，并且 $\boldsymbol{k}$ 在布里渊区内均匀分布，每个布里渊区都有 N 个 k 值。推广到三维

$$\left.\begin{array}{l} k_x=\dfrac{n_x}{L_1}\\[2mm] k_y=\dfrac{n_y}{L_2}\\[2mm] k_z=\dfrac{n_z}{L_3}\end{array}\right\},\ \text{其中}\ \left.\begin{array}{l}n_x\\n_y\\n_z\end{array}\right\}=0,\pm1,\pm2,\cdots \tag{1-9}$$

$\boldsymbol{k}$ 空间的状态分布如图 1-13 所示。由于每个 k 值都对应于一个能量状态（能级），每个能带中共有 N 个能级，而固体物理学原胞数 N 很大，因此一个能带中众多的能级可以近似视为连续的，称为准连续。由于每个能级都可以容纳两个自旋相反的电子，所以每个能带都可以容纳 $2N$ 个电子。

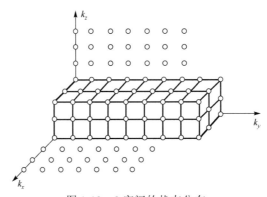

图 1-13　$\boldsymbol{k}$ 空间的状态分布

1.2.3　本征半导体的分布函数

　　半导体是处于电中性的，这意味着一旦带负电的电子脱离了原有的共价键位置，就会在价带中的同一位置产生一个带正电的"空状态"。因此，在本征半导体中，导带电子浓度等于价带空穴浓度，即

$$n = p \tag{1-10}$$

式中，n 和 p 分别表示电子浓度和空穴浓度。随着温度的不断升高，更多的共价键被打破，越来越多的电子跃入导带，价带中也就相应产生了更多带正电的"空状态"。与之相反的过程也在同时进行，即电子也在从高能级的导带跃迁到低能级的价带，从而使导带中的电子和价带中的"空状态"减少，这一过程称为载流子的复合。在恒定温度下，这两种过程将建立动态平衡，又称为热平衡状态。

　　也可以将这种键的断裂与 $E\text{-}k$ 能带关系联系起来。能带理论认为电子能够导电是因为在外力的作用下电子的能量状态发生了改变，当晶体中的电子受到外力作用时，电子能量的增加等于外力对电子所做的功

$$\mathrm{d}E = F\mathrm{d}s = Fv\mathrm{d}t = F\frac{1}{h} \cdot \frac{\mathrm{d}E}{\mathrm{d}k}\mathrm{d}t \tag{1-11}$$

即

$$F = h\frac{\mathrm{d}k}{\mathrm{d}t} \tag{1-12}$$

也就是在外力的作用下，电子的 k 不断发生改变。由于波矢 $\boldsymbol{k}$ 在布里渊区内均匀分布，在满带的情况下，当存在外电场 $|E|$ 时，满带中的所有电子都以 $\mathrm{d}k / \mathrm{d}t = -q|E| / h$ 逆电场方向运动。图 1-14（a）所示为 $T = 0\mathrm{K}$ 时导带和价带的 $E\text{-}k$ 关系。价带中的能态被完全填满，而导带中的能态为空，此时布里渊区一边运动出去的电子在另一边同时补充进来，因此电子的运动并不改变布里渊区内电子的分布情况和能量状态，所以满带电子即使存在电场，也不导电。图 1-14（b）所示为 $T > 0\mathrm{K}$ 时，一些电子得到足够的能量跃入了导带，同时在价带中留下了一些"空状态"。假设此时没有外力的作用，电子和"空状态"在 k 空间中的分布是均匀的。而在外电场 $|E|$ 的作用下电子的运动改变了布里渊区内电子的分布情况和能量状态，因此半满带中的电子在外电场的作用下可以参与导电。半满带中的空状态通常称为"空穴"，其具有与电子相反的极性，亦带正电荷。空穴同样能够传导电流，是半导体中与电子相对应的另一种载流子。

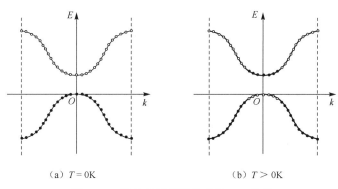

（a）$T = 0\mathrm{K}$　　　　　　　　　　（b）$T > 0\mathrm{K}$

图 1-14　半导体导带和价带的 $E\text{-}k$ 关系

半导体导电的本质是载流子在外电场作用下的运动。显而易见，半导体的导电能力与载流子的浓度息息相关，能够参与运动的载流子越多，半导体的导电性越好。首先分析不掺杂的纯净半导体中载流子的本征浓度，同时引入某些对于电子和空穴更为通用的关系式，这些关系式在杂质存在时也是适用的。具有能量 E 状态的占有率被定义为电子数 n_E 除以具有该能量状态的数目 N_E，这是由费米分布给出的

$$f(E) = \frac{n_E}{N_E} = \frac{1}{1+e^{\frac{E-E_F}{kT}}} \tag{1-13}$$

式中，k 是玻耳兹曼常数，此处的 k 需要与波矢加以区分；T 是热力学温度；E_F 是费米能级，在统计热力学中，它被称为"化学势"。费米能级 E_F 是系统决定的常数，这样，系统各能级的 n_E 之和就是总的电子浓度。式（1-13）是量子力学原理的一个结果，一个态不能被一个以上的电子所占据。正如该式所表示的，能量小于 E_F 的状态绝大部分被电子占有，而 $E > E_F$ 的状态绝大部分是空的。n_E 除以能量 E 的未占有状态的数称为占有度，即

$$\frac{n_E}{N_E - n_E} = e^{-\frac{E-E_F}{kT}} \tag{1-14}$$

在本征的情况下，以及通常情况下的掺杂半导体中，占有度是很小的，$n_E \ll N_E$。在所谓的非简并的情况下，式（1-14）转化为经典的玻耳兹曼分布或者麦克斯韦-玻耳兹曼分布

$$\frac{n_E}{N_E} = e^{-\frac{E-E_F}{kT}} \tag{1-15}$$

因为基本上只在近导带底状态是被占有的，并且基本上只有近价带顶状态是空的，所以首先假设在能带中的态是集中在边缘的，并且用有效态密度（单位体积的数量）N_C、N_V 以积分的形式给出它们的数量。将能量 E_C 代入式（1-15）中，得到热平衡状态下的电子浓度

$$n = N_C e^{-\frac{E_C-E_F}{kT}} \tag{1-16}$$

将 $E = E_V$ 代入式（1-15）中，并且考虑到在价带中未占有态的密度是和空穴浓度 p 相同的，而占有态的密度 $N_V - p \approx N_V$，得到在热平衡状态下的空穴浓度

$$p = N_V e^{-\frac{E_F-E_V}{kT}} \tag{1-17}$$

它表明，统计学上的空穴的行为像能量标识与电子相反的粒子一样。将式（1-16）和式（1-17）相乘，用 $E_C - E_V = E_G$ 代入，得出

$$np = n_i^2 = N_C N_V e^{-\frac{E_G}{kT}} \tag{1-18}$$

式中，n_i 是本征浓度，$n_i = n = p$。因为在公式的推导中没有用条件 $n_i = n = p$，本征导电表示的仅是式（1-16）、式（1-17）和式（1-18）的特殊情况，实际上，它们也适用于掺杂的半导体，对于掺杂的半导体，$n \neq p$。掺杂半导体将在 1.3 节中详细讨论。式（1-15）所示的玻耳兹曼分布只是针对热平衡状态的一种假设，这意味着掺杂不太重（非简并的情况）。如式（1-18）所示，np 的乘积是一个常数，与费米能级无关，而与禁带宽度及温度有关。

设 $n = p$，从式（1-16）和式（1-17）可以得到本征情况下的费米能级

$$E_i = \frac{E_V + E_C}{2} - \frac{kT}{2} \ln \frac{N_C}{N_V} \qquad (1\text{-}19)$$

因为有效态密度 N_C、N_V 具有相近的值，所以本征半导体中的费米能级位于禁带中部的附近。

尽管简化了能带中态分布的假设，式（1-16）、式（1-17）和式（1-18）仍然适用于实际情况。考虑到随着温度 T 的升高，分别在能带边缘的上面和下面会有更多的态被占领，这会导致 N_C 和 N_V 对温度的依赖。态密度 N_E 随着离边缘距离 ΔE 的增大，以 $\sqrt{\Delta E}$ 的方式增大，乘以式（1-15）中的玻耳兹曼常数并且积分，再一次得到式（1-16）和式（1-17），式中 N_C、N_V 现在正比于 $T^{3/2}$。考虑到能带参数本身随温度的变化很小，对于硅可以得到

$$N_C = 2.86 \times 10^{19} \left(\frac{T}{300} \right)^{1.58} \text{cm}^{-3}$$

$$N_V = 3.10 \times 10^{19} \left(\frac{T}{300} \right)^{1.85} \text{cm}^{-3} \qquad (1\text{-}20)$$

这些数值大于大多数情况下的掺杂浓度，像以后将要看到的那样。与每立方厘米硅的原子数为 5.0×10^{22} 相比，它们是很小的。

禁带宽度近似一个常数，然而，严格来说，它随着温度的升高会稍微减小。对于硅和其他半导体，它可以表示为

$$E_G(T) = E_G(0) - \frac{\alpha T^2}{T + \beta} \qquad (1\text{-}21)$$

对于 Si、GaAs、4H-SiC 及 GaN，由这个公式得出的禁带宽度和有效态密度汇总在表 1-2 中。

表 1-2　某些半导体的禁带宽度和有效态密度

参　　数	Si	GaAs	4H-SiC	GaN
$E_G(0)/\text{eV}$	1.170	1.519	3.263	3.47
$\alpha \times 10^4/(\text{eV/K})$	4.73	5.405	6.5	7.7
β/K	636	204	1300	600
$E_G(300\text{K})/\text{eV}$	1.124	1.422	3.23	3.39
$N_C(300\text{K})/\text{cm}^{-3}$	2.86×10^{19}	4.7×10^{17}	1.69×10^{19}	2.2×10^{18}
$N_V(300\text{K})/\text{cm}^{-3}$	3.10×10^{19}	7.0×10^{18}	2.49×10^{19}	4.6×10^{19}

用这些数据计算出来的 Ge、Si、GaAs、4H-SiC 的本征载流子浓度随温度的变化如图 1-15 所示。从 Si 到 4H-SiC，由于本征载流子浓度与禁带宽度成指数关系，因此它随温度的升高减小得非常快。

当 n_i 与器件中最少掺杂区的掺杂浓度相当时，规定它所对应的温度为一个极限值，当温度高于该值时，pn 结开始消失，并且失去它的正常功能。如果本征载流子浓度处于主导地位，则它随温度呈指数增大，相应的电阻随着减小，同时伴随着热反馈，这能引起电流集中及器件损坏。在有 1000V 阻断电压的硅器件中，为了使基区能承受住电压，掺杂浓度控制在 10^{14}cm^{-3} 范围内是有必要的。为了满足条件 $n_i < 10^{14} \text{cm}^{-3}$，温度必须保持低于 190℃，如图 1-15 所示。对于 4H-SiC，允许温度高于 800℃，以满足 1000V 器件的要求。

式（1-18）表明了为什么宽禁带半导体一旦接近本征状态，其表现就像绝缘体。在 4H-SiC

中，按上述数据给出的本征载流子浓度在 400K 时甚至只有 0.3cm^{-3}，相当于约 $2\times10^{16}\Omega\cdot\text{cm}$ 的电阻率。不过，实际能得到的电阻率还要小几个数量级，4H-SiC 能用作具有高热导的绝缘层。

为了供后面掺杂半导体情况使用，这里给出式（1-16）和式（1-17）的另一种形式，它们是这样得到的，用本征载流子浓度和本征费米能级消去有效态密度和能带边缘的能量。用式（1-16）除以 $n_i = N_C e^{-\frac{E_C-E_i}{kT}}$ 这一专用公式，得

$$n = n_i e^{\frac{E_F-E_i}{kT}} \qquad (1\text{-}22)$$

在热平衡状态下空穴浓度可以表示为

$$p = n_i e^{\frac{E_i-E_F}{kT}} \qquad (1\text{-}23)$$

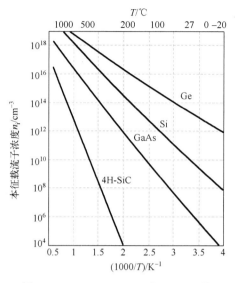

图 1-15　Ge、Si、GaAs 和 4H-SiC 的本征载流子浓度随温度的变化

1.2.4　半导体中的 E-k 关系和有效质量

电子可以在晶体中做共有化运动，但是，这些电子能否导电，还必须考虑电子填充能带的情况，不能只看单个电子的运动。研究发现，如果一个能带中所有的状态都被电子占满，那么即使有外加电场，晶体中也没有电流，即满带电子不导电。只有虽包含电子但并未填满的能带才有一定的导电性，即不满的能带中的电子才可以导电。

电子和空穴是电荷粒子，电子带负电荷，空穴带正电荷，载流子电荷的大小是 q，两种类型的载流子电荷 q 是相同的。在国际单位制中精确地取三位数时，$q=1.60\times10^{-19}\text{C}$（库仑，Coul）。通常用 $-q$ 表示电子电荷，$+q$ 表示空穴电荷，即电荷的符号可以明确地表示出来。

质量如同电荷一样，是电子和空穴具有的另一基本属性。不过，与电荷不同，载流子的质量不是简单的属性，并且不能简单地作为一个数来处理。实际上晶体中电子的有效质量是与半导体材料（如硅、锗等）相关的，它不同于真空中电子的质量。

为了更好地理解有效质量这个概念，先来思考电子在真空中的运动。如图 1-16（a）所示，有一个自由电子质量为 m_0 的电子，在真空中受电场 E 的作用在两平行板之间运动。依照牛顿第二定律，电子所受的力 F 为

$$F = -qE = m_0 \frac{\mathrm{d}\upsilon}{\mathrm{d}t} \qquad (1\text{-}24)$$

式中，υ 是电子的速度，t 是时间。电子（导带中的电子）在外加电场的作用下，在半导体晶体的两个平行面之间运动，如图 1-16（b）所示。式（1-24）能描述半导体晶体内电子的运动吗？答案是不能。电子在半导体晶体内运动，将会与半导体的原子发生碰撞，使载流子周期性地减速。那么，式（1-24）是不是可以对与原子发生碰撞的那部分电子运动进行描述呢？也不是。除了外加电场，电子在晶体内还受到复杂的晶格势场的影响，式（1-24）并没有把这些特殊因素都计算进去。

前面尽管讨论了电子在真空中和半导体晶体中运动的不同之处，但留下了一个无法解决

的重要问题，即如何适当地描述载流子在晶体中的运动。严格来说，对于原子尺度的系统，如晶体中载流子的运动，只能用量子力学来描述。幸运的是，如果晶体的尺度与原子的尺度相比非常大，那么对于载流子运动来说，复杂的量子力学方程式可简化为与式（1-24）形式相同的粒子运动方程，只要将式（1-24）中的 m_0 换成载流子的有效质量即可。对于图 1-16（b）中的电子，其受到的外力为

$$F = -qE = m_n^* \frac{\mathrm{d}\upsilon}{\mathrm{d}t} \tag{1-25}$$

式中，m_n^* 是电子的有效质量。将 $-q$ 换为 q、m_n^* 换为 m_p^*，可以写出与电子的运动方程相似的空穴的运动方程。

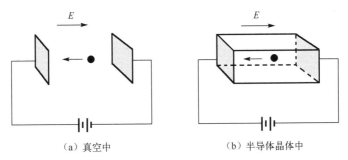

（a）真空中　　　　　　　　　（b）半导体晶体中

图 1-16　在外电场中电子的运动情况

半导体中起作用的往往是能带底部和能带顶部的载流子，在从能带理论的角度描述电子的运动时，只要掌握半导体导带底部和价带顶部（能带极值附近）的 E-k 关系就足够了。用泰勒级数展开可以近似求出极值附近的 E-k 关系。以一维情况为例，设能带底部位于波数 $k=0$ 处，将 E 在 $k=0$ 附近按泰勒级数展开，取 k^2 项，得到

$$E = E(0) + \left(\frac{\mathrm{d}E}{\mathrm{d}k}\right)_{k=0} k + \frac{1}{2}\left(\frac{\mathrm{d}^2 E}{\mathrm{d}k^2}\right)_{k=0} k^2 + \cdots \tag{1-26}$$

因为 $k=0$ 为能量的极值处，所以 $(\mathrm{d}E/\mathrm{d}k)_{k=0} = 0$，因而

$$E - E(0) = \frac{1}{2}\left(\frac{\mathrm{d}^2 E}{\mathrm{d}k^2}\right)_{k=0} k^2 \tag{1-27}$$

$E(0)$ 为导带底部的能量。对于给定的半导体，$(\mathrm{d}^2 E/\mathrm{d}k^2)_{k=0}$ 应该是一个定值，令

$$\frac{1}{\hbar^2}\left(\frac{\mathrm{d}^2 E}{\mathrm{d}k^2}\right)_{k=0} = \frac{1}{m_n^*} \tag{1-28}$$

将式（1-28）代入式（1-27），得到能带底部的 E 为

$$E - E_C = \frac{\hbar^2 k^2}{2m_n^*} \tag{1-29}$$

比较式（1-29）和式（1-5），可以看到半导体中的电子与自由电子的 E-k 关系相似，只是半导体中出现的是 m_n^*，在描述半导体中电子的运动时，其质量可以类比自由电子质量 m_0，因此称为有效质量。因导带底部 $E > E_C$，所以 $m_n^* > 0$。对于价带顶部的有效质量，可以用相同的方法推导，因价带顶部 $E < E_V$，所以价带顶部的有效质量 $m_n^* < 0$。

由前面的分析可以看到，有效质量描述了半导体导带底部和价带顶部的 $E\text{-}k$ 关系，晶体内部势场和量子力学的效应都用有效质量来表示，这是非常重要的结果。它可以将电子和空穴看成半经典的粒子，并用经典粒子的关系式来分析很多器件。

在半导体的导带和价带中，有很多能级存在。但相邻能级的间隔很小，约处于 10^{-22} eV 数量级，可以近似认为能级是连续的，因而可将能带分为一个一个能量很小的间隔来处理。假定在能带中能量范围 $E \sim (E+\mathrm{d}E)$ 内无限小的能量间隔内有 $\mathrm{d}Z$ 个量子态，则状态密度 $g(E)$ 为

$$g(E) = \frac{\mathrm{d}Z}{\mathrm{d}E} \tag{1-30}$$

也就是说，状态密度 $g(E)$ 就是在能带中能量 E 附近单位能量间隔内的量子态数。只要能求出 $g(E)$，则允许的量子态按能量分布的情况就知道了。

可以通过下述步骤计算状态密度：首先算出单位 k 空间中的量子态数，即 k 空间中的状态密度；然后算出 k 空间中与能量 $E \sim (E+\mathrm{d}E)$ 所对应的 k 空间体积，并和 k 空间中的状态密度相乘，从而求得能量在 $E \sim (E+\mathrm{d}E)$ 内的量子态数 $\mathrm{d}Z$；最后，根据式（1-30）求得状态密度 $g(E)$。

下面计算半导体导带底部的状态密度。为简单起见，考虑能带极值在 $k=0$ 处，等能面为球面的情况。根据 $E - E(0) = \dfrac{\hbar^2 k^2}{2m_\mathrm{n}^*}$，在 k 空间中，以 $|k|$ 为半径作一球面，它是能量为 E 的等能面；再以 $|k+\mathrm{d}k|$ 为半径作球面，它是能量为 $(E+\mathrm{d}E)$ 的等能面。要计算能量在 $E \sim (E+\mathrm{d}E)$ 之间的量子态数，只要计算这两个球壳之间的量子态数即可。因为这两个球壳之间的体积是 $4\pi k^2 \mathrm{d}k$，而 k 空间中的量子态密度是 $2V/8\pi^3$（V 为晶格体积），所以，在能量 $E \sim (E+\mathrm{d}E)$ 之间的量子态数为

$$\mathrm{d}Z = \frac{2V}{8\pi^3} \times 4\pi k^2 \mathrm{d}k \tag{1-31}$$

由式（1-29）求得

$$k = \frac{(2m_\mathrm{n}^*)^{1/2}(E-E_\mathrm{C})^{1/2}}{\hbar}$$

及

$$k\mathrm{d}k = \frac{m_\mathrm{n}^* \mathrm{d}E}{\hbar^2}$$

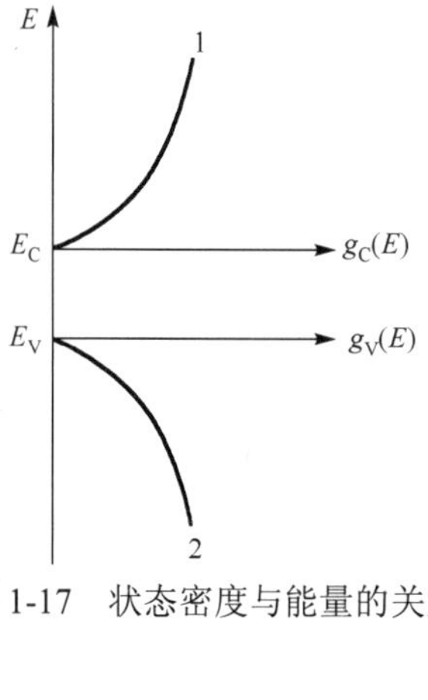

图 1-17　状态密度与能量的关系

代入式（1-31）得

$$\mathrm{d}Z = \frac{V}{2\pi^2} \frac{(2m_\mathrm{n}^*)^{3/2}}{\hbar^3}(E-E_\mathrm{C})^{1/2}\mathrm{d}E \tag{1-32}$$

由式（1-30）可求得导带底部能量 E 附近单位能量间隔的量子态数，即导带底部的状态密度 $g_\mathrm{C}(E)$ 为

$$g_\mathrm{C}(E) = \frac{\mathrm{d}Z}{\mathrm{d}E} = \frac{V}{2\pi^2} \frac{(2m_\mathrm{n}^*)^{3/2}}{\hbar^3}(E-E_\mathrm{C})^{1/2} \tag{1-33}$$

式（1-33）表明，导带底部单位能量间隔内的量子态数目，随着电子能量的增大按抛物线关系增大，即电子能量越高，状态密度越大。图 1-17 中的曲线 1 为 $g_\mathrm{C}(E)$ 与 E 的关系曲线。

对于实际的半导体硅、锗来说，情况比上述复杂得多，在它们的导带底部，等能面是旋转椭球面，如仍选极值能量为 E_C，则 E 与 k 的关系为 $E = E_C + \dfrac{\hbar^2}{2}\left[\dfrac{k_1^2 + k_2^2}{m_t} + \dfrac{k_3^2}{m_1}\right]$，式中 m_t 为椭球等能面纵轴方向的有效质量，m_1 为椭球等能面横轴方向的有效质量，极值 E_C 不在 $k = 0$ 处。由于晶体具有对称性，因此导带底部也不仅是一个状态。设导带底部的状态共有 s 个，利用上述方法同样可以计算这 s 个对称状态的状态密度为

$$g_C(E) = \frac{V}{2\pi^2}\frac{(2m_n^*)^{3/2}}{\hbar^3}(E - E_C)^{1/2} \tag{1-34}$$

不过，其中 m_n^* 为

$$m_n^* = m_{dn} = s^{2/3}(m_1 m_t^2)^{1/3} \tag{1-35}$$

式中，m_{dn} 称为导带底部电子的状态密度有效质量。对于硅，导带底部共有 6 个对称状态，$s = 6$，将 m_1、m_t 的值代入式（1-35），计算得 $m_{dn} = 1.062m_0$。对于锗，$s = 4$，可以算得 $m_{dn} = 0.56m_0$。

同理，对于价带顶部的情况，进行类似的计算可得到以下结果：当等能面为球面时，价带顶部 E 与 k 的关系为 $E = E_V - \dfrac{\hbar^2(k_x^2 + k_y^2 + k_z^2)}{2m_p^*}$，式中，$m_p^*$ 为价带顶部的空穴有效质量。同理可算得价带顶部的状态密度 $g_V(E)$ 为

$$g_V(E) = \frac{V}{2\pi^2}\frac{(2m_p^*)^{3/2}}{\hbar^3}(E_V - E)^{1/2} \tag{1-36}$$

图 1-17 中的曲线 2 为 $g_V(E)$ 与 E 的关系曲线。

在实际的硅、锗中，价带中起作用的能带是极值相重合的两个能带，与这两个能带相对应有轻空穴有效质量 $(m_p)_l$ 和重空穴有效质量 $(m_p)_h$，因而，价带顶部状态密度应为这两个能带的状态密度之和。相加之后，价带顶部 $g_V(E)$ 仍可由式（1-36）表示，不过其中的有效质量 m_p^* 为

$$m_p^* = m_{dp} = \left[(m_p)_h^{3/2} + (m_p)_l^{3/2}\right]^{2/3} \tag{1-37}$$

式中，m_{dp} 称为价带顶部空穴的状态密度有效质量。将 $(m_p)_l$、$(m_p)_h$ 代入式（1-37）算得：对硅，$m_{dp} = 0.59m_0$；对锗，$m_{dp} = 0.29m_0$。

1.3　载流子的运动与控制

1.3.1　半导体的掺杂

半导体术语中的掺杂是指通过控制特殊杂质原子的数量，从而有目的地提高电子或空穴的浓度。几乎在所有半导体器件的制作中都会控制半导体材料中的掺入杂质数量。表 1-3 列出了普通硅的掺杂情况。为了提高电子浓度，把磷、砷或锑原子加入硅晶体中，磷与砷在 V 族元素中很接近，它们是最常见的施主（增加电子）杂质。为了提高空穴浓度，

表 1-3　普通硅的掺杂（箭头所指的元素是使用较广泛的掺杂物）

施主（增加电子）	受主（增加空穴）
P ←	B ←
As ←	Ga
Sb	In
	Al

把硼、铟或铝原子加入硅晶体中，硼是一种最常见的受主（增加空穴）杂质。

为了理解杂质原子的掺入机制，从而控制载流子数，最重要的是注意表 1-3 中的施主元素都是元素周期表中的Ⅴ族元素，而受主元素都是元素周期表中的Ⅲ族元素。使用价键模型对其进行直观的说明，参见图 1-18（a）。Ⅴ族元素有 5 个价电子来取代半导体晶格中的硅原子，其中 4 个价电子与周围的 4 个硅原子形成共价键。还剩一个施主电子，它不能进入共价键结构，并在施主电子周围形成较弱的束缚。在室温下，施主电子很容易挣脱晶格的束缚，在晶格中自由运动，成为载流子。注意这类杂质提供载流电子（因此称为施主），但不提高空穴的浓度。这时Ⅴ族原子就成为少了一个价电子的施主离子，它是一个不能移动的正电中心，原子与原子的价键完好，但伴随着电子的释放。

下面通过类似的解释来说明受主的作用。Ⅲ族受主元素有 3 个价电子来取代半导体晶格中的硅原子[参见图 1-18（b）]。当它与周围的 4 个硅原子形成共价键时，还缺少一个电子，必须从邻近的硅原子中夺取一个价电子（因此称为受主），于是在硅晶体的共价键中产生了一个空穴。在这里只是增加了一种类型的载流子，带负电的受主离子（受主原子加接受的电子）是不能移动的，在空穴产生的过程中不释放电子。

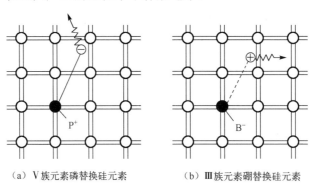

（a）Ⅴ族元素磷替换硅元素　　（b）Ⅲ族元素硼替换硅元素

图 1-18　使用价键模型对施主和受主的解释

如上所述，以价键模型为基础来解释掺杂的作用是比较容易理解的，不过，还存在一些问题。首先，我们指出第 5 个电子的束缚是比较弱的，在室温下实际上是可以自由运动的。如何对"弱束缚"做解释呢？使用约 1eV 的能量可使硅与硅的价键断裂。在室温下，只有少量硅与硅的价键是断裂的。或许"弱束缚"的意思是结合能渐近等于 0.1eV 或更小？这个问题实际是如何用能带模型来解释掺杂作用，有两点需要考虑，即实际能量与相关的电离能。

首先要注意第 5 个施主电子的结合能。粗略地来看，带正电的施主离子加第 5 个电子（如图 1-19 所示）与氢原子类似。施主离子代替了氢原子的原子核，而第 5 个施主电子代替了氢原子的电子。在真正的氢原子中，电子在真空中绕原子核运动，参考式（1-2），其质量为自由电子的质量，氢原子基态的结合能为 –13.6eV。其次，在类氢原子中，电子的运动在硅原子的背景之中，电子的质量是有效质量。因此，在施主或类氢原子情况下，硅的介电常数代替了自由空间的介电常数，有效质量 m_n^* 代替了自由电子质量 m_0。施主电子的结合能（E_B）近似为

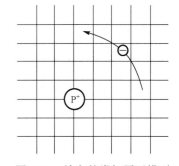

图 1-19　施主的类氢原子模型

$$E_B \simeq -\frac{m_n^* q^4}{2(4\pi\varepsilon_s\varepsilon_0\hbar)^2} = \frac{m_n^*}{m_0}\frac{1}{\varepsilon_s^2}E_{H|n} \simeq -0.1\text{eV} \qquad (1\text{-}38)$$

式中，ε_s 是硅的介电常数（$\varepsilon_s = 11.8$）。硅晶体中不同杂质类型的施主结合能在表 1-4 中列出。对于施主结合能的估算，观测的结果与式（1-38）计算的结果是一致的，与早期估算（大约是硅的禁带宽度的 1/20）的结果也是一致的。

　　了解了掺杂束缚的强度，现在通过能带模型来形象地解释掺杂的作用。一个电子从施主中释放出来，会变成导带电子。如果电子从施主所吸收的能量正好等于电子的结合能，则被释放的电子在导带中可能会有最低的能量，这一能量称为 E_C。换言之，给束缚电子一个 $|E_B|$ 的能量，即将电子的能量增大到 E_C，因此，束缚电子占据的电子能级应低于导带底能量 $|E_B|$，如图 1-20 所示，虚线宽度 Δx 表示束缚施主态的局域性质，在能带图中的 $E_D = E_C - |E_B|$ 处引入一个电子能级表示施主态。施主能级表示为一组画线，而不是连续的线，因为被施主杂质束缚的电子是局域化的，也就是束缚电子不能离开距施主 Δx 的范围。E_D 与 E_C 十分接近，表示 $E_C - E_D = |E_B| \simeq (1/20)E_G(\text{Si})$ 的事实。

表 1-4　硅晶体中不同杂质类型的施主结合能

施　　主	$|E_B|$	受　　主	$|E_B|$
P	0.045eV	B	0.045eV
As	0.054eV	Ga	0.072eV
Sb	0.039eV	In	0.16eV
—	—	Al	0.067eV

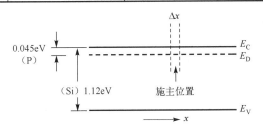

图 1-20　含施主能级 $E = E_D$ 的能带图

　　利用能带模型解释掺杂作用，如图 1-21 所示。图 1-21（a）的左图表示当温度 $T \rightarrow 0\text{K}$ 时，所有施主都被束缚电子填满。这是因为在温度很低时，非常小的热能就可以激发电子从施主跃迁到导带。当然，随着温度的升高，情况会发生变化，弱束缚电子越来越多地进入导带。在室温下，几乎所有的施主杂质都被电离，如图 1-21（a）的右图所示。对于受主也有完全类似的情形，如图 1-21（b）所示，禁带中的受主能级在价带顶之上。所以在低温时，所有的能级都是空的，这是因为当温度 $T \rightarrow 0\text{K}$ 时，价带电子没有足够的能量向受主能级跃迁。随着温度的升高，热能不断地增大，促使价电子从价带跃迁到受主能级，价电子的移出使得价带中产生空穴。在室温下，基本上所有受主能级都被电子所填充。同样，空穴浓度的增大提高了半导体材料的导电能力。

　　最后简单地介绍非元素半导体的掺杂，如砷化镓。虽然在砷化镓中，掺杂作用遵循同样的原则，但砷化镓由两种不同晶格原子组成，所以砷化镓中的掺杂略为复杂。与硅中的掺杂完全类似，Ⅵ族元素硫、硒、碲替代砷化镓中的砷，它的作用就像施主。同样，Ⅱ族元素铍、镁、锌替换Ⅲ族元素镓，它的作用就像受主。当Ⅳ族元素（如硅和锗）掺入砷化镓中时，会产生一种新的情形。在砷化镓晶格中，比较典型的是硅替换镓，这就是通常所说的n型掺杂。不过在某种条件下，在砷化镓晶格中，硅同样能替换砷，因此具有受主的作用。实际上，砷化镓pn结就可以用硅的p区和n区掺杂而制作。如果杂质既有施主的作用，又有受主的作用，则这种杂质称为两性（amphoteric）杂质。

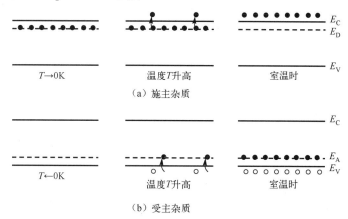

图 1-21　利用能带模型解释施主杂质和受主杂质的作用

1.3.2　掺杂半导体的载流子分布

在 1.2.3 节介绍了半导体中电子的分布函数，从费米分布函数可求得能量为 E 的状态内有多少状态被电子占据，下面研究费米分布函数与能量间的依存关系。当温度 T 趋向于热力学零度（$T \rightarrow 0\mathrm{K}$）时，若 $E < E_F$，则 $(E-E_F)/kT \rightarrow -\infty$；若 $E > E_F$，则 $(E-E_F)/kT \rightarrow +\infty$，所以 $f(E < E_F) \rightarrow 1/(1+\mathrm{e}^{-\infty}) = 1$，而 $f(E > E_F) \rightarrow 1/(1+\mathrm{e}^{\infty}) = 0$。这个结果如图 1-22（a）所示。可见，在热力学零度时，能量比 E_F 小的量子态全被电子占据，而能量比 E_F 大的量子态全是空的。也就是说，当系统温度接近热力学零度时，在费米能级 E_F 处电子的填充有一个很陡的边界。

当温度大于热力学零度（$T > 0\mathrm{K}$）时，分以下 4 种情况讨论。

（1）若 $E = E_F$，则 $f(E_F) = 1/2$。

（2）若 $E \geq E_F + 3kT$，$\mathrm{e}^{(E-E_F)/kT} \gg 1$，则 $f(E) \approx \mathrm{e}^{-(E-E_F)/kT}$。因此，$E > E_F + 3kT$ 的费米分布函数或填充态的概率，随能量的增大而指数衰减为零。能量在费米能级之上 $3kT$ 或更多的量子态，几乎都是空的。

（3）若 $E \leq E_F - 3kT$，$\mathrm{e}^{(E-E_F)/kT} \ll 1$，则 $f(E) \approx 1 - \mathrm{e}^{(E-E_F)/kT}$。因此，$E < E_F - 3kT$ 的 $[1 - f(E_F)]$ 的概率，随能量的减小而指数衰减为零。能量比费米能级低 $3kT$ 或更多的量子态，几乎都是满的。

（4）在室温（$T = 300\mathrm{K}$）时，$kT = 0.0259\mathrm{eV}$，$3kT = 0.0777\mathrm{eV} \ll E_G(\mathrm{Si})$。突出的一点是与硅的禁带宽度相比，$3kT$ 的能量值在 $T > 0\mathrm{K}$ 的任何情况下都是非常小的。

图 1-22（b）给出了温度大于热力学零度（$T > 0\mathrm{K}$）时费米分布函数与能量的关系曲线。

再次强调，费米分布函数的使用条件是它只能应用于热平衡状态下。费米分布函数有很广泛的使用范围，它可等效地应用于所有的材料，如绝缘体、半导体和金属。本章虽然只介绍了费米分布函数与半导体相关的内容，但费米分布函数并非只与半导体的特殊性质有关。

通常，费米分布函数是表示电子分布的统计函数，费米能级 E_F 与 E_C（或 E_V）的相对位置也是一个非常重要的问题。

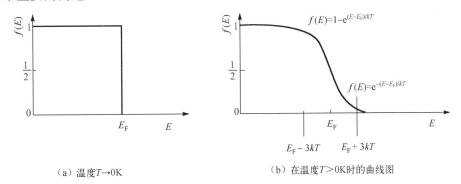

（a）温度 $T \rightarrow 0K$　　　　　　　（b）在温度 $T > 0K$ 时的曲线图

图 1-22　费米分布函数与能量的关系曲线

由于在前面的学习中已经建立了热平衡条件下有效能态的分布及其电子占有的概率，所以很容易分析出不同能带中载流子的分布。例如，在导带中的电子的分布，可由导带的状态密度乘以它的占有率而得，即 $g_C(E)f(E)$；而在价带中的空穴（空态）的分布，可由 $g_V(E)[1-f(E)]$ 得到。假定在能带中费米能级有三种不同的位置，载流子的分布如图 1-23 所示，对于每种情况，能带图、状态密度和占有率（费米分布函数和 1 减去费米分布函数）的示意图是等同的。

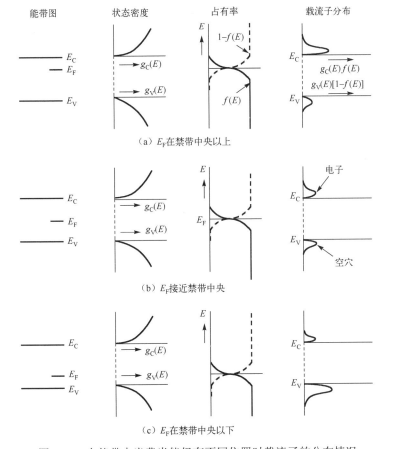

图 1-23　在能带中当费米能级有不同位置时载流子的分布情况

观察图 1-23 会发现，在能带的边缘，所有载流子的分布都为零，峰值非常靠近 E_C 或 E_V，然后，向上进入导带或向下进入价带后快速达到峰值，然后迅速衰减为零。也就是说，大部分载流子都集中在能带边缘的附近。另外，费米能级的位置会影响载流子分布的相对数量。当 E_F 的位置在禁带中央的上半部时，电子的分布概率大于空穴的分布概率。虽然被填充态的占有率 $f(E)$ 和空态的占有率 $1-f(E)$ 从能带的边缘分别进入导带和价带中时开始都按指数衰减，但只有当 E_F 位于禁带上半部时，$1-f(E)$ 才远小于 $f(E)$。E_F 降低，电子的占有率下降，当 E_F 的位置在禁带中央时，电子和空穴载流子的数量是相等的。同理可得，当 E_F 位于禁带的下半部时，空穴的分布概率大于电子的分布概率，只是在这里假设了 $g_C(E)$ 和 $g_V(E)$ 对应于能量 E 有相同的数量级，正如上节指出的，在 $E_C - 3kT \geqslant E_F \geqslant E_V + 3kT$ 的范围内，各能量的占有率都是呈指数衰减的。

虽然已经介绍了载流子分布及与载流子数量有关的用法，但经常使用的是一种简化的方式。图 1-24 所示为通常表示载流子能量分布的示意图。在靠近 E_C 和 E_V 处，圆点和圆圈较多，这表明在靠近能带的边缘处载流子浓度最大。越往上圆点越少，即随着能量的增大，进入导带的电子的密度迅速减小。图 1-25 所示的方法通常用来描述载流子数量级的大小。在接近禁带宽度的中间位置画一条虚线并用符号 E_i 表示，它表示的是一种本征材料。E_i 的位置接近带隙中央，它表示本征费米能级。正如前面所述，当 E_F 在接近禁带中央时，电子和空穴的数量是相等的。同样，用实线表示的 E_F 在禁带中央以上时，所表示的是 n 型半导体；用实线表示的 E_F 在禁带中央以下时，所表示的是 p 型半导体。能带图中经常出现的虚线 E_i 也可表示非本征半导体。如果是本征材料，E_i 与费米能级 E_F 的位置重合。E_i 还提供了一个很直观的参考能级，以区分禁带的上半部和下半部。

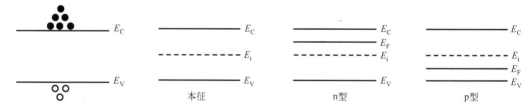

图 1-24 载流子能量分布的示意图   图 1-25 半导体材料使用的能带图

1. 杂质载流子浓度

下面计算在平衡条件下均匀掺杂半导体中的载流子浓度。在计算中，假定半导体中的掺杂是非简并的（允许使用 np 乘积关系式）和掺杂原子全部电离。在 np 乘积关系式中，n_i 是已知量。由于在电中性关系式中，受主掺杂浓度 N_A 和施主掺杂浓度 N_D 是由实验进行控制和确定的，因此也把它们作为已知量。在 np 乘积关系式和电中性关系式中，只有 n 和 p 这两个未知数，所以，在假设掺杂是非简并的和掺杂原子全部电离的条件下，可以使用这两个关系式来求解 n 和 p 这两个未知数。

由 np 乘积关系可得

$$p = \frac{n_i^2}{n} \tag{1-39}$$

使用式（1-39）消去 $p - n + N_D - N_A = 0$ 中的 p，得

$$\frac{n_i^2}{n} - n + N_D - N_A = 0 \tag{1-40}$$

或

$$n^2 - n(N_D - N_A) - n_i^2 = 0 \tag{1-41}$$

对 n 解一元二次方程，可得

$$n = \frac{N_D - N_A}{2} + \left[\left(\frac{N_D - N_A}{2} \right)^2 + n_i^2 \right]^{1/2} \tag{1-42}$$

和

$$p = \frac{n_i^2}{n} = \frac{N_A - N_D}{2} + \left[\left(\frac{N_A - N_D}{2} \right)^2 + n_i^2 \right]^{1/2} \tag{1-43}$$

在式（1-42）和式（1-43）中只保留了正根，因为在物理上载流子浓度必须大于或等于 0。

式（1-42）和式（1-43）是一般情况下的解。在实际计算中，大多数情况下根据 N_D、N_A 和 n_i 的数值将方程尽可能地简化。下面考虑一些经常使用的特殊情况。

（1）本征半导体（$N_A = 0$，$N_D = 0$）。由于 $N_A = 0$ 和 $N_D = 0$，因此式（1-42）和式（1-43）可以简化为 $n = n_i$ 和 $p = n_i$。$n = p = n_i$ 是本征半导体内对平衡载流子浓度的预期结果。

（2）$N_D - N_A \simeq N_D \gg n_i$ 或 $N_D - N_A \simeq N_A \gg n_i$ 时的掺杂半导体，这是常见的特殊情况。对于硅材料来说，通常是通过控制杂质数量使得 $N_D \gg N_A$ 或 $N_A \gg N_D$，从而控制其均匀掺杂浓度的。而且，在室温时硅的本征载流子浓度约为 $10^{10} \, \text{cm}^{-3}$，而占主导地位的掺杂浓度（$N_A$ 或 N_D）很少小于 $10^{14} \, \text{cm}^{-3}$。这里所考虑的特殊情况在实际中也是会经常遇到的。若 $N_D - N_A \simeq N_D \gg n_i$，则式（1-42）的平方根项可简化为 $N_D/2$，且

$$n \simeq N_D \quad (N_D \gg N_A, N_D \gg n_i) \tag{1-44}$$

$$p \simeq n_i^2 / N_D \tag{1-45}$$

类似可得

$$p \simeq N_A \quad (N_A \gg N_D, N_A \gg n_i) \tag{1-46}$$

$$n \simeq n_i^2 / N_A \tag{1-47}$$

例如，在室温时，假设硅样品中均匀掺入的受主掺杂浓度为 $N_D = 10^{15} \, \text{cm}^{-3}$，使用式（1-44）和式（1-45）可迅速地算出 $n \simeq 10^{15} \, \text{cm}^{-3}$，$p \simeq 10^{15} \, \text{cm}^{-3}$。

（3）$n_i \gg |N_D - N_A|$ 时的掺杂半导体。随着温度的升高，本征载流子浓度迅速增大（如图 1-26 所示）。当温度升到足够高时，将最后等于或大于净掺杂浓度，本征激发占主导地位。如果 $n_i \gg |N_D - N_A|$，式（1-42）和式（1-43）的平方根项可简化为 n_i 和 $n \simeq p \simeq n_i$。换言之，在温度足够高、$n_i \gg |N_D - N_A|$ 时，所有的半导体都成为本征半导体。

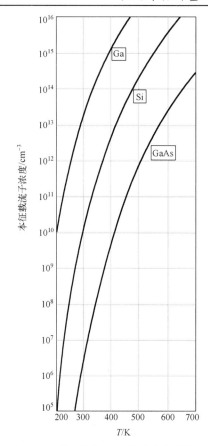

图 1-26　锗、硅和砷化镓中本征载流子浓度与温度的函数关系

（4）补偿半导体。式（1-42）和式（1-43）中，很明显施主作用和受主作用是相互抵消的。如果有 $N_D - N_A = 0$，则可以得到类似于本征半导体的材料。对于某些材料（如砷化镓），在生长晶体的过程中，N_A 和 N_D 是可比拟的。当 N_A 和 N_D 是可比拟的但不相等时，这种材料称为补偿半导体。如果半导体是补偿的，则在全部载流子浓度的表达式中，N_A 和 N_D 必须保留，不能舍去。

总之，如果半导体是非简并的且杂质原子全部电离，可以用式（1-42）和式（1-43）来计算载流子浓度。不过，在许多实际情况下，在进行具体数值计算之前，需要根据具体问题的物理意义将这些等式尽可能简化。只有在 $N_D - N_A \sim n_i$ 这一特殊情况（其中的"$\sim$"表示相似）下，才必须用式（1-42）和式（1-43）来计算载流子浓度，而在绝大多数的情况下可使用简化关系式（1-44）、式（1-45）和式（1-46）、式（1-47）。

2. 简并半导体及其载流子浓度

前面在讨论向半导体中加入杂质原子时，其实暗含了如下假设：掺入杂质原子的浓度与晶体或半导体原子的浓度相比是很小的。这些少量的杂质原子的扩散速度足够快，因此施主电子间不存在相互作用（这里以 n 型材料为例）。在讨论非简并半导体时，认为杂质会在 n 型半导体中引入分立的、无相互作用的施主能级，而在 p 型半导体中引入分立的、无相互作用的受主能级。

若掺杂浓度增大，则杂质原子之间的距离逐渐缩小，将达到施主电子开始相互作用的临界点。在这种情况下，单一的、分立的施主能级将分裂为一个能带。随着施主浓度的进一步增大，施主能带逐渐变宽，并可能与导带底相交叠，这种交叠现象出现在当施主浓度与有效状态密度可以相比拟时。当导带中的电子浓度超过了有效态密度 N_C 时，费米能级就位于导带内部，这种类型的半导体称为 n 型简并半导体。

同理，随着 p 型半导体中受主掺杂浓度的增大，分立的受主能级将会分裂成能带，并可能与价带顶相交叠。当空穴浓度超过有效态密度 N_V 时，这种类型的半导体称为 p 型简并半导体。

n 型简并半导体和 p 型简并半导体的能带图的示意模型如图 1-27 所示。低于 E_F 的能量状态大部分为空。在 n 型简并半导体中，E_F 和 E_C 之间的能态大部分被电子填满，因此导带中电子的浓度非常大。同样，在 p 型简并半导体中，E_F 和 E_V 之间的能态大部分为空，因此价带中空穴的浓度也非常大。

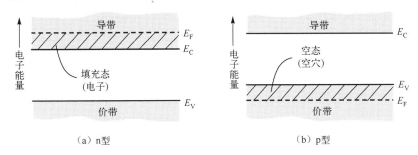

（a）n型　　　　　　　　　　　　（b）p型

图 1-27　简并半导体的简化能带图

在热平衡状态下，半导体处于电中性状态。电子分布在不同的能量状态中，产生正、负电荷，但净电荷密度为零。电中性条件决定了热平衡状态下电子浓度和空穴浓度是掺杂浓度的函数。下面将定义补偿半导体，并确定以施主浓度和受主浓度为函数的电子浓度和空穴浓度。

补偿半导体是指在同一区域内同时含有施主和受主杂质原子的半导体。可以通过向 n 型材料中扩散受主杂质或向 p 型材料中扩散施主杂质的方法来形成补偿半导体。当 $N_D > N_A$ 时，就形成了 n 型补偿半导体；当 $N_A > N_D$ 时，就形成了 p 型补偿半导体；而当 $N_A = N_D$ 时，就得到了完全补偿半导体，它具有本征半导体的特性。后面会看到，在器件生产过程中，补偿半导体的出现是必然的。

图 1-28 所示为在某一区域内同时掺入施主杂质原子和受主杂质原子而形成的补偿半导体的能带图，图中显示了电子和空穴在不同能态中是如何分布的。

令正、负电荷密度相等，表示满足电中性条件，则有

$$n_0 + N_A^- = p_0 + N_D^+ \tag{1-48}$$

或

$$n_0 + (N_A - p_A) = p_0 + (N_D - n_D) \tag{1-49}$$

式中，n_0 和 p_0 分别是热平衡状态下导带和价带中的电子浓度和空穴浓度。参数 n_D 是施主能量状态中的电子密度，于是 $N_D^+ = N_D - n_D$ 是带正电的施主能态的浓度。同样，p_A 是受主能量状态中的空穴密度，$N_A^- = N_A - p_A$ 是带负电的受主能态的浓度，于是得到了与费米能级和温度有关的 n_0、p_0、n_D 和 p_A 的表达式。

（1）热平衡电子浓度：如果假设为完全电离条件，则 n_D 和 p_A 均为零，而式（1-49）变为

$$n_0 + N_A = p_0 + N_D \tag{1-50}$$

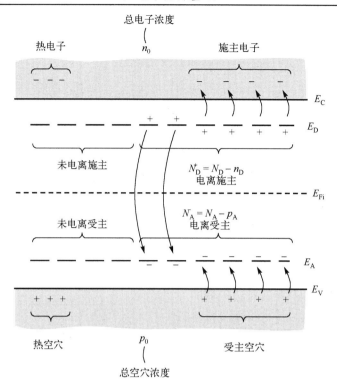

图 1-28　电离和非电离的施主和受主补偿半导体能带图

如果用 n_i^2 / n_0 表示 p_0，那么式（1-50）可写为

$$n_0 + N_A = \frac{n_i^2}{n_0} + N_D \tag{1-51}$$

其可改写为

$$n_0^2 - (N_D - N_A)n_0 - n_i^2 = 0 \tag{1-52}$$

电子的浓度 n_0 就可以由一元二次方程确定，即

$$n_0 = \frac{(N_D - N_A)}{2} + \sqrt{\left(\frac{N_D - N_A}{2}\right)^2 + n_i^2} \tag{1-53}$$

　　因为一元二次方程的解必定取正号，所以在本征半导体条件下 $N_A = N_D = 0$ 时，电子浓度必须是正值，即 $n_0 = n_i$。

　　式（1-53）可用来计算 $N_D > N_A$ 时半导体的电子浓度，虽然式（1-53）是根据补偿半导体推导的，但它也适用于 $N_A = 0$ 的情况。

　　研究注意到，随着施主杂质原子的增多，导带中电子的浓度增大并超过了本征载流子浓度，同时少数载流子空穴的浓度减小并低于本征载流子浓度。应牢记，随着施主杂质原子的加入，相应的电子会在有效能量状态中重新分布。图 1-29 所示为这种电子重新分布的示意图，一些施主电子将落入价带中的空状态，抵消了一部分本征空穴。少数载流子空穴的浓度减小了，同时由于重新分布，导带的净电子浓度也并不简单地等于施主浓度加上本征电子浓度。

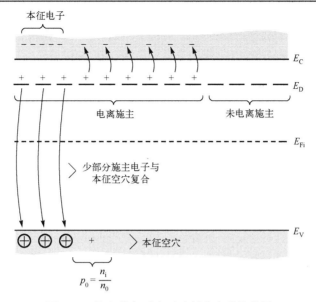

图 1-29　掺入施主后电子重新分布的能带图

本征载流子浓度 n_i 是温度的强函数，随着温度的升高，热生出了额外的电子-空穴对，导致式（1-53）中的 n_i^2 项开始占据主导地位，半导体最终将失去它的非本征特性。图 1-30 所示为施主掺杂浓度为 $5 \times 10^4 \mathrm{cm}^{-3}$ 的硅中的电子浓度与温度的关系，包含三个区域：部分电离区、非本征区和本征区。随着温度的升高，可以看到本征载流子浓度从哪里开始占据主导地位，图中也显示了部分电离及低温束缚态。

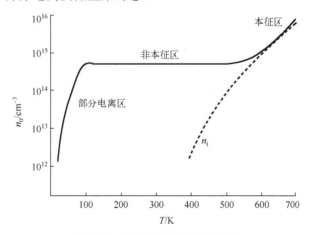

图 1-30　电子浓度与温度的关系

（2）热平衡空穴浓度：如果再考虑式（1-50）并利用 n_i^2 / p_0 表示 n_0，即可得到

$$\frac{n_i^2}{p_0} + N_A = p_0 + N_D \tag{1-54}$$

它可以表示为

$$p_0^2 - (N_A - N_D)p_0 - n_i^2 = 0 \tag{1-55}$$

由一元二次方程，可得出空穴浓度为

$$p_0 = \frac{(N_A - N_D)}{2} + \sqrt{\left(\frac{N_A - N_D}{2}\right)^2 + n_i^2} \tag{1-56}$$

其中一元二次方程的解必须取正号。式（1-56）用来计算 $N_A > N_D$ 时的半导体在热平衡状态下多数载流子空穴的浓度，它也适用于 $N_D = 0$ 的情况。

此外应当注意，对于杂质补偿 p 型半导体，少数载流子电子的浓度由下式确定

$$n_0 = \frac{n_i^2}{p_0} = \frac{n_i^2}{N_A - N_D} \tag{1-57}$$

式（1-53）和式（1-56）被用来分别计算 n 型半导体材料中多数载流子电子的浓度和 p 型半导体材料中多数载流子空穴的浓度。理论上，n 型半导体材料中少数载流子空穴的浓度也可以由式（1-56）计算，但是需要在 $10^{16} \mathrm{cm}^{-3}$ 上减去两个数量级，例如，得到一个以 $10^4 \mathrm{cm}^{-3}$ 为量级的数值实际上是不可能的。在多数载流子的浓度已经确定的条件下，可用公式 $n_0 p_0 = n_i^2$ 来计算少数载流子的浓度。

1.3.3 掺杂半导体的载流子运动方程

1. 载流子的漂移运动和迁移率

如果导带和价带中存在空的能量状态，那么半导体中的电子和空穴在外加电场的作用下将产生净加速度和净位移。这种电场作用下的载流子运动称为漂移运动，载流子电荷的净漂移形成漂移电流。

如果密度为 ρ 的正体电荷以平均漂移速度 υ_d 运动，则它形成的漂移电流密度为

$$J_{drf} = \rho \upsilon_d \tag{1-58}$$

若体电荷是带正电的空穴，其电荷密度 $\rho = qp$（其中 p 为空穴浓度），则

$$J_{p|drf} = (qp)\upsilon_{dp} \tag{1-59}$$

式中，$J_{p|drf}$ 表示空穴形成的漂移电流密度，υ_{dp} 表示空穴的平均漂移速度。

在电场的作用下，空穴的运动方程为

$$F = m_{cp}^* a = qE \tag{1-60}$$

式中，q 为电子的电荷量，a 为加速度，E 为电场，m_{cp}^* 为空穴的有效质量。如果电场恒定，那么漂移速度应随着时间而线性增大。但是，半导体中的载流子会与电离杂质原子和晶格热振动原子发生碰撞，这些碰撞或散射改变了粒子的速度特性。

在电场的作用下，晶体中的空穴获得加速度，速度增大。载流子同晶体中的原子碰撞后，载流子粒子损失了大部分或全部能量，然后粒子将重新开始加速并获得能量，直到下一次碰撞，这一过程不断重复。因此，在整个过程中粒子将具有一个平均漂移速度。在弱电场情况下，平均漂移速度与电场强度成正比，可以写出

$$\upsilon_{dp} = \mu_p E \tag{1-61}$$

式中，μ_p 为比例系数，称为空穴的迁移率。迁移率是半导体的一个重要参数，它描述了粒子在电场作用下的运动情况，迁移率的单位通常为 $\mathrm{cm}^2 / (\mathrm{V \cdot s})$。

联立式（1-59）和式（1-61），可得出空穴的漂移电流密度为

$$J_{\text{p|drf}} = (qp)\upsilon_{\text{dp}} = q\mu_{\text{p}}pE \tag{1-62}$$

空穴漂移电流的方向与外加电场的方向相同。

同理可知，电子的漂移电流密度为

$$J_{\text{n|drf}} = \rho\upsilon_{\text{dn}} = (-qn)\upsilon_{\text{dn}} \tag{1-63}$$

式中，n 为电子浓度，$J_{\text{n|drf}}$ 为电子的漂移电流密度，υ_{dn} 为电子的平均漂移速度。负号表明电子带负电。

在弱电场情况下，电子的平均漂移速度也与电场强度成正比。但是由于电子带负电，电子的运动方向与电场方向相反，所以

$$\upsilon_{\text{dn}} = -\mu_{\text{n}}E \tag{1-64}$$

式中，μ_{n} 表示电子的迁移率，为正值。因此式（1-63）可以改写为

$$J_{\text{n|drf}} = (-qn)(-\mu_{\text{n}}E) = q\mu_{\text{n}}nE \tag{1-65}$$

虽然电子运动的方向与外加电场的方向相反，但是电子漂移电流的方向与外加电场的方向相同。

电子和空穴的迁移率是温度与掺杂浓度的函数。表 1-5 给出了 $T = 300\text{K}$ 时低掺杂浓度下的典型迁移率值。

电子和空穴对漂移电流都有贡献，所以总漂移电流密度是电子的漂移电流密度与空穴的漂移电流密度之和，即

表 1-5 T=300K 时低掺杂浓度下的典型迁移率值

	μ_{n} / (cm^2/(V·s))	μ_{p} / (cm^2/(V·s))
Si	1350	480
GaAs	8500	400
Ge	3900	1900

$$J_{\text{drf}} = q(\mu_{\text{n}}n + \mu_{\text{p}}p)E \tag{1-66}$$

迁移率反映了载流子的平均漂移速度与电场之间的关系。由式（1-66）可知，电子和空穴的迁移率是半导体的重要参数，反映了载流子的漂移特性。

式（1-60）说明了空穴的加速度与外力（如外加电场）之间的关系，可以将其写为

$$F = m_{\text{cp}}^{*}\frac{\mathrm{d}\upsilon}{\mathrm{d}t} = qE \tag{1-67}$$

式中，υ 表示在外加电场作用下的粒子速度，不包括随机热运动速度。如果电场强度和有效质量是常数，那么假设初始漂移速度为零，对式（1-67）进行积分，得

$$\upsilon = \frac{qEt}{m_{\text{cp}}^{*}} \tag{1-68}$$

图 1-31（a）所示为无外加电场的情况下半导体中空穴的随机热运动的示意模型，平均碰撞时间可以表示为 τ_{cp}。如图 1-31（b）所示，若外加一个小电场（电场 E），则空穴将在电场 E 的方向上发生净漂移，但是它的漂移速度仅是随机热运动速度的微小扰动，平均碰撞时间不会显著变化。如果把式（1-68）中的时间 t 替换为平均碰撞时间 τ_{cp}，则碰撞前粒子的平均最大速度为

$$\upsilon_{\text{d|peak}} = \left(\frac{e\tau_{\text{cp}}}{m_{\text{cp}}^{*}}\right)E \tag{1-69}$$

可见平均漂移速度为平均最大速度的一半，所以有

$$\langle\upsilon_{\text{d}}\rangle = \frac{1}{2}\left(\frac{e\tau_{\text{cp}}}{m_{\text{cp}}^{*}}\right)E \tag{1-70}$$

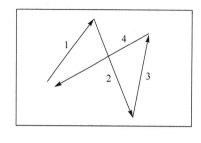
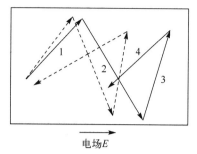

（a）无外加电场　　　　　　　　　　　　（b）有外加电场

图 1-31　半导体中空穴的随机热运动

实际的碰撞过程并不像上述模型中那样简单，但是该模型已经具有统计学性质。在考虑了统计分布影响的精确模型中，式（1-70）中将没有因子 1/2，空穴迁移率可以表示为

$$\mu_{\mathrm{p}} = \frac{\upsilon_{\mathrm{dp}}}{E} = \frac{e\tau_{\mathrm{cp}}}{m_{\mathrm{cp}}^{*}} \tag{1-71}$$

对电子进行类似的分析，可得电子迁移率为

$$\mu_{\mathrm{n}} = \frac{e\tau_{\mathrm{cn}}}{m_{\mathrm{cn}}^{*}} \tag{1-72}$$

其中，τ_{cn} 为电子的平均碰撞时间。

2．半导体中的主要散射机制

在半导体中主要有两种散射机制影响载流子的迁移率：晶格散射（声子散射）和电离杂质散射。

当温度高于热力学零度时，半导体晶体中的原子具有一定的热能，其在晶格位置上做无规则热振动。晶格振动破坏了理想周期性势场，固体的理想周期性势场允许电子在整个晶体中自由运动，而不会受到散射。但是热振动破坏了势函数，导致载流子与振动的晶格原子发生相互作用，这种晶格散射也称为声子散射。

因为晶格散射与原子的热运动有关，所以出现散射的概率是温度的函数。如果定义 μ_{L} 为只有晶格散射存在时的迁移率，则根据散射理论，在一阶近似下有

$$\mu_{\mathrm{L}} \propto T^{-3/2} \tag{1-73}$$

当温度下降时，在晶格散射的影响下，迁移率将增大。可以直观地想象，温度下降，晶格振动也减弱，这意味着受到散射的概率减小了，因此迁移率增大了。

图 1-32 所示为硅中电子和空穴的迁移率对温度的依赖关系。在轻掺杂半导体中，晶格散射是主要的散射机制，载流子迁移率随温度的升高而减小，迁移率与 T^{-n} 成正比。图 1-32 中的插图表明了参数 n 并不等于一阶散射理论预期的 3/2，但是迁移率的确是随着温度的下降而增大的。

另一种影响载流子迁移率的散射机制是电离杂质散射。掺入半导体的杂质原子可以控制或改变半导体的性质，室温下杂质已经电离，在电子或空穴与电离杂质之间存在库仑作用，库仑作用引起的碰撞（或散射）也会改变载流子的速度特性。如果定义 μ_{I} 为只有电离杂质散

射存在时的迁移率，则在一阶近似下有

$$\mu_I \propto \frac{T^{+3/2}}{N_I} \tag{1-74}$$

其中，$N_I = N_D^+ + N_A^-$ 表示半导体的电离杂质总浓度。当温度升高时，载流子的随机热运动速度增大，缩短了位于电离杂质散射中心附近的时间。库仑作用时间越短，受到散射的影响就越小，μ_I 值就越大。如果电离杂质散射中心的数量增大，那么载流子与电离杂质散射中心碰撞的概率相应增大，μ_I 值减小。

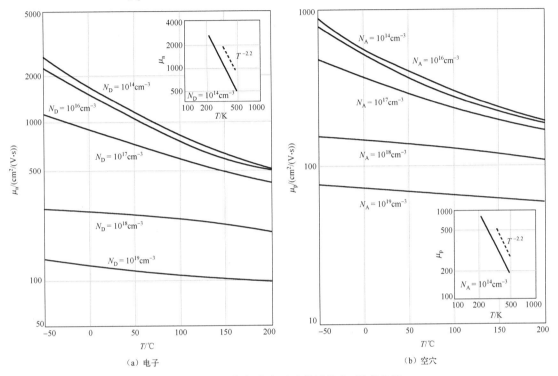

（a）电子   （b）空穴

图 1-32 不同掺杂浓度下硅的迁移率–温度曲线

图 1-33 所示为 $T = 300K$ 时锗、硅和砷化镓中载流子的迁移率与掺杂浓度的关系，更准确地说，是迁移率与电离杂质总浓度 N_I 的关系曲线。当掺杂浓度增大时，电离杂质散射中心的数量也增大，迁移率减小。

如果用 τ_L 表示晶格散射造成的碰撞之间的平均时间间隔，那么 dt / τ_L 就表示在微分时间 dt 内受到晶格散射的概率。同理，如果用 τ_I 表示电离杂质散射造成的碰撞之间的平均时间间隔，那么 dt / τ_I 就表示在微分时间 dt 内受到电离杂质散射的概率。若两种散射过程相互独立，则在微分时间 dt 内受到散射的总概率为两者之和，即

$$\frac{dt}{\tau} = \frac{dt}{\tau_I} + \frac{dt}{\tau_L} \tag{1-75}$$

式中，τ 为任意两次碰撞之间的平均时间间隔。

根据迁移率的定义[式（1-71）或式（1-72）]，式（1-75）可以表示为

$$\frac{1}{\mu} = \frac{1}{\mu_I} + \frac{1}{\mu_L} \tag{1-76}$$

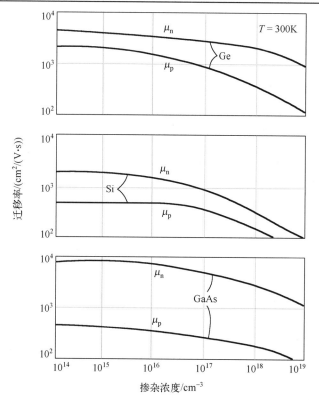

图 1-33　$T = 300K$ 时锗、硅和砷化镓中载流子的迁移率与掺杂浓度的关系

式中，μ_I 为仅有电离杂质散射存在时的迁移率，μ_L 为仅有晶格散射存在时的迁移率，μ 为总迁移率。当有两种或更多独立的散射机制存在时，迁移率的倒数增大，总迁移率减小。

由式（1-66）可知，漂移电流密度可写为

$$J_{drf} = q(\mu_n n + \mu_p p)E = \sigma E \qquad (1\text{-}77)$$

式中，σ 表示半导体材料的电导率，单位是 $(\Omega \cdot cm)^{-1}$。电导率是载流子浓度和迁移率的函数。因为迁移率与掺杂浓度有关，所以电导率是掺杂浓度的复杂函数。

电阻率是电导率的倒数，这里用 ρ 表示，单位为 $\Omega \cdot cm$。电阻率的公式为

$$\rho = \frac{1}{\sigma} = \frac{1}{q(\mu_n n + \mu_p p)} \qquad (1\text{-}78)$$

图 1-34 给出了 Si、Ge、GaAs 和 GaP 在 $T = 300K$ 时电阻率与掺杂浓度的关系。显然，受迁移率的影响，曲线并不是关于 N_D 或 N_A 的线性函数。

如图 1-35 所示，在一个条形半导体材料两端加上电压，就会有电流 I 产生，有

$$J = \frac{I}{A} \qquad (1\text{-}79)$$

和

$$E = \frac{V}{L} \qquad (1\text{-}80)$$

将式（1-77）重写为

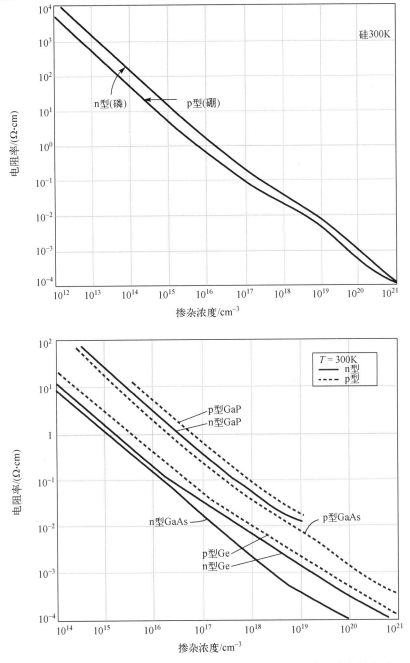

图 1-34　Si、Ge、GaAs 和 GaP 在 $T=300\text{K}$ 时电阻率和掺杂浓度的关系

$$\frac{I}{A} = \sigma\left(\frac{V}{L}\right) \tag{1-81}$$

或

$$V = \left(\frac{L}{\sigma A}\right)I = \left(\frac{\rho L}{A}\right)I = IR \tag{1-82}$$

式（1-82）即半导体中的欧姆定律。电阻是电阻率或电导率及半导体几何形状的函数。

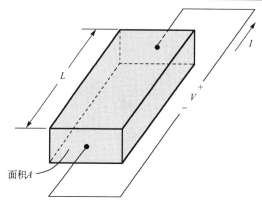

图 1-35　条形半导体材料的电阻

例如，假设一个 p 型半导体的掺杂浓度为 $N_A(N_D = 0)$，$N_A \gg n_i$，电子迁移率和空穴迁移率的数量级相同，则电导率为

$$\sigma = q(\mu_n n + \mu_p p) \approx q \mu_p p \qquad (1\text{-}83)$$

如果仍假设杂质全部电离，则式（1-83）可改写为

$$\sigma \approx q \mu_p N_A \approx \frac{1}{\rho} \qquad (1\text{-}84)$$

因此非本征半导体的电导率或电阻率是多数载流子浓度的函数。

对某个特定的掺杂浓度，可以分别画出半导体载流子浓度和电导率与温度的关系曲线。图 1-36 显示了在掺杂浓度为 $N_D = 10^{15}\,\mathrm{cm}^{-3}$ 时 Si 的电子浓度和电导率与温度倒数的关系曲线。在中温区（非本征区），由图可知，杂质已经全部电离，电子浓度保持恒定。但是因为迁移率是温度的函数，所以在此温度范围内电导率随温度发生变化。在更高的温度范围内，本征载流子浓度增大并开始主导电子浓度及电导率。在较低温度范围内，束缚态开始出现，电子浓度和电导率随着温度的降低而减小。

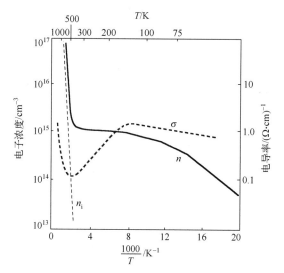

图 1-36　Si 的电子浓度和电导率与温度倒数的关系曲线

对于本征半导体，电导率为

$$\sigma_i = q(\mu_n + \mu_p)n_i \tag{1-85}$$

因为本征半导体的电子浓度和空穴浓度相等，所以本征半导体电导率的公式中包括 μ_n 和 μ_p 两个参数。一般来说，电子迁移率 μ_n 和空穴迁移率 μ_p 并不相等，所以本征电导率并不是某给定温度下可能的最小值。

3. 电场下的效应

在前面对漂移速度的讨论中，均假设迁移率不受电场强度的影响。漂移速度随外加电场强度的增大而线性增大。载流子的总速度是随机热运动速度与漂移速度之和。在 $T = 300\text{K}$ 时，随机热运动的平均能量为

$$\frac{1}{2}m\upsilon_{th}^2 = \frac{3}{2}kT = \frac{3}{2} \times (0.0259) = 0.03885\,\text{eV} \tag{1-86}$$

该能量相当于硅中平均热运动速度约为 $10^{17}\,\text{cm/s}$ 的电子。设低掺杂硅中的电子迁移率为 $\mu_n = 1350\,\text{cm}^2/(\text{V} \cdot \text{s})$，外加电场强度约为 $75\,\text{V/cm}$，则漂移速度为 $10^5\,\text{cm/s}$，其值为热运动速度的 1%。可见外加电场不会显著改变电子的能量。

图 1-37 所示为 Si、GaAs、Ge 中电子和空穴的载流子漂移速度与外加电场的关系曲线。在弱电场区，载流子漂移速度随电场强度而线性改变，载流子漂移速度-电场强度曲线的斜率即为迁移率。在强电场区，载流子的漂移速度特性严重偏离了弱电场区的线性关系。例如，硅中的电子漂移速度在外加电场强度约为 30kV/cm 时达到饱和，饱和速度约为 $10^7\,\text{cm/s}$。如果载流子漂移速度达到饱和，那么漂移电子密度也达到饱和，不再随外加电场而变化。

对于电子，Si 中载流子漂移速度与外加电场的关系可以近似为

$$\upsilon_n = \frac{\upsilon_s}{\left[1 + \left(\dfrac{E_{on}}{E}\right)^2\right]^{1/2}} \tag{1-87}$$

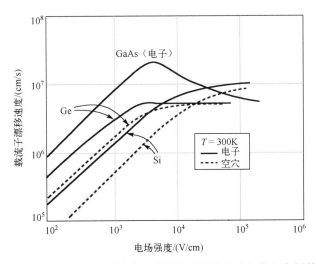

图 1-37 Si、GaAs、Ge 中电子和空穴的载流子漂移速度与外加电场的关系曲线

对于空穴，有

$$\upsilon_{\mathrm{p}} = \frac{\upsilon_{\mathrm{s}}}{1+\left(\dfrac{E_{\mathrm{op}}}{E}\right)} \tag{1-88}$$

当 $T = 300\mathrm{K}$ 时，有 $\upsilon_{\mathrm{s}} = 10^7\,\mathrm{cm/s}$ ，$E_{\mathrm{on}} = 7\times10^3\,\mathrm{V/cm}$ ，$E_{\mathrm{op}} = 2\times10^4\,\mathrm{V/cm}$ 。

显然，在弱电场下，漂移速度会减小到

$$\upsilon_{\mathrm{n}} \approx \left(\frac{E}{E_{\mathrm{on}}}\right)\cdot\upsilon_{\mathrm{s}} \tag{1-89}$$

和

$$\upsilon_{\mathrm{p}} \approx \left(\frac{E}{E_{\mathrm{op}}}\right)\cdot\upsilon_{\mathrm{s}} \tag{1-90}$$

显然在弱电场区，载流子漂移速度是电场强度的线性函数。然而在强电场区，载流子漂移速度接近于饱和值。

与 Si 和 Ge 相比，GaAs 的载流子漂移速度-电场强度特性更加复杂。在弱电场区，载流子漂移速度-电场强度特性曲线的斜率是常数，此斜率就是弱电场电子迁移率。GaAs 的弱电场电子迁移率约为 $8500\,\mathrm{cm^2/(V\cdot s)}$ ，比 Si 的要大得多。随着电场强度的增大，GaAs 的电子漂移速度达到一个峰值，然后开始下降。在载流子漂移速度-电场强度特性曲线上某个特定点处的斜率 v_{d} ，即为该点的微分迁移率。当曲线斜率为负时，微分迁移率也为负，负微分迁移率产生负微分电阻，振荡器的设计就利用了这一特性。

下面通过讨论图 1-38 所示的 GaAs 能带结构来理解负微分迁移率的含义：低能谷中的电子有效质量为 $m_{\mathrm{n}}^* = 0.067\,m_0$ 。有效质量越小，迁移率就越大。随着电场强度的增大，低能谷电子能量也相应增大，并可能被散射到高能谷中，有效质量变为 $0.55\,m_0$ 。在高能谷中，有效质量变大，迁移率变小。这种多能谷间的散射机制导致电子的平均漂移速度随场强度的增大而减小，从而出现负微分迁移率特性。

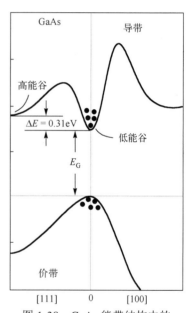

图 1-38　GaAs 能带结构中的导带高能谷和低能谷

4．载流子的扩散运动和爱因斯坦关系

到目前为止，在大多数情况下都假设半导体均匀掺杂。但是，在一些半导体器件中可能存在非均匀掺杂区，从而发生载流子的扩散运动。扩散是粒子有趋向地扩展的过程，即由于粒子的无规则热运动，可以引起粒子由浓度高的区域向浓度低的区域在宏观尺度上的移动，其结果是粒子重新分布。若允许这个过程不衰减，则扩散进程会持续到粒子均匀分布，它与粒子电荷的变化、热运动及粒子间的排斥力无关。

在定义扩散过程和应用扩散实例时，已经特别强调了扩散与粒子数空间变化的直接关系。由于扩散的发生，一定存在着一个点比其他点的扩散粒子都多，用数学术语可表示为：一定存在不为零的浓度梯度（对空穴有 $\nabla p \neq 0$ ，对电子有 $\nabla n \neq 0$ ）。而且当浓度梯度较大时，粒子的

预期流量也较大。扩散过程的定量分析可用前面的知识和著名的菲克（Fick）定理给出

$$F = -D\nabla\eta \tag{1-91}$$

式中，F 是流量或单位时间内通过垂直于粒子流的单位面积的粒子数；η 是粒子的浓度；D 是扩散系数（Diffusion Coefficient），它是一个正的比例因子。电子和空穴的扩散电流密度可由载流子的流量乘以载流子的电荷得到

$$J_{p|diff} = -qD_p\nabla p \tag{1-92}$$

$$J_{n|diff} = qD_n\nabla n \tag{1-93}$$

式中，D_p 和 D_n 是比例常数，它们的单位均是 cm^2/s，分别称为空穴和电子的扩散系数。

在半导体有漂移和扩散时，所产生的总电流或净载流子电流是这两种电流的总和，即 $J_{p|drf} = q\mu_p p$、$J_{n|drf} = q\mu_n n$ 和式（1-92）、式（1-93）相加可得

$$J_p = J_{p|drf} + J_{p|diff} = q\mu_p p - qD_p\nabla p \tag{1-94}$$

$$J_n = J_{n|drf} + J_{n|diff} = q\mu_n n + qD_n\nabla n \tag{1-95}$$

半导体中所流过的总的粒子电流可由下式计算

$$J = J_n + J_p \tag{1-96}$$

下面将通过分析非均匀半导体达到热平衡状态的过程来推导爱因斯坦关系，即迁移率和扩散系数的关系。考虑一块非均匀掺入施主杂质原子的 n 型半导体，如果半导体处于热平衡状态，那么整个晶体中的费米能级是恒定的，能带图如图 1-39 所示。掺杂浓度随 x 的增大而减小，多数载流子电子从高浓度区向低浓度区沿 $+x$ 方向扩散，带负电的电子流走后剩下带正电的施主杂质离子，分离的正、负电荷产生一个沿 $+x$ 方向的电场，以抵抗扩散过程。当达到热平衡状态时，扩散载流子的浓度并不等于固定杂质的浓度，感生电场阻止了正、负电荷的进一步分离。大多数情况下，扩散过程感生出的空间电荷数量只涉及掺杂浓度中的很小一部分，扩散载流子浓度同掺杂浓度相比差别不大。

电势 ϕ 等于电子势能除以电子的电荷量 $(-q)$，即

$$\phi = +\frac{1}{q}(E_F - E_{Fi}) \tag{1-97}$$

一维情况下感生电场定义为

$$E_x = -\frac{d\phi}{dx} = \frac{1}{q}\frac{dE_{Fi}}{dx} \tag{1-98}$$

如果处于热平衡状态的半导体中的本征费米能级随着距离而变化，那么半导体内将存在一个电场。

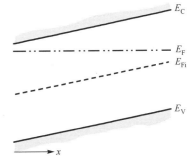

图 1-39　非均匀施主掺杂半导体的热平衡能带图

若假设满足准中性条件，即电子浓度与施主掺杂浓度基本相等，则有

$$n_0 = n_i\exp\left(\frac{E_F - E_{Fi}}{kT}\right) \approx N_D(x) \tag{1-99}$$

求解 $E_F - E_{Fi}$ 得

$$E_F - E_{Fi} = kT \ln \left(\frac{N_D(x)}{n_i} \right)$$ （1-100）

热平衡时费米能级 E_F 恒定，所以对 x 求导可得

$$-\frac{dE_{Fi}}{dx} = \frac{kT}{N_D(x)} \frac{dN_D(x)}{dx}$$ （1-101）

联立式（1-101）和式（1-98），解得电场为

$$E_x = -\left(\frac{kT}{q} \right) \frac{1}{N_D(x)} \frac{dN_D(x)}{dx}$$ （1-102）

由于存在电场，因此非均匀掺杂将使半导体中的电势发生变化。

考虑能带图如图 1-39 所示的非均匀掺杂半导体。假设没有外加电场，半导体处于热平衡状态，则电子电流和空穴电流分别等于零，可写为

$$J_n = 0 = qn\mu_n E_x + qD_n \frac{dn}{dx}$$ （1-103）

设半导体满足准中性条件，即 $n \approx N_D(x)$，则式（1-103）可改写为

$$J_n = 0 = q\mu_n N_D(x) E_x + qD_n \frac{dN_D(x)}{dx}$$ （1-104）

将式（1-102）给出的电场表达式代入式（1-104），可得

$$0 = -q\mu_n N_D(x) \left(\frac{kT}{q} \right) \frac{1}{N_D(x)} \frac{dN_D(x)}{dx} + qD_n \frac{dN_D(x)}{dx}$$ （1-105）

式（1-105）适用于条件

$$\frac{D_n}{\mu_n} = \frac{kT}{q}$$ （1-106）

同理，半导体中的空穴电流也一定为零，由此条件得到

$$\frac{D_p}{\mu_p} = \frac{kT}{q}$$ （1-107）

联立式（1-106）和式（1-107），可得

$$\frac{D_n}{\mu_n} = \frac{D_p}{\mu_p} = \frac{kT}{q}$$ （1-108）

由此可见，扩散系数和迁移率不是彼此独立的参数，式（1-108）给出的扩散系数和迁移率之间的关系称为爱因斯坦关系。

与表 1-5 列出的迁移率相对应，表 1-6 列出了 $T = 300K$ 时 Si、Ge 和 GaAs 的扩散系数。

表 1-6　$T = 300\text{K}$ 时 Si、Ge 和 GaAs 的迁移率和扩散系数

	$\mu_n / (\text{cm}^2/(\text{V}\cdot\text{s}))$	$D_n / (\text{cm}^2/\text{s})$	$\mu_p / (\text{cm}^2/(\text{V}\cdot\text{s}))$	$D_p / (\text{cm}^2/\text{s})$
Si	1350	35	480	12.4
GaAs	8500	220	400	10.4
Ge	3900	101	1900	49.2

式（1-108）给出的迁移率与扩散系数的关系式中包含温度项。要始终牢记，温度对此关系式的主要影响是晶格散射和电离杂质散射过程所产生的结果。由于晶格散射作用的影响，迁移率是温度的强函数，因此扩散系数也是温度的强函数。式（1-108）给出的特殊温度依赖特性只是真实温度特性的很小一部分。

1.3.4　载流子的复合理论

在热平衡状态下，载流子会由于热激发而连续地产生，并且同时会以相同的速率复合而消失。但是在器件工作过程中，在激活区的载流子浓度与热平衡状态下不同，它们高于或低于按平衡公式（$n = N_C \text{e}^{\frac{E_C - E_F}{kT}}$、$p = N_V \text{e}^{\frac{E_F - E_V}{kT}}$ 和 $np = n_i^2 = N_C N_V \text{e}^{-\frac{E_G}{kT}}$）得出的浓度。非平衡状态趋向于恢复到它本身的热平衡状态。在此期间，系统力求达到这样一种状态，此时注入/流出和表面产生停止，这一时间是由非平衡载流子的寿命 τ 来决定的。这是一个可以调整的参数，它决定了功率器件的动态和静态特性。

载流子寿命可以用电子和空穴的净复合率 R_n 和 R_p 来定义，它们分别被定义为热复合率 r_n、r_p 与热产生率 g_n、g_p 之差

$$R_n = r_n - g_n, \quad R_p = r_p - g_p$$

这些热动态参数在热平衡状态下是零。由于是净热复合，n 和 p 随时间而减小，所以有

$$R_n = r_n - g_n = -\left(\frac{\partial n}{\partial t}\right)_{rg}$$
$$R_p = r_p - g_p = -\left(\frac{\partial p}{\partial t}\right)_{rg}$$

（1-109）

式中，用下标"rg"表示的时间导数部分仅由复合和产生造成。对所考虑的体积元，从里面流出来的和从外面流进去的载流子，以及通过光照表面产生的载流子，式（1-109）都排除在外。R_n、R_p 与掺杂和载流子浓度有关，并且随各自的载流子浓度偏离平衡浓度 n_0 或 p_0 的程度的增大而增大。R_n、R_p 和额外浓度之间的关系式分别为 $\Delta n = n - n_0$，$\Delta p = p - p_0$，一般偏离线性关系不太远。因此，用以下公式来定义寿命 τ_n、τ_p

$$\tau_n \equiv \frac{\Delta n}{R_n}, \quad \tau_p \equiv \frac{\Delta p}{R_p}$$

（1-110）

与 R_n、R_p 相比，寿命并不非常强烈地依赖于各自的额外浓度，而且在某些重要的情况下，它们实际上是不变的，这一特性对于小注入下少数载流子的寿命尤为重要（少数载流子浓度小于多数载流子浓度）。

对于均匀的额外浓度的衰减，例如，Δp 可由式（1-109）和式（1-110）导出

$$\frac{\mathrm{d}\Delta p}{\mathrm{d}t} = -\frac{\Delta p}{\tau_\mathrm{p}}, \quad \Delta p = p(0)\mathrm{e}^{-\frac{t}{\tau_\mathrm{p}}} \tag{1-111}$$

式中，假设 τ_p 是常数。从中可看出，τ 作为额外载流子的寿命是显而易见的。在稳态的情况下，由于复合造成的载流子的消失（$R_\mathrm{n} > 0$）被载流子的净流入或表面产生所补偿，在这种情况下，电子和空穴的净复合率是相等的

$$R_\mathrm{n} = R_\mathrm{p} = R \tag{1-112}$$

因为离开导带的电子数必须等于进入价带的电子数，这样在稳态的情况下，在可能的中间能级上的电荷是不变的。如果在禁带中的能级不包括在内，则式（1-112）与时间相关的过程也是有效的。

到现在为止，已经讨论过了半导体体内的复合。在继续讨论之前，要注意在金属接触处也有复合，尤其在阳极接触处，这对于功率器件是非常重要的。在阳极金属层接触 p 区处的复合会造成电子流到接触处，接触处的电流密度由下式给出

$$J_\mathrm{n} = (n - n_0)s \tag{1-113}$$

式中，s 为接触处的表面复合速度。复合过程需要相同的空穴电流，它流向阻断方向，并在开通状态下减小了总的空穴电流，因此，它被用来控制发射极效率。s 通常处于 $10^5\,\mathrm{cm/s}$ 数量级并近似为常数。高表面复合速度是由高密度连续分布在禁带上的界面态引起的，器件内接触处的复合是通过前面的整体掺杂浓度控制的。

回到体内复合，讲述了三种复合的物理机理：①在复合中心上的复合，复合中心由深能级杂质或陷阱构成，而陷阱能级 E_r 在禁带的深处；②带到带的俄歇（Auger）复合；③带到带的辐射复合。后两种机理发生在半导体晶格上，只与载流子浓度有关，而与常态的和深处的掺杂浓度没有直接关系。图 1-40 说明了这三种机理。总的复合率是由单个部分相加构成的，因此，按式（1-109）总寿命的倒数是由单个寿命 τ_i 的倒数值相加计算出来的

$$\frac{1}{\tau_\mathrm{tot}} = \sum \frac{1}{\tau_i} \tag{1-114}$$

这也适用于陷阱，如果陷阱存在，则陷阱导致的载流子总寿命也是单个陷阱寿命的叠加。下面将首先描述本征机理。

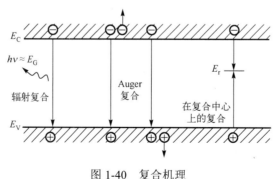

图 1-40　复合机理

1. 带到带的辐射复合

在释放的能量转移到光量子的过程中电子和空穴直接复合，只有在价带顶电子与导带底

电子具有相同动量状态的半导体中才有高的概率，此种半导体称为直接带隙半导体。按照简单的统计，净复合率是

$$R = B(np - n_i^2) \tag{1-115}$$

式中，B 为辐射的复合概率。

辐射的寿命（如在 n 型半导体中空穴的寿命）用式（1-110）得出为 $\tau_{p,rad} = \Delta p / R_p = 1/(Bn)$，因为 $np - n_i^2 = n_0\Delta p + p_0\Delta n + \Delta n\Delta p = n\Delta p$，假设 $p_0 \ll n_0$，所以辐射的少数载流子的寿命反比于多数载流子的浓度。在大多数情况下，$np \gg n_i^2$，结果 $R \approx Bnp$。在 GaAs 中，辐射的寿命在掺杂浓度 N=1×10^{15} cm^{-3} 时估计是 6 μs，在 1×10^{17} cm^{-3} 时约是 60ns，这么短的寿命限制了 GaAs 在双极型器件中的应用范围。

在硅中，300K 时的复合概率 $B \approx 1×10^{-14}$ cm^3/s，推导出在多数载流子浓度 n=1×10^{17} cm^{-3} 时 τ_{rad} =1ms。实际上，如此长的寿命在硅器件中是没有测到过的，因为其他的复合机理更为有效。利用注入载流子浓度和复合辐射强度之间的联系，辐射可被用来研究器件内部的运行。

2. 带到带的 Auger 复合

在 Auger 复合中，在复合过程中释放的能量不被转移到光量子上，而是转移到第三个电子或空穴上，为了动量守恒，是需要声子参与的。所以，在式（1-115）中的复合概率 B 应该用正比于载流子浓度的一个系数来替代，因此，Auger 复合率为

$$R_A = (c_{A,n}n + c_{A,p}p)(np - n_i^2) \tag{1-116}$$

系数 $c_{A,n}n$、$c_{A,p}p$ 决定了这种情况的复合率，即吸收能量的第三个载流子分别是电子和空穴。因为 Auger 复合率是载流子浓度的 3 次幂，因此此种复合的概率随载流子浓度的增大而急剧增大，寿命很快缩短。所以，Auger 复合在高掺杂区是重要的。在有少量空穴注入的 n$^+$ 区，$p \ll n$ 且 $np \gg n_i^2$，此时式（1-116）转化为 $R_A = c_{A,n}n^2p$，而空穴的寿命可从式（1-110）得出

$$\tau_{A,p} = \frac{p}{R_A} = \frac{1}{c_{A,n}n^2} \tag{1-117}$$

式中，忽略了非常小的平衡浓度 p_0。在 p$^+$ 区，电子寿命的公式是用类似的方法产生的。在硅中，Auger 系数处于 10^{-31} cm^6/s 的数量级，它们的值是

$$c_{A,n} = 2.8×10^{-31} \text{cm}^6/\text{s}, \quad c_{A,p} = 1×10^{-31} \text{cm}^6/\text{s} \tag{1-118}$$

它们近似地与温度无关。对于 $1×10^{-31}$ cm^{-3} 的掺杂浓度，p$^+$ 区的 Auger 电子的寿命是 $\tau_{A,n} = 1/(c_{A,n}p^2) = 0.1$μs，而 n$^+$ 区空穴的寿命是 0.036 μs。高掺杂区的载流子寿命是晶体管 h 参数的一个重要的组成部分，并直接影响器件的特性。

在弱掺杂基区中注入高浓度的载流子时，Auger 复合同样发挥着重要作用。忽略掺杂浓度，电中性要求 $p \approx n$，代入式（1-116）得出

$$R_{A,HL} = (c_{A,n} + c_{A,p})p^3 \tag{1-119}$$

因此，大注入的 Auger 寿命是

$$\tau_{A,HL} = \frac{1}{(c_{A,n} + c_{A,p})p^2} \tag{1-120}$$

在 $p = n = 3 \times 10^{17} \mathrm{cm}^{-3}$ 时，用此关系式和式（1-118）可得出 Auger 寿命为 $29\,\mu s$。在大电流密度时，在高压器件的基区中，Auger 复合变得引人注意。

3．在复合中心上的复合

由深能级杂质或晶格缺陷引起的禁带深能级复合是硅器件低掺杂或中等掺杂区域的主要复合机理。通过这些被称为"陷阱"的复合中心，其寿命能在一个很宽的范围内被控制，这通常在高频时用来缩短器件的开关时间和减小开关损耗。在工程实践中，通常先采用正常掺杂确定结构电导率，然后通过深能级杂质掺杂进行进一步调控。在器件的工艺史上，最初在硅中用金作为深能级杂质来控制寿命，其后许多功率器件都采用扩铂工艺，现在最主要的方法是采用电子、质子或 α 离子辐射来产生具有深能级的晶格缺陷。

不幸的是，开关时间的缩短是与通态压降、高温阻断电流及补偿后基区电阻率的增大密切相关的。因为器件的动态和静态特性与寿命的调节紧密相关，所以这是开发和制造功率器件的重点。在深能级杂质上的复合分两步进行：俘获导电电子，于是它占据深能级，此后电子下落到价带的空位上，意味着空穴被杂质俘获（参见图 1-41）。反之亦然，电子-空穴对的产生依赖于杂质能级和价带电子的热发射，也就是说，空穴从杂质能级到价带的发射，以及电子从杂质能级到导带的发射。

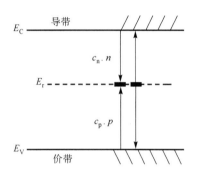

图 1-41　在复合中心上载流子的俘获和发射

在载流子俘获过程中所释放的能量是被转移到晶格振动上去的，相反地，产生所需要的能量是从晶格获取的。因为能带到能级的距离大，一连串的声子在俘获过程中被发射，相应的在发射过程中被吸收。然而，俘获和发射的多声子过程是从整体上考虑的，并用总的俘获和发射概率来描述。

1.4　思考题和习题 1

1．实际半导体和理想半导体之间的区别是什么？

2．单晶硅晶胞的晶格常数为 5.43Å，计算（100）、（110）、（111）晶面的面间距。

3．原子中的电子和晶体中的电子受势场作用情况及运动情况有何不同？原子中的内层电子和外层电子参与共有化运动有何不同？

4．简述有效质量与能带结构的关系，有效质量何时出现负值？引入有效质量的物理意义是什么？

5．半导体处于何种状态才可称为热平衡状态？其物理意义是什么？

6．试说明为什么硅半导体器件的工作温度比锗半导体器件的工作温度高。

7．说明费米能级 E_F 的物理意义。如何理解费米能级 E_F 是掺杂类型和掺杂浓度的标志？

8．根据散射的物理模型，说明为什么电离杂质散射使半导体的迁移率 $\mu \propto T^{3/2}$，而晶格散射使迁移率 $\mu \propto T^{-3/2}$。

9．试证明实际硅、锗中导带底部附近的状态密度公式为

$$g_C(E) = \frac{V}{2\pi^2}\frac{(2m_n^*)^{3/2}}{\hbar^3}(E - E_C)^{1/2}$$

式中，$m_n^* = m_{dn} = s^{2/3}(m_1 m_t^2)^{1/3}$，$s$ 为导带底部的对称状态数。

10．设 300K 下硅的禁带宽度是 1.12eV，本征载流子浓度为 $1.5\times10^{10}\text{cm}^{-3}$。现有三块硅材料，已知它们在 300K 下的空穴浓度分别为 $p_1=2.25\times10^{16}\text{cm}^{-3}$，$p_2=1.5\times10^{10}\text{cm}^{-3}$，$p_3=2.25\times10^{4}\text{cm}^{-3}$。

（1）分别计算三块硅材料的电子浓度 n_1、n_2、n_3；

（2）分别判断三块硅材料的导电类型；

（3）分别计算三块硅材料的费米能级的位置。

11．设一维晶格的晶格常数为 a，导带底部附近的 $E_C(k)$ 和价带顶部附近的 $E_V(k)$ 分别为

$$E_C(k) = \frac{h^2 k^2}{3m_0} + \frac{h^2(k - k_1)^2}{m_0}$$

$$E_V(k) = \frac{h^2 k^2}{6m_0} + \frac{3h^2 k^2}{m_0}$$

m_0 为自由电子质量，$k_1=0.5a$，试求材料的禁带宽度、电子有效质量和空穴有效质量。

12．计算施主掺杂浓度 N_D 和受主掺杂浓度 N_A 分别为 $9\times10^{15}\text{cm}^{-3}$ 和 $1.1\times10^{16}\text{cm}^{-3}$ 的硅在 300K 时的电子浓度和空穴浓度及费米能级的位置。

13．300K 时，锗的本征电阻率为 $47\Omega\cdot\text{cm}$，如果其电子迁移率和空穴迁移率分别为 $3900\text{cm}^2/(\text{V}\cdot\text{s})$ 和 $1900\text{cm}^2/(\text{V}\cdot\text{s})$，试求锗的本征载流子浓度。

14．某 n 型硅，其掺杂浓度 N_D 为 10^{15}cm^{-3}，少子寿命 τ_p 为 5μs，若外界作用使其少数载流子全部消失，试求此时电子–空穴对的产生率。设本征载流子浓度 $n_i=1.5\times10^{10}\text{cm}^{-3}$。

第 2 章　半导体器件中的结与电容

在半导体器件中，结与电容是两个重要的概念。结是指两种不同类型半导体材料之间的接触区域，半导体器件中结的性质会直接影响半导体器件的电学行为，因此结是半导体器件最重要的组成部分之一，常见的结包括 pn 结、异质结、金属-半导体结等。结在界面处的电荷累积行为使其表现出电容效应，电容效应是研究半导体器件频率特性的基础。本章对半导体器件中常见的几种结及其静电特性、电流-电压特性等性质进行系统的分析，最后，对 pn 结电容和 MOS 电容的来源与组成进行简单的介绍。

2.1　pn 结

pn 结是半导体器件中最基本的结构之一，如双极型晶体管、场效应晶体管、可控硅等都是由 pn 结构成的。pn 结本身作为半导体器件同样有着广泛的应用，最常见的应用是二极管，其利用 pn 结的单向导电性和整流特性来实现电流控制。此外，pn 结还可以用于发光二极管（LED）、太阳能电池等器件中。

2.1.1　结构与组成

第 1 章中详细分析了 p 型和 n 型半导体中载流子的浓度分布和运动特性，现在考虑将 p 型和 n 型半导体结合在一起的情况，形成了所谓的 pn 结。图 2-1 所示为 pn 结的基本结构。图 2-1（a）所示的整个半导体材料是一块单晶材料，其中，一部分被掺入受主杂质原子，形成了 p 区，而相邻的另一部分被掺入施主杂质原子，形成了 n 区，这两个区域之间的交界面被称为冶金结。

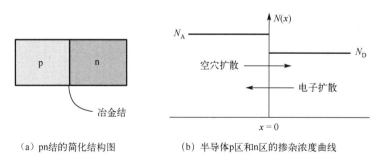

（a）pn结的简化结构图　　　　（b）半导体p区和n区的掺杂浓度曲线

图 2-1　pn 结的基本结构

图 2-1（b）给出了半导体 p 区和 n 区的掺杂浓度曲线。为了方便起见，首先讨论突变结的情况，突变结有以下主要特点。

（1）均匀掺杂分布：在突变结中，每个掺杂区的掺杂浓度都是均匀分布的，没有掺杂浓度的梯度。

（2）浓度跃变：在交界面处，掺杂浓度发生突然的跃变。

在初始时刻，冶金结的位置存在着非常陡峭的电子和空穴浓度梯度。由于两侧的载流子浓度不同，n 区中的多子电子会向 p 区扩散，而 p 区中的多子空穴会向 n 区扩散。如果半导体没有外部电路连接，则这种扩散过程不会无限延续下去。随着电子从 n 区向 p 区扩散，带正电的施主离子留在 n 区。同样，随着空穴从 p 区向 n 区扩散，p 区留下带负电的受主离子。因此，在冶金结附近，n 区和 p 区之间感生出一个内建电场，其方向是由正电荷区指向负电荷区，也就是由 n 区指向 p 区。

当突变结两侧的掺杂浓度相差非常大时，被称为单边突变结。对于单边突变结，若 $N_A \gg N_D$，记为 p$^+$n 结；若 $N_A \ll N_D$，记为 pn$^+$结。

图 2-2 给出了半导体内部净正电荷与净负电荷区域，这两个带电区域被称为空间电荷区。最重要的是，在内建电场的作用下，电子和空穴会从空间电荷区被移出。空间电荷区也被称为耗尽区，因为在这个区域内没有自由移动的电荷。空间电荷区和耗尽区是等效的概念，通常可以互换使用。

在空间电荷区的边界上仍然存在着多子浓度的梯度。可以这样理解，由于浓度梯度的存在，多数载流子会受到一种"扩散力"的作用。图 2-2 显示了这种"扩散力"对空间电荷区边界上的电子和空穴的影响。空间电荷区内的电场作用于电子和空穴，产生与之方向相反的力。在热平衡条件下，每种粒子（电子和空穴）所受到的"扩散力"和"电场力"是平衡的。

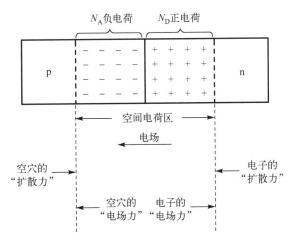

图 2-2　空间电荷区、电场及施加在载流子上的两种力

与突变结相对应的是通过扩散法制造的 pn 结，其杂质分布是通过扩散过程和杂质补偿来控制的。在这种 pn 结中，掺杂浓度从 p 区逐渐变化到 n 区，通常被称为缓变结。例如，假设在一个均匀的 n 型掺杂的晶片上扩散 p 型杂质来形成 pn 结，图 2-3（a）所示为这种情况下器件的结构示意图。在表面附近的扩散区内，$N_A > N_D$，半导体显然为 p 型。在更深的区域，$N_A < N_D$，半导体为 n 型。显然，这两个区域的分界线出现在半导体内的某个平面位置，此处 $N_D - N_A = 0$，该分界线即为缓变结的冶金结。

实际上冶金结位置的确定只依赖于净掺杂浓度，同样，静电变量的确定也仅需要净掺杂浓度。因此，实际采用的做法是将 N_A 和 N_D 合并为一条曲线，即 $N_D - N_A$ 随 x 的变化曲线，如图 2-3（b）所示；而不是分别给出 N_A 和 N_D 随 x 的变化曲线，如图 2-3（a）所示。净掺杂浓度随 x 的变化曲线称为杂质分布。

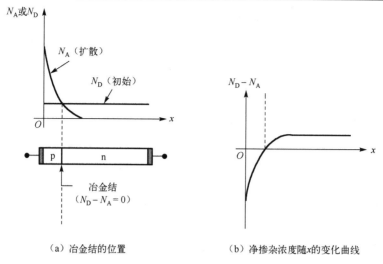

（a）冶金结的位置　　　　　　　　（b）净掺杂浓度随x的变化曲线

图 2-3　扩散法 pn 结的杂质分布

实际的杂质分布是通过平面扩散和离子注入等工艺制备的。这些过程会显著提高数学计算的复杂性，并且难以精确计算和理解由此产生的结果。幸运的是，通常情况下只有冶金结附近的杂质分布才特别重要。

因此，为了获得准确的结果，通常会使用一些理想化的杂质分布。两种最常用的理想化分布是突变结分布和线性缓变结分布，如图 2-4 所示。选择哪种理想化分布，取决于冶金结附近的杂质分布的梯度及原始晶片的初始掺杂浓度。对于离子注入或在轻度掺杂的原始晶片上进行浅结扩散的情况，突变结分布是一种可接受的近似；而对于中度到重度掺杂的原始晶片上进行深度结扩散的情况，采用线性缓变结分布将更合适。在这里，对于大多数 pn 结分析，有意地选择理想化的突变结分布，以降低数学分析的复杂性。

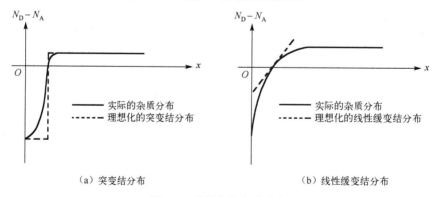

（a）突变结分布　　　　　　　　　（b）线性缓变结分布

图 2-4　理想化的杂质分布

2.1.2　静电特性

1. 平衡 pn 结的能带

在平衡的情况下，可以使用能带图来表示 pn 结。图 2-5（a）所示为 n 型和 p 型半导体的能带图，其中 E_{Fn} 和 E_{Fp} 分别代表 n 型和 p 型半导体的费米能级。

当这两块半导体结合形成 pn 结时，根据费米能级的定义，电子会从费米能级较高的 n

区流向费米能级较低的 p 区，而空穴则从 p 区流向 n 区，因此 E_{Fn} 不断下移，且 E_{Fp} 不断上移，直至 $E_{Fn} = E_{Fp}$ 时为止。在这种情况下，pn 结中存在一个统一的费米能级，处于热平衡状态，其能带结构如图 2-5（b）所示。实际上，费米能级会随着 n 区的能带下移而下移，同时会随着 p 区的能带上移而上移，能带的相对移动是由 pn 结内部存在的内建电场所导致的。随着从 n 区指向 p 区的内建电场的逐渐增强，空间电荷区内的电势 $V(x)$ 从 n 区向 p 区持续减小，而电子的电势能 $-qV(x)$ 则从 n 区向 p 区持续增大，因此，p 区的能带相对于 n 区上移，而 n 区的能带相对于 p 区下移。这个过程一直持续，直到费米能级在整个 pn 结中处于相等的位置，才表示能带停止相对移动，pn 结达到热平衡状态。

因此，pn 结中费米能级处处相等正好标志着每种载流子的扩散电流和漂移电流互相抵消，没有净电流通过 pn 结。

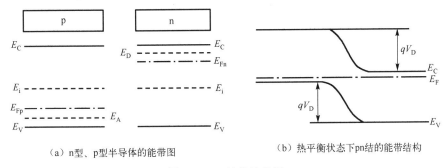

（a）n 型、p 型半导体的能带图　　　　　（b）热平衡状态下 pn 结的能带结构

图 2-5　pn 结的能带图

从图 2-5（b）可以看出，在 pn 结的空间电荷区内能带发生了弯曲，这是空间电荷区内的势能发生变化的结果。由于能带弯曲，电子在从势能较低的 n 区移动到势能较高的 p 区时必须克服这个势能"坡度"，以到达 p 区。同样，空穴在从 p 区移动到 n 区时也必须克服这个势能"坡度"，以到达 n 区。这个势能"坡度"通常被称为 pn 结的势垒，因此空间电荷区也被称为势垒区。

平衡 pn 结的空间电荷区两端间的电势差 V_D 又称为接触电势差或内建电势差，相应地，能带的弯曲量（电子的电势能之差 qV_D）就是 pn 结的势垒高度。

从图 2-5（b）可以看到，势垒高度正好补偿了 n 区和 p 区费米能级之差，使平衡 pn 结的费米能级处处相等，于是有

$$qV_D = E_{Fn} - E_{Fp} \tag{2-1}$$

$$n_0 = n_i \exp\left(-\frac{E_i - E_F}{kT}\right) \tag{2-2}$$

$$p_0 = n_i \exp\left(\frac{E_i - E_F}{kT}\right) \tag{2-3}$$

根据式（2-2）、式（2-3），令 n_{n0}、n_{p0} 分别表示 n 区和 p 区的平衡电子浓度，则对非简并半导体可得

$$n_{n0} = n_i \exp\left(\frac{E_{Fn} - E_i}{kT}\right), \quad n_{p0} = n_i \exp\left(\frac{E_{Fp} - E_i}{kT}\right) \tag{2-4}$$

两式相除并取对数得

$$\ln \frac{n_{n0}}{n_{p0}} = \frac{1}{kT}(E_{Fn} - E_{Fp}) \tag{2-5}$$

因为 $n_{n0} \approx N_D$，$n_{p0} \approx n_i^2 / N_A$，则

$$V_D = \frac{1}{q}(E_{Fn} - E_{Fp}) = \frac{kT}{q}\left(\ln \frac{n_{n0}}{n_{p0}}\right) = \frac{kT}{q}\left(\ln \frac{N_D N_A}{n_i^2}\right) \tag{2-6}$$

式（2-6）表明，V_D 和 p 区及 n 区的掺杂浓度、温度、禁带宽度有关。显然，在一定的温度下，突变结两边的掺杂浓度越高，接触电势差 V_D 越大；禁带宽度越大，n_i 越小，V_D 也越大，所以 Si pn 结的 V_D 比 Ge pn 结的 V_D 大。当 $N_A = 10^{17}\,\text{cm}^{-3}$，$N_D = 10^{15}\,\text{cm}^{-3}$ 时，可以算出室温下 Si 的 $V_D = 0.70\text{V}$，Ge 的 $V_D = 0.32\text{V}$。

2. 内建电场

耗尽区电场的形成是由正电荷和负电荷的空间电荷相互分离所致的。图 2-6 所示为突变结近似均匀掺杂 pn 结的空间电荷密度，假设空间电荷区在 n 区的 $x = x_n$ 处及 $x = -x_p$ 处突然中止（x_p 为正值）。

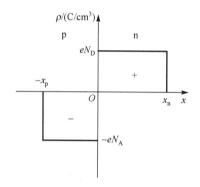

图 2-6 突变结近似均匀掺杂 pn 结的空间电荷密度

半导体内的电场由一维泊松方程确定

$$\frac{\mathrm{d}^2 \phi(x)}{\mathrm{d}x^2} = \frac{-\rho(x)}{\varepsilon_s} = \frac{\mathrm{d}E(x)}{\mathrm{d}x} \tag{2-7}$$

式中，$\phi(x)$ 为电势，$E(x)$ 为电场强度的大小，$\rho(x)$ 为体电荷密度，ε_s 为半导体的介电常数。由图 2-6 可知，体电荷密度 $\rho(x)$ 为

$$\rho(x) = -eN_A \qquad -x_p < x < 0 \tag{2-8}$$

与

$$\rho(x) = eN_D \tag{2-9}$$

将式（2-7）进行积分，可得电场强度的表达式为

$$E = \int \frac{\rho(x)}{\varepsilon_s} \mathrm{d}x = -\int \frac{eN_A}{\varepsilon_s} \mathrm{d}x = -\frac{eN_A}{\varepsilon_s} x + C_1 \tag{2-10}$$

式中，C_1 为积分常数。由于热平衡状态下结中不存在电流，因此认为 $x < -x_p$ 的电中性 p 区内的电场强度为零。pn 结的电场强度函数是连续的，令 $x = -x_p$ 处的 $E = 0$，就可以求出积分常数 C_1。因此 p 区内的电场强度表达式为

$$E = \frac{-eN_A}{\varepsilon_s}(x + x_p) \qquad -x_p \leqslant x \leqslant 0 \qquad (2\text{-}11)$$

在 n 区内，电场强度的表达式为

$$E = \int \frac{eN_D}{\varepsilon_s} dx = \frac{eN_D}{\varepsilon_s}x + C_2 \qquad (2\text{-}12)$$

式中，C_2 仍是积分常数。因为 n 区在耗尽区以外的电场强度可以假设为零，且电场强度是连续的，所以令 $x = x_n$ 处的 $E = 0$，可以求出 C_2。n 区内的电场强度表达式为

$$E = \frac{-eN_D}{\varepsilon_s}(x_n - x) \qquad 0 \leqslant x \leqslant x_n \qquad (2\text{-}13)$$

在 $x = 0$（冶金结所在的位置）处，电场强度函数仍然是连续的。将 $x = 0$ 代入式（2-11）与式（2-13）并令它们相等，可得

$$N_A x_p = N_D x_n \qquad (2\text{-}14)$$

式（2-14）表明 n 区和 p 区内单位面积的正、负电荷数是相等的。

图 2-7 展示了随位置变化的耗尽区内电场的曲线，图中电场方向是从 n 区指向 p 区。对于均匀掺杂的 pn 结，它的 pn 结区域内的电场强度是距离的线性函数，而冶金结处的电场强度是这个函数的最大值。这意味着即使在 p 区和 n 区没有外部施加电压的情况下，耗尽区仍然存在电场。对式（2-11）进行积分，可得 p 区内电势的表达式为

$$\phi(x) = -\int E(x)dx = \int \frac{eN_A}{\varepsilon_s}(x + x_p)dx \qquad (2\text{-}15)$$

即

$$\phi(x) = \frac{eN_A}{\varepsilon_s}\left(\frac{x^2}{2} + x_p \cdot x\right) + C_1' \qquad (2\text{-}16)$$

式中，C_1' 为积分常数。pn 结的电势差是一个重要的参数，设 $x = -x_p$ 处的电势为零，这样就可以确定积分常数 C_1' 的值为

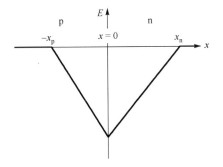

图 2-7 均匀掺杂 pn 结空间电荷区的电场

$$C_1' = \frac{eN_A}{2\varepsilon_s} x_p^2 \tag{2-17}$$

因此 p 区内的电势表达式可以写为

$$\phi(x) = \frac{eN_A}{2\varepsilon_s}(x + x_p)^2 \qquad -x_p \leqslant x \leqslant 0 \tag{2-18}$$

同样，对 n 区内的电场强度积分，可以求出 n 区内的电势表达式为

$$\phi(x) = \int \frac{eN_D}{\varepsilon_s}(x_n - x)\mathrm{d}x \tag{2-19}$$

即

$$\phi(x) = \frac{eN_D}{\varepsilon_s}\left(x_n \cdot x - \frac{x^2}{2}\right) + C_2' \tag{2-20}$$

式中，C_2' 是积分常数。由于电势函数是连续的，因此将 $x = 0$ 分别代入式（2-18）与式（2-20），并令它们相等，这样便可以求出 C_2' 的表达式，即

$$C_2' = \frac{eN_A}{2\varepsilon_s} x_p^2 \tag{2-21}$$

那么 n 区内电势的表达式可以写为

$$\phi(x) = \frac{eN_D}{\varepsilon_s}\left(x_n \cdot x - \frac{x^2}{2}\right) + \frac{eN_A}{2\varepsilon_s} x_p^2 \qquad 0 \leqslant x \leqslant x_n \tag{2-22}$$

图 2-8 所示为均匀掺杂 pn 结空间电荷区的电势，显然，电势为距离的二次函数。$x = x_n$ 处的电势与内建电势差的大小相同。那么由式（2-22）可以推出

$$V_{bi} = \left|\phi(x = x_n)\right| = \frac{e}{2\varepsilon_s}(N_D x_n^2 + N_A x_p^2) \tag{2-23}$$

式中，V_{bi} 是热平衡状态下的内建电势差。

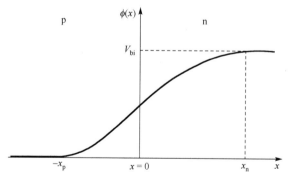

图 2-8 均匀掺杂 pn 结空间电荷区的电势

3. 空间电荷区宽度

（1）零偏时的空间电荷区宽度

我们可以计算空间电荷区从冶金结处延伸入 p 区与 n 区内的距离，该距离称为空间电荷

区宽度。由式（2-14）可知

$$x_p = \frac{N_D \cdot x_n}{N_A} \quad (2\text{-}24)$$

然后将式（2-24）代入式（2-23），求解 x_n 得

$$x_n = \left[\frac{2\varepsilon_s V_{bi}}{e} \left(\frac{N_A}{N_D} \right) \left(\frac{1}{N_A + N_D} \right) \right]^{1/2} \quad (2\text{-}25)$$

式（2-25）给出了零偏置电压下 n 区内的空间电荷区宽度 x_n。

同样，若由式（2-14）解出 x_n，并将 x_n 的表达式代入式（2-23），则可得

$$x_p = \left[\frac{2\varepsilon_s V_{bi}}{e} \left(\frac{N_D}{N_A} \right) \left(\frac{1}{N_A + N_D} \right) \right]^{1/2} \quad (2\text{-}26)$$

式（2-26）给出了零偏置电压下 p 区内的空间电荷区宽度 x_p。

总空间电荷区宽度是 x_n 与 x_p 的和，即

$$W = x_n + x_p \quad (2\text{-}27)$$

由式（2-25）和式（2-26）可知

$$W = \left[\frac{2\varepsilon_s V_{bi}}{e} \left(\frac{N_A + N_D}{N_A N_D} \right) \right]^{1/2} \quad (2\text{-}28)$$

内建电势差可由式（2-6）得到，而总空间电荷区宽度可由式（2-28）确定。

（2）总空间电荷区宽度与电压的关系

若在 p 区与 n 区之间加一个电势，则 pn 结就不再处于热平衡状态，也就是说，费米能级在整个系统中不再是常数。图 2-9 所示为外加反向偏压时 pn 结的能带图。

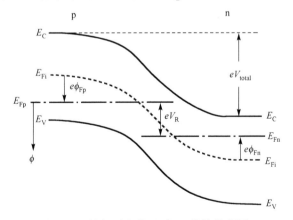

图 2-9　外加反向偏压时 pn 结的能带图

外加的电压为反向偏压，那么总电势差可以表示为

$$V_{total} = |\phi_{Fn}| + |\phi_{Fp}| + V_R \quad (2\text{-}29)$$

式中，V_R 是反向偏压。式（2-29）还可以写为

$$V_{\text{total}} = V_{\text{bi}} + V_{\text{R}} \qquad (2\text{-}30)$$

式中，V_{bi} 是热平衡状态下的内建电势差。

图 2-10 所示为外加反向偏压 V_{R} 时 pn 结的结构图，在图中可以看到内建电场 E、外加电场 E_{app} 及空间电荷区。p 区和 n 区内的电场强度是电中性的，即它们的电场强度几乎为零，或者可以忽略不计。

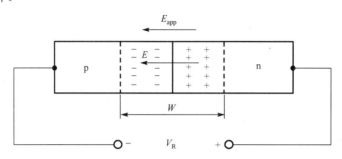

图 2-10　外加反向偏压 V_{R} 时 pn 结的结构图

这意味着空间电荷区内的电场要比外加的电场强，这一电场始于正电荷区（p 区），终于负电荷区（n 区）。也就是说，随着电场的增强，正电荷和负电荷的数量也会相应地增大。在给定的掺杂浓度条件下，要增大空间电荷区内的正、负电荷数量，空间电荷区的宽度 W 必须增大，因此可以得出结论：随着反向偏压的增大，空间电荷区会展宽。需要注意的是，在这里假设 p 区和 n 区内的电场强度是零，在后续关于电流-电压特性的讨论中，这一假设将更加清晰地呈现出来。

前述所有公式中的 V_{bi} 均可以由总电势差 V_{total} 代替，那么由式（2-28）可知总空间电荷区宽度为

$$W = \left[\frac{2\varepsilon_{\text{s}}(V_{\text{bi}} + V_{\text{R}})}{e} \left(\frac{N_{\text{A}} + N_{\text{D}}}{N_{\text{A}} N_{\text{D}}} \right) \right]^{1/2} \qquad (2\text{-}31)$$

当外加反向偏压时，空间电荷区内的电场强度要增大。电场强度的表达式仍然由式（2-11）与式（2-13）给出，而且仍然是距离的线性函数。外加反向偏压后，x_{n} 与 x_{p} 均有所增大，电场强度也会随之增大。冶金结处的电场强度应仍为电场强度的最大值。

由式（2-11）与式（2-13）可知，冶金结处的最大电场强度为

$$E_{\text{max}} = \frac{-eN_{\text{D}}x_{\text{n}}}{\varepsilon_{\text{s}}} = \frac{-eN_{\text{A}}x_{\text{p}}}{\varepsilon_{\text{s}}} \qquad (2\text{-}32)$$

使用式（2-25）或式（2-26），并将 V_{bi} 换成 $V_{\text{bi}} + V_{\text{R}}$，则有

$$E_{\text{max}} = -\left[\frac{2e(V_{\text{bi}} + V_{\text{R}})}{\varepsilon_{\text{s}}} \left(\frac{N_{\text{A}} N_{\text{D}}}{N_{\text{A}} + N_{\text{D}}} \right) \right]^{1/2} \qquad (2\text{-}33)$$

pn 结内的最大电场强度也可以写为

$$E_{\text{max}} = \frac{-2(V_{\text{bi}} + V_{\text{R}})}{W} \qquad (2\text{-}34)$$

式中，W 为总空间电荷区宽度。

2.1.3　稳态响应

1. pn 结偏压下的电流转换和传输

当对 pn 结施加外部电压时，会产生电流。然而，这一电流与外部电压之间的关系不遵循欧姆定律。

当施加正向偏压（p 区连接到正极，n 区连接到负极）时，如果电压达到一个称为正向导通电压的特定数值，则电流会明显增大。此后，只需稍微增大电压，电流就会急剧增大。而当施加反向偏压时，电流非常小，而且在反向偏压超过一定值后，电流几乎不再随电压的变化而变化。这是因为 pn 结只允许电流在一个方向上流动，pn 结的这种特性称为单向导电性或整流特性。电流与外部电压之间的关系被称为 pn 结的电压-电流特性或伏安特性。图 2-11 所示为 Si pn 结的伏安特性曲线，它类似于非线性电阻，其正向偏压和反向偏压下的特性不对称。

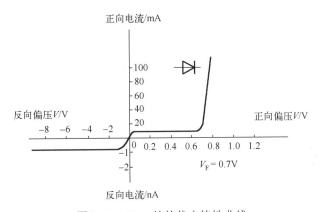

图 2-11　Si pn 结的伏安特性曲线

用 pn 结做成的二极管在电路中常以图 2-11 中的插图符号表示，其中，箭尾一侧代表 p 区，箭头一侧代表 n 区，这一符号代表具有图 2-11 所示伏安特性的电路元件。

（1）外加正向偏压时载流子的运动情况

当 pn 结上无外加电压时，p 区的电位比 n 区的电位低 V_{bi}。当对 pn 结外加正向偏压 V 时，p 区的电位相对于 n 区提高了 V，这意味着从 n 区到 p 区，电子所面临的势垒高度从 qV_{bi} 降为 $q(V_{bi}-V)$，如图 2-12（a）所示。同样的道理，从 p 区到 n 区空穴所面临的势垒高度也从 qV_{bi} 降为 $q(V_{bi}-V)$。同时，电场曲线与横轴所围的面积也从 V_{bi} 降为 $(V_{bi}-V)$。由泊松方程可知，当掺杂浓度不变时，电场的斜率应不变。所以在外加正向偏压 V 后，势垒区中的电场强度最大值 $|E|_{max}$ 与势垒区宽度 x_d 均按相同的比例变小，如图 2-12（b）所示。

势垒区中电场强度的减小打破了漂移作用和扩散作用之间原来的平衡，使载流子的漂移作用减弱，扩散作用占优势。或者说，平衡时的势垒高度 qV_{bi} 正好可以阻止载流子的扩散，那么在外加正向偏压使势垒高度降为 $q(V_{bi}-V)$ 后，就无法阻止载流子的扩散，于是有电子从 n 区扩散到 p 区，有空穴从 p 区扩散到 n 区，从而构成了流过 pn 结的正向电流。

在外加正向偏压情况下，pn 结中不同区域内的电流分布如下。

① n 区

当外加正向偏压时，势垒高度减小，因此势垒区附近的扩散电流大于反向漂移电流。当

p区中的空穴移动到势垒区的边缘时，它们可以通过扩散穿过势垒区并进入 n 区，形成注入 n 区的少子电流（J_{dp}）。这些注入 n 区的空穴会因为浓度差而继续向前扩散，并不断地与 n 区中的多子（电子）发生复合。为了保持电流的连续性，与空穴复合而消失的电子将经由电极接触处从外部电路补充进来，从而使注入 n 区的空穴电流逐渐转换为 n 区中的电子漂移电流，这一电流确保了电流在 pn 结中的连续性。

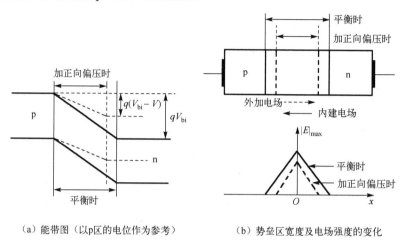

(a) 能带图（以p区的电位作为参考）　　(b) 势垒区宽度及电场强度的变化

图 2-12　正向偏压作用下势垒的变化

② p 区

因为势垒高度减小，电子从 n 区注入 p 区，形成 p 区的少子电流（J_{dn}）。在 p 区，这些电子会继续扩散，并不断地与 p 区中的多子（空穴）发生复合。复合过程中失去的空穴将通过外部电路，经由电极接触处补充进来，这样注入 p 区的电子电流就会逐渐转换为 p 区中的空穴漂移电流，这一过程维持了电流在 pn 结中的连续性。

③ 势垒区

由 p 区进入势垒区的空穴与由 n 区进入势垒区的电子,其中有一部分在势垒区发生复合,而不流入另一区,由此形成势垒区的复合电流（J_r）。

需要指出的是，图 2-12 中的带状线宽度仅用作示意，并未准确反映电流密度的变化。在与冶金结平行的任何截面上，通过的电子电流和空穴电流并不相等。但根据电流连续性原理，通过 pn 结中的任何一个表面的总电流是相等的，只是在不同截面上，电子电流和空穴电流的比例不同。如果不考虑势垒区的复合情况，可以认为通过势垒区的电子电流和空穴电流保持不变。因此，通过 pn 结的总电流等于通过 p 区耗尽区边界处（x_n）的电子扩散电流（J_{dn}）与通过 n 区耗尽区边界处（$-x_p$）的空穴扩散电流（J_{dp}）之和。

由于空穴扩散电流（J_{dp}）的电荷来源是 p 区空穴，电子扩散电流（J_{dn}）的电荷来源是 n 区电子，它们都是多子，因此正向电流很大。

（2）外加反向偏压时载流子的运动情况

当对 pn 结外加反向偏压（$-V$）时，势垒高度将由原来的 qV_{bi} 增大到 $q(V_{bi}+|-V|)$，势垒区内的电场增强，势垒区宽度增大，如图 2-14 所示。

势垒区中电场的增强，或者说势垒高度的增大，同样破坏了漂移作用和扩散作用的平衡。由于势垒高度增大，结两边的多数载流子要越过势垒区而扩散到对方区域变得更为困难，多数载流子的扩散作用大幅减弱。但需要注意的是，"势垒高度增大"是相对于多数载流子而言的。对于各区域内的少数载流子来说，情况恰好相反，它们遇到了更深的势阱，因此反而更容易被拉到对方区域。反向偏压下载流子的运动情况如图 2-15 所示，pn 结中不同区域内的电流分布如下。

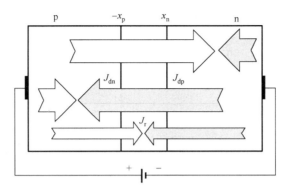

图 2-13　正向偏压下载流子的运动

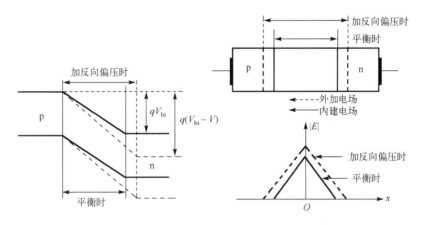

（a）能带图（以p区的电位作为参考）　　（b）势垒区宽度及电场强度的变化

图 2-14　反向偏压作用下势垒的变化

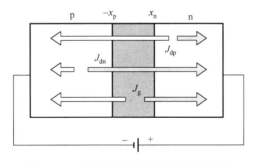

图 2-15　反向偏压下载流子的运动情况

① n 区

当考虑势垒区边缘的情况时，n 区内的少数空穴会受到势垒区中强烈电场的吸引，迅速被拉向 p 区。这一过程导致了 n 区内空穴浓度的减小，但这些减少的空穴会通过 n 区内部的扩散来迅速补充，形成了一个扩散电流（J_{dp}），这些额外的空穴是通过热激发产生的。在每个电子-空穴对中，空穴会向势垒区方向移动，为了保持电流的连续性，电子会朝着电极方向移动。由于电子是多数载流子，即使在 n 区存在微弱的电场，也足以引发电子漂移，电子漂移电流与空穴扩散电流共同组成 n 区的电流。

②p 区

与上述情形类似，在 p 区，由热激发产生的电子扩散到势垒区边缘后被势垒区中强大的电场拉入 n 区，而空穴则流向 p 区电极。

③ 势垒区

在势垒区中，由复合中心热激发产生的电子被拉向 n 区，空穴被拉向 p 区，由此形成势垒区产生电流（J_g）。

正向偏压下的 J_r 与反向偏压下的 J_g 统称为势垒区产生复合电流，用 J_{gr} 来表示。

同样地，在图 2-15 中，根据电流连续性原理，通过 pn 结中任一截面的总电流相等，但不同截面处的电子电流和空穴电流的比例不同。由于 n 区中空穴扩散电流的电荷来源是 n 区空穴，p 区中电子扩散电流的电荷来源是 p 区电子，它们都是少子，所以反向电流很小。

2．pn 结偏压下的电流-电压关系

（1）势垒区边界的载流子浓度分布

从前面的分析可知，pn 结中任意截面的总电流相等，pn 结的总电流为 p 区耗尽区边界处（x_n）的电子扩散电流 J_{dn} 与通过 n 区耗尽区边界处（$-x_p$）的空穴扩散电流（J_{dp}）及势垒区内的复合电流（J_{gr}）之和。

首先确定 pn 结势垒区边界处载流子浓度与外加电压之间的关系。为了分析有外加电压后 pn 结势垒区两旁载流子浓度的变化，先来讨论平衡时的空穴电流密度

$$J_p = qp\mu_p E - qD_p \frac{dp}{dx} \tag{2-35}$$

式中，D_p 为空穴的扩散系数。

由式（2-35）可知，由于平衡时净的空穴电流应为零，即漂移电流与扩散电流相抵消，因此可得

$$qp\mu_p E = qD_p \frac{dp}{dx} \tag{2-36}$$

必须指出，上面两个电流虽然相互抵消，但各自并不是一个很小的量。可以做粗略的估计：Si pn 结的势垒区宽度 x_d 一般处于几微米的数量级，两边的掺杂浓度如果都是 10^{18}cm^{-3}，则 p 区和 n 区的空穴浓度分别为 10^{18}cm^{-3} 和 $2.5 \times 10^2 \text{cm}^{-3}$。若取 $D_p = 10 \text{cm}^2/\text{s}$，则扩散电流密度约为 $1.6 \times 10^4 \text{A/cm}^2$，这是一个极大的数值。一般器件实际可用的最大电流密度不到该值的千分之一。

在 pn 结上有外加电压后，空穴电流密度（J_p）当然不再为零，但实际情况中的 J_p 值却远小于式（2-35）右边的任一项。也就是说，式（2-35）右边的任一项相对于平衡时只要有极小的变化，则两项的差值对电流密度而言就是一个不小的数值。但是对载流子浓度及其梯度的问题而言，由于有外加电压后这两项本身的变化极小，因此可以认为式（2-36）仍成立。于是，在讨论有外加电压后空穴浓度分布的问题时，可以以式（2-36）作为出发点，由此可得

$$E = \frac{kT}{q} \frac{\mathrm{d}\ln p}{\mathrm{d}x} \tag{2-37}$$

在有外加电压时，势垒区两侧的电位差应当由平衡时的 V_{bi} 改为 $(V_{\mathrm{bi}} - V)$，其中 V 在外加正向偏压时为正值，外加反向偏压时为负值。若将势垒区两边 p 区与 n 区的空穴浓度各记为 p_{p} 与 p_{n}，则在有外加电压时，对势垒区中电场强度 E 的积分结果应由平衡时的

$$V_{\mathrm{bi}} = \frac{kT}{q} \ln \frac{p_{\mathrm{p0}}}{p_{\mathrm{n0}}} \tag{2-38}$$

改为

$$V_{\mathrm{bi}} - V = \frac{kT}{q} \ln \frac{p_{\mathrm{p}}}{p_{\mathrm{n}}} \tag{2-39}$$

从式（2-39）可得势垒区两旁空穴浓度之间的关系为

$$\frac{p_{\mathrm{n}}}{p_{\mathrm{p}}} = \exp\left[-\frac{q(V_{\mathrm{bi}} - V)}{kT} \right] \tag{2-40}$$

式中，$q(V_{\mathrm{bi}} - V)$ 为有外加电压后空穴从 p 区到 n 区所面临的势垒高度。式（2-40）说明，在有外加电压时，pn 结势垒区两旁的空穴浓度仍然遵循玻耳兹曼分布。

小注入情况下，可以认为 p 区的多子浓度 p_{p} 和 p 区的平衡多子浓度 p_{p0} 相等，故式（2-40）可写为

$$p_{\mathrm{n}} = p_{\mathrm{p0}} \exp\left[-\frac{q(V_{\mathrm{bi}} - V)}{kT} \right] \tag{2-41}$$

$$V_{\mathrm{bi}} = \frac{kT}{q} \ln \frac{p_{\mathrm{p0}}}{p_{\mathrm{n0}}} \tag{2-42}$$

再将式（2-42）代入式（2-41）后消去 V_{bi}，即可得到当有外加电压 V 时 n 区与势垒区边界上的少子浓度

$$p_{\mathrm{n}} = p_{\mathrm{n0}} \exp\left(\frac{qV}{kT} \right) \tag{2-43}$$

用同样的方法，可得当有外加电压 V 时，在 p 区与势垒区的边界上

$$n_{\mathrm{p}} = n_{\mathrm{p0}} \exp\left(\frac{qV}{kT} \right) \tag{2-44}$$

以上两式又称为结定律，其表示当 pn 结上有外加电压 V 时，在小注入情况下，势垒区边界上的少子浓度为平衡时的 $\exp(qV/kT)$ 倍。以上两式对正向偏压、反向偏压均适用。以 n 区与势垒区边界上的少子浓度 p_{n} 为例，平衡（$V=0$）时，$p_{\mathrm{n}} = p_{\mathrm{n0}}$。外加正向偏压（$V>0$）时，$p_{\mathrm{n}} > p_{\mathrm{n0}}$，且电压每增大 kT/q（室温下约为 26mV），p_{n} 扩大为原来的 e 倍。外加反向偏压（$V<0$）时，$p_{\mathrm{n}} < p_{\mathrm{n0}}$，当 $|V| \gg kT/q$ 时，$p_{\mathrm{n}} = 0$，这时边界上的少子浓度几乎不随外加反向偏压的变化而变化。

（2）势垒区边界的扩散电流

现在讨论突变 pn 结势垒区边界的扩散电流，即图 2-13 和图 2-15 中的 J_{dp} 和 J_{dn}。

① 少子浓度的边界条件

结定律已给出中性区与势垒区边界上的少子浓度，假设中性区的长度足够大，则当外加正向偏压时，非平衡少子从势垒区边界处向中性区扩散，在到达中性区的另一边时，已因复合而完全消失，故那里的少子浓度为平衡少子浓度。当外加反向偏压时，少子反过来从中性区向势垒区边界处扩散，失去的少子由中性区中的热激发产生来加以补充，在中性区中远离势垒区的另一边，少子浓度也是平衡少子浓度。于是可得 n 区和 p 区中少子浓度的边界条件分别为

$$p_n(x_n) = p_{n0}\exp\left(\frac{qV}{kT}\right), p_n\,|_{x\to\infty} = p_{n0} \tag{2-45}$$

$$n_p(-x_p) = n_{p0}\exp\left(\frac{qV}{kT}\right), n_p\,|_{x\to\infty} = n_{p0} \tag{2-46}$$

或对于非平衡少子浓度 $\Delta p_n = p_n - p_{n0}$ 与 $\Delta n_p = n_p - n_{p0}$，其边界条件分别为

$$\Delta p_n(x_n) = p_{n0}\exp\left(\frac{qV}{kT} - 1\right), \Delta p_n\,|_{x\to\infty} = 0 \tag{2-47}$$

$$\Delta n_p(-x_p) = n_{p0}\exp\left(\frac{qV}{kT} - 1\right), \Delta n_p\,|_{x\to\infty} = 0 \tag{2-48}$$

② 中性区内的非平衡少子浓度分布

以 n 区为例，当外加电压时，在势垒区边界和 n 型中性区之间存在非平衡少子的浓度差，从而造成非平衡少子的扩散，其扩散满足空穴扩散方程

$$\frac{\partial p}{\partial t} = D_p\frac{\partial^2 p}{\partial x^2} - \frac{\Delta p}{\tau_p} \tag{2-49}$$

由于 $p = p_0 + \Delta p$，且 $\frac{\partial p_0}{\partial t} = 0$，$\frac{\partial^2 p_0}{\partial x^2} = 0$，式（2-49）也可写为

$$\frac{\partial \Delta p}{\partial t} = D_p\frac{\partial^2 \Delta p}{\partial x^2} - \frac{\Delta p}{\tau_p} \tag{2-50}$$

在定态（直流）情况下，$\frac{\partial p_0}{\partial t} = 0$，则式（2-50）成为

$$\frac{d^2 \Delta p}{dx^2} = \frac{\Delta p}{L_p^2} \tag{2-51}$$

式中，$L_p = (D_p\tau_p)^{1/2}$，称为空穴的扩散长度。

通过求解空穴的扩散方程可以得到空穴浓度在空间上的分布。式（2-51）的普遍解的形式是

$$\Delta p(x) = A\exp\left(-\frac{x}{L_p}\right) + B\exp\left(\frac{x}{L_p}\right) \tag{2-52}$$

常数 A、B 需根据边界条件来确定。利用 n 区的边界条件[式（2-47）]求出常数 A、B 后，再代回式（2-52），得

$$\Delta p_{\rm n}(x) = \Delta p_{\rm n}(x_{\rm n}) \exp\left(-\frac{x-x_{\rm n}}{L_{\rm p}}\right) = p_{\rm n0}\left[\exp\left(\frac{qV}{kT}\right)-1\right]\exp\left(-\frac{x-x_{\rm n}}{L_{\rm p}}\right) \qquad (2\text{-}53)$$

当外加正向偏压且 $V \gg kT/q$ 或 $V > 0.1{\rm V}$ 时，$\exp(qV/kT) \gg 1$，式（2-53）可简化为

$$\Delta p_{\rm n}(x) = p_{\rm n0} \exp\left(\frac{qV}{kT}\right)\exp\left(-\frac{x-x_{\rm n}}{L_{\rm p}}\right) \qquad (2\text{-}54)$$

由式（2-54）可以看出，从 p 区注入 n 区的非平衡空穴，其浓度在 n 区中随距离的增大而呈指数衰减，这是因为非平衡空穴在 n 区中一边扩散一边复合。衰减的特征长度就是空穴的扩散长度 $L_{\rm p}$。每经过一个 $L_{\rm p}$，空穴浓度降为原来的 $1/{\rm e}$。经过 $3L_{\rm p} \sim 5L_{\rm p}$ 后，空穴浓度即降到原值的 $0.7\% \sim 5\%$。

当外加反向偏压且 $|V| \gg kT/q$ 或 $|V| > 0.1{\rm V}$ 时，$\exp(qV/kT) \ll 1$，式（2-53）可简化为

$$\Delta p_{\rm n}(x) = -p_{\rm n0} \exp\left(-\frac{x-x_{\rm n}}{L_{\rm p}}\right) \qquad (2\text{-}55)$$

此时，在势垒区边界附近，n 区中的空穴浓度达到最小值，并且随着距离的增大呈指数增大，直到在足够远的位置恢复为热平衡状态下的稀薄空穴浓度。这种现象是因为势垒区边缘的空穴受到了强烈电场的牵引，将它们迅速拉向 p 区，而 n 区内部的空穴则通过热激发产生，并以扩散的方式填补了在势垒区边缘减少的空穴。p 区中非平衡少子电子的浓度分布可以用相同的方式求解。

根据式（2-54）和式（2-55）可分别画出外加正向偏压和外加反向偏压时势垒区两侧中性区中的少子浓度分布，如图 2-16 所示。

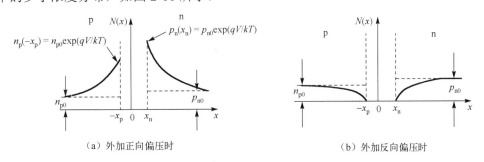

（a）外加正向偏压时　　　　　　　　　　（b）外加反向偏压时

图 2-16　势垒区两旁中性区中的少子浓度分布

③ 扩散电流

将式（2-53）代入空穴电流密度方程，忽略漂移电流密度并取 $x = x_{\rm n}$，就可得到 n 区中耗尽区边界处的空穴扩散电流密度，即

$$J_{\rm dp} = \frac{qD_{\rm p}}{L_{\rm p}} p_{\rm n0}\left[\exp\left(\frac{qV}{kT}\right)-1\right] \qquad (2\text{-}56)$$

用同样的方法可得 p 区中耗尽区边界处的电子扩散电流密度，即

$$J_{\rm dn} = \frac{qD_{\rm n}}{L_{\rm n}} n_{\rm p0}\left[\exp\left(\frac{qV}{kT}\right)-1\right] \qquad (2\text{-}57)$$

式中，$L_n = (D_n \tau_n)^{1/2}$，代表电子的扩散长度。

将式（2-56）和式（2-57）相加就可得到总的 pn 结扩散电流密度 J_d，即

$$J_d = q\left(\frac{D_p}{L_p}p_{n0} + \frac{D_n}{L_n}n_{p0}\right)\left[\exp\left(\frac{qV}{kT}\right) - 1\right] \tag{2-58}$$

令

$$J_0 = q\left(\frac{D_p}{L_p}p_{n0} + \frac{D_n}{L_n}n_{p0}\right) = qn_i^2\left(\frac{D_p}{L_p N_D} + \frac{D_n}{L_n N_A}\right) \tag{2-59}$$

则有

$$J_d = J_0\left[\exp\left(\frac{qV}{kT}\right) - 1\right] \tag{2-60}$$

当 $V = 0$ 时，$J_d = 0$。

当外加正向偏压且 $V \gg kT/q$ 时，式（2-60）可简化为

$$J_d = J_0 \exp\left(\frac{qV}{kT}\right) \tag{2-61}$$

由式（2-61）可见，正向偏压每增大 (kT/q)，正向电流便增大为原来的 e 倍。

当外加反向偏压且 $|V| \gg kT/q$ 时，式（2-60）可简化为

$$J_d = -J_0 \tag{2-62}$$

④ 反向饱和电流

从式（2-62）可以看出，在反向偏压的绝对值远大于 (kT/q) 后，反向电流密度保持恒定值（$-J_0$），而与反向偏压的大小无关，所以 J_0 被称为反向饱和电流密度。J_0 乘以 pn 结的结面积 A 称为反向饱和电流，记为 I_0。

可以对 J_0 做简单的物理解释：由于外加反向偏压时势垒区边界处的少子浓度为零，n 区内浓度为 p_{n0} 的平衡少子将以 (D_p/L_p) 的扩散速度向边界运动，形成电流密度 $qp_{n0}(D_p/L_p)$。还可从另一角度来解释：凡是离势垒区边界一个扩散长度范围内产生的少子，均可构成电流。由于 n 区少子的产生率为 (p_{n0}/τ_p)，因此电流密度为 $(qL_p p_{n0}/\tau_p)$，考虑到 $L_p^2 = D_p \tau_p$，故电流密度亦可写为 $(qD_p p_{n0}/L_p)$。p 区一个扩散长度内产生的电子扩散电流密度也有类似的表达式，将两个电流密度相加就构成了式（2-59）。

反向饱和电流的大小主要受半导体材料的种类、掺杂浓度和温度等因素的影响。一般来说，半导体材料的禁带宽度越大，反向饱和电流就越小。因此，在常用的 Ge、Si 和 GaAs 等半导体材料中，Ge 的 J_0 最大，Si 次之，而 GaAs 的禁带宽度最小，因此它们的反向饱和电流表现出不同的特性。

掺杂浓度越高，平衡少子浓度 p_{n0} 或 n_{p0} 越小，p_{n0} 也就越小。对于单边突变结，如 p^+n 结，$p_{n0} \gg n_{p0}$，J_0 主要由含 p_{n0} 的项决定，即 $J_0 = q\dfrac{D_p}{L_p}p_{n0}$，这时 J_0 的大小主要取决于低掺杂一侧的掺杂浓度。在 p^+n 结中，正向电流主要是由高掺杂的 p 区向低掺杂的 n 区注入少子造成的，反向电流主要由低掺杂的 n 区中的少子所产生。

对于同一种半导体材料和相同的掺杂浓度，温度越高，则 n_i 越大，反向饱和电流就越大，所以 J_0 具有正温度系数。室温下，Si pn 结的 J_0 值处于 10^{-10}A/cm^2 数量级。

（3）势垒区中的复合电流

势垒区中的产生复合电流密度可表示为

$$J_{gr} = q\int_{-x_p}^{x_n} R\,\mathrm{d}x \tag{2-63}$$

式中，R 代表净复合率，即电子–空穴对的浓度在单位时间内通过复合而净减小的值。

① 势垒区中的净复合率

考虑复合中心对电子和空穴有相同的俘获截面且复合中心的能级与本征费米能级相同，净复合率可表示为

$$R = \frac{np - n_i^2}{\tau(n + p + 2n_i)} \tag{2-64}$$

式中，τ 为少子寿命。为了求产生复合电流，首先需要知道势垒区中的 n 和 p 的值。根据玻耳兹曼分布，平衡时势垒区中的电子浓度与空穴浓度分别为

$$n(x) = n_{n0}\exp\left[\frac{q\phi(x)}{kT}\right] \tag{2-65}$$

$$p(x) = p_{p0}\exp\left[-\frac{qV_{bi} + q\phi(x)}{kT}\right] \tag{2-66}$$

因此，平衡时的载流子浓度乘积为

$$n(x)p(x) = n_{n0}p_{n0}\exp\left(-\frac{qV_{bi}}{kT}\right) = n_i^2 \tag{2-67}$$

当有外加电压时，只需将式（2-67）中的 V_{bi} 改为 $(V_{bi}-V)$，可得

$$n(x)p(x) = n_i^2\exp\left(\frac{qV}{kT}\right) \tag{2-68}$$

当外加电压为零时，$np = n_i^2$，$R>0$，势垒区中的净复合率处处为零；当外加正向偏压时，$np > n_i^2$，$R>0$，势垒区中有净复合；当外加反向偏压时，$np < n_i^2$，$R<0$，势垒区中有净产生。

由于式（2-64）分母中的 n 与 p 是随 x 变化的，因此势垒区中的净复合率 R 也是随 x 变化的。为了使式（2-67）便于计算，取势垒区中净复合率的最大值。由式（2-68）知 $n(x)p(x)$ 是不随 x 变化的常数，因此要使 R 达到最大，就应使式（2-64）的分母中的 $(n+p)$ 最小，这就要求 $n = p$。于是，再根据式（2-68）得

$$n = p = n_i\exp\left(\frac{qV}{2kT}\right) \tag{2-69}$$

将式（2-69）代入式（2-64）的分母中，得

$$R_{max} = \frac{n_i}{2\tau}\cdot\frac{\exp(qV/kT)-1}{\exp(qV/2kT)-1} \tag{2-70}$$

② 势垒区产生复合电流

将 R_{max} 代入式（2-63），就可以求出势垒区产生复合电流密度 J_{gr} 的近似式，即

$$J_{gr} = \frac{qn_i x_d}{2\tau} \cdot \frac{\exp(qV/kT)-1}{\exp(qV/2kT)+1} \tag{2-71}$$

当 $V=0$ 时，$J_{gr}=0$。

当外加正向偏压且 $V \gg kT/q$ 时，式（2-71）可简化为

$$J_r = \frac{qn_i x_d}{2\tau} \exp\left(\frac{qV}{2kT}\right) \tag{2-72}$$

当外加反向偏压且 $|V| \gg kT/q$ 时，式（2-71）可简化为

$$J_g = -\frac{qn_i x_d}{2\tau} \tag{2-73}$$

式（2-73）的物理意义如下：根据式（2-71），当 $V<0$ 且 $|V| \gg kT/q$ 时，势垒区内的净复合率为 $(-n_i/2\tau)$，或净产生率为 $(n_i/2\tau)$，它代表单位时间、单位体积内产生的载流子数。而 $(qn_i x_d/2\tau)$ 则代表单位时间内在宽度为 x_d 的势垒区内产生的电荷面密度。这些电荷均被势垒区内的强电场迅速拉出，不会在该区再复合，由此可直接得到式（2-73）。

③ 扩散电流与势垒区产生复合电流的比较

正向偏压下的 pn 结电流为正向扩散电流（J_d）与势垒区复合电流（J_r）之和，但是在不同的电压和温度范围内，往往只有一种电流是主要的。现在以 p^+n 结为例来说明这一点，在 p^+n 结中，由于 $N_A \gg N_D$，p_{n0}（$p_{n0} = n_i^2/N_D$）比 n_{p0}（$n_{p0} = n_i^2/N_A$）大得多，故含 n_{p0} 的项可以略去，由式（2-59）得

$$J_0 = q\frac{D_p}{L_p}p_{n0} = \frac{qL_p n_i^2}{\tau_p N_D} \tag{2-74}$$

考察 J_d 与 J_r 之比。当外加正向偏压且 $V \gg kT/q$ 时，根据式（2-61）和式（2-72），得

$$\frac{J_d}{J_r} = \frac{2L_p n_i}{x_d N_D}\exp\left(\frac{qV}{2kT}\right) = \frac{2L_p\sqrt{N_C N_V}}{x_d N_D}\exp\left(\frac{-E_g+qV}{2kT}\right) \tag{2-75}$$

这个比值灵敏地取决于指数中的 E_G、V 及 T。当温度一定时，正向偏压越小，比值 J_d/J_r 越小，总的正向电流中势垒区复合电流（J_r）的比例就越大；正向偏压越大，比值 J_d/J_r 越大，正向扩散电流（J_d）的比例就越大。半导体材料的禁带宽度（E_G）越大，则从以势垒区复合电流（J_r）为主过渡到以正向扩散电流（J_d）为主的正向偏压值就越高。Si 的禁带宽度约为 1.1eV，在室温下，当 $V<0.3V$ 时，以势垒区复合电流（J_r）为主，当 $V>0.45V$ 时，以正向扩散电流（J_d）为主。在常用的正向偏压范围内，Si pn 结的正向电流以正向扩散电流（J_d）为主。

25℃时 Si、Ge 和 GaAs pn 结的正向电流与电压的关系曲线如图 2-17 所示。由于电流是用对数坐标表示的，曲线的斜率取决于总电流的指数因子。由式（2-61）和式（2-72）可知，当以正向扩散电流为主时，斜率为 q/kT；当以势垒区复合电流为主时，斜率为 $q/2kT$。从图中曲线可知各种材料的 pn 结在什么电压范围内以什么电流为主。

在大电流范围时，曲线变得较为平坦，斜率再次变为 $q/2kT$，这是因为在大注入时发生了其他效应。

　　反向偏压下的 pn 结电流为反向扩散电流与势垒区产生电流之和,在不同的电压和温度范围内往往也只有一种电流是主要的。当 $|V| \gg kT/q$ 时,反向扩散电流为反向饱和电流(J_0),它不随反向偏压而变化。但由于势垒区产生电流(J_g)正比于势垒区宽度,因此将随反向偏压的增大而略有增大,即(J_g)并不饱和。

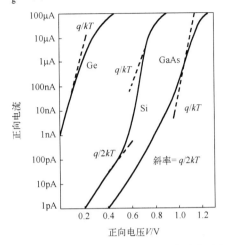

图 2-17　25℃时 Si、Ge 和 GaAs pn 结的正向电流与电压的关系曲线

　　两种电流随温度变化的规律也不一样。反向扩散电流(J_0)含 n_i^2 因子,它与温度的关系主要由 $\exp(-E_G/kT)$ 决定, $\ln J_0$ 与 $1/T$ 成直线关系,斜率为 $-E_G/k$。势垒区产生电流(J_g)则含 n_i 因子, $\ln J_g$ 与 $1/T$ 也成直线关系,但斜率为 $-E_G/2k$。两种斜率相差一倍。

　　仍以 p^+n 结为例,当 $|V| \gg kT/q$ 时,两种反向电流的比值为

$$\frac{J_0}{-J_g} = \frac{2L_p n_i}{x_d N_D} = \frac{2L_p \sqrt{N_C N_V}}{x_d N_D} \exp\left(-\frac{E_G}{2kT}\right) \tag{2-76}$$

　　从式(2-76)可以看出,当温度较低时,总的反向电流以势垒区产生电流为主;当温度较高时,则以反向扩散电流为主。禁带宽度 E_G 越大,则由以势垒区产生电流为主过渡到以反向扩散电流为主的温度就越高。对于 Si pn 结,在室温下以势垒区产生电流为主,只有在很高的温度下才以反向扩散电流为主。图 2-18 所示为 Si、Ge 和 GaAs 三种材料的 pn 结的实验结果。

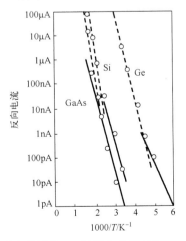

图 2-18　反向偏压为 1V 时反向电流与温度的关系曲线

3. 反向偏置的击穿

根据前面的讨论可以得知，在小的反向偏压下，pn 结的反向电流很小，而且基本上与外加的反向偏压无关。然而，当反向偏压增大到某个临界值以上时，pn 结将会经历反向击穿现象，这时的反向电流急剧增大，如图 2-19 所示。一旦发生击穿，pn 结的电压就几乎保持不变，或者只略微增大，此时的电流-电压关系曲线呈现出陡峭的特性。

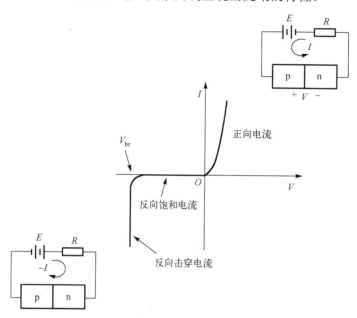

图 2-19　pn 结的反向击穿

pn 结的击穿并不意味结的损伤，只要通过适当的外电路把击穿电流限制在合理的范围内，pn 结就仍然可以安全地工作。例如，图 2-19 中二极管的反向电流的最大值被限制为 $(E-V_{br})/R$（V_{br} 表示该二极管的击穿电压）。为了确保不同二极管的安全操作，可以选择不同阻值和额定功率的串联电阻 R，以将二极管的工作状态限制在安全范围内。否则，二极管可能会承受超过其额定功率的功率，导致过热并可能损坏。

pn 结的击穿现象分为两种情况：第一种是低反向偏压下发生的齐纳击穿，其击穿电压通常只有几伏；第二种是高反向偏压下才会发生的雪崩击穿，其击穿电压为几伏到几千伏。这两种击穿现象的发生机制是不同的，接下来将对它们进行详细的解释。

（1）齐纳击穿

如果 pn 结的两个区域都经过高度掺杂，那么即使在相对较低的反向偏压下，n 区的导带和 p 区的价带在能量上也会有一定程度的交叠，如图 2-20 所示。这意味着 n 区导带中的某些未被电子占据的空能级与 p 区价带中的某些被电子占据的能级具有相同的能量水平。与此同时，高度掺杂的 pn 结的势垒区非常窄，这将导致电子从 p 区的价带向 n 区的导带进行隧穿，形成了从 n 区流向 p 区的隧道电流，这种现象被称为齐纳（Zener）击穿，或称为齐纳效应。显然，隧穿发生的条件是势垒区宽度足够窄、势垒高度有限。隧穿概率主要取决于势垒区宽度 d（$d<W$）。只要 pn 结是突变结且两区的掺杂浓度都足够高，使空间电荷区的宽度 W 足够小，就容易发生隧穿。如果 pn 结不是突变结，或者某一区是轻掺杂的，则一般不容易发生隧穿。

　　通常情况下，当反向偏压较小（约几伏）时，尽管 n 区的导带和 p 区的价带在能量上有一定程度的交叠，势垒区宽度 d 也相对较大，不会出现明显的隧穿现象。但是，随着反向偏压的增大，空间电荷区边缘的能带结构发生急剧变化，导致势垒区宽度 d 减小，从而明显增大了隧穿的概率。尽管反向偏压增大时，空间电荷区的宽度 W 也会增大，但对于高度掺杂的 pn 结来说，W 随着反向偏压的变化并不明显，而势垒区宽度 d 却会随着反向偏压的增大而显著减小。如果在几伏的反向偏压下仍未发生齐纳击穿，这表明 pn 结的击穿更可能是雪崩击穿，而不是齐纳击穿。

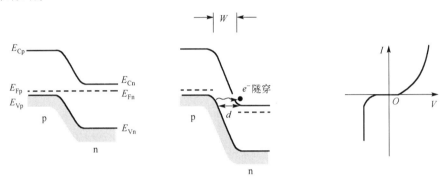

(a) 重掺杂pn结的能带（平衡态）　　(b) 反置时电子从p区隧穿到n区　　(c) pn结的电流-电压特性

图 2-20　齐纳击穿

　　在图 2-21 所示的价键模型中，齐纳击穿可视为空间电荷区内的原子发生了场致电离的结果。也就是说，在高于某一临界电场强度的强电场的作用下，组成共价键的电子脱离了共价键的束缚，进而加速运动到 n 区一侧。场致电离的临界电场强度大致处于 10^6 V/cm 量级。

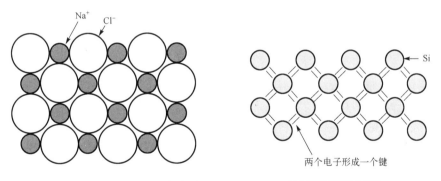

(a) NaCl晶体中的离子键，这是离子键的典型例子　　(b) Si晶体中的共价键

图 2-21　固体中不同类型的化学键

（2）雪崩击穿

　　对于轻掺杂的 pn 结，隧道效应可以忽略，击穿主要发生在碰撞电离的机制下，形成雪崩击穿。在这个过程中，当载流子在晶格中移动时，它们获得了极高的能量，因与晶格原子碰撞而导致原子电离，生成了电子-空穴对，如图 2-22（a）所示。一旦这些电子-空穴对进入耗尽区，它们受到电场的影响就被迅速加速，电子被推向 n 区，而空穴则被推向 p 区，如图 2-22（b）所示。电离出来的载流子再次与晶格原子碰撞，产生更多的电子-空穴对。这个碰撞电离的过程就像雪崩一样，不断地产生大量的电子-空穴对，最终导致雪崩击穿，如图 2-22（c）所示。这种过程使得载流子数量呈指数增长，最终导致击穿。

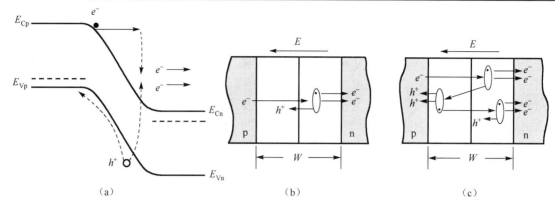

图 2-22　碰撞电离产生电子-空穴对的过程

现在进一步分析载流子的雪崩倍增过程。设两种载流子发生电离碰撞的概率（电离率）都是 P，若开始时有 n_{in} 个一次电子进入耗尽区并与晶格原子发生电离碰撞，则产生 Pn_{in} 个二次电子-空穴对，此时耗尽区内共有 $n_{in}(1+P)$ 个电子（一次电子和二次电子的数量之和）。每个二次电子-空穴对在耗尽区内运动的距离都等于耗尽区的宽度 W。比如，设一个二次电子-空穴对在耗尽区中心产生，则其中的电子将运动 $W/2$ 的距离到达 n 区，空穴也将运动 $W/2$ 的距离而到达 p 区。二次电子和空穴与晶格原子发生电离碰撞的概率与一次电离碰撞的概率相同，也是 P（后续级次的电离碰撞概率也一样）。这样，Pn_{in} 个二次电子-空穴对又能产生 Pn_{in}^2 个三次电子-空穴对。以此类推，经过多次电离碰撞后，能够到达 n 区并贡献到反向电流之中的电子总数是

$$n_{out} = n_{in}(1+P+P^2+P^3+\cdots) \tag{2-77}$$

这里的分析是粗略的，没有考虑载流子的复合，也未考虑电子和空穴电离碰撞概率之间的差异，在较为精确的分析中要考虑这些因素。作为简单估计，电子的倍增因子应当是

$$M = \frac{n_{out}}{n_{in}} = 1+P+P^2+P^3+\cdots = \frac{1}{1-P} \tag{2-78}$$

显然，当电离率 P 接近于 1 时，倍增因子将变成无限大，通过 pn 结的反向电流也将增至无限大。但是在实际应用中，通过 pn 结的电流总要受到外电路的限制，所以不会是无限大。

虽然电离率 P 和倍增因子 M 之间的关系比较简单，但电离率与其他参数之间的关系很复杂。从物理机制上来说，电离率 P 应是随着电场强度的增大而增大的，所以与 pn 结的反向偏压 V 有关。人们根据实测数据总结得到了 M 和 V 之间的经验关系

$$M = \frac{1}{1-(V/V_{br})^n} \tag{2-79}$$

式中，V_{br} 表示雪崩击穿电压，n 与材料的种类有关，其数值在 3～6 范围内变化。

一般来说，禁带宽度大的半导体材料，发生电离碰撞所需的能量也高，发生击穿的临界反向偏压随着禁带宽度 W 的增大而增大。另外，由于 pn 结中电场强度的峰值随着掺杂浓度的增大而增大，因此击穿电压 V 随着掺杂浓度的增大而降低，如图 2-23 所示。

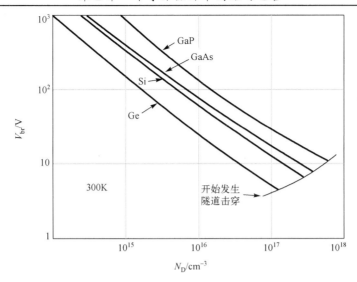

图 2-23　几种半导体材料的 pn 突变结雪崩击穿电压与轻掺杂 n 区掺杂浓度的关系

2.1.4　瞬态响应

在实际应用中，许多器件都被用于处理信号开关或交流信号，因此结电压、电流及载流子分布会随时间而变化。对这些问题提供准确和全面的描述相对较为复杂，因为涉及复杂的数学问题，本节将对这些问题进行定性介绍和简单的理论分析。接下来将关注几种典型的、特殊的瞬态过程，并通过求解与时间相关的电流连续性方程来进行简要的说明。

1. 存储电荷的瞬态变化

处于正向偏置状态的 pn 结，如果外加电压是随着时间而变化的，则通过其中的电流也是随着时间而变化的，同时，中性区内存储的过剩少子电荷也是随时间而变化的。存储电荷的变化需要一定的时间，因此滞后于电流的变化，这实际上就是 pn 结的一种内在的电容效应。

$$\frac{\partial p(x,t)}{\partial t} = -\frac{1}{q}\frac{\partial J_p}{\partial x} - \frac{\Delta p}{\tau_p} \tag{2-80}$$

为了求解存储电荷随时间变化的瞬态过程，必须应用式（2-80）所示的与时间有关的电流连续性方程来求解任意位置 x、任意时刻 t 的两种载流子的电流。对于空穴，根据式（2-80）有

$$-\frac{\partial J_p(x,t)}{\partial x} = q\frac{\Delta p(x,t)}{\tau_p} + q\frac{\partial p(x,t)}{\partial t} \tag{2-81}$$

将两边对 x 积分，可得到 t 时刻空穴的电流密度

$$J_p(0) - J_p(x) = q\int_0^x \left[\frac{\Delta p(x,t)}{\tau_p} + \frac{\partial p(x,t)}{\partial t} \right] \mathrm{d}x \tag{2-82}$$

对 p^+n 结来说，可近似认为 $x_n = 0$ 处的空穴扩散电流就是结的总电流。设 n 区的长度很大，并考虑到 $x_n = \infty$ 处的空穴电流密度 J_p 为零，则 p^+n 结的瞬态电流为

$$i(t) = i(p)(x_n = 0, t) = \frac{qA}{\tau_p} \int_0^\infty \Delta p(x_n, t) \mathrm{d}x_n + qA \frac{\partial}{\partial t} \int_0^\infty p(x_n, t) \mathrm{d}x_n$$

$$i(t) = \frac{Q_p(t)}{\tau_p} + \frac{\mathrm{d}Q_p(t)}{\mathrm{d}t} \qquad (2\text{-}83)$$

这说明通过 p^+n 结的总电流主要由两种因素决定：（1）$Q_p(t)/\tau_p$，它代表载流子复合引起的电流，表示存储的少子空穴电荷 Q_p 每隔 τ_p 就更新一次；（2）$\mathrm{d}Q_p(t)/\mathrm{d}t$，它表示存储电荷 $Q_p(t)/\tau_p$ 本身随时间变化形成的电流。稳态情况下，存储电荷不随时间而变化，式（2-83）转换为稳态电流公式。其实，考虑到注入的空穴电流必须为复合过程和少子存储过程提供电荷，完全可以不用求解连续性方程而直接写出式（2-83）。

下面求解 p^+n 结中存储电荷随时间的变化关系。设 $t = 0$ 时电流被突然关断（从 1 减小为 0），如图 2-24（a）所示，则刚关断时存储的空穴电荷仍然是 $I\tau_p$。经过一段时间后，由于复合作用，存储电荷才逐渐消失。应用拉普拉斯变换和 $i = 0$（$t > 0$）、$Q_p = I\tau_p$（$t = 0$）的条件，由式（2-83）可得到

$$0 = \frac{1}{\tau_p} Q_p(s) + sQ_p(s) - I\tau_p$$

$$Q_p(s) = \frac{I\tau_p}{s + 1/\tau_p}$$

$$Q_p(t) = I\tau_p \mathrm{e}^{-t/\tau_p} \qquad (2\text{-}84)$$

也就是说，n 区内存储的过剩空穴电荷从电流关断的时刻（$t = 0$）开始，随着时间的延续而呈指数减少，时间常数等于空穴的寿命 $I\tau_p$。

从图 2-24 可见，即使电流被关断了，pn 结的结电压也不是立即消失的，而是仍将持续一段时间，直到 Q_p 完全消失为止。在这段时间内，结电压 $v(t)$ 随着 Q_p 的减小而逐渐减小。把过剩空穴浓度 $\Delta p_n(t)$ 与结电压 $v(t)$ 联系起来，可知二者的关系是

$$\Delta p_n(t) = p_n(\mathrm{e}^{qv(t)/kT} - 1) \qquad (2\text{-}85)$$

只要知道了 $\Delta p_n(t)$，便容易得到 $v(t)$。但 $\Delta p_n(t)$ 不容易从 $Q_p(t)$ 的表达式中直接解出，原因是在关断过程中过剩空穴的分布并不像稳态那样具有指数衰减形式，并且由于空穴注入电流与 $x_n = 0$ 处的空穴浓度梯度成正比，所以当电流变为零时，$x_n = 0$ 处的空穴浓度梯度必为零，如图 2-24（c）所示。随着时间的推移，$\Delta p(x_n, t)$ 和 $\Delta p(x_p, t)$ 逐渐减小。必须求解与时间有关的电流连续性方程才能得到 $\Delta p(x_n, t)$ 和 $\Delta p(x_p, t)$ 的精确表达式，这显然是很困难的。

但如果近似认为关断过程中每一时刻过剩空穴的浓度分布都具有稳态那样的指数衰减形式，则问题就简单多了，这种近似称为准稳态近似。此时并不需要考虑 $x_n = 0$ 处空穴浓度梯度等于零的限制，即仍然认为该处空穴浓度的分布是整个指数分布的一部分，便可容易地得到结电压 $v(t)$ 的准稳态近似解。设 n 区内过剩空穴的浓度分布为

$$\Delta p(x_n, t) = \Delta p_n(t) \mathrm{e}^{-x_n/L_p} \qquad (2\text{-}86)$$

则任意时刻 n 区内存储的过剩空穴电荷为

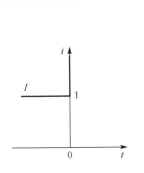
（a）$t=0$ 时电流被关断

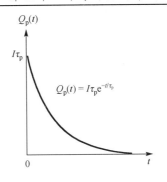
（b）n 区中存储的过剩空穴电荷随时间的
延续而呈指数衰减

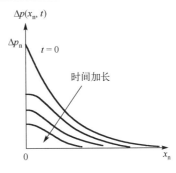
（c）过剩空穴浓度的分布及其随时间的变化

图 2-24 p^+n 结的关断瞬态特性

$$Q_p(t) = qA \int_0^\infty \Delta p_n(t) e^{-x_n/L_p} dx_n = qAL_p \Delta p_n(t) \qquad (2\text{-}87)$$

根据式（2-85）将 $\Delta p_n(t)$ 和 $v(t)$ 联系起来，并利用式（2-87），有

$$\Delta p_n(t) = p_n(e^{qv(t)/kT} - 1) = \frac{Q_p(t)}{qAL_p} \qquad (2\text{-}88)$$

于是，便得到了结电压随时间变化的准稳态近似解为

$$v(t) = \frac{kT}{q} \ln\left(\frac{I\tau_p}{qAL_p p_n} e^{-t/\tau_p} + 1 \right) \qquad (2\text{-}89)$$

虽然这一结果不够精确，但指出了 pn 结关断过程的基本规律，它指出：在关断过程中，结电压与结电流的变化是不同步的。这一点对于开关二极管的应用来说是一个值得关注的问题。

与存储电荷有关的许多问题都可以通过适当的设计加以解决。例如，以 p^+n 结为例，如果把 n 区的长度设计得比空穴的扩散长度还要小，则 n 区将只能存储少量的空穴，有利于缩短关断时间，这种二极管称为短基区二极管。另外，如果在 pn 结材料中人为地引入某些复合中心，还可以使关断时间进一步缩短。例如，在 Si 中掺入杂质 Au，可显著增大载流子的复合率，从而明显地缩短二极管的关断时间。

2．反向恢复过程

开关二极管工作时需要在正向导通态和反向阻断态之间不断切换。开关过程中存储电荷的变化规律比前述关断过程更为复杂，并且开关过程中的瞬态反向电流可以比稳态反向饱和电流大得多。

假设在 p^+n 结二极管上施加一个方波驱动电压，如图 2-25（a）所示，该方波的幅值在 $-E$ 和 E 之间周期性地变化。当电压为 E 时，二极管被正向偏置，流过二极管的稳态电流为 I_f。如果电压 E 比 p^+n 结的通态压降高得多，则其大部分降落在了外接的串联电阻 R 上，流过二极管的电流 $i = I_f \approx E/R$。当信号电压突然从 E 变化到 $-E$ 时，电流必须从 $i = I_f \approx E/R$ 立即改变为 $-E/R$，显然该反向电流很大。反向电流之所以很大，是因为存储的电荷和 p^+n 结电压不能随着驱动电压的变化而立即变化，即当电流反向时，结电压仍表现为某个小的正向压降，从回路方程可知此时的反向电流应近似等于 $-E/R$。既然电流已发生反向，那么 $x_n=0$ 处的空穴浓度梯度也相应地由负值变为正值。

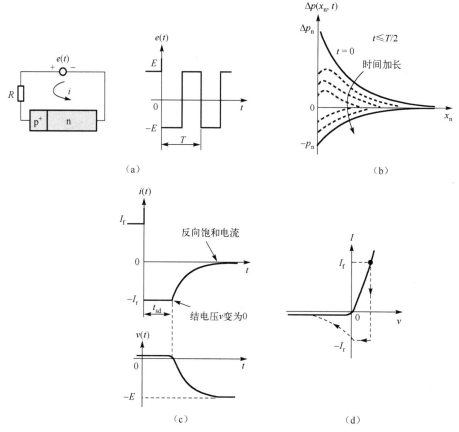

图 2-25　p^+n 结二极管的存储延迟时间和反向恢复过程

利用式（2-85）也可分析反向过程中结电压随时间的变化规律。只要 Δp_n 为正，结电压 $v(t)$ 就为正，但数值较小（pn 结的正向压降）；在 Δp_n 逐渐减小到零的过程中，反向电流基本保持为 $i \approx -E/R$ 不变；当 Δp_n 继续减小为负值（$-p_n$）时，结电压才变为负值，如图 2-25（b）和图 2-25（c）所示。在此过程中，外加电压在串联电阻 R 和 pn 结之间发生重新分配，即随着时间的推移，外加电压中的更多部分降落到了 pn 结上，使反向电流越来越小，最终维持为 pn 结的反向饱和电流。把外加电压开始反向到过剩空穴浓度减小到零所需的时间（或者结电压减小到零所需的时间）称为存储延迟时间，用 t_{sd} 表示。存储延迟时间是衡量二极管性能优劣的一个重要参数，它应当比实际要求的开关时间短才行，如图 2-26 所示。决定 t_{sd} 大小的一种最重要的因素是载流子寿命，对 p^+n 结二极管而言，空穴的寿命决定了 t_{sd} 的大小。由于复合率决定了存储电荷消失过程的快慢，因此 t_{sd} 与 τ_p 成正比。经过专门分析和数学推导可知

$$t_{sd} = \tau_p \left[\mathrm{erf}^{-1} \left(\frac{I_f}{I_f + I_r} \right) \right]^2 \qquad (2\text{-}90)$$

式中，误差函数 erf(x) 是一个列表函数。式（2-90）是关于 t_{sd} 的一个精确解，其推导过程比较烦琐，这里不再给出。

在讨论整流二极管的特性时，主要关注的是如何减小反向饱和电流及正常工作时的功耗。对开关二极管来说，一个基本的要求就是必须能够在导通态和阻断态之间迅速转换，即必须

关注它对开关信号的响应速度。前面已给出了关断过程和反向恢复过程的有关方程［参见式（2-83）和式（2-90）］，很明显，开关速度快的二极管，要么存储的过剩少子电荷少，要么载流子的寿命短，或者两者兼而有之。

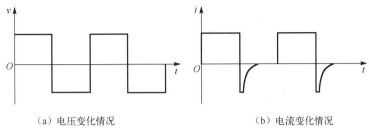

（a）电压变化情况　　　　　　　　　　　　（b）电流变化情况

图 2-26　存储延迟时间对开关信号的影响

既然在 pn 结材料中引入复合中心可以缩短关断时间和反向恢复时间，那么可以提高二极管的开关速度。对 Si 二极管来说，通常在其中掺入金（Au）作为复合中心，可以近似地认为载流子的寿命与复合中心的浓度成反比。比如，设掺 Au 之前 Si p⁺n 结二极管中少子空穴的寿命是 $\tau_p = 1\mu s$，存储延迟时间是 $t_{sd} = 0.1\mu s$；若在其中掺入浓度为 $10^{14} cm^{-3}$ 的 Au，则空穴寿命和存储延迟时间分别减小到 $\tau_p = 0.1\mu s$ 和 $t_{sd} = 0.01\mu s$；若将 Au 的浓度提高到 $10^{15} cm^{-3}$，则两个参数进一步减小到 $\tau_p = 0.01\mu s$ 和 $t_{sd} = 0.001\mu s = 1ns$。但从另一方面来看，如果掺 Au 的浓度过高，则空间电荷区内通过复合中心产生的载流子将显著增多、反向电流将增大，所以 Au 的浓度也不宜过高。另外，当 Au 的浓度与轻掺杂区的掺杂浓度接近时，将会影响轻掺杂区的载流子平衡浓度。提高二极管开关速度的另一种方法是使轻掺杂区的长度小于少子的扩散长度，即采用短基区二极管结构，这样，存储在轻掺杂区的少子电荷很少，从而使关断时间大幅缩短。

2.2　异　质　结

在 pn 结的分析中，我们假设半导体材料在整个结构中都是均匀的，这种类型的结被称为同质结。当两种不同的半导体材料组成一个结时，这种结称为异质结。本节主要介绍异质结的基本概念，对异质结结构的具体分析（如其量子学原理和详细的计算）则不在本节的讨论范围之内，关于异质结的讨论只局限于对基本概念的介绍。

2.2.1　形成异质结的材料

如果组成异质结的两种材料的禁带宽度不同，则结表面的能带将不再连续。在 GaAs-Al$_x$Ga$_{1-x}$As 异质结系统中，这种由禁带宽度不同的材料直接接触形成的结称为突变结。与之相对应，如果存在一个系统，x 值在几纳米范围内连续变化，则形成一个缓变结。改变 Al$_x$Ga$_{1-x}$As 系统中的 x 值，可以改变禁带宽度的值。为了形成一个有用的异质结，两种材料的晶格必须匹配，晶格的不匹配会引起表面断层并最终导致表面态的产生，因此晶格的匹配非常重要。

2.2.2　能带图

在由窄带隙材料和宽带隙材料构成的异质结中，带隙能量的一致性在决定结的特性方面起重要作用。图 2-27 所示为三种可能的情况，其中，图 2-27（a）显示了宽带隙材料的禁带与窄带隙材料的能带完全交叠的现象，这种现象称为跨骑，存在于大多数异质结中，这里只讨论这种情况。其他情况称为交错和错层，分别示于图 2-27（b）和图 2-27（c）中。

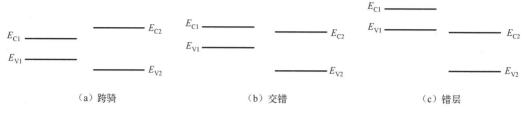

（a）跨骑　　　　　　　　　　（b）交错　　　　　　　　　　（c）错层

图 2-27　窄带隙和宽带隙能量的关系

存在 4 种基本类型的异质结：掺杂类型不同的异质结称为反型异质结，可以制成 nP 结或 Np 结，其中大写字母表示较宽带隙的材料；掺杂类型相同的异质结称为同型异质结，可以制成 nN 和 pP 同型异质结。

图 2-28 所示为分离的 n 型和 p 型材料的能带图，以真空能级为参考能级。宽带隙材料的电子亲和能比窄带隙材料的电子亲和能要低，两种材料的导带能量差以 ΔE_C 表示，两种材料的价带能量差以 ΔE_V 表示，由图 2-28 可知

$$\Delta E_V = e(\chi_n - \chi_p) \tag{2-91}$$

和

$$\Delta E_C + \Delta E_V = E_{Gp} - E_{Gn} = \Delta E_G \tag{2-92}$$

在理想突变异质结中用非简并掺杂半导体，真空能带与两个导带能级和价带能级平行。如果真空能级是连续的，那么存在于异质结表面的 ΔE_C 和 ΔE_V 是不连续的。图 2-29 显示了一个热平衡状态下的典型理想 nP 异质结。为了使两种材料形成统一的费米能级，窄带隙材料中的电子和宽带隙材料中的空穴必须越过结接触势垒。和同质结一样，这种电荷的穿越会在冶金结的附近形成空间电荷区。空间电荷区在 n 区一侧的宽度用 x_n 表示，在 p 区一侧的宽度用 x_p 表示。导带与价带中的不连续性与真空能级上的电荷表示在图中。

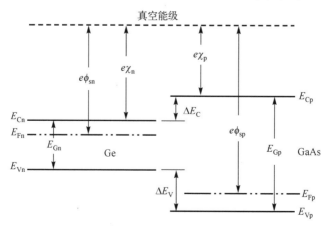

图 2-28　窄带隙材料和宽带隙材料在接触前的能带图

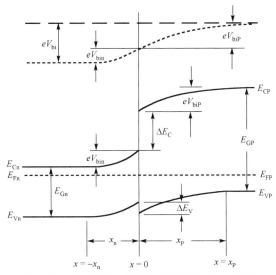

图 2-29 热平衡状态下的典型理想 nP 异质结

2.2.3 二维电子气

在研究异质结的静电学特性之前，我们先讨论同型异质结的一个特性。以较为成熟的 GaAs-AlGaAs 异质结为例，图 2-30 显示了在热平衡状态下，一个 nN GaAs-AlGaAs 异质结的理想能带图。在这里，AlGaAs 材料被适度地重掺杂，而 GaAs 材料应该是轻掺杂的，或者处于本征态。正如之前提到的，为了达到热平衡，电子会从宽带隙材料 AlGaAs 流向 GaAs，在靠近界面的势阱区形成电子的积累。之前提到的一个基本的量子力学观点是：电子在势阱中的能级是量子化的。二维电子气指的是这样一种情况：电子在一个空间方向（与界面垂直的方向）上具有量子化的能级，同时可以在其他两个空间方向上自由移动。

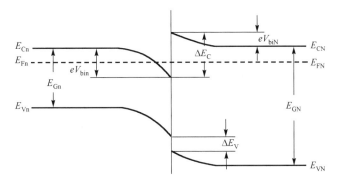

图 2-30 nN GaAs-AlGaAs 异质结在热平衡状态下的理想能带图

表面附近的势函数可以近似为三角形的势阱。图 2-31（a）显示了导带边缘靠近突变结表面处的能带，图 2-31（b）显示了三角形势阱的近似形状，可得

$$\begin{cases} V(z) = eEz & z > 0 \\ V(z) = \infty & z < 0 \end{cases} \qquad\qquad \begin{array}{l}(2\text{-}93)\\ (2\text{-}94)\end{array}$$

用这个势函数可以求解薛定谔波动方程。图 2-31（b）显示了量子化的能级，通常不考虑高能级部分。

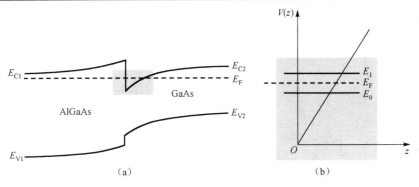

图 2-31　N-AlGaAs/n-GaAs 异质结的导带边缘图和电子能量的三角形势阱

　　三角形势阱中的电子密度如图 2-32 所示,平行于表面的电流是电子浓度和电子迁移率的函数。由于 GaAs 是轻掺杂或本征的,因此二维电子气处于一个低掺杂浓度区,因此杂质散射效应达到最小程度。在同样的区域中,电子的迁移率远大于已电离空穴的迁移率。

　　电子平行于表面的运动受到 AlGaAs 中电离杂质的库仑引力的影响,采用 AlGaAs-GaAs 异质结时这种影响将大幅减弱。在 $Al_xGa_{1-x}As$ 这一层中,摩尔分数 x 随距离而变化。在这种情况下,可以将逐渐变化的本征 AlGaAs 层夹在 n 型的 AlGaAs 和 GaAs 之间。图 2-33 所示为热平衡状态下 AlGaAs-GaAs 异质结的导带边缘。势阱中的电子远离已电离的杂质,因此电子迁移率较突变异质结中的迁移率会有很大的提高。

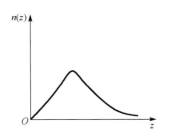

图 2-32　三角形势阱的电子密度

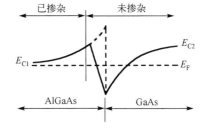

图 2-33　热平衡状态下 AlGaAs-GaAs 异质结的导带边缘

2.2.4　静电平衡态

　　现在来讨论 nP 异质结的静电性能,如图 2-29 所示。正如同质结中的情形一样,在空间电荷区中 n 区和 p 区一侧存在电势差,这一电势差相当于结两边的内建电势差。在图 2-29 所示的理想情况下,内建电势差被定义为真空能级两端的电势差,内建电势差是所有空间电荷区电势差的总和。异质结的内建电势差不等于结两端的导带能量差或价带能量差。

　　理想情况下,总内建电势差可以表示成功函数的差,即

$$V_{bi} = \phi_{sP} - \phi_{sn} \tag{2-95}$$

根据图 2-28,式（2-95）可以写为

$$eV_{bi} = [e\chi_P + E_{GP} - (E_{FP} - E_{VP})] - [e\chi_n + E_{Gn} - (E_{Fn} - E_{Vn})] \tag{2-96}$$

即

$$eV_{bi} = e(\chi_P - \chi_n) + (E_{GP} - E_{Gn}) + (E_{Fn} - E_{Vn}) - (E_{FP} - E_{VP}) \tag{2-97}$$

它可进一步写为

$$eV_{bi} = -\Delta E_C + \Delta E_G + kT\ln\left(\frac{N_{Vn}}{p_{n0}}\right) - kT\ln\left(\frac{N_{VP}}{p_{p0}}\right) \tag{2-98}$$

最后，式（2-98）可表示为

$$eV_{bi} = \Delta E_V + kT\ln\left(\frac{p_{p0}}{p_{n0}} \cdot \frac{N_{Vn}}{N_{VP}}\right) \tag{2-99}$$

其中 p_{p0} 和 p_{n0} 分别是 p 型和 n 型材料的空穴浓度，而 N_{Vn} 和 N_{VP} 分别是 n 型和 p 型材料的有效状态密度。还可将内建电势差转换成导带形式的表达式

$$eV_{bi} = -\Delta E_C + kT\ln\left(\frac{n_{n0}}{n_{p0}} \cdot \frac{N_{Cn}}{N_{CP}}\right) \tag{2-100}$$

如同用泊松方程求同质结中的电场强度及电势一样，也可以用它求出异质结中的电场强度及电势。对于两边均匀掺杂的异质结，在 n 区有

$$E_n = \frac{eN_{Dn}}{\varepsilon_n}(x_n + x) \qquad -x_n < x \leqslant 0 \tag{2-101}$$

在 p 区有

$$E_P = \frac{eN_{AP}}{\varepsilon_P}(x_P - x) \qquad 0 < x \leqslant x_P \tag{2-102}$$

其中 ε_n 和 ε_P 分别是 n 区和 p 区的介电常数。由式（2-102）可知在 $x = -x_n$ 时 $E_n=0$，在 $x=x_P$ 时 $E_P=0$。结中的电流密度是连续的，所以有

$$\varepsilon_n E_n(x=0) = \varepsilon_P E_P(x=0) \tag{2-103}$$

从而有

$$N_{Dn}x_n = N_{AP}x_P \tag{2-104}$$

式（2-104）指出 p 区的净负电荷量等于 n 区的净正电荷量，这与 pn 同质结中的情况一样，此处忽略异质结中存在的表面态影响。

对电场强度在空间电荷区积分，可分别得到电势在两个区域的表达式

$$V_{bin} = \frac{eN_{Dn}x_n^2}{2\varepsilon_n} \tag{2-105}$$

和

$$V_{biP} = \frac{eN_{DP}x_P^2}{2\varepsilon_P} \tag{2-106}$$

式（2-104）可以写成

$$\frac{x_n}{x_P} = \frac{N_{AP}}{N_{Dn}} \tag{2-107}$$

则内建电势差值可以由下式决定

$$\frac{V_{\text{bin}}}{V_{\text{biP}}} = \frac{\varepsilon_P}{\varepsilon_n} \cdot \frac{N_{\text{Dn}}}{N_{\text{AP}}} \cdot \frac{x_n^2}{x_P^2} = \frac{\varepsilon_P N_{\text{AP}}}{\varepsilon_n N_{\text{Dn}}} \tag{2-108}$$

假定 ε_P 和 ε_n 具有同样的数量级，则势垒较大的穿过低掺杂区。

总内建电势差是

$$V_{\text{bi}} = V_{\text{bin}} + V_{\text{biP}} = \frac{eN_{\text{Dn}}x_n^2}{2\varepsilon_n} + \frac{eN_{\text{AP}}x_P^2}{2\varepsilon_P} \tag{2-109}$$

将式（2-104）代入式（2-109）得

$$x_n = \left[\frac{2\varepsilon_n \varepsilon_P N_{\text{AP}} N_{\text{bi}}}{eN_{\text{Dn}}(\varepsilon_n N_{\text{Dn}} + \varepsilon_P N_{\text{AP}})} \right]^{1/2} \tag{2-110}$$

同样有

$$x_P = \left[\frac{2\varepsilon_n \varepsilon_P N_{\text{Dn}} N_{\text{bi}}}{eN_{\text{AP}}(\varepsilon_n N_{\text{Dn}} + \varepsilon_P N_{\text{AP}})} \right]^{1/2} \tag{2-111}$$

总耗尽层宽度为

$$W = x_n + x_P = \left[\frac{2\varepsilon_n \varepsilon_P (N_{\text{Dn}} + N_{\text{AP}}) N_{\text{bi}}}{eN_{\text{AP}} N_{\text{Dn}}(\varepsilon_n N_{\text{Dn}} + \varepsilon_P N_{\text{AP}})} \right]^{1/2} \tag{2-112}$$

如果给异质结加反向偏压，将 V_{bi} 用 $V_{\text{bi}} + V_R$ 代替，则这些公式仍然适用。类似地，如果加正向偏压，将 V_{bi} 用 $V_{\text{bi}} - V_a$ 代替，则这些公式也仍然适用。和前面定义的一样，V_R 是反向偏压值，V_a 是正向偏压值。

如同在同质结中的情况，耗尽层宽度随着结电压及结电容的变化而变化。对于 nP 结，可以发现

$$C_J' = \left[\frac{2\varepsilon_n \varepsilon_P N_{\text{Dn}} N_{\text{AP}}}{2(V_{\text{bi}} + V_R)(\varepsilon_n N_{\text{Dn}} + \varepsilon_P N_{\text{AP}})} \right]^{1/2} \quad (\text{F/cm}^2) \tag{2-113}$$

$(1 / C_J')^2$ 随 V_R 变化的曲线是一条直线，在这条直线上，当 $(1 / C_J')^2 = 0$ 时，可以求出内建电势差 V_{bi}。

图 2-29 显示了 nP 突变异质结理想情况下的能带图。实验得出的 ΔE_C 和 ΔE_V 与用电子亲和规则得出的理想值不同，这种情况的一个可能的解释是：在异质结中存在表面态。如果假定静电势在整个结中是连续的，那么由于表面电荷受限于表面态，则异质结中的电流密度是不连续的。表面态将像改变金属-半导体结的能带图那样改变半导体异质结的能带图。与理想情况不同的另一个可能的解释是：由于两种材料形成异质结，每种材料的电子轨道与其他材料的电子轨道相互作用，导致在表面处形成一个几埃的过渡区，能带隙通过这个过渡区变成连续的，对于两种材料都不存在差异。于是，对于跨骑类型的异质结，虽然 ΔE_C 和 ΔE_V 的值与考虑电子亲和规则得到的理论值有所不同，但仍有如下关系成立

$$\Delta E_C + \Delta E_V = \Delta E_G \tag{2-114}$$

可以考虑其他类型异质结的能带图的一般特性。图 2-34 所示为 Np 异质结在热平衡时的能带图，虽然在 nP 结与 Np 结中导带的一般形状不同，但同样存在着 ΔE_C 和 ΔE_V 的不连续现象。两个结的能带图的不同将会影响电流-电压特性曲线。

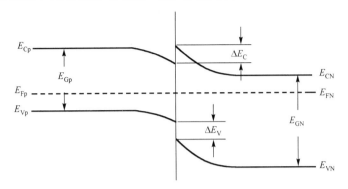

图 2-34　Np 异质结在热平衡时的能带图

另两种异质结是 nN 和 pP 同型异质结。nN 同型异质结的能带图如图 2-30 所示，为了达到热平衡，电子从宽带隙材料流入窄带隙材料。宽带隙材料中有一个正的空间电荷区，在窄带隙材料表面存在电子的堆积层。由于导带中存在大量允许的能量状态，因此希望窄带隙材料中的空间电荷区宽度 x_n 和内建电势差 V_{bin} 越小越好。pP 同型异质结在热平衡时的能带图如图 2-35 所示。为了达到热平衡，空穴从宽带隙材料流向窄带隙材料，在窄带隙材料表面形成一个空穴的堆积层。这几种掺杂同型异质结在材料同质结中不存在。

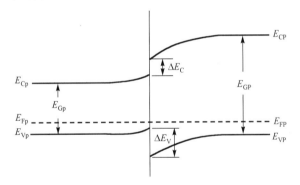

图 2-35　pP 同型异质结在热平衡时的能带图

2.2.5　电流-电压特性

在 2.1 节中讨论了 pn 同质结的理想电流-电压特性。由于异质结的能带图较同质结复杂得多，因此两种结的电流-电压特性曲线也会不同。

同质结与异质结的一个明显差别就是电子和空穴的势垒高度不同，同质结中电子和空穴的内建电势差是相同的，电子电流和空穴电流的相对数量级由相对杂质能级决定。图 2-29 和图 2-34 所示的能带图表明异质结中的电子和空穴的势垒高度有明显的不同，图 2-29 中电子的势垒高度比空穴的势垒高度要高，因此可以推断由空穴形成的电流比由电子形成的电流要明显。如果电子的势垒高度比空穴的势垒高度高 0.2eV，则在其他参数相同的情况下，电子电流要比空穴电流小 4 个数量级。图 2-34 所示的情况与此刚好相反。

图 2-34 中的导带边缘与图 2-29 中的价带边缘的情况，与整流金属-半导体接触有些类似。如同讨论金属-半导体结那样，通常以载流子通过势垒形成的热电子发射为基础，得出异质结的电流-电压特性，即

$$J = A^* T^2 e^{\frac{-E_w}{kT}}$$ (2-115)

式中，E_w 是有效势垒高度。像 pn 同质结和肖特基势垒结一样，在结两端加上电压可以使势垒值增大或减小。考虑掺杂效应和隧道效应的情况下，异质结的电流-电压特性应予以改进。另一个应考虑的因素是当载流子从结的一边到达另一边时，有效质量将发生变化。虽然异质结实际的电流-电压关系非常复杂，但是电流-电压公式的一般形式与肖特基势垒二极管很相近，由一种载流子决定。

2.3 金属-半导体结

2.3.1 肖特基接触

半导体 pn 结的许多重要特性也可由金属-半导体结实现。金属-半导体结的制作工艺简单，特别适用于高频整流，也适用于非整流场合，如欧姆接触等，是很有吸引力的一种结构。本节主要讨论金属和半导体形成的整流接触，即肖特基接触。

1. 肖特基势垒

金属与半导体接触时也会发生载流子的转移，但它不像 pn 结那样靠 p 区与 n 区之间载流子的浓度梯度引起扩散，而是金属和半导体中电子的能量状态不同而使电子从能量高的地方流到能量低的地方。那么，金属与半导体相接触时，究竟是金属中的电子流到半导体，还是半导体的电子流到金属呢？这取决于两种材料中电子的能量高低。首先需要了解金属在真空中的功函数 $q\phi_m$：它表示一个位于费米能级上的电子从金属表面运动到真空自由能级上所需的能量。例如，表面非常洁净的 Al 和 Au 的功函数分别是 4.3eV 和 4.8eV。当负电荷靠近金属表面时，金属表面便感应出正电荷（称为镜像电荷），由于正、负电荷间有静电吸引作用，因此金属的功函数将有所减小，即电子向真空运动的势垒有所降低，这种现象被称为肖特基效应。虽然该效应本来是指金属中电子势垒的变化的，但人们也用它来描述金属-半导体接触势垒的变化。具有整流作用的金属-半导体接触称为肖特基势垒二极管。

如图 2-36 所示，当金属和 n 型半导体接触时，由于它们的功函数 $q\phi_m$ 和 $q\phi_s$ 不同，因此两种材料之间将发生电荷转移，直到平衡状态下两种材料的费米能级对齐为止。若 $\phi_m > \phi_s$，则未接触时半导体的费米能级 E_{Fs} 高于金属的费米能级 E_{Fm}（以真空能级为基准）。接触后，半导体中的一部分电子流入金属；达到平衡时，二者的费米能级对齐，具有统一的费米能级（E_p），此时半导体的电势高于金属的电势，在 n 型半导体内形成了类似于 pn 结的耗尽区（将其宽度记为 W）。流入金属的电子只分布于金属表面的一个极薄层内，耗尽区中的正电荷是那些位于 n 型半导体内的电离施主的正电荷，电离施主的正电荷与金属表面薄层内的负电荷在数量上相等。利用 pn 结类似的计算方法，不难算出金属-半导体结的耗尽区宽度 W 和耗尽层电容 C_T。经过计算可知，金属-半导体结的耗尽层电容（也即势垒电容）为 $A\varepsilon_s / W$，其中 ε_s 是半导体的介电常数，A 是结的面积。

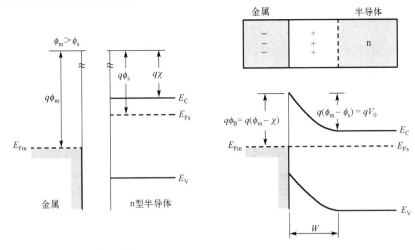

（a）接触前各自的能带　　　　　　　（b）接触后的能带图（平衡态）

图 2-36　n 型半导体和金属形成的肖特基势垒（$\phi_m > \phi_s$）

由图 2-36（b）可以看到，金属-半导体结的接触电势 V_0 等于金属和半导体的功函数之差（$\phi_m - \phi_s$）。接触电势阻碍电子从半导体向金属的进一步运动；平衡时体系内不存在电子的净运动。电子从金属向半导体运动时遇到的势垒高度是 $\phi_B = \phi_m - \chi$，其中 $q\chi$ 是电子亲和势，定义为半导体导带底 E_C 和真空能级 E_{Vac} 之间的能量差。在施加了正向偏压或反向偏压时，电子由半导体向金属运动时遇到的势垒将在 V_0 的基础上降低或升高。

图 2-37 所示为 p 型半导体和金属形成的肖特基势垒（$\phi_m < \phi_s$）。因 $\phi_m < \phi_s$，故在半导体内形成了一个负电荷区，其中的负电荷是电离的受主杂质离子。平衡条件下，金属和半导体的费米能级也是对齐的，空穴从半导体向金属运动时遇到的势垒高度 $V = \phi_s - \phi_m$。在施加正向偏压或反向偏压时，空穴运动的势垒高度在 V_0 的基础上降低或升高。

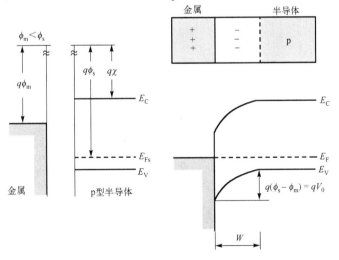

（a）接触前各自的能带　　　　　　　（b）接触后的能带图（平衡态）

图 2-37　p 型半导体和金属形成的肖特基势垒（$\phi_m < \phi_s$）

关于金属和半导体的接触，还有两种情况：$\phi_m < \phi_s$ 的 n 型半导体-金属接触和 $\phi_m > \phi_s$ 的 p 型半导体-金属接触，这两种接触是欧姆接触（非肖特基接触）。

2. 肖特基接触

如果在金属和 n 型半导体形成的肖特基结上施加正向偏压 V，如图 2-38（a）所示，则电子由半导体向金属运动时遇到的势垒高度将从 V_0 减小到 $V_0 - V$。此时，半导体中的电子越过势垒高度 $V_0 - V$ 向金属一侧扩散，形成正向电流，其方向由金属指向半导体。相反地，若施加反向偏压 V_r，如图 2-38（b）所示，则几乎没有电子能够越过势垒高度 $V_0 + V$ 由半导体向金属运动。另一方面，不管是在正偏还是反偏情况下，电子由金属向半导体运动遇到的势垒高度总是 $\phi_B = \phi_m - \chi$，与偏压无关。因此，肖特基二极管的电流-电压特性与 pn 结二极管的电流-电压特性类似，也具有单向导电性

$$I = I_0(e^{qV/kT} - 1) \tag{2-116}$$

图 2-38（c）给出了肖特基二极管的电流-电压关系曲线。应注意的是，肖特基结的反向饱和电流〔式（2-116）中的 I_0〕不能像 pn 结那样简单地推导出来。肖特基结的反向饱和电流是电子由金属向半导体运动形成的，遇到的势垒高度是 $\phi_B = \phi_m - \chi$（理想情况），与偏压无关。因为金属中的电子越过该势垒高度到达半导体的概率可由玻耳兹曼因子 $\exp(-\phi_B/kT)$ 表示，所以 I_0 可表示成这样的形式

$$I_0 \propto e^{(-q\phi_B/kT)} \tag{2-117}$$

以上是对金属和 n 型半导体的肖特基接触的分析结果，这些结果同样适用于金属和 p 型半导体的肖特基接触，只是正偏时 p 型半导体的电势相对于金属的电势为正，正向偏压使空穴由半导体向金属运动的势垒高度由 V_0 降低到 $V_0 - V$，从而使空穴由半导体向金属运动，形成正向电流。反偏时，空穴运动遇到的势垒高度升高，反向电流也很小。

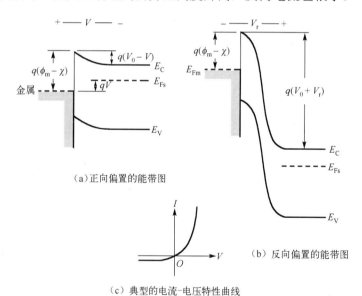

（a）正向偏置的能带图

（b）反向偏置的能带图

（c）典型的电流-电压特性曲线

图 2-38　金属-n 型半导体结的正、反向偏置的能带图和电流-电压特性

由图 2-38 看到，金属和 n 型半导体（$\phi_m > \phi_s$）、p 型半导体（$\phi_m < \phi_s$）形成的肖特基接触都具有整流作用：正偏时有较大的正向电流，反偏时反向电流很小。注意到在上述两种接触中，正向电流都是半导体中的多数载流子向金属运动而形成的，不存在少子的注入和存储问题，这是肖特基二极管的一个重要优点。尽管大注入情况下也存在一定程度的少子注入，但肖特基二极管在本质上是多子器件，因此其高频特性和开关速度明显优于 pn 结二极管。

在半导体技术的发展初期，人们把金属导线焊接到半导体的表面形成肖特基接触，但现代方法是在洁净的半导体表面淀积金属薄层，然后通过光刻形成肖特基接触。肖特基二极管制造过程所需的光刻步骤比 pn 结的少，所以更适用于高密度集成电路中。

2.3.2　欧姆接触

许多应用场合都要求金属-半导体接触无论是在正偏还是反偏情况下，都具有线性的电流-电压特性，即必须是欧姆接触。例如，分布在集成电路表面的 n 区和 p 区的金属化互连就必须是欧姆接触，它对外加信号不应有整流作用，电阻也应很小。

欧姆接触中，半导体表面的感应电荷是多子电荷，如图 2-39 所示。在 $\phi_m < \phi_s$ 的情况下，如图 2-39（a）和图 2-39（b）所示，金属和 n 型半导体接触，在达到平衡的过程中电子由金属向半导体运动，并聚集在半导体表面，使半导体的电势相对于金属降低，所形成的电子势垒在反偏时是降低的，即在很小的正向偏压、反向偏压作用下均能形成很大的电流。在 $\phi_m > \phi_s$ 的情况下，如图 2-39（c）和图 2-39（d）所示，金属和 p 型半导体也能形成欧姆接触，在正向偏压、反向偏压作用下均允许大电流通过。与肖特基接触不同，欧姆接触的半导体表面没有形成耗尽层，而形成的是多子的积累层。

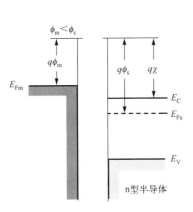

（a）$\phi_m < \phi_s$ 的金属和 n 型半导体各自的能带图

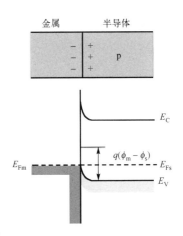

（b）欧姆接触的平衡态能带图（n 型半导体）

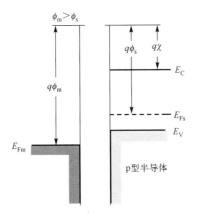

（c）$\phi_m > \phi_s$ 的金属和 p 型半导体各自的能带图

（d）欧姆接触的平衡态能带图（p 型半导体）

图 2-39　金属和半导体形成的欧姆接触

显然，欧姆接触中的半导体应该是重掺杂的，这样即使半导体表面形成了耗尽层，其宽度也是很小的，使载流子能够容易地通过隧穿通过金属-半导体结。用含有少量杂质 Sb 的 Au 与 n 型半导体接触，半导体表面其实是一个 n^+ 区，可形成良好的欧姆接触。用 Al 和 p 型半导体接触，淀积 Al 后进行短暂的热处理，可使半导体表面变成 p^+ 区（Al 在 Si 中是受主杂质），同样能形成良好的欧姆接触。

2.4　pn 结电容

2.4.1　pn 结电容的来源

pn 结确实具有整流效应，但它同时包含一个会破坏整流特性的因素，即电容。在低频电压下，pn 结能够有效地进行整流，但是随着电压频率的增大，整流特性会变差，最终几乎没有整流效应。为什么频率会影响 pn 结的整流特性呢？这是因为 pn 结本身具有电容特性。那么为什么 pn 结具有电容特性呢？pn 结电容的大小又受到哪些因素的影响呢？这些问题将在本节中详细讨论。pn 结电容包括势垒电容和扩散电容两部分。

1. 势垒电容

当 pn 结加正向偏压时，势垒区的电场随正向偏压的增大而减弱，势垒区宽度减小，空间电荷减少，如图 2-40（a）、（b）所示。因为空间电荷是由不能移动的杂质离子组成的，所以空间电荷的减少是因为 n 区的电子和 p 区的空穴中和了势垒区中的一部分电离施主和电离受主，图 2-40（c）中的箭头 A 表示了这种中和作用。这就是说，在外加的正向偏压增大时，将有一部分电子和空穴"存入"势垒区。反之，当正向偏压减小时，势垒区的电场增强，势垒区宽度增大，空间电荷增多，这就是有一部分电子和空穴从势垒区中被"取出"。对于加反向偏压的情况，可做类似分析。总之，pn 结上外加电压的变化，引起了电子和空穴在势垒区的"存入"和"取出"作用，导致势垒区的空间电荷数量随外加电压而变化，这和一个电容器的充放电作用相似。pn 结的这种电容效应称为势垒电容，以 C_T 表示。

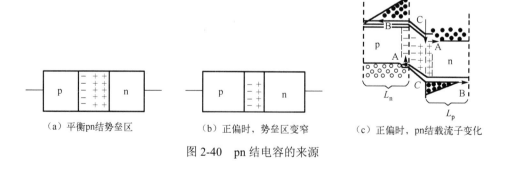

（a）平衡pn结势垒区　　　　（b）正偏时，势垒区变窄　　　　（c）正偏时，pn结载流子变化

图 2-40　pn 结电容的来源

2. 扩散电容

加正向偏压时，有空穴从 p 区注入 n 区，于是在势垒区与 n 区边界的 n 区一侧的一个扩散长度内便形成了非平衡空穴和电子的积累，同样地，在 p 区也有非平衡电子和空穴的积累。当正向偏压增大时，由 p 区注入 n 区的空穴增多，注入的空穴一部分扩散了，如图 2-40（c）

中的箭头 B 所示，另一部分则增加了 n 区的空穴积累，增大了浓度梯度，如图 2-40（c）中的箭头 C 所示。所以当外加电压变化时，n 区扩散区内积累的非平衡空穴也增多，与它保持电中性的电子也相应增多。同样地，p 区扩散区内积累的非平衡电子和与它保持电中性的空穴也增多。这种扩散区的电荷数量随外加电压的变化所产生的电容效应，称为 pn 结的扩散电容，用符号 C_D 表示。

实验发现，pn 结的势垒电容和扩散电容都随外加电压而变化，表明它们是可变电容，因此，可引入微分电容的概念来表示 pn 结的电容。

当 pn 结在一个固定直流偏压 V 的作用下叠加一个微小的交流电压 $\mathrm{d}V$ 时，这个微小的电压变化 $\mathrm{d}V$ 所引起的电荷变化 $\mathrm{d}Q$ 称为这一直流偏压下的微分电容，即

$$C = \frac{\mathrm{d}Q}{\mathrm{d}V} \tag{2-118}$$

pn 结的直流偏压不同，微分电容也不相同。

2.4.2　势垒电容

（1）突变结的势垒电容

已知势垒区宽度 $W = x_n + x_p$，由电中性条件 $qN_A x_p = qN_D x_n = Q$ 可以得到势垒区内单位面积的总电量为

$$|Q| = \frac{N_A N_D q W}{N_A + N_D} \tag{2-119}$$

将式（2-31）代入式（2-119），在 pn 结上外加电压时有

$$|Q| = \sqrt{\frac{2\varepsilon_r \varepsilon_0 N_A N_D (V_D - V)}{N_A + N_D}} \tag{2-120}$$

由微分电容的定义得单位面积的势垒电容为

$$C_T' = \left| \frac{\mathrm{d}Q}{\mathrm{d}V} \right| = \sqrt{\frac{\varepsilon_r \varepsilon_0 N_A N_D}{2(N_A + N_D)(V_D - V)}} \tag{2-121}$$

若 pn 结的结面积为 A，则 pn 结的势垒电容 C_T 为

$$C_T = AC_T' = \left| \frac{\mathrm{d}Q}{\mathrm{d}V} \right| = A\sqrt{\frac{\varepsilon_r \varepsilon_0 N_A N_D}{2(N_A + N_D)(V_D - V)}} \tag{2-122}$$

根据式（2-31）可得

$$C_T = \frac{A\varepsilon_r \varepsilon_0}{W} \tag{2-123}$$

这一结果与平行板电容器的电容公式在形式上完全一样，因此，可以把反向偏压下的 pn 结势垒电容等效为一个平行板电容器的电容，势垒区宽度对应于两平行极板间的距离。但是 pn 结势垒电容中的势垒区宽度与外加电压有关，因此 pn 结势垒电容是随外加电压而变化的非线性电容，而平行板电容器的电容则是一恒量。

对 p^+n 结或 n^+p 结，式（2-122）可简化为

$$C_\mathrm{T} = A\sqrt{\frac{\varepsilon_\mathrm{r}\varepsilon_0 q N_\mathrm{B}}{2(V_\mathrm{D}-V)}} \tag{2-124}$$

从式（2-122）和式（2-124）可以看出：①突变结的势垒电容和结的面积及轻掺杂一边的掺杂浓度的平方根成正比，因此减小结面积及降低轻掺杂一边的掺杂浓度是减小结电容的途径；②突变结的势垒电容和电压 $V_\mathrm{D}-V$ 的平方根成反比，反向偏压越大，则势垒电容越小，若外加电压随时间变化，则势垒电容也随时间而变化，可利用这一特性制作变容器件。以上结论在半导体器件的设计和生产中有重要的实际意义。

在导出式（2-122）时利用了耗尽层近似，这对于加反向偏压时是适用的。然而，当 pn 结加正向偏压时，一方面降低了势垒高度，使势垒区变窄，空间电荷减少，所以势垒电容比加反向偏压时大；另一方面，使大量载流子流过势垒区，它们对势垒电容也有贡献。但在推导势垒电容的公式时没有考虑这一因素，因此，这些公式不适用于加正向偏压的情况。一般用下式近似计算正向偏压时的势垒电容，即

$$C_\mathrm{T} = 4C_\mathrm{T}(0) = \left|\frac{\mathrm{d}Q}{\mathrm{d}V}\right| = 4A\sqrt{\frac{\varepsilon_\mathrm{r}\varepsilon_0 q N_\mathrm{A} N_\mathrm{D}}{2(N_\mathrm{A}+N_\mathrm{D})V_\mathrm{D}}} \tag{2-125}$$

式中，$C_\mathrm{T}(0)$ 是外加电压为零时 pn 结的势垒电容。

（2）线性缓变结的势垒电容

前面已经指出，对于较深的扩散结，在 pn 结附近可以近似作为线性缓变结，其电荷密度如图 2-41（a）所示。和突变结处理类似，若取 p 区和 n 区的交界处 $x=0$，也采用耗尽层近似，则势垒区的空间电荷密度为

$$\rho(x) = q(N_\mathrm{D}-N_\mathrm{A}) = q\alpha_\mathrm{j} x \tag{2-126}$$

式中，α_j 为掺杂浓度梯度。因为势垒区内正、负空间电荷总量相等，所以势垒区的边界在 $x=\pm W/2$ 处，即势垒区在 pn 结两边是对称的。

将 $\rho(x)$ 代入一维泊松方程

$$\frac{\mathrm{d}^2 V(x)}{\mathrm{d}x^2} = -\frac{q\alpha_\mathrm{j} x}{\varepsilon_\mathrm{r}\varepsilon_0} \tag{2-127}$$

对式（2-127）积分一次得

$$\frac{\mathrm{d}V(x)}{\mathrm{d}x} = -\frac{q\alpha_\mathrm{j} x^2}{2\varepsilon_\mathrm{r}\varepsilon_0} + A \tag{2-128}$$

A 是积分常数，根据边界条件

$$E(\pm W/2) = -\left.\frac{\mathrm{d}V(x)}{\mathrm{d}x}\right|_{x=\pm W/2} = 0 \tag{2-129}$$

可得

$$A = \left(\frac{q\alpha_\mathrm{j}}{2\varepsilon_\mathrm{r}\varepsilon_0}\right)\left(\frac{W}{2}\right)^{1/2} \tag{2-130}$$

因此，势垒区中各点的电场强度 $E(x)$ 为

$$E(x) = -\frac{\mathrm{d}V(x)}{\mathrm{d}x} = \frac{q\alpha_\mathrm{j}x^2}{2\varepsilon_\mathrm{r}\varepsilon_0} - \frac{q\alpha_\mathrm{j}W^2}{8\varepsilon_\mathrm{r}\varepsilon_0} \tag{2-131}$$

可见电场强度按抛物线形式分布，如图 2-41（b）所示，在 $x=0$ 处电场强度的绝对值达到最大，即

$$E_\mathrm{m} = -\frac{q\alpha_\mathrm{j}W^2}{8\varepsilon_\mathrm{r}\varepsilon_0} \tag{2-132}$$

对式（2-131）积分一次得

$$V(x) = -\frac{q\alpha_\mathrm{j}x^3}{6\varepsilon_\mathrm{r}\varepsilon_0} + \frac{q\alpha_\mathrm{j}W^2 x}{8\varepsilon_\mathrm{r}\varepsilon_0} + B \tag{2-133}$$

设 $\alpha=0$ 处 $V(0)=0$，积分常数 $B=0$，则

$$V(x) = -\frac{q\alpha_\mathrm{j}x^3}{6\varepsilon_\mathrm{r}\varepsilon_0} + \frac{q\alpha_\mathrm{j}W^2 x}{8\varepsilon_\mathrm{r}\varepsilon_0} \tag{2-134}$$

可见电势是按 x 的立方曲线形式分布的，如图 2-41（c）所示。电势能曲线如图 2-41（d）所示。

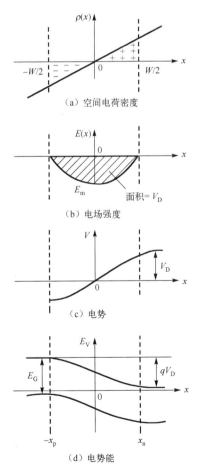

（a）空间电荷密度

（b）电场强度

（c）电势

（d）电势能

图 2-41　线性缓变结的空间电荷密度、电场强度、电势、电势能

将 $x = \pm W/2$ 代入式（2-134），得势垒区边界处的电势为

$$V\left(-\frac{W}{2}\right) = -\left(\frac{q\alpha_j}{3\varepsilon_r\varepsilon_0}\right)\left(\frac{W}{2}\right)^3 \tag{2-135}$$

$$V\left(\frac{W}{2}\right) = \left(\frac{q\alpha_j}{3\varepsilon_r\varepsilon_0}\right)\left(\frac{W}{2}\right)^3 \tag{2-136}$$

将以上两式相减得 pn 结的接触电势差 V_D，为

$$V_D = V\left(\frac{W}{2}\right) - V\left(-\frac{W}{2}\right) = \left(\frac{q\alpha_j}{12\varepsilon_r\varepsilon_0}\right)W^3 \tag{2-137}$$

于是势垒区宽度 W 为

$$W = \sqrt[3]{\frac{12\varepsilon_r\varepsilon_0 V_D}{q\alpha_j}} \tag{2-138}$$

当 pn 结上外加电压时，上两式可推广为

$$V_D - V = \frac{q\alpha_j W^3}{12\varepsilon_r\varepsilon_0} \tag{2-139}$$

$$W = \sqrt[3]{\frac{12\varepsilon_r\varepsilon_0(V_D - V)}{q\alpha_j}} \tag{2-140}$$

式（2-140）表明，线性缓变结的势垒区宽度与电压 $V_D - V$ 的立方根成正比，因此，增大反向偏压时，势垒区变宽。

下面计算线性缓变结的势垒电容。设 pn 结的结面积为 A，势垒区正空间电荷为

$$Q = \int_0^{\frac{W}{2}} \rho(x)A\mathrm{d}x = A\int_0^{\frac{W}{2}} q\alpha_j x\mathrm{d}x = A\frac{q\alpha_j W^2}{8} \tag{2-141}$$

将式（2-140）代入式（2-141）得

$$Q = \left(\frac{Aq\alpha_j}{8}\right)\sqrt[3]{\left[\frac{12\varepsilon_r\varepsilon_0(V_D - V)}{q\alpha_j}\right]^2} = A\sqrt[3]{\frac{9q\alpha_j\varepsilon_r^2\varepsilon_0^2}{32}}\sqrt[3]{(V_D - V)^2} \tag{2-142}$$

故线性缓变结的势垒电容为

$$C_T = \left|\frac{\mathrm{d}Q}{\mathrm{d}V}\right| = A\sqrt[3]{\frac{q\alpha_j\varepsilon_r^2\varepsilon_0^2}{12(V_D - V)}} \tag{2-143}$$

从式（2-143）可以看出：①线性缓变结的势垒电容和结面积及掺杂浓度梯度的立方根成正比，因此减小结面积和降低掺杂浓度梯度有利于减小势垒电容；②线性缓变结的势垒电容和 $V_D - V$ 的立方根成反比，增大反向偏压，势垒电容将减小。

将式（2-140）代入式（2-143），对于线性缓变结同样可得到与平行板电容器一样的公式

$$C_T = \frac{\varepsilon_r\varepsilon_0 A}{W} \tag{2-144}$$

由此可见，不论杂质分布如何，在耗尽层近似下，pn 结在一定反向偏压下的微分电容都可以等效为一个平行板电容器的电容。

突变结和线性缓变结的势垒电容都与外加电压有关系，这在实际当中很有用处，一方面可以制成变容器件，另一方面可以用来测量结附近的掺杂浓度和掺杂浓度梯度等。

（3）测量单边突变结的掺杂浓度

对于 p$^+$n 结或 n$^+$p 结，将式（2-124）的平方取倒数，得

$$\frac{1}{C_T^2} = \frac{2(V_D - V)}{A^2 \varepsilon_r \varepsilon_0 q N_B} \tag{2-145}$$

则得

$$\frac{d\left(\dfrac{1}{C_T^2}\right)}{dV} = -\frac{2}{A^2 \varepsilon_r \varepsilon_0 q N_B} \tag{2-146}$$

若用实验做出 $1/C_T^2 - V$ 的关系曲线，则式（2-146）为该直线的斜率。因此，可由斜率求得轻掺杂一边的掺杂浓度 N_B，从直线的截距则可求得 pn 结的接触电势差 V_D，或者利用导数

$$\frac{d\left(\dfrac{1}{C_T^2}\right)}{dV} = -\left(\frac{1}{C_T^3}\right)\frac{dC_T}{dV} \tag{2-147}$$

可以在一定反向偏压下测量 C_T 和 $\dfrac{dC_T}{dV}$ 的值，就能求得 $\dfrac{d\left(\dfrac{1}{C_T}\right)}{dV}$，由式（2-146）即可算出 N_B 值，再由式（2-145）算出 V_D 值，这样就不用作出 $1/C_T^2 - V$ 关系曲线了。

（4）测量线性缓变结的掺杂浓度梯度

将式（2-143）的立方取倒数，得

$$\frac{1}{C_T^3} = \frac{12(V_D - V)}{A^3 \varepsilon_r^2 \varepsilon_0^2 q \alpha_j} \tag{2-148}$$

由实验作出的 $1/C_T^3 - V$ 关系曲线是一直线，从该直线的斜率可求得掺杂浓度梯度 α_j，由直线的截距可求得接触电势差 V_D。

以上只考虑了扩散结可以视为突变结或线性缓变结处理的两种极限情况，实际的扩散结是比较复杂的，往往介于这两种极限情况之间，在这一方面也曾进行了很广泛的研究。

2.4.3　扩散电容

前面已经指出，pn 结加正向偏压时，由于少子的注入，在扩散区内都有一定数量的少子和等量的多子的积累，而且它们的浓度随正向偏压的变化而变化，从而形成了扩散电容。

在扩散区中积累的少子是按指数形式分布的。注入 n 区和 p 区的非平衡少子分布

$$p_n(x) - p_{n0} = p_{n0}\left[\exp\left(\frac{qV}{kT}\right) - 1\right]\exp\left(\frac{x_n - x}{L_p}\right) \tag{2-149}$$

$$n_{\mathrm{n}}(x) - n_{\mathrm{n0}} = n_{\mathrm{p0}} \left[\exp\left(\frac{qV}{kT}\right) - 1 \right] \exp\left(\frac{x_{\mathrm{p}} + x}{L_{\mathrm{n}}}\right) \tag{2-150}$$

将以上两式在扩散区内进行积分，可得到单位面积的扩散区内所积累的载流子总电荷量

$$Q_{\mathrm{p}} = \int_{x_{\mathrm{n}}}^{\infty} \Delta p(x) \mathrm{d}x = qL_{\mathrm{p}} p_{\mathrm{n0}} \left[\exp\left(\frac{qV}{kT}\right) - 1 \right] \tag{2-151}$$

$$Q_{\mathrm{n}} = \int_{-\infty}^{-x_{\mathrm{n}}} \Delta n(x) \mathrm{d}x = qL_{\mathrm{n}} n_{\mathrm{p0}} \left[\exp\left(\frac{qV}{kT}\right) - 1 \right] \tag{2-152}$$

式（2-151）中的积分上限取无穷大，式（2-152）中的积分下限取负无穷大，这和积分到扩散区边界的效果是一样的，因为在扩散区外，非平衡少子已经衰减为零了，而且这样做在数学处理上带来了很大方便，由此可以算得扩散区单位面积的微分电容为

$$C_{\mathrm{Dp}} = \frac{\mathrm{d}Q_{\mathrm{p}}}{\mathrm{d}V} = \left(\frac{q^2 L_{\mathrm{p}} p_{\mathrm{n0}}}{kT}\right) \exp\left(\frac{qV}{kT}\right) \tag{2-153}$$

$$C_{\mathrm{Dn}} = \frac{\mathrm{d}Q_{\mathrm{n}}}{\mathrm{d}V} = \left(\frac{q^2 L_{\mathrm{n}} n_{\mathrm{p0}}}{kT}\right) \exp\left(\frac{qV}{kT}\right) \tag{2-154}$$

单位面积的总的微分扩散电容为

$$C_{\mathrm{D}}' = C_{\mathrm{Dp}} + C_{\mathrm{Dn}} = \left[\frac{q^2 (L_{\mathrm{n}} p_{\mathrm{n0}} + n_{\mathrm{p0}} L_{\mathrm{p}})}{kT}\right] \exp\left(\frac{qV}{kT}\right) \tag{2-155}$$

设 A 为 pn 结的结面积，则 pn 结加正向偏压时，总的微分扩散电容为

$$C_{\mathrm{D}} = A C_{\mathrm{D}}' = \left[\frac{A q^2 (L_{\mathrm{n}} p_{\mathrm{n0}} + n_{\mathrm{p0}} L_{\mathrm{p}})}{kT}\right] \exp\left(\frac{qV}{kT}\right) \tag{2-156}$$

对于 p$^+$n 结，则为

$$C_{\mathrm{D}} = \left(\frac{A q^2 n_{\mathrm{p0}} L_{\mathrm{p}}}{kT}\right) \exp\left(\frac{qV}{kT}\right) \tag{2-157}$$

因为这里用的浓度分布是稳态公式，所以式（2-156）和式（2-157）只可近似应用于低频情况，进一步分析指出，扩散电容随频率的增大而减小。由于扩散电容随正向偏压按指数关系增大，因此在大的正向偏压时，扩散电容便起主要作用。

2.4.4　pn 结电导

1. 反向偏置电导

所有标准电容都存在一定量的电导，pn 结二极管也存在同样的情况。虽然电容性占主导作用，但反向偏置导纳确实存在一个很小的电导分量。关于反向偏置电导，只有很少几点需要说明。

从定义上来看，一个二极管的微分直流电导应是在一个直流工作点上电流-电压特性曲线

的斜率，即 dI/dV。如果假设二极管准静态地响应一个交流信号，那么交流电导 = $\Delta I/\Delta V = dI/dV$ = 微分直流电导。将讨论限制在一定的频率范围内，在该范围内二极管可以随交流信号准静态地变化，并引入符号 G_0 表示低频电导，则可以写出

$$G_0 = \frac{dI}{dV_A} \quad (2\text{-}158)$$

对于一个理想二极管且 $I = I_0[\exp(qV_A/kT) - 1]$，有

$$G_0 = \frac{q}{kT}I_0 e^{qV_A/kT} = \frac{q}{kT}(I + I_0) \quad (2\text{-}159)$$

当一个理想二极管中的反向偏压是 kT/q 的几倍时，$I \to -I_0$，且从式（2-159）可以看出 $G_0 \to 0$，这与以下事实相一致：反向偏置电流-电压特性出现饱和并且理想电流-电压特性曲线的斜率变为零。在给定的二极管中，如果直流复合-产生电流占主导地位，那么当反向偏压是 kT/q 的几倍时，有

$$G_0 = \frac{d}{dV_A}\left(-\frac{qAn_iW}{2\tau_0}\right) = -\frac{qAn_iW/2\tau_0}{(m+2)(V_{bi} - V_A)} \quad (2\text{-}160)$$

式中，m 是与掺杂浓度相关的常数。当复合-产生电流占主导时，式（2-160）表明在所有的反向偏压下都存在着一个寄生电导，该电导对电压的依赖关系随结的杂质分布而变化。

应该强调的是，不管结的类型和主导电流分量是什么，式（2-158）都能应用到电流-电压特性测量中，从而可确定 G_0。

2. 正向偏置扩散导纳

在一个器件结构中，电荷的涨落导致了电容。在反向偏置导纳分析中引入的结电容是由多数载流子进入和离开稳态耗尽层而引起的。少数载流子浓度也会响应交流信号，在耗尽层边界附近出现涨落。但是在反向偏置条件下，少数载流子太少，其对导纳的贡献可忽略不计。在正向偏置条件下，对于多数载流子来说，没有出现新的机制，这些载流子仍然在耗尽层边界处移入和移出，从而引起结电容。实际上，2.4.2 节导出的 C_T 关系式可以不做任何修改，直接应用到正向偏置的情况。正向偏置下出现的新现象是：交流信号引起的少数载流子电荷涨落会对结电容有明显的贡献。

正如对理想二极管的分析一样，二极管正向偏置会在邻近耗尽层的准中性区内引起少数载流子的堆积。随着正向偏压的增大，该载流子的堆积会变得越来越明显。为了响应一个交流信号，结上的压降变为 $V_A + v_a$，而过剩少数载流子在其直流值附近的电荷涨落情况如图 2-42（a）所示，这导致出现一个额外电容。如果少数载流子能够跟随信号准静态地变化，那么图中的载流子可以在两条直线之间上下变化。但是，少数载流子的补充和抽取并不像多数载流子变化得那样快，在角频率接近少数载流子寿命的倒数时，少数载流子的电荷涨落将很难与交流信号保持同步，结果是空间电荷表现为异步变化，就像图 2-42（a）中画出的波浪分布。这个电荷异步涨落会增大测量电导而减小测量电容，也就是说，少数载流子的电荷涨落会导致电容和电导的数值依赖于频率。

因为少数载流子在耗尽层边界的积累是由扩散电流引起的，所以将少数载流子的电荷涨落导致的导纳称为扩散导纳 Y_D，通常给出

$$Y_D = G_D + j\omega C_D \quad (2\text{-}161)$$

式中，C_D 和 G_D 分别是扩散电容和扩散电导。当然，正向偏置条件下总的导纳是结电容和扩散导纳的并联值，如图 2-42（b）所示。

和反向偏置电容的测量相比，正向偏置导纳的测量更具挑战性。二极管正向偏置时会流过较大的电流，这使得几乎所有商用电容-电压（C-V）测试系统中的测量和偏置电路都出现了过载问题。室温下对 Si 二极管进行测量，仅仅零点几伏的正向偏压经常会导致一个不可靠的结果或测量过程的中断。一个能够用于正向偏置测试的仪器是 HP4284A LCR 仪，如图 2-43 所示，连接的打印机可以方便地以硬拷贝的方式记录显示屏上的数据。配置 001 附件的 HP4284A 包含一个特别的隔离电路，能够将直流过载问题减到最小，最大电流可达 0.1A。HP4284A 是一种非常通用的设备，可以同时进行电容和电导的测量，测量频率为 20Hz～1MHz，交流信号幅度为 5mV rms～20V rms，直流偏压可以设置为 ±40V，且可测量的电容范围为 0.01fF～10F。该仪器可以执行基本的单点测量，也能按照用户设置的 10 个频率、直流偏置或交流信号幅度值自动地进行循环测量。

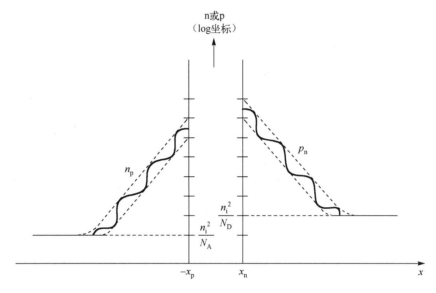

（a）少数载流子的电荷涨落引起了扩散导纳

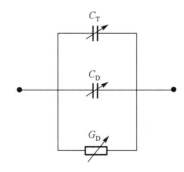

（b）正向偏置条件下pn结二极管的小信号等效电路

图 2-42　扩散导纳

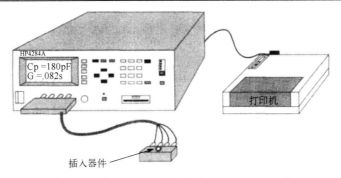

图 2-43　用于正向偏置测量的 HP4284A LCR 仪

3. 导纳关系式

获得扩散导纳的显式关系式不是很困难，但数学处理非常烦琐。一种直接的、模式化的处理方法是简单地重复理想二极管的推导过程，并将所有的直流变量用直流加交流变量之和来代替，然后从不同的解中找出交流分量。一旦获得了交流电流与交流电压的关系，就可以用 $Y = i / v_a$ 计算导纳。另一种可选择的方法是：利用两个等效方程从直流电流解中得到交流电流解。这里将采用后一种方法。

假设用来分析的器件是一个 p^+n 结二极管。对于交流信号叠加在直流信号上的偏置条件，得到的 n 侧少数载流子扩散方程是

$$\frac{\partial \Delta p_n(x,t)}{\partial t} = D_p \frac{\partial^2 \Delta p_n(x,t)}{\partial x^2} - \frac{\Delta p_n(x,t)}{\tau_p} \tag{2-162}$$

假设交流信号是一个正弦或余弦函数，可写出

$$\Delta p_n(x,t) = \overline{\Delta p_n} + \tilde{p}_n(x,\omega) e^{j\omega t} \tag{2-163}$$

其中 $\overline{\Delta p_n}$ 是 $\Delta p_n(x,t)$ 的非时变（直流）部分，而 $\tilde{p}_n$ 是交流分量的幅度。将式（2-163）中的 $\Delta p_n(x,t)$ 的表达式代入式（2-162），且对时间进行微分，有

$$j\omega \tilde{p}_n e^{j\omega t} = D_p \frac{d^2 \overline{\Delta p_n}}{dx^2} + D_p \frac{d^2 \tilde{p}_n}{dx^2} e^{j\omega t} - \frac{\overline{\Delta p_n}}{\tau_p} e^{j\omega t} \tag{2-164}$$

必须分别计算式（2-164）的直流项和交流项，因此合并同类项并简化交流结果，可得到

$$D_p \frac{d^2 \overline{\Delta p_n}}{dx^2} - \frac{\overline{\Delta p_n}}{\tau_p} = 0 \tag{2-165}$$

$$D_p \frac{d^2 \tilde{p}_n}{dx^2} - \frac{\tilde{p}_n}{\tau_p / (1 + j\omega \tau_p)} = 0 \tag{2-166}$$

通常认为式（2-165）为少数载流子的稳态扩散方程。注意扩散方程的交流形式，除了用 $\tau_p / (1 + j\omega \tau_p)$ 代替 τ_p，式（2-166）与直流形式完全相同。

在求解式（2-165）的过程中，常用的边界条件位于 $x = \infty$ 处，如 $\overline{\Delta p_n}(\infty) = \tilde{p}_n(\infty) = 0$。而 $x = x_n$ 处的边界条件为

$$\Delta p_n(x = x_n) = \overline{\Delta p_n}(x_n) + \tilde{p}_n(x_n) = \frac{n_i^2}{N_D}[e^{q(V_A+v_a)/kT}-1] \tag{2-167}$$

或

$$\overline{\Delta p_n}(x_n) = \frac{n_i^2}{N_D}(e^{qV_A/kT}-1) \tag{2-168}$$

$$\tilde{p}_n(x_n) = \frac{n_i^2}{N_D}e^{qV_A/kT}(e^{qv_a/kT}-1) \tag{2-169}$$

$$\approx \frac{n_i^2}{N_D}\left(\frac{qv_a}{kT}e^{qV_A/kT}\right) \tag{2-170}$$

前面提到过，v_a 表示交流信号的幅度。

至此已经建立了求解交流变量和电流的方程与边界条件，然而继续得到目标解并不是一件简单的事情。由于交流少数载流子扩散方程除 $\tau_p \to \tau_p/(1+j\omega\tau_p)$ 外在形式上与直流方程完全一致，而且二者的边界条件除 $[\exp(qV_A/kT)-1] \to [(qv_a/kT)\exp(qV_A/kT)]$ 外也是一致的，因此，除提到的对 τ_p 的修正和电压因子外，交流和直流电流解也一定相同。对于一个 p^+n 二极管，我们知道

$$I_{diff} = qA\frac{D_p}{L_p}\frac{n_i^2}{N_D}(e^{qV_A/kT}-1) = qA\sqrt{\frac{D_p}{\tau_p}}\frac{n_i^2}{N_D}(e^{qV_A/kT}-1) \tag{2-171}$$

因此，对 τ_p 和电压因子进行修正，得

$$i_{diff} = qA\sqrt{\frac{D_p}{\tau_p}}\sqrt{1+j\omega\tau_p}\frac{n_i^2}{N_D}\left(\frac{qv_a}{kT}e^{qV_A/kT}\right) = \left(\frac{qv_a}{kT}I_0 e^{qV_A/kT}\right)\sqrt{1+j\omega\tau_p} \tag{2-172}$$

或者用理想二极管低频电导形式［参见式（2-159）］表示为

$$i_{diff} = G_0\sqrt{1+j\omega\tau_p}v_a \tag{2-173}$$

和

$$Y_D = \frac{i_{diff}}{v_a} = G_0\sqrt{1+j\omega\tau_p} \tag{2-174}$$

对于一个 n^+p 二极管，只要将式（2-174）中的 τ_p 换为 τ_n 即可。如果给定一个双边结，G_0 必须分为 n 型分量和 p 型分量，且每个分量乘以恰当的 $\sqrt{1+j\omega\tau}$ 因子。

对于一个 p^+n 二极管，如果将式（2-174）中的扩散导纳分为实部和虚部两部分，再与式（2-161）相比较，可得出

$$G_D = \frac{G_0}{\sqrt{2}}\left(\sqrt{1+\omega^2\tau_p^2}+1\right)^{1/2} \tag{2-175}$$

$$C_D = \frac{G_0}{\omega\sqrt{2}}\left(\sqrt{1+\omega^2\tau_p^2}-1\right)^{1/2} \tag{2-176}$$

注意，G_D 和 C_D 为直流偏压（通过 G_0）和信号频率的函数。由于 G_0 的函数关系为

$\exp(qV_{\mathrm{A}}/kT)$，因此扩散分量随正向偏压的增大而急剧增大。尽管在正向小偏压下 G_{J} 占优势，但随着正向偏压的逐渐增大，扩散电容将超过并最终掩盖结电容。关于频率的依赖关系，在低频时 $\omega\tau_{\mathrm{p}}\ll 1$，$\sqrt{1+\omega^2\tau_{\mathrm{p}}^2}\approx 1+\omega^2\tau_{\mathrm{p}}^2/2$ 且

$$G_{\mathrm{D}}\Rightarrow G_0 \qquad \omega\tau_{\mathrm{p}}\ll 1 \tag{2-177}$$

$$G_{\mathrm{D}}\Rightarrow G_0\frac{\tau_{\mathrm{p}}}{2} \qquad \omega\tau_{\mathrm{p}}\ll 1 \tag{2-178}$$

举个例子，如果 $\tau_{\mathrm{p}}=10^{-6}\,\mathrm{s}$，对于 $f\le 1/(20\pi\tau_{\mathrm{p}})\approx 16\mathrm{kHz}$，式（2-178）给出了一个独立于频率的响应。在 $\omega\tau_{\mathrm{p}}\ge 1$ 对应的信号频率范围内，随着频率的增大，电导将会增大而电容将会减小。图 2-44 所示为归一化到低频值的 G_{D} 和 C_{D} 随 $\omega\tau$ 的变化情况。

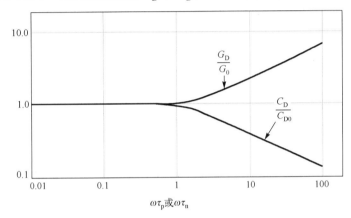

图 2-44 归一化到低频值的扩散电容和扩散电导随 $\omega\tau_{\mathrm{p}}$（$\mathrm{p}^+\mathrm{n}$ 二极管）
或 $\omega\tau_{\mathrm{n}}$（$\mathrm{n}^+\mathrm{p}$ 二极管）的变化情况（$C_{\mathrm{D0}}=G_0\tau/2$）

2.5 MOS 电容

MOSFET 是一类重要的微电子器件，其结构包含源区、漏区和源漏之间的沟道区。MOSFET 利用位于沟道区上方绝缘的栅氧化层处的电场能来控制沟道的导电能力，从而实现对电流的控制，其结构如图 2-45 所示。MOS 电容结构是 MOSFET 的核心，MOS 器件和栅氧化层-半导体界面处的大量信息可以从器件的电容-电压特性曲线中得到。器件的电容定义为

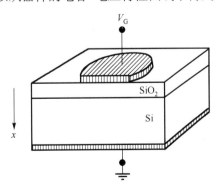

图 2-45 金属-氧化物-半导体电容

$$C = \frac{\mathrm{d}Q}{\mathrm{d}V} \qquad\qquad (2\text{-}179)$$

式中，$\mathrm{d}Q$ 为等效平行板电容器上电荷的微分变量，它是穿过电容的电压微分变量的函数。这时的电容是小信号或称交流变量，可通过在所加直流栅压上叠加一交流电压而测量。因此，电容是直流栅压的函数。

首先讨论 MOS 电容的理想电容-电压特性，然后讨论使实际结果与理想曲线产生偏差的因素。假设栅氧化层中和栅氧化层-半导体界面处均无陷阱电荷。

MOS 电容有三种工作状态：堆积、耗尽和反型。图 2-46（a）是加负栅压的 p 型衬底 MOS 电容的能带图，在栅氧化层-半导体界面处产生了空穴堆积层。一个小的电压微分变量将导致金属栅和空穴堆积电荷的微分变量发生变化，如图 2-46（b）所示。这种电荷密度的微分改变发生在栅氧化层的边缘，就像平行板电容器中的那样。堆积模式时 MOS 电容的单位面积电容 C' 就是栅氧化层电容，即

$$C' = C_{\mathrm{OX}} = \frac{\varepsilon_{\mathrm{OX}}}{T_{\mathrm{OX}}} \qquad\qquad (2\text{-}180)$$

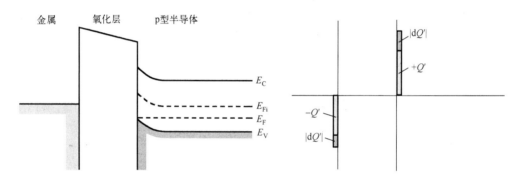

（a）MOS电容在堆积模式时的能带图　　　　　　（b）堆积模式时当栅压微变时的微分电荷分布

图 2-46　MOS 电容在堆积模式时的能带图和微分电荷分布

图 2-47（a）为施加微小正偏栅压的 MOS 电容的能带图，可见产生了空间电荷区。图 2-47（b）为此时器件中的微分电荷分布情况。栅氧化层电容与耗尽层电容是串联的，电压的微分改变将导致空间电荷宽度的微分改变及电荷密度的微分改变。串联总电容为

$$\frac{1}{C'} = \frac{1}{C_{\mathrm{OX}}} + \frac{1}{C'_{\mathrm{SD}}} \qquad\qquad (2\text{-}181)$$

或

$$C' = \frac{C_{\mathrm{OX}} C'_{\mathrm{SD}}}{C_{\mathrm{OX}} + C'_{\mathrm{SD}}} \qquad\qquad (2\text{-}182)$$

由于 $C_{\mathrm{OX}} = \varepsilon_{\mathrm{OX}} / T_{\mathrm{OX}}$ 且 $C'_{\mathrm{SD}} = \varepsilon_{\mathrm{s}} / x_{\mathrm{d}}$，式（2-182）可以写成

$$C' = \frac{C_{\mathrm{OX}}}{1 + \dfrac{C_{\mathrm{OX}}}{C'_{\mathrm{SD}}}} = \frac{\varepsilon_{\mathrm{OX}}}{T_{\mathrm{OX}} + \left(\dfrac{\varepsilon_{\mathrm{OX}}}{\varepsilon_{\mathrm{s}}}\right) x_{\mathrm{d}}} \qquad\qquad (2\text{-}183)$$

总电容 C'（耗尽层）随着空间电荷宽度的增大而减小。

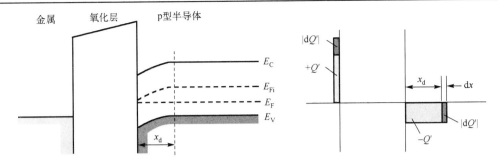

（a）MOS电容在耗尽模式时的能带图　　　　　　（b）耗尽模式时当栅压微变时的微分电荷分布

图 2-47　MOS 电容在耗尽模式时的能带图和微分电荷分布

当达到最大耗尽宽度且反型层电荷密度为零时，可得到最小电容 C'_{min}

$$C'_{\mathrm{min}} = \frac{\varepsilon_{\mathrm{OX}}}{T_{\mathrm{OX}} + \left(\dfrac{\varepsilon_{\mathrm{OX}}}{\varepsilon_{\mathrm{s}}}\right) x_{\mathrm{dT}}} \qquad (2\text{-}184)$$

图 2-48（a）为反型模式时 MOS 电容的能带图。在理想情况下，MOS 电容电压的一个微小改变量将导致反型层电荷密度的微分变量发生变化，而空间电荷宽度不变。如图 2-48（b）所示，若反型层电荷能跟得上电容电压的变化，则总电容就是栅氧化层电容。

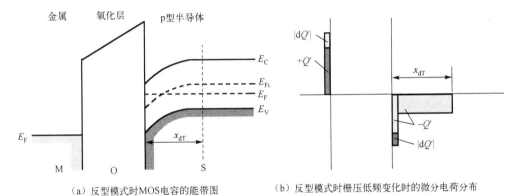

（a）反型模式时MOS电容的能带图　　　　　（b）反型模式时栅压低频变化时的微分电荷分布

图 2-48　MOS 电容在反型模式时的能带图和微分电荷分布

图 2-49 所示为理想低频电容和栅压的函数关系曲线，即 p 型衬底 MOS 电容的电容-电压特性曲线。图中的三条虚线分别对应三个分量：C_{OX}、C'_{SD} 和 C'_{min}。实线为理想 MOS 电容的净电容。如图所示，弱反型区是当栅压仅改变空间电荷密度时和当栅压仅改变反型层电荷时的过渡区。

图中的黑点是值得注意的，它对应于平带时的情形。平带时的情形发生在堆积模式和耗尽模式之间，平带时的电容为

$$C'_{\mathrm{FB}} = \frac{\varepsilon_{\mathrm{OX}}}{T_{\mathrm{OX}} + \left(\dfrac{\varepsilon_{\mathrm{OX}}}{\varepsilon_{\mathrm{s}}}\right)\sqrt{\left(\dfrac{kT}{e}\right)\left(\dfrac{\varepsilon_{\mathrm{s}}}{eN_{\mathrm{A}}}\right)}} \qquad (2\text{-}185)$$

可以看到平带电容是栅氧化层厚度和掺杂浓度的函数。这个点在电容-电压特性曲线中的通常位置示于图 2-49 中。

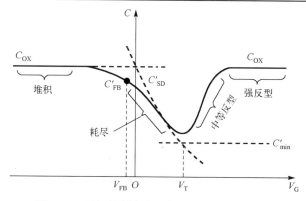

图 2-49　理想低频电容和栅压的函数关系曲线

假设单位面积的氧化物电容 $C_{OX} = 1.9175 \times 10^{-7} \, \text{F} / \text{cm}^2$，沟道长度 L 和沟道宽度 W 的典型值分别为 2μm 和 20μm，则此例中的总栅氧化层电容为

$$C_{OXT} = C_{OX} L W = (1.9175 \times 10^{-7}) \times (2 \times 10^{-4}) \times (20 \times 10^{-4})$$
$$= 7.67 \times 10^{-14} \, \text{F} = 0.0767 \text{pF} = 76.7 \text{fF}$$

在常见的 MOS 器件中，这个值是很小的。

可以通过改变电压坐标轴的符号得到 n 型衬底 MOS 电容的理想电容-电压特性曲线。正偏栅压时为堆积模式，负偏栅压时为反型模式。理想曲线如图 2-50 所示。

能使反型层电荷密度改变的电子的来源有两处：一处来自通过空间电荷区的 p 型衬底中的少子电子的扩散，此扩散过程与反偏 pn 结中产生反向饱和电流的过程相同；另一处来自空间电荷区中由热运动形成的电子-空穴对。此过程与 pn 结中产生反偏电流的过程相同。反型层中的电子浓度不能瞬间发生改变，若 MOS 电容的交流电压变化得很快，则反型层中电荷的变化将不会有所响应，因此，电容-电压特性可用来测量电容的交流信号频率。

高频时，反型层电荷不会响应电容电压的微小改变。图 2-51 所示为 p 型衬底 MOS 电容的电荷分布情况。当信号频率很高时，只有金属和空间电荷区处的电荷发生改变，MOS 电容的电容就是 $C'_{\min}$，如前所述。

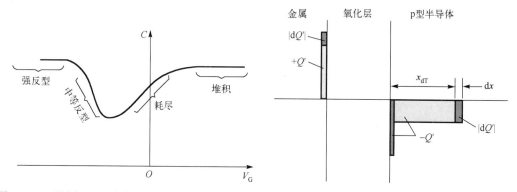

图 2-50　n 型衬底 MOS 电容的理想电容-电压特性曲线　图 2-51　反型模式下栅压高频变化时的微分电荷分布

低频和高频时的电容-电压特性曲线如图 2-52 所示。通常高频为 1MHz 左右，低频为 5～100Hz。

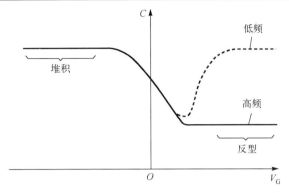

图 2-52　p 型衬底 MOS 电容低频和高频电容与栅压的函数关系图

到现在为止,所有关于电容-电压特性的讨论都假设理想氧化层中不含有固定的栅氧化层电荷或氧化层-半导体界面电荷,因为这两种电荷会改变电容-电压特性曲线。

固定氧化层电荷也会影响平带电压,平带电压的表达式为

$$V_{FB} = \phi_{ms} - \frac{Q_S'}{C_{OX}} \qquad (2\text{-}186)$$

式中,Q_S' 为固定氧化层电荷,ϕ_{ms} 为金属-半导体功函数差。要产生正的固定氧化层电荷,平带电压要变得更负。由于栅氧化层电荷不是栅压的函数,因此不同的栅氧化层电荷表现为曲线的平移,而电容-电压特性曲线和理想状态时相同。图 2-53 所示为在不同的固定正氧化层电荷时 p 型衬底 MOS 电容的高频特性曲线。

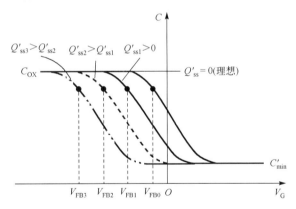

图 2-53　在不同的固定正氧化层电荷时 p 型衬底 MOS 电容的高频特性曲线

电容-电压特性曲线可用来确定等价固定氧化层电荷。对于给定的 MOS 电容,ϕ_{ms} 和 C_{OX} 是已知的,所以理想平带电压和平带电容可以求出。平带电压的实验值可以从电容-电压特性曲线测出,从而固定氧化层电荷能够被确定。电容-电压测量方法是表征 MOS 电容很有用的判别工具。

2.6　思考题和习题 2

1. 平衡 pn 结有什么特点？试画出势垒区中载流子漂移运动和扩散运动的方向。
2. 试画出正向 pn 结的能带图,并进行简要说明。

3．试解释正、反向 pn 结的电流转换和传输机理。

4．pn 结的正、反向电流-电压关系的表达式是什么？pn 结的单向导电性的含义是什么？

5．什么是二极管的反向恢复过程和反向恢复时间？提高二极管开关速度的途径有哪些？

6．何为异质结？异质结有哪几种基本分类？试以 Ge 和 GaAs 为例说明异质结的表示法。

7．金属和半导体的功函数是如何定义的？半导体的功函数和哪些因素有关？

8．应该如何制作 n 型 Si 和金属 Al 接触，才能实现欧姆接触和肖特基接触？

9．说明 pn 结势垒电容和扩散电容的物理意义，分别讨论它们与电流和电压的关系。

10．说明 MOS 电容的结构和工作状态。

11．证明通过 pn 结的空穴电流与总电流之比为 $\dfrac{I_\mathrm{p}}{I} = \left(1 + \dfrac{\sigma_\mathrm{n}}{\sigma_\mathrm{p}}\dfrac{L_\mathrm{p}}{L_\mathrm{n}}\right)^{-1}$。

12．对于 Ge pn 结，设 p 区的掺杂浓度为 N_A，n 区的掺杂浓度为 N_D，已知 N_D 为 $10^2 N_\mathrm{A}$，而 N_A 相当于 10^8 个 Ge 原子中有一个受主杂质原子，已知 Ge 原子浓度为 $4.4\times10^{22}\mathrm{cm}^{-3}$，计算室温下 pn 结的接触电势差。如果 N_A 保持不变，而 N_D 增大为原来的 10^2 倍，试求接触电势差的改变量。

13．对于 Si pn 结，设其 p 区掺杂浓度 N_A 和 n 区掺杂浓度 N_D 分别为 $5\times10^{18}\mathrm{cm}^{-3}$ 和 $10^{16}\mathrm{cm}^{-3}$，$\tau_\mathrm{p} = \tau_\mathrm{n} = 1\mu\mathrm{s}$，结面积 $A=0.01\mathrm{cm}^2$，结两边的宽度远大于各自少数载流子的扩散长度，p 区的电子迁移率 $\mu_\mathrm{n} = 500\mathrm{cm}^2/(\mathrm{V\cdot s})$，n 区的空穴迁移率 $\mu_\mathrm{p} = 180\mathrm{cm}^2/(\mathrm{V\cdot s})$。试求 300K 时正向电流为 1mA 时的外加电压。

14．对于 Si $\mathrm{p}^+\mathrm{n}$ 结，其 n 区掺杂浓度为 $1\times10^{16}\mathrm{cm}^{-3}$，试分别求在反向偏压为 10V、50V 时的势垒区宽度和单位面积势垒电容。

第3章 双极型晶体管

双极型晶体管是最早出现的一种具有放大功能的三端半导体器件，1947 年，肖克利（Shockley）、布拉顿（Bratain）和巴丁（Bardeen）发明了双极型晶体管。贝尔电话实验室的工作小组从点接触晶体管获得灵感，发现利用结可以得到更稳定的器件。固体器件的诸多优势使其很快取代了电子管，在高速电路、模拟电路和功率电路中占据着主导地位。本章主要讨论双极型晶体管的基本结构和电流放大原理，并依次讨论晶体管的直流特性和电流放大系数、反向电流和击穿特性、频率响应和开关特性。

3.1 结构与工作原理

3.1.1 基本概念

双极结型晶体管（Bipolar Junction Transistor，BJT）也称双极型晶体管，是一种半导体器件，它由三个相邻的区域组成，这些区域掺杂了不同类型的杂质。中间的区域非常窄，其扩散长度远小于另外两个区域。pnp 和 npn 结型晶体管的结构如图 3-1 所示。中间的狭窄区域称为基区，而外层的两个区域分别是发射区和集电区。从图 3-1 可以清楚地看出，两个外层区域是可以互换的，但在实际的器件中，发射区通常具有不同的几何尺寸，并且通常比集电区的掺杂浓度高，因此，如果交换这两个区域，将显著改变器件的性能特性。

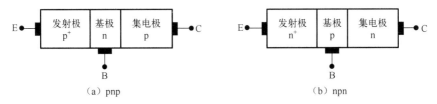

图 3-1　pnp 和 npn 结型晶体管的结构

图 3-2 给出了 pnp 和 npn 双极型晶体管的电路符号、直流端电流和电压的符号，并在图中标出了电流、电压的极性。为了直观地表示电压极性，图 3-2 中采用了"+"号和"–"号。因为电压符号中的双下标也可指示电压的极性，所以"+"号和"–"号可以省略。双下标中的第一个字母等同于"+"极，第二个字母等同于"–"极，例如，V_{EB} 就是降落在发射极（+）和基极（–）之间的直流电压。

尽管图 3-2 中显示的三个电流和三个电压都可以用来确定晶体管特性，但只有两个电流和两个电压是独立的。首先，流入器件的电流和流出器件的电流必须相等。其次，围绕一个闭合回路的压降必须等于零。因此，通过考察图 3-2（a）或图 3-2（b），可得到

$$I_E = I_B + I_C \tag{3-1}$$

$$V_{EB} + V_{BC} + V_{CE} = 0 \quad (V_{CE} = -V_{EC}) \tag{3-2}$$

如果晶体管电流中的两个或电压中的两个是已知的，则通过式（3-1）或式（3-2）就能确定第三个端电流或端电压。

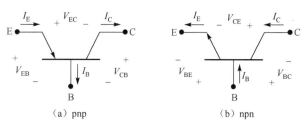

图 3-2   pnp 和 npn 双极型晶体管的电路符号、直流端电流和电压的符号

在大多数应用中，BJT 的信号输入和输出是通过三个电极实现的。由于 BJT 只有三个电极，因此其中一个电极必须同时充当输入端和输出端。通常，共基极、共发射极和共集电极用来表示这种输入和输出电极公用的方式，并且对应不同的电路连接方式，如图 3-3 所示。其中，共发射极是最常见的一种电路连接方式，共基极偶尔会使用，而共集电极的使用较为罕见，因此在接下来的讨论中将不再详细涉及。图 3-3 简要地给出了各种线路接法所关心的电流和电压，例如，在共发射极接法中，I_C 和 V_{EC} 是输出变量。为了今后便于参考，图 3-4 给出了共基极和共发射极理想输出特性的简图。

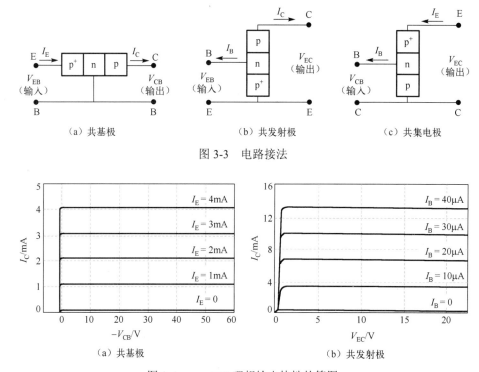

图 3-3   电路接法

图 3-4   pnp BJT 理想输出特性的简图

由于偏置模式可以提供特定电压极性的信息，因此它有助于更进一步地确定晶体管在特定应用条件下的操作方式。具体而言，偏置模式涉及对晶体管两个结的极性偏压，可以分为 4 种极性组合，如图 3-5 和表 3-1 所示。正向放大偏置模式，其中 E-B 结正偏，而 C-B 结反偏，是最常见的一种偏置模式，许多线性信号放大器（如运算放大器）都采用这种正向放大

模式偏置。在这种偏置模式下，晶体管可提供最大的信号增益和最小的信号失真。当两个结都处于正向偏置时，晶体管处于饱和状态；当两个结都处于反向偏置时，晶体管处于截止状态。这两种状态分别对应于晶体管在开关应用中的开态（高电流、低电压）和关态（低电流、高电压）。在数字电路中，这些高电压和低电压状态通常相当于逻辑电位的“1”和“0”。最后，在倒置工作模式中，C-B 结正向偏置，而 E-B 结反向偏置。实际上，在倒置工作模式中，发射极和集电极的位置互换是相对于正向放大模式来说的。

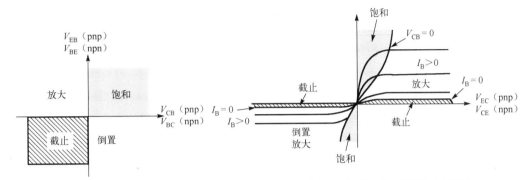

（a）BJT的4种偏置模式与输入和输出电压的关系　　　　（b）4种偏置模式在BJT共发射极输出特性中对应的区域

图 3-5　BJT 偏置模式与输入输出的关系

表 3-1　偏置模式

偏置模式	偏置极性（E-B 结）	偏置极性（C-B 结）
饱和	正偏	正偏
正向	正偏	反偏
倒置	反偏	正偏
截止	反偏	反偏

晶体管的品种非常多，按使用范围，大体有如下几种分法。

（1）低频管、中频管、高频管。

（2）小功率管、中功率管、大功率管。

（3）低噪声管、开关管、大电流管、高反压管等。

在下面要讨论的大部分内容中，所要分析的器件都采用 pnp BJT。尽管在更多的电路应用和 I_C 设计中都采用 npn BJT，但通过 pnp BJT 来建立工作原理和概念更为方便。读者可以修改 pnp 的推导和结果，以使它们能适用于 npn BJT。

3.1.2　静电特性

与 pn 结二极管的分析类似，在 BJT 分析中首先应考察晶体管的静电特性。在平衡态和标准工作条件下，BJT 可以视为由两个独立的 pn 结构成，所以建立的 pn 结静电公式（关于内建电势、电荷密度、电场、静电势和耗尽区宽度的关系式）可以不用修改地分别应用到 E-B 结和 C-B 结上。例如，假定晶体管的各个区域是均匀掺杂的，取 N_E（发射区掺杂）$\geq N_B$（基区掺杂）$> N_C$（集电区掺杂）（通常情况下在标准 pnp 晶体管中的掺杂条件），它的平衡态能带图和基于耗尽近似的电学变量都总结在图 3-6 中。

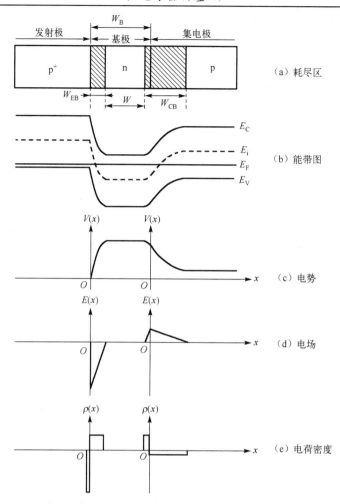

图 3-6　平衡态下 pnp BJT 中电学变量的示意图（假定晶体管的各个区域是均匀掺杂的且 $N_E \geqslant N_B > N_C$ ）

　　根据对图 3-6 的分析，注意到耗尽区宽度与假定的 $N_E \geqslant N_B > N_C$ 掺杂剖面相一致。具体来说，几乎所有的 E-B 耗尽区宽度（W_{EB}）都位于基区内，而大多数 C-B 耗尽区宽度（W_{CB}）都位于集电区内。因为 C-B 结轻掺杂一侧的掺杂浓度比 E-B 结轻掺杂一侧的浓度低，所以 $W_{EB} > W_{CB}$。另外，注意到 W_B 是总的基区宽度，W 是基区中没耗尽部分的宽度，也就是说，对于 pnp 晶体管，有

$$W = W_B - x_{nEB} - x_{nCB} \tag{3-3}$$

式中，x_{nEB} 和 x_{nCB} 分别是位于 n 型基区内的 E-B 耗尽区宽度和 C-B 耗尽区宽度。在 BJT 分析中，W 指的就是准中性基区宽度，不要把它同 2.1.2 节中的二极管耗尽区宽度的符号 W 混淆。

3.1.3　特性参数

　　本节将介绍一些重要的特性参数，它们用于表征 BJT 放大器的性能，这些特性参数包括与器件内部工作相关的发射效率和基区输运系数，以及与外部工作相关的直流电流增益。本节将简要定义这些特性参数并研究它们之间的相互关系，为后续章节中的定量分析做铺垫。考虑处于放大偏置模式下的 pnp 晶体管，首先着重关注基区内和邻近基区的空穴运动。如

图 3-7 所示,在正向偏置 E-B 结的附近,载流子的主要运动表现为多数载流子穿越过并注入另一边的准中性区。显然,p⁺n 结的特性导致了从发射区注入基区的空穴比从基区注入发射区的电子多得多,而注入基区的载流子的运动是晶体管工作的关键。

如果准中性基区的宽度远大于基区中少数载流子的扩散长度,那么注入的空穴将在 n 型基区中完全复合,两个结之间将没有相互的联系和影响,这种结构与两个背靠背拼接的 pn 结完全相同。然而,BJT 的定义是基区宽度明显小于少数载流子的扩散长度,因此,大多数注入的空穴可以通过扩散穿过窄小的准中性基区并进入 C-B 耗尽区,而 C-B 耗尽区内的电场会迅速将这些载流子推向集电区。因此,这个狭窄的基区有效地将 E-B 结和 C-B 结之间的电流关联起来,毫无疑问,这种情况下的载流子行为与两个背靠背拼接的 pn 结大不相同。

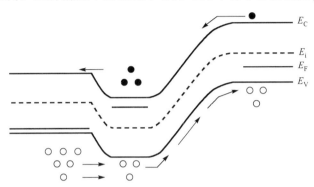

图 3-7　处于放大偏置模式下的 pnp BJT 中载流子的活动

以上介绍的内容有助于更好地理解晶体管的工作原理,此外,还解释了晶体管各区命名的由来。当处于放大偏置模式时,发射区相当于一个发射载流子进入基区的载流子源。相反,反偏 C-B 结的集电区部分起到了把通过基区的载流子收集起来的作用。

为了获得更完整的物理图像,借助图 3-7 和图 3-8 来深入讨论把 BJT 中所有的扩散电流都考虑在内的情况(类似于二极管分析,首先可以忽略耗尽区内的产生-复合电流)。在图 3-8 中,流过 E-B 结的空穴扩散电流(由注入基区的空穴产生)用 I_{Ep} 表示,同样,流过 C-B 结的空穴扩散电流(几乎只来源于成功穿过基区的注入空穴)用 I_{Cp} 表示。前面已经指出,在制作优良的晶体管基区中因复合而损失的注入空穴几乎可以忽略,因此 $I_{Cp} \approx I_{Ep}$,总的发射区和集电区电流显然可以写成

$$I_E = I_{Ep} + I_{En} \tag{3-4}$$

和

$$I_C = I_{Cp} + I_{Cn} \tag{3-5}$$

式中,I_{En} 是从基区注入发射区的电子电流,与 pn 结重掺杂一侧的扩散电流相比,$I_{En} \ll I_{Ep}$。集电区中的少数载流子进入 C-B 耗尽区并被扫进基区,从而形成了电子电流 I_{Cn},因为它是反偏电流,所以 $I_{Cn} \ll I_{Cp}$。可见发射区和集电区的电子成分与各自的空穴成分相比都是很小的,又由于 $I_{Cp} \approx I_{Ep}$,所以得出 $I_C \approx I_E$,这是一个众所周知的晶体管的端电流特性。另一方面,在放大偏置模式下,一般 I_B 比 I_E 和 I_C 小得多,这一点符合 $I_B = I_E - I_C$ 的事实,直接观察图 3-8 也可得出 I_B 相对较小的结论。基区电流由三部分构成,称为 I_{B1}、I_{B2}、I_{B3},其中 $I_{B1} = I_{En}$,$I_{B3} = I_{Cn}$,而 I_{B2} 是流入基区并与发射区注入的空穴复合而损失的电子电流。

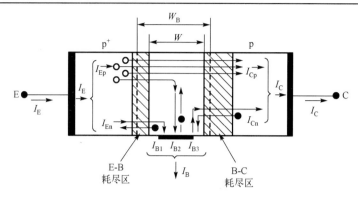

图 3-8　放大偏置模式下 pnp BJT 中的扩散电流

最后，有必要简单介绍 BJT 是如何进行信号放大的。当采用共发射极接法时，输出电流是 I_C，输入电流是 I_B，直流电流增益是 I_C/I_B。在 pnp BJT 中，I_B 是电子电流，I_C 主要是空穴电流，它们通过 E-B 结的作用而结合在一起；也就是说，增大 I_B 会成比例地增大 I_C。双结耦合在物理上把流过 E-B 结的小的电子电流和大的空穴电流分成图 3-9 所示的两个独立的电流环路，从而使通过小的 I_B 控制大的 I_C 成为可能。

1．发射效率

在图 3-9 中，当总的发射极电流保持为常数时，如果穿过 E-B 结的空穴注入电流增大，会显著降低电子电流，并使总的电流增益增大。因此，把 I_E 视为发射极输入电流，I_{Ep} 是有用的发射极输出电流，发射效率可以定义为

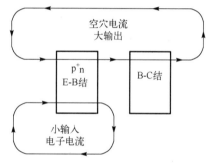

图 3-9　放大偏置模式下 pnp BJT 放大原理的示意图

$$\gamma = \frac{I_{Ep}}{I_E} = \frac{I_{Ep}}{I_{Ep} + I_{En}} \tag{3-6}$$

很明显 $0 \leqslant \gamma \leqslant 1$，通过使 γ 尽可能地接近 1，可以获得最大的 BJT 电流增益。

2．基区输运系数

注入基区并成功通过扩散穿过准中性基区进入集电区的那一部分少数载流子在注入基区的少数载流子中所占的比例，称为基区输运系数（β^*）。在 pnp BJT 中，从发射区注入基区的载流子数与 I_{Ep} 成正比，进入集电区的剩余载流子数与 I_{Cp} 成正比，因此穿过基区的载流子比例可表示为

$$\beta^* = \frac{I_{Cp}}{I_{Ep}} \tag{3-7}$$

可以看出 $0 \leqslant \beta^* \leqslant 1$。在准中性基区中注入载流子由复合造成的损失越小，BJT 的特性退化就越小，β^* 就越大。当特性参数 β^* 尽可能地接近 1 时，能获得最大的增益。

3．共基极直流电流增益

当采用共基极连接时，图 3-4（a）中放大模式（$-V_{CB} > 0$）部分的输出特性可精确地用关

系式表示为

$$I_C = \alpha_0 I_E + I_{CBO} \tag{3-8}$$

式中，α_0 是共基极直流电流增益，I_{CBO} 是当 $I_E = 0$ 时的集电极电流。利用式（3-6）和式（3-7）能够写出

$$I_{Cp} = \beta^* I_{Ep} = \gamma \beta^* I_E \tag{3-9}$$

和

$$I_C = I_{Cp} + I_{Cn} = \gamma \beta^* I_E + I_{Cn} \tag{3-10}$$

对比式（3-8）和式（3-10），得出

$$\alpha_0 = \gamma \beta^* \tag{3-11}$$

和

$$I_{CBO} = I_{Cn} \tag{3-12}$$

式（3-11）是非常有意义的，因为它把 BJT 的外部增益和内部特性参数联系起来。式（3-11）也表明 $0 \leqslant \alpha_0 \leqslant 1$。

4．共发射极直流电流增益

当采用共发射极连接时，图 3-4（b）和图 3-5（b）所示的放大模式部分的输出特性可近似写成

$$I_C = \beta_0 I_B + I_{CEO} \tag{3-13}$$

式中，β_0 是共发射极直流电流增益，I_{CEO} 是当 $I_B = 0$ 时的集电极电流。把 $I_E = I_C + I_B$ 代入式（3-8），可以建立 I_C 和 I_B 之间的第二个关系式，即

$$I_C = \alpha_0 (I_C + I_B) + I_{CBO} \tag{3-14}$$

整理之后解出 I_C，得到

$$I_C = \frac{\alpha_0}{1 - \alpha_0} I_B + \frac{I_{CBO}}{1 - \alpha_0} \tag{3-15}$$

对比式（3-13）和式（3-15），得到

$$\beta_0 = \frac{\alpha_0}{1 - \alpha_0} \tag{3-16}$$

和

$$I_{CEO} = \frac{I_{CBO}}{1 - \alpha_0} \tag{3-17}$$

另外也注意到，在确定的工作点下，与 I_C 比起来，I_{CEO} 通常是可以忽略的，所以从式（3-13）可得出

$$\beta_0 = \frac{I_C}{I_B} \tag{3-18}$$

式（3-16）是非常有意义的，它表明一旦已知 α_0，就能把 β_0 推导出来。因为 α_0 一般接近于 1，而且 $I_C \geq I_B$，根据式（3-16）或式（3-18）可以预测 $\beta_0 \gg 1$。

3.1.4　少子浓度分布与能带图

1. 少子浓度分布

第 2 章已经介绍了 pn 结的少子浓度分布图与能带图，现在很容易将其推广到有两个 pn 结的晶体管中。图 3-10 所示为均匀基区 pnp 晶体管在平衡时及在 4 个工作区中时的少子浓度分布图。

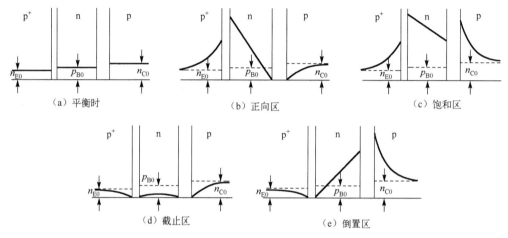

图 3-10　均匀基区 pnp 晶体管的少子浓度分布图

先来看平衡时的少子浓度分布图，这也是画其他工作区的少子浓度分布图的基础。以均匀基区 pnp 晶体管为例，并设 $N_E > N_B > N_C$，则 $n_{E0} = n_i^2 / N_E$，$p_{B0} = n_i^2 / N_B$，$n_{C0} = N_i^2 / N_C$，且 $n_{E0} < p_{B0} < n_{C0}$，如图 3-10（a）所示。

分析晶体管在 4 个工作区的少子浓度分布时，应先根据边界条件确定各区边界上的少子浓度。

在发射区的左侧与电极接触处，少子浓度为 $n_E = n_{E0}$。

在发射区的右侧与发射结势垒区的交界处，少子浓度为 $n_E = n_{E0}\mathrm{e}^{\frac{qV_{EB}}{kT}}$。

在基区的左侧与发射结势垒区的交界处，少子浓度为 $p_B = p_{B0}\mathrm{e}^{\frac{qV_{EB}}{kT}}$。

在基区的右侧与集电结势垒区的交界处，少子浓度为 $p_B = p_{B0}\mathrm{e}^{\frac{qV_{CB}}{kT}}$。

在集电区的左侧与集电结势垒区的交界处，少子浓度为 $n_C = n_{C0}\mathrm{e}^{\frac{qV_{CB}}{kT}}$。

在集电区的右侧与电极接触处，少子浓度为 $n_C = n_{C0}$。

以上各式中的发射结电压 V_{EB} 和集电结电压 V_{CB} 既可为正，也可为负。

发射区和集电区内的少子浓度分布都与相应电压下的 pn 结少子浓度分布相同，可参照式（2-53）和图 2-16 画出相应的少子浓度分布图。

晶体管的基区通常很薄，均匀基区晶体管的基区少子浓度应随距离而线性变化，因此只需将基区左右边界上的少子浓度值用一条直线连接起来，即可得到基区中的少子浓度分布图。

平面晶体管的发射区一般也很薄，这时其少子浓度分布图也是一条直线。

2. 能带图

图 3-11 是均匀基区 pnp 晶体管在平衡时及在 4 个工作区中时的能带图。平衡时晶体管能带图的特点是在各个区中都有统一的且不随距离变化的费米能级，如图 3-11（a）所示。

当晶体管的两个 pn 结上有外加电压时，其势垒的变化规律是：正向偏压使势垒高度降低，反向偏压使势垒高度升高。根据这一规律可以画出晶体管在 4 个工作区中的能带图。

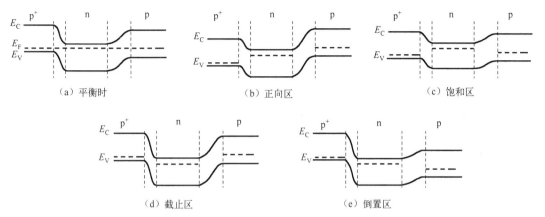

图 3-11　均匀基区 pnp 晶体管的能带图

3.2　稳态响应

3.2.1　电流响应

3.1.4 节讨论了基区内少子浓度的分布，本节将根据少子浓度梯度求出发射极电流（I_E）和集电极电流（I_C），再由端电流之间的关系得到基极电流 I_B。为了简化求解晶体管的直流电流-电压关系的过程，先做以下几点假设（仍以 pnp BJT 为例）：

（1）空穴在基区的漂移可以忽略，即认为空穴完全是以扩散的方式通过基区的；

（2）发射结注入效率 $\gamma = 1$，即忽略发射结的电子注入电流；

（3）忽略集电结的反向饱和电流；

（4）发射结、集电结具有相同的横截面积，认为载流子是在一维结构中运动的；

（5）所有的电流和电压都是指其稳态值。

1. 基区内扩散方程的求解

由发射结注入的空穴是以扩散的方式通过基区的。根据前面所做的假设，发射结注入的空穴电流为 $I_{Ep} = I_E$，到达集电区的空穴电流为 I_C。如果能求出过剩空穴在基区内的分布，就自然可得到过剩空穴的浓度梯度，进而可求出各部分的电流。以图 3-12（a）给出的简化结构作为分析模型，设基区的宽度为 W_b，各部分的横截面积均为 A。在平衡条件下，费米能级是水平的，能带图表示的是两个背靠背的 pn 结；但在发射结正偏、集电结反偏的情况下（正向有源模式），两种载流子统一的费米能级分开为两个能量不同的准费米能级，如图 3-12（b）所示，发射结的势垒降低，集电结的势垒升高。在 3.1.4 节讨论了晶体管工作区交界处的少子浓度，根据 $\Delta p_{\mathrm{n}} = p(x_{n0}) - p_{\mathrm{n}} = p_{\mathrm{n}}(\mathrm{e}^{qV/kT} - 1)$，可将基区内靠近发射结边界和靠近集电结边界的过剩空穴浓度表示为

$$\Delta p_{\mathrm{E}} = p_{\mathrm{n}}(\mathrm{e}^{qV_{\mathrm{EB}}/kT} - 1) \qquad (3\text{-}19)$$

$$\Delta p_{\mathrm{C}} = p_{\mathrm{n}}(\mathrm{e}^{qV_{\mathrm{CB}}/kT} - 1) \qquad (3\text{-}20)$$

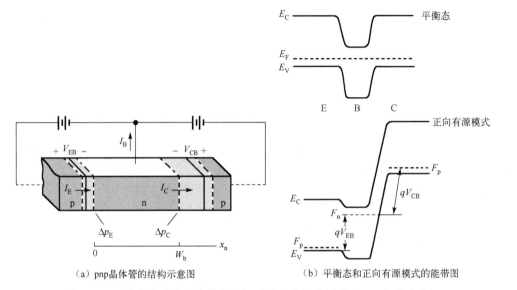

（a）pnp晶体管的结构示意图　（b）平衡态和正向有源模式的能带图

图 3-12　两种载流子准费米能级的间距等于外加偏压乘以 q（电子电荷）

若发射结的正向偏压 V_{EB} 足够高（$V_{\mathrm{EB}} \gg kT/q$）、集电结的反向偏压也足够高（$V_{\mathrm{CB}} \ll 0$，$|V_{\mathrm{CB}}| \gg kT/q$），则以上两式分别变为

$$\Delta p_{\mathrm{E}} \approx p_{\mathrm{n}}\mathrm{e}^{qV_{\mathrm{EB}}/kT} \qquad (3\text{-}21)$$

$$\Delta p_{\mathrm{C}} = -p_{\mathrm{n}} \qquad (3\text{-}22)$$

利用稳态扩散方程 $\dfrac{\mathrm{d}^2\Delta p}{\mathrm{d}x^2} = \dfrac{\Delta p}{D_{\mathrm{p}}\tau_{\mathrm{p}}} = \dfrac{\Delta p}{L_{\mathrm{p}}^2}$，可将基区内的空穴扩散方程写为

$$\frac{\mathrm{d}^2\Delta p(x_{\mathrm{n}})}{\mathrm{d}x_{\mathrm{n}}^2} = \frac{\Delta p(x_{\mathrm{n}})}{L_{\mathrm{p}}^2} \qquad (3\text{-}23)$$

该方程的解应有这样的形式

$$\Delta p(x_{\mathrm{n}}) = C_1\mathrm{e}^{x_{\mathrm{n}}/L_{\mathrm{p}}} + C_2\mathrm{e}^{-x_{\mathrm{n}}/L_{\mathrm{p}}} \qquad (3\text{-}24)$$

式中，L_{p} 是空穴的扩散长度。我们现在求解的是空穴在很窄的基区内（$W_{\mathrm{b}} \ll L_{\mathrm{p}}$）的分布问题，而不是在很宽的区域内的分布问题，因此不能略去式（3-24）中的任何一个系数（C_1 和 C_2）。对 $W_{\mathrm{b}} \ll L_{\mathrm{p}}$ 的基区，大多数空穴都能通过基区扩散而到达集电结（$x_{\mathrm{n}} = W_{\mathrm{b}}$ 处），这与窄基区二极管的情形很相似。在基区的两个边界（$x_{\mathrm{n}} = 0$ 和 $x_{\mathrm{n}} = W_{\mathrm{b}}$）处，过剩空穴浓度的边界条件为

$$\Delta p(x_{\mathrm{n}} = W_{\mathrm{b}}) = C_1\mathrm{e}^{W_{\mathrm{b}}/L_{\mathrm{p}}} + C_2\mathrm{e}^{-W_{\mathrm{b}}/L_{\mathrm{p}}} = \Delta p_{\mathrm{C}} \qquad (3\text{-}25)$$

$$\Delta p(x_{\mathrm{n}} = 0) = C_1 + C_2 = \Delta p_{\mathrm{E}} \qquad (3\text{-}26)$$

将式（3-24）、式（3-25）和式（3-26）联立，可确定 C_1 和 C_2

$$C_1 = \frac{\Delta p_C - \Delta p_E e^{-W_b/L_p}}{e^{W_b/L_p} - e^{-W_b/L_p}} \qquad (3\text{-}27)$$

$$C_2 = \frac{\Delta p_E e^{W_b/L_p} - \Delta p_C}{e^{W_b/L_p} - e^{-W_b/L_p}} \qquad (3\text{-}28)$$

至此便得到了过剩空穴在基区的浓度分布。如果集电结的反向偏压很高且 $x_n = 0$ 处的过剩空穴浓度 Δp_E 远大于基区内空穴的平衡浓度 p_n，则基区内过剩空穴的浓度分布近似为

$$\Delta p(x_n) = \frac{e^{W_b/L_p} e^{-x_n/L_p} - e^{-W_b/L_p} e^{x_n/L_p}}{e^{W_b/L_p} - e^{-W_b/L_p}} \Delta p_E \qquad (\Delta p_C \approx 0) \qquad (3\text{-}29)$$

图 3-13 所示为式（3-29）中各项的变化情况，同时给出了 $W_b/L_p = 0.5$ 对应的基区过剩空穴浓度分布。可以看出，过剩空穴 $\Delta p(x_n)$ 在基区的分布近似为一条直线。但在后面将会看到，基区内过剩空穴的实际浓度分布不是严格的直线（对直线分布有一定程度的偏离），反映了空穴在基区内与电子复合的事实。

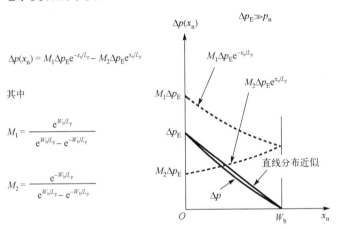

图 3-13 式（3-29）中各项的变化情况，基区少子空穴的分布近似为直线（这里 $W_b/L_p = 0.5$）

2. 端电流分析

得到基区内的过剩空穴浓度分布后，由其梯度可确定空穴的扩散电流。根据 $J_p(扩散) = (-q)\phi(x) = -(-q)D_n \dfrac{\mathrm{d}n(x)}{\mathrm{d}x} = qD_n \dfrac{\mathrm{d}n(x)}{\mathrm{d}x}$，有

$$I_p(x_n) = -qAD_p \frac{\mathrm{d}\Delta p(x_n)}{\mathrm{d}x_n} \qquad (3\text{-}30)$$

下面以式（3-30）为基础求 BJT 的端电流，即发射极、集电极、基极的电流（I_E、I_C、I_B）。发射极电流 I_E 中的空穴扩散电流分量 I_{Ep} 等于 $x_n = 0$ 处的空穴扩散电流

$$I_{Ep} = I_p(x_n = 0) = qA\frac{D_p}{L_p}(C_2 - C_1) \qquad (3\text{-}31)$$

在忽略了集电结反向饱和电流的情况下，集电极电流 I_C 完全由扩散到集电结的空穴形成，因

而集电极电流 I_C（$x_n = W_b$ 处的空穴扩散电流）可表示为

$$I_C = I_p(x_n = W_b) = qA\frac{D_p}{L_p}(C_2 e^{-W_b/L_p} - C_1 e^{W_b/L_p}) \tag{3-32}$$

将系数 C_1 和 C_2 [参见式（3-27）、式（3-28）] 代入式（3-31），得到

$$I_{Ep} = qA\frac{D_p}{L_p}\left[\frac{(\Delta p_E e^{W_b/L_p} + e^{-W_b/L_p}) - 2\Delta p_C}{e^{W_b/L_p} - e^{-W_b/L_p}}\right]$$

将 C_1 和 C_2 代入式（3-32）可得到 I_C。将 I_{Ep} 和 I_C 写为更简洁的形式，有

$$I_{Ep} = qA\frac{D_p}{L_p}\left(\Delta p_E \coth\frac{W_b}{L_p} - \Delta p_C \operatorname{csch}\frac{W_b}{L_p}\right) \tag{3-33}$$

$$I_C = qA\frac{D_p}{L_p}\left(\Delta p_E \operatorname{csch}\frac{W_b}{L_p} - \Delta p_C \coth\frac{W_b}{L_p}\right) \tag{3-34}$$

上面所做的 $\gamma \approx 1$ 假设实际上就是假定 $I_E \approx I_{Ep}$，即式（3-33）中的 I_{Ep} 代表 $\gamma \approx 1$ 近似下的发射极电流 I_E。得到 I_E 和 I_C 后，考虑到稳态情况下流入器件的电流（发射极电流 I_E）应与流出器件的电流（集电极电流 I_C 和基极电流 I_B 之和）相等，可得到基极电流 I_B

$$I_B = I_E - I_C = qA\frac{D_p}{L_p}\left[(\Delta p_E + \Delta p_C)\left(\coth\frac{W_b}{L_p} - \operatorname{csch}\frac{W_b}{L_p}\right)\right]$$

写为更简洁的形式，有

$$I_B = qA\frac{D_p}{L_p}\left[(\Delta p_E + \Delta p_C)\frac{W_b}{2L_p}\right] \tag{3-35}$$

式（3-33）、式（3-34）和式（3-35）给出了 BJT 的三个端电流的表达式，反映了器件的端电流与材料参数和结构参数的依赖关系，其中的过剩空穴浓度又通过式（3-19）、式（3-20）与发射结和集电结的偏置电压联系在一起，这就为分析各种偏置条件下器件的行为奠定了理论基础。应当说明，式（3-33）、式（3-34）和式（3-35）不仅对 BJT 的正常放大状态适用，对其他偏置状态也是适用的。例如，作为开关器件应用的 BJT，当集电结处于反偏状态时，集电结空间电荷区边界的过剩空穴浓度 Δp_C 具有负值（$\Delta p_C = -p_n$）；而当集电结处于正偏状态时，Δp_C 则具有正值。这些变化情况其实都已经包含在以上几式中了，也就是说，式（3-33）、式（3-34）和式（3-35）可用来分析 BJT 在各种偏置条件下的电学特性。

3. 端电流的近似表达式

为了使端电流表达式的物理意义更加明确，这里不妨针对正常工作状态（放大状态）做简化分析。BJT 正常工作时发射结正偏、集电结反偏，根据式（3-22）可知 $\Delta p_C = -p_n$，其中 p_n 是基区内空穴的平衡浓度。若 p_n 很小，如图 3-14（a）所示，则端电流表达式中的 Δp_C 可以忽略，因此端电流可简化为如下形式

$$I_E \approx \frac{qAD_p}{L_p} \Delta p_E \coth \frac{W_b}{L_p} \tag{3-36}$$

$$I_C \approx \frac{qAD_p}{L_p} \Delta p_E \operatorname{csch} \frac{W_b}{L_p} \tag{3-37}$$

$$I_B \approx \frac{qAD_p}{L_p} \Delta p_E \tanh \frac{W_b}{2L_p} \tag{3-38}$$

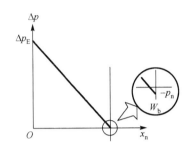
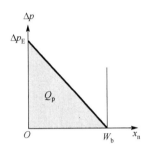

（a）发射结正偏、集电结反偏时过剩空穴的浓度分布　（b）$V_{CB}=0$ 或 p_n 可忽略时的过剩空穴的浓度分布

图 3-14　基区内过剩空穴分布的直线近似

以上几式中都包含双曲函数，为方便起见，表 3-2 列出了它们的级数展开式。经过计算可知，当 W_b/L_p 较小时，以上几式中的双曲函数只需保留到 W_b/L_p 的一次项就足够精确了，其他高次项可略去。例如，$\tanh(y)$ 在保留到 y 的一次项时近似等于 y，所以基极电流可近似为

表 3-2　双曲函数的级数展开式

$\operatorname{sech}(y) = 1 - \dfrac{y^2}{2} + \dfrac{5y^4}{24} - \cdots$
$\coth(y) = \dfrac{1}{y} + \dfrac{y}{3} - \dfrac{y^3}{45} + \cdots$
$\operatorname{csch}(y) = \dfrac{1}{y} - \dfrac{y}{6} + \dfrac{7y^4}{360} - \cdots$
$\tanh(y) = y - \dfrac{y^3}{3} + \cdots$

$$I_B \approx \frac{qAD_p}{L_p} \Delta p_E \tanh \frac{W_b}{2L_p} = \frac{qAW_b \Delta p_E}{2\tau_p} \tag{3-39}$$

同理，也可得到发射极电流 I_E 和集电极电流 I_C 的近似表达式。其实，将 I_E 和 I_C 的近似表达式直接相减，也就得到了与式（3-39）相同的结果

$$\begin{aligned} I_B = I_E - I_C &\approx \frac{qAD_p}{L_p} \Delta p_E \left[\left(\frac{1}{W_b/L_p} + \frac{W_b/L_p}{3} \right) - \left(\frac{1}{W_b/L_p} - \frac{W_b/L_p}{6} \right) \right] \\ &\approx \frac{qAW_b D_p \Delta p_E}{2L_p^2} = \frac{qAW_b \Delta p_E}{2\tau_p} \end{aligned} \tag{3-40}$$

与前面的假设相一致，式（3-40）只考虑了电子在基区内的复合，而没有考虑在发射结空间电荷区中的复合，也没有考虑电子向发射区的注入。

在基极电流主要是复合电流的情况下，根据电荷控制模型也能求出基极电流 I_B。设过剩空穴的浓度分布近似为图 3-14（b）所示的直线，采用直线近似，得到基区内存储的过剩空穴电荷为

$$Q_p \approx \frac{1}{2} qA \Delta p_E W_b \tag{3-41}$$

过剩空穴与电子发生复合，由此失去的电子由基极电流 I_B 提供。根据前面对基极电流成因的分析，把基极电流与过剩电荷和空穴寿命 τ_p 联系起来，可立即将基极电流表示出来

$$I_B \approx \frac{Q_p}{\tau_p} = \frac{qAW_b\Delta p_E}{2\tau_p} \tag{3-42}$$

这个结果与前面的式（3-39）和式（3-40）是完全相同的。

既然忽略了集电结的反向饱和电流并假定发射结注入效率近似为 1（$\gamma = 1$），那么 I_E 和 I_C 的差（基极电流 I_B）就只由空穴在基区的复合速率来决定。由式（3-42）可见，减小基区的宽度 W_b，或者采用轻掺杂的基区以增大 τ_p，或者二者兼而有之，都可减小 I_B。增大 τ_p 的另一个好处是可以同时提高发射结的注入效率 γ。

直线近似的空穴浓度分布已可以精确计算 BJT 的基极电流。但从另一方面来看，如果空穴浓度的分布真是一条严格的直线，由于其斜率（包括基区两个边界处的斜率）是处处一样的，就会得出 $I_E = I_C$、$I_B = 0$ 的结论，这与前面的讨论相矛盾。实际上，如图 3-13 所示，空穴的浓度分布不会是严格的直线，且 $x_n = 0$ 处的斜率比 $x_n = W_b$ 处的斜率略大，表示 I_E 比 I_C 略大，因而 $I_B = I_E - I_C \neq 0$。

4．电流传输系数

前面的推导是在 $\gamma \approx 1$ 的近似条件下得到的，即认为发射极电流完全是由空穴注入形成的，没有考虑电子注入。实际上，只要发射结正偏，除空穴由发射区向基区注入外，电子也会由基区向发射区注入，只不过电子的注入比空穴的注入小得多。但不管多小，电子的注入都会影响发射结的注入效率，在有些情况下是不能忽略的。可以证明，对 pnp 晶体管，同时考虑空穴注入和电子注入时，发射结的注入效率应该是

$$\gamma = \left[1 + \frac{L_p^n n_n \mu_n^p}{L_n^p p_p \mu_p^n} \tanh \frac{W_b}{L_p^n}\right]^{-1} \approx \left[1 + \frac{W_b n_n \mu_n^p}{L_n^p p_p \mu_p^n}\right]^{-1} \tag{3-43}$$

其中，各量下标的意义如前，上标则代表该量所针对的区域。例如，L_p^n 表示 n 型基区中空穴的扩散长度，μ_n^p 表示 p 型发射区中电子的迁移率。将式（3-36）作为 I_{Ep}、式（3-37）作为 I_C，则基区输运因子可表示为

$$B = \frac{I_C}{I_{Ep}} = \frac{\text{csch}(W_b / L_p)}{\coth(W_b / L_p)} = \text{sech} \frac{W_b}{L_p} \tag{3-44}$$

将式（3-44）的基区输运因子 B 和式（3-43）的发射结的注入效率 γ 相乘 [参见 $\frac{i_C}{i_E} = \frac{Bi_{Ep}}{i_{Ep} + i_{En}} = B\gamma = \alpha$]，便可得到 pnp 晶体管的电流传输系数 α，进而根据 α 和 $\frac{i_C}{i_B} = \frac{B\gamma}{1 - B\gamma}$ $\frac{\alpha}{1 - \alpha} = \beta$ 可算出共发射极电流增益 β。

3.2.2　击穿特性

1．雪崩倍增和反向击穿

如果 BJT 采用共基极连接，在放大偏置模式下的 V_{CB} 不断增大，此时 BJT C-B 耗尽区内

的载流子运动与简单的 pn 结二极管中的情况非常类似。穿过 C-B 耗尽区的载流子数量不断增大,并获得足够的能量,通过和半导体原子碰撞电离产生出更多的载流子,最终达到使载流子发生雪崩的条件,同时集电区电流迅速增大并趋于无穷大。根据载流子倍增条件,在击穿点 $M \to \infty$,其中 M 是倍增因子。假定雪崩击穿在穿通之前发生,则能加到共基极 BJT 输出端上的最大电压值显然就是 C-B 结的击穿电压 V_{CBO}。

共发射极的情况就更有意思了。加在共发射极连接的晶体管上的输出电压为 $V_{EC} = V_{EB} - V_{CB}$,处于放大偏置模式下,E-B 结为正偏,一般来说 V_{EB} 相当小,在 Si BJT 中要小于 1V。因此对于大于几伏特的输出电压,$V_{EC} \approx -V_{CB}$。由于 $V_{EC} \approx -V_{CB}$,认为 $V_{CEO} \approx V_{CBO}$ 也是合理的。然而,实际上 V_{CEO} 小于 V_{CBO},$V_{CEO} \approx 90V$,而 $V_{CBO} \approx 120V$。

这一意想不到的结果可以在图 3-15 的帮助下来定性地解释。最初注入基区的空穴,在图中用 ⓪ 表示,它导致用 ① 表示的空穴进入 C-B 耗尽区的基区边缘。尽管 C-B 结的偏压远低于击穿值,但这些空穴中有几个会获得足够大的能量来碰撞半导体原子并使其离化,从而产生额外的空穴和电子 ②。增加的空穴随着注入空穴一起漂移进入集电区,而增加的电子被扫进基区 ③。基区中额外的电子导致多数载流子失去平衡,这一失衡必须消除,消除过剩电子最有效的方法是使电子流出基极电极。当 BJT 处于共基极接法时,正好可以通过这样的方法来消除过剩电子,然而当晶体管连接方式为共发射极接法时,在共发射极输出特性的测量过程中基区电流保持不变,即额外的电子不能流出基极电极,因此,只能通过发射区 ④ 注入电子来缓解基区中载流子的失衡。在前面晶体管工作原理的讨论中强调过,穿过 E-B 结的电子和空穴紧密地束缚在一起,每个从基区注入发射区的电子都伴随着 I_{Ep} / I_{En} 个附加的空穴从发射区注入基区 ⑤。因此,对于在 C-B 耗尽区通过碰撞电离产生的每个附加的电子-空穴对,都会导致 $I_{Ep} / I_{En} + 1 = 1 / (1 - \gamma) \geq \beta_{dc} + 1$ 个附加的空穴流入集电区。

实际上,在共发射极连接的情况下 C-B 耗尽区的载流子倍增在内部得到了放大。此外,刚才描述的过程还可以再生,也就是可以自反馈。随着附加空穴的注入,在 C-B 耗尽区会有一个附加的载流子倍增,导致更大的集电区电流(换句话说,可以认为晶体管的 β_{dc} 通过这一过程而增大)。上述现象中导致使 $I_C \to \infty$ 的 V_{EC} 远小于 C-B 结雪崩击穿电压。

参考式(3-15),在放大偏置模式下的共发射极输出特性的简化表达式可变换成

$$I_C = \frac{M\alpha_{dc}}{1 - M\alpha_{dc}} I_B + \frac{I_{CBO}}{1 - M\alpha_{dc}} \tag{3-45}$$

从式(3-45)中注意到,对于任意大小的输入电流(甚至 $I_B = 0$),当 $M \to 1/\alpha_{dc}$ 时,$I_C \to \infty$。一般 α_{dc} 只比 1 稍微小一点,因此 M 只需增大到稍大于 1 就能接近 $M \to 1/\alpha_{dc}$ 的击穿点,所以可预计在输出电压远低于 $M \to \infty$ 时的 C-B 结击穿电压时,这种击穿现象就可能发生。具体来说,利用 $M = \dfrac{1}{1 - \left[|V_A| / V_{BR} \right]^m}$ 和 $V_{BR} = V_{CBO}$,有

$$M\big|_{V_{CBO}} = \frac{1}{1 - \left(\dfrac{V_{CEO}}{V_{CBO}}\right)^m} = \frac{1}{\alpha_{dc}} \tag{3-46}$$

或者

$$V_{CEO} = V_{CBO}(1-\alpha_{dc})^{1/m} = \frac{V_{CBO}}{(\beta_{dc}+1)^{1/m}} \tag{3-47}$$

其中如前所述，$3 \leqslant m \leqslant 6$。显然，从式（3-47）就可以立刻看出 $V_{CEO} < V_{CBO}$。

在 BJT 工作过程中，刚才描述和模拟的机理必定是有害的。由于存在载流子的倍增和反馈，能加在晶体管上的最大电压降低了。然而对于其他器件，这一机理虽说不起关键的作用，但至少起着正面的作用。这一机理也用来在光电晶体管中放大光信号，光电晶体管（或光电 BJT）是一种特殊制作的、使入射光能穿过 C-B 结的 BJT。当作为光电探测器使用时，光电 BJT 一般处于放大偏置模式，其中基极浮置或者基区电流保持为常数（一些光电晶体管甚至不制作基极电极）。如图 3-16 所示，对于每个在 C-B 耗尽区因吸收光子而产生的电子-空穴对，大约会导致 $\beta_{dc}+1$ 个载流子进入集电区。

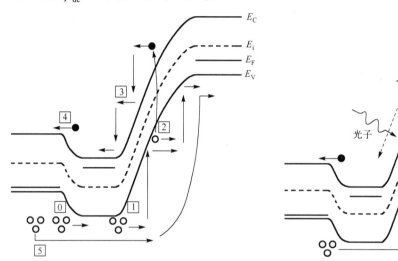

图 3-15　对载流子倍增和反馈机理进行逐步解释　　　图 3-16　在光电晶体管中光信号的放大

2. 基区穿通电压

当集电结上的反向偏压增大时，集电结耗尽区向两侧扩展，基区宽度 W_B 随之减小。对于基区很薄且基区掺杂较轻的晶体管，当集电结反偏达到某一值 V_{pt} 时，虽然还没有发生集电结的雪崩击穿，但 W_B 已减小到零，这时在发射区与集电区之间只有耗尽区而无中性基区。这一现象称为基区穿通，V_{pt} 称为基区穿通电压。

对于均匀基区，可利用耗尽区宽度公式 $x_p = \dfrac{\varepsilon_s}{qN_A}|E|_{max} = \left[\dfrac{2\varepsilon_s}{q}\dfrac{N_D}{N_A(N_A+N_D)}V_{bi}\right]^{1/2}$ 来求基区穿通电压 V_{pt}。当 $V_{bi}+V_{CB}=V_{bi}+V_{pt}$ 时，基区一侧的耗尽区宽度 x_{dB} 等于基区宽度 W_B，即

$W_B = \left[\dfrac{2\varepsilon_s N_C}{qN_B(N_C+N_B)}(V_{bi}+V_{pt})\right]^{1/2}$，从此式可解出 V_{pt}，并忽略 V_{bi} 得

$$V_{bi} = \frac{qN_B(N_C+N_B)}{2\varepsilon_s N_C}W_B^2 \tag{3-48}$$

从式（3-48）可见，防止基区穿通的措施是提高 W_B 与 N_B。这与防止基区宽度调变效应

的措施是一致的，但与提高电流放大系数相矛盾。下面讨论基区穿通对晶体管反向截止电流的影响。

3. 基区穿通对 I_{CBO}-V_{CB} 特性的影响

I_{CBO} 是发射极开路、集电结上加反向偏压 V_{CB} 时的集电极电流。当 V_{CB} 较小时，基区尚未穿通，开路的发射极上存在一个其值不大的浮空电势。这一浮空电势对发射结来说是反向偏压，所以集电结与发射结均为反偏。当 V_{CB} 增大到基区穿通电压 V_{pt} 时，基区发生穿通，但此时的 V_{CB} 还低于集电结的雪崩击穿电压，而发射结反偏，发射极开路，所以基区刚穿通时的集电极电流 I_{CBO} 仍然很小。基区穿通以后，如果 V_{CB} 继续增大，由于耗尽区不可能再扩展，其中的电离受主杂质电荷也不可能再增加，所以 V_{CB} 将保持 V_{pt} 不变。对于平面晶体管，V_{CB} 超过 V_{pt} 的部分（$V_{CB}-V_{pt}$）将加在发射结的侧面上，使发射结的浮空电势增大。当 $V_{CB}-V_{pt}$ 达到发射结的雪崩（或隧道）击穿电压 BV_{EBO} 时，发射结发生击穿。雪崩倍增产生的空穴从基极流出，产生的电子进入发射区后再穿过与发射区相连的集电结耗尽区从集电极流出，于是使集电极电流 I_{CBO} 急剧增大，如图 3-17 所示。

根据 BV_{CBO} 的定义，在发生基区穿通以后，有

$$BV_{CBO} = V_{pt} + BV_{EBO} \qquad (3-49)$$

实际的 BV_{CBO} 应是 V_B 和式（3-49）中较小的一个。

当发射极电流 I_E 不为零时，集电极电流 I_C 中除上述电流 I_{CBO} 外，还有从发射极到集电极的电流 αI_E。

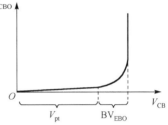

图 3-17　基区穿通对平面管击穿特性的影响

4. 基区穿通对 I_{CEO}-V_{CE} 特性的影响

在上面讨论的共基极接法中，测量 I_{CBO} 时集电结和发射结都反偏，发射极开路，所以在基区穿通之初 I_{CBO} 并不大。只有当发射结上的反偏达到击穿电压时，I_{CBO} 才急剧增大。

但是在共发射极接法中，情况就不同了。当基极开路、集电极和发射极之间加 V_{CE} 时，这个电压的极性对集电结为反偏，对发射结为正偏。又由于发射极和集电极是通过外电路连通的，发射区的载流子可以源源不断地到达集电区，发射区缺少的电荷由外电路来补充，因此电流可以不受限制。

先来分析当 V_{CE} 足够大但基区尚未穿通时发射结上的电压。利用晶体管的共发射极电流-电压方程，令 $I_B = (1-\alpha)I_{ES}\left[\exp\left(\dfrac{qV_{BE}}{kT}\right)-1\right] + (1-\alpha_R)I_{CS}\left[\exp\left(\dfrac{qV_{BC}}{kT}\right)-1\right] = 0$（其中 α_R 代表晶体管的反向共基极直流短路电流放大系数），可解出 V_{BE}，并考虑到集电结反偏，得

$$V_{BE} = \frac{kT}{q}\ln\left[\frac{(1-\alpha)I_{CS}}{(1-\alpha)I_{ES}}+1\right] > 0 。$$

对于基区两侧对称的结构，例如，集成电路中的横向晶体管和后面要介绍的 MOS 场效应晶体管，$\alpha = \alpha_R$，$I_{CS}=I_{ES}$，则 $V_{BE}=(kT/q)\ln 2$。对于室温下的硅，此值约为 0.018V。对于平面纵向晶体管，V_{BE} 要略大。可见发射结虽为正偏，但 V_{BE} 并未达到 pn 结的正向导通电压 V_F。对于室温下的硅，V_F 约为 0.7V。

所以 V_{CE} 分为两部分，发射结上降掉一个很小的正向偏压 V_{BE}，其余绝大部分是集电结上的反向偏压 V_{CB}。当 V_{CE} 增大到 $V_{CE}=V_{pt}+V_{BE}$ 时，基区发生穿通，但由于此时发射结尚未导通，I_{CEO}

仍很小。当 V_{CE} 继续增大时，V_{CB} 将保持 V_{pt} 不变，因此只要 V_{CE} 稍微增大，使 V_{BE} 达到正向导通电压 V_F，就会有大量发射区载流子注入穿通的基区再到达集电区，使集电极电流 I_{CEO} 急剧增大。

根据 BV_{CEO} 的定义，可得

$$BV_{CEO} = V_{pt} + V_F \approx V_{pt} \qquad (3\text{-}50)$$

实际的 BV_{CEO} 应是 $BV_{CEO} = BV_{CBO}\sqrt[S]{1-\alpha} = \dfrac{BV_{CBO}}{\sqrt[S]{1+\beta}} \approx \dfrac{BV_{CBO}}{\sqrt[S]{\beta}}$（式中 S 值随杂质分布情况及电压而变，硅 p^+n 结的 S 取 4，硅 pn^+ 结的 S 取 2）和式（3-50）中较小的一个。

当基极电流 I_B 不为零时，集电极电流 I_C 中除上述电流 I_{CEO} 外，还有 βI_B。

5. 基区局部穿通

实际上，一般只有集成电路中的横向晶体管才容易发生基区穿通，因为在这种晶体管中，集电区与发射区是同时形成的，两者有相同的掺杂浓度，因此基区掺杂浓度小于集电区掺杂浓度，集电结耗尽区主要向基区扩展。在更为常用的纵向晶体管中，基区是在集电区上进行杂质扩散而形成的，因此基区掺杂浓度大于集电区掺杂浓度，集电结耗尽区主要向集电区扩展，一般不容易发生基区穿通。

在纵向晶体管中有时见到的一种情况是所谓的局部穿通，这是材料的缺陷或不均匀性、光刻时形成的针孔、小岛或磷扩散时形成的合金斑点等工艺因素造成发射结结面不平坦，出现图 3-18 所示的"尖峰"所导致的。"尖峰"处的基区很薄，其基区穿通电压 $V_{pt(尖)}$ 较小，所以这部分基区首先发生穿通。在共基极接法中，当 V_{CB} 进一步增大时，由于"尖峰"的截面积极小，因此相当于一个很大的电阻 $R_{(尖峰)}$，V_{CB} 超过 $V_{pt(尖)}$ 的部分 $V_{CB} - V_{pt(尖)}$ 都降在了这个电阻上，使"尖峰"之外其他发射区的浮空反向偏压并不增大很多，即 $V_{CB} = V_{pt(尖)} + I_{CBO} \times R_{(尖峰)}$ 表现在 $I_{CBO}\text{-}V_{CB}$ 曲线上就是从 $V_{pt(尖)}$ 开始的一段斜率较小的斜线段，如图 3-19 所示。当 V_{CB} 继续增大到使集电结发生雪崩击穿时，电流 I_{CBO} 急剧增大，这就是图 3-19 中的第二段垂直线段。

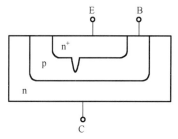

图 3-18　发射结结面有尖峰的情况

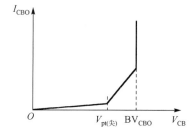

图 3-19　局部穿通时的 $I_{CBO}\text{-}V_{CB}$ 曲线

在共发射极接法中，局部穿通也会造成类似的结果。

3.3　频率响应

3.3.1　基区输运系数与频率的关系

用 γ_ω、β_ω^*、α_ω 和 β_ω 分别代表高频小信号的发射结注入效率、基区输运系数、共基极电流放大系数和共发射极电流放大系数，它们都是角频率 ω 的函数，而且都是复数，它们的定

义将在后面给出。对于极低的频率或直流小信号（当 $\omega \to 0$ 时），它们分别成为 γ_0、β_0^*、α_0 和 β_0。当信号频率提高时，电流放大系数会减小，相位会滞后。图 3-20 示出了晶体管电流放大系数的幅频特性。由图可知，随着频率的不断提高，晶体管的电流放大能力将会不断降低甚至丧失。晶体管的工作频率极限最初只到音频范围，但是随着科学技术的发展和人们认识的深化，现在已到了微波波段。

本节将分析影响晶体管的高频小信号电流放大系数的各种因素，导出高频小信号电流放大系数的表达式，给出标志晶体管对高频电流的放大能力的参数。虽然现在的高频晶体管几乎都是 npn 的，但为了描述电流时方便，本节的分析仍以 pnp 晶体管为例，而所得结果其实并无 pnp 或 npn 之分。

与直流时相比，在高频下，晶体管两个 pn 结的电容不能再忽略。对于正偏的发射结，有势垒电容 C_{TE} 和扩散电容 C_{DE}，对于反偏的集电结，只有势垒电容 C_{TC}，如图 3-21 所示。

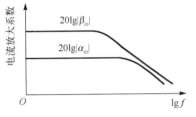

图 3-20　高频下电流放大系数的降低

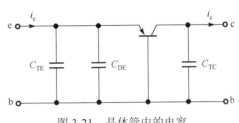

图 3-21　晶体管中的电容

当发射结上的电压发生周期性变化时，发射结势垒区宽度及势垒区中的正、负空间电荷也会随之发生相应的周期性变化，电荷的变化需要有多子电流去填充或抽取，这就是发射结势垒电容 C_{TE} 的充、放电电流。发射结上电压的变化也会引起注入基区的少子电荷的周期性变化，从而需要从基极流入或流出具有同样变化的多子电荷以维持电中性，这就是发射结扩散电容 C_{DE} 的充、放电电流。当集电极电流流经集电区的串联电阻时，会通过串联电阻上电压的变化使集电结上的电压发生周期性的变化，从而引起集电结势垒区宽度及空间电荷的相应变化，也需要多子电流去填充或抽取，这就是集电结势垒电容 C_{TC} 的充、放电电流。

当晶体管中的电荷与电流发生上述变化时，要消耗一部分从发射极流入的电流和需要一定的时间，消耗的电流转换成基极电流。信号的频率越高，电荷与电流的变化就越频繁，消耗的电流就越大，从而使流出集电极的电流随频率的提高而减小。

以共基极接法的 pnp 管为例，在忽略一些次要因素后，高频小信号电流从流入发射极的 i_e 到流出集电极的 i_c 主要经历 4 个阶段的变化，如图 3-22 所示。第一次变化是从 i_e 变到注入基区的少子电流 i_{pe}。i_{pe} 与 i_e 相比，除要减少从基区注入发射区的少子形成的 i_{ne} 这部分电流外（这一点与直流时相同，体现在 γ_0 小于 1 上），还要受发射结势垒电容 C_{TE} 的作用而发生相应的变化。i_{pe} 渡越过基区到达集电结边缘时变成 i_{pc}。

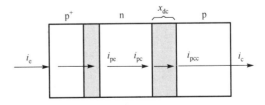

图 3-22　高频小信号电流在晶体管中的变化

i_{pc} 与 i_{pe} 相比，除要减少在基区中因复合而损失的部分外（这一点与直流时相同，体现在 β_0^* 小于 1 上），还要受发射结扩散电容 C_{DE} 的作用而发生相应的变化。由于集电结势垒区较厚，对高频电流有一定影响，使 i_{pc} 在越过集电结势垒区后变成 i_{pcc}。最后，i_{pcc} 在受到集电结势垒电容 C_{TC} 的作用后变成 i_{c} 从集电极流出。

把输出端对高频小信号短路（$v_{\text{CB}}=0$，但 $V_{\text{CB}}<0$）条件下的 i_{c} 与 i_{e} 之比称为共基极高频小信号短路电流放大系数，记为 α_{ω}，即

$$\alpha_{\omega} = \frac{i_{\text{c}}}{i_{\text{e}}}\bigg|_{v_{\text{CB}}=0} = \frac{i_{\text{pe}}}{i_{\text{e}}} \cdot \frac{i_{\text{pc}}}{i_{\text{pe}}} \cdot \frac{i_{\text{pcc}}}{i_{\text{pc}}} \cdot \frac{i_{\text{c}}}{i_{\text{pcc}}} \tag{3-51}$$

下面将对式（3-51）右边的 4 个因子逐一进行分析。由于基区对晶体管频率特性的作用特别重要，因此将首先用较多的篇幅来讨论第 2 个因子。

1. 高频小信号基区输运系数

类似于直流基区输运系数 β^* 的定义，把基区中到达集电结的高频小信号少子电流 i_{pc} 与从发射结刚注入基区的高频小信号少子电流 i_{pe} 之比，称为高频小信号基区输运系数，记为 β_{ω}^*，即

$$\beta_{\omega}^* = i_{\text{pc}} / i_{\text{pe}} \tag{3-52}$$

早期求高频小信号基区输运系数 β_{ω}^* 是从求解连续性方程入手的。为了便于分析，假设少子的运动是一维的，但即使这样，所得的解析解也比较复杂，所以在实际应用时常根据具体情况对解析解取近似的简化式。这种方法与下面将要介绍的电荷控制法相比，其优点是能适用于基区宽度并非远小于少子扩散长度的情形。不过，晶体管的基区宽度一般都远小于少子扩散长度。

现在更多地采用电荷控制法来对晶体管进行分析。电荷控制法的优点是：①物理图像较清楚，物理意义较明显；②数学上更简便，且易于应用到非一维的少子运动情况；③易于兼顾晶体管中的其他效应，如大注入效应、耗尽区的充/放电等；④对非均匀基区晶体管，原则上不需要对杂质进行指数式分布的假设。

高频小信号基区输运系数随频率的变化主要由少子的基区渡越时间所引起，因此，先从渡越时间的作用来着手进行分析。

2. 渡越时间的作用

从发射结注入基区的少子，由于渡越基区需要时间 τ_{b}，因此将对输运过程产生三个方面的影响。

（1）复合损失使 β_0^* 小于 1

在讨论直流输运系数时已经知道，渡越基区的少子将因复合而损失一部分。少子的寿命为 τ_{B}，单位时间内的复合概率为 $1/\tau_{\text{B}}$，在基区的逗留时间为 τ_{b}，因此少子在基区逗留期间的复合损失占少子总数的比例为 $\tau_{\text{b}}/\tau_{\text{B}}$，而到达集电结的未复合少子占进入基区的少子总数的比例为 $1-\tau_{\text{b}}/\tau_{\text{B}}$，这就是直流输运系数。由于这种损失对直流信号和高频信号都是一样的，因此在高频输运系数 β_{ω}^* 中也应含有这个因子，这就是 β_0^*，即

$$\beta_0^* = 1 - \frac{\tau_{\text{b}}}{\tau_{\text{B}}} \tag{3-53}$$

以后在推导 β_{ω}^* 时为了突出高频下的特殊矛盾，暂不考虑基区的复合作用，而在最后的结果中

再将 $\beta_0^* = (1 - \tau_b / \tau_B)$ 这个因子乘上去。

（2）时间延迟使相位滞后

由于从集电结流出基区的少子比从发射结流入基区的少子在时间上延迟了 τ_b，因此对角频率为 ω 的信号来说，从集电结输出的信号电流比从发射结输入的信号电流在相位上滞后了 $\omega\tau_b$。为了反映这种相位滞后，在高频小信号的复数输运系数 β_ω^* 中应包含 $\exp(-j\omega\tau_b)$ 的因子，其中 $\omega\tau_b$ 为相位移。

（3）渡越时间的分散使 $|\beta_\omega^*|$ 减小

由于存在少子的渡越时间，因此使高频小信号的 β_ω^* 在幅度上小于直流时的 β_0^*，频率越高，小得越多。这是因为少子在靠扩散运动渡越基区时，各个粒子实际所需的时间并不一样。扩散运动在本质上是微观粒子杂乱无章的热运动的结果，不同粒子在基区中走过的是一条各不相同的曲折反复的道路，所以各粒子实际的基区渡越时间是参差不齐的，这称为渡越时间的分散。同一时刻由发射结进入基区的粒子，其渡越时间的分布可根据扩散方程算得，如图 3-23 中的实线所示，τ_b 代表大量粒子在渡越基区时所需的不同时间的平均值。τ_b 越小，则渡越时间的分散也越小，如图 3-23 中的虚线所示。

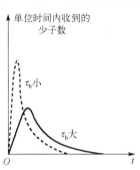

图 3-23　集电结收到的少子数随时间的分布

显然，图 3-23 所示的曲线也可以用来表示在 $t = 0$ 时从发射结注入一个窄脉冲少子电流后，在集电结所收到的少子电流的形状。τ_b 越大，电流持续的时间越长，电流的峰值越小。

若发射极电流为一个直流偏置叠加一个交流信号，则在发射极电流为峰值时注入基区的少子中，当峰值到达集电结时，一部分已经提前到达，另一部分则还未到达，因此 i_{pc} 的峰值必定小于 i_{pe} 的峰值。同样地，当发射极电流为谷值时注入基区的少子到达集电结时，同时到达的还有在此之前和之后注入的少子的一部分，因此 i_{pc} 的谷值必定大于 i_{pe} 的谷值。显然，渡越时间的分散使得输出电流 i_{pc} 的变动幅度有被拉平的倾向。在渡越时间 τ_b 远小于信号周期时，i_{pc} 还没有明显的变化，因此 $|\beta_\omega^*|$ 下降得不多。但如果 τ_b 远大于信号周期，则任一瞬间的 i_{pc} 都是几个周期内注入少子的平均贡献，这使得 i_{pc} 的峰值与谷值相差无几，可使 $|\beta_\omega^*|$ 变得很小。

3. 用电荷控制法求 β_ω^*

在直流状态下，若 τ_b 代表少子的平均渡越时间，则 $1/\tau_b$ 的意义之一是代表注入基区的每个少子在单位时间内被集电结取走的概率。若基区少子总电荷为 Q_B，则单位时间内被集电结取走的电荷（也就是集电结少子电流）为

$$I_{pc} = Q_B / \tau_b \tag{3-54}$$

在电荷控制法中，假设式（3-54）对交流状态也适用，即

$$i_{pc} = q_b / \tau_b \tag{3-55}$$

式中，q_b 代表基区少子电荷的高频小信号分量。

对这一点可论证如下：如果基区中任何地方的少子都同样有 $1/\tau_b$ 的概率被集电结取走，则式（3-54）就不管对直流还是对其他形式的信号电流，都是正确的。实际上，因为基区宽度比扩散长度小得多，所以基区中任何地方的少子到达集电结的概率确实都几乎相等。例如，

基区中某个粒子虽然原来比较靠近集电结，但由于杂乱无章的热运动，可能会曲折反复地在基区中来回游荡才能到达集电结边缘而被势垒区中的强电场拉走；另一个粒子虽然原来远离集电结，但可能经过较短时间的游荡后，所处条件与前一粒子的差不多。这就是说，由于基区很薄而热运动速度又非常大，不管少子在基区中的什么地方，被集电结取走的机会几乎都是相等的。图 3-24 中的曲线 1 代表在 $t = 0$ 时向基区注入一群少子后，在求解少子连续性方程时得到的集电结在单位时间内收到的少子百分数与集电结收到少子的时间的关系；曲线 2 代表在基区各处的少子到达集电结边缘的概率均为 $1/\tau_b$ 的前提下，渡越时间的分布情况。可以看出，两者虽然有差别，但很接近。这说明采用一个与地点无关的固定概率（$1/\tau_b$），已经在很大程度上照应了渡越时间的分散。

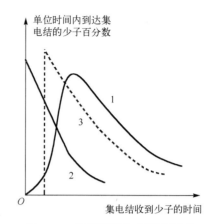

图 3-24　假想情况和实际情况下渡越时间的分布

所谓的电荷控制法，就是假设流出某体积表面的少子电流只取决于该体积内的少子总电荷及少子总电荷的变化率，而和少子在该体积内的具体分布方式无关，从而可采用时间常数 τ_b 来表示少子的平均渡越时间。基区少子的高频小信号电荷的电荷控制方程为

$$i_{\mathrm{pe}} - i_{\mathrm{pc}} = \frac{\mathrm{d}q_b}{\mathrm{d}t} + \frac{q_b}{\tau_B} \qquad (3\text{-}56)$$

由于暂不考虑少子的复合损失，因此可先略去式（3-56）右边的第 2 项，得

$$\frac{\mathrm{d}q_b}{\mathrm{d}t} = i_{\mathrm{pe}} - i_{\mathrm{pc}} \qquad (3\text{-}57)$$

假设在交流状态下式（3-55）也适用，故有

$$q_b = \tau_b i_{\mathrm{pc}} \qquad (3\text{-}58)$$

将式（3-58）代入式（3-57）

$$\frac{\mathrm{d}q_b}{\mathrm{d}t} = \tau_b \frac{\mathrm{d}i_{\mathrm{pc}}}{\mathrm{d}t} = \tau_b \frac{\mathrm{d}I_{\mathrm{pc}}\mathrm{e}^{j\omega t}}{\mathrm{d}t} = j\omega t\tau_b i_{\mathrm{pc}} \qquad (3\text{-}59)$$

于是可得

$$\frac{i_{\mathrm{pc}}}{i_{\mathrm{pe}}} = \frac{1}{1 + j\omega\tau_b} \qquad (3\text{-}60)$$

式（3-60）还没有计入少子在基区的复合损失。已经指出，复合损失对直流和高频都是一样的，所以只需将代表复合损失的式（3-53）的 β_0^* 乘上去，便可得到角频率为 ω 时的高频小信号基区输运系数，即

$$\beta_\omega^* = \frac{\beta_0^*}{1 + j\omega\tau_b} \qquad (3\text{-}61)$$

若将式（3-61）写成幅模与相角分开的形式，则为

$$\beta_{\omega}^{*} = \frac{\beta_{0}^{*}}{\sqrt{1+\omega^{2}\tau_{b}^{2}}}e^{-j\omega\tau_{b}} \qquad (3-62)$$

在频率不太高时，$\omega\tau_{b} \ll 1$，$\arctan\omega\tau_{b} \approx \omega\tau_{b}$，式（3-62）变为

$$\beta_{\omega}^{*} = \frac{\beta_{0}^{*}}{\sqrt{1+\omega^{2}\tau_{b}^{2}}}e^{-j\omega\tau_{b}} \qquad (3-63)$$

可以看到，当 $\omega \to 0$ 时，$\beta_{\omega}^{*} = \beta_{0}^{*}$，少子通过基区时仅因复合而产生损失。随着频率的提高，输运系数的相角产生了 $\omega\tau_{b}$ 的相移，输运系数的幅模则减小。

4．延迟时间

实际上，当发射结刚向基区注入少子时，集电结并不能立刻得到 q_{b}/τ_{b} 的电流，即式（3-55）是不够准确的。实际上，通过对此问题的深入研究，已经做出了肯定的答复。现对此问题另做简明的阐述：先以均匀基区为例，设当 $t=0$ 时，由发射结突然向基区注入总量为 Q_{0} 的少子电荷，暂时假设基区宽度为无限长，而复合损失可略去。那么在任意时刻 t 的少子电荷分布可通过求解扩散方程并结合这种初始条件来得到。在数学形式上，这其实就和杂质在预淀积后再做主扩散时的分布形式一样，为高斯分布。如用 q_{1} 表示单位宽度内的少子电荷，则

$$q_{1} = \frac{Q_{0}}{\sqrt{\pi D_{B}t}}\exp\left(-\frac{x^{2}}{4D_{B}t}\right) \qquad (3-64)$$

图 3-25 示出了 $t=0$、$t=0.1\tau_{b}$、$t=0.18\tau_{b}$、$t=0.3\tau_{b}$ 各个时刻的电荷分布。

显然，当 $t=0.18\tau_{b}$ 时，最接近于图中以虚线表示的定态时的线性分布，即

$$q_{1} = \frac{2Q_{0}}{W_{B}}\left(1-\frac{x}{W_{B}}\right) \qquad (3-65)$$

再求各个时刻从 $x=0$ 到 W_{B} 的基区内的总电荷 Q，可得

$$\frac{q_{1}}{Q_{0}} = \left[1-\text{erfc}\left(\frac{1}{\sqrt{2t/\tau_{b}}}\right)\right] \qquad (3-66)$$

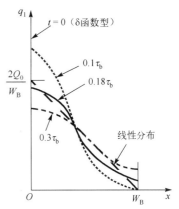

图 3-25　注入少子后，少子经过各个时间后的分布状态

其中，$\text{erfc}(x)$ 表示互补误差函数，$\text{erfc}(x) = 1-\text{erf}(x) = \frac{2}{\sqrt{\pi}}\int_{x}^{\infty}e^{-\eta^{2}}d\eta$。式（3-66）右边在 $t=0$ 时为 1，在 $t=0.18\tau_{b}$ 时为 0.982。这表明，到 $t=0.18\tau_{b}$ 为止，在 $x=0$ 到 W_{B} 范围内的少子电荷仍为总的少子电荷的 98.2%，也就是说，到 $t=0.18\tau_{b}$ 为止，少子电荷基本未跑出基区。

从 $t=0$ 到 $t=0.18\tau_{b}$，少子电荷在 $x=W_{B}$ 处一直接近于零。这说明在这段时间内，实际上符合在 $x=W_{B}$ 处少子电荷为零的边界条件。

通过以上分析可知，少子在从发射结注入基区后，只需经过

$$\tau_{dB} = 0.18\tau_{b} = 0.18\frac{W_{B}^{2}}{2D_{B}} \qquad (3-67)$$

的时间就能达到和定态一样的分布。τ_{dB} 称为延迟时间，在延迟时间内，集电结还取不到少子电流。延迟时间内发生的过程，是使少子达到定态时的线性分布。

5. 基区输运系数的准确公式

虽然少子在基区内逗留的平均时间是 τ_b，但是在开始的 τ_{dB} 这段时间内，它们并不能被集电结取走。它们被集电结取走的平均时间实际上是

$$\tau_b' = \tau_b - \tau_{dB} = \tau_b / 1.22 \tag{3-68}$$

分别考虑 τ_{dB} 及 τ_b' 两个时间常数后，计算所得的渡越时间分布如图 3-24 的曲线 3 所示。它和曲线 1 所代表的真实情形更为接近。

若考虑到单位时间内被集电结取走的电荷的概率不是 $1/\tau_b$，而是 $1/\tau_b'$，则式（3-55）应为

$$i_{pc} = q_b / \tau_b' \tag{3-69}$$

相应地，表示高频小信号基区输运系数的式（3-61）应修正如下：①由于存在一个延迟时间 τ_{dB}，与式（3-61）相比，集电极电流比发射极电流滞后一个相角 $\omega\tau_{dB}$，因此式（3-61）的右边应增加一个因子 $\exp(-j\omega\tau_{dB})$；②式（3-61）右边分母中的 τ_b 应以 τ_b' 来代替。于是，高频小信号基区输运系数的更准确的表达式为

$$\beta_\omega^* = \frac{\beta_0^*}{1+j\omega\tau_b'} e^{-j\omega\tau_{dB}} \tag{3-70}$$

令

$$m = \frac{\tau_b - \tau_b'}{\tau_b'} = \frac{\tau_{dB}}{\tau_b'} \tag{3-71}$$

称 m 为超相移因子或剩余相因子。对于均匀基区晶体管，$m=0.22$，则式（3-70）又可写为

$$\beta_\omega^* = \frac{\beta_0^*}{1+j\omega\frac{\tau_b}{1+m}} e^{-j\omega\frac{m}{1+m}\tau_b} \tag{3-72}$$

高频小信号基区输运系数 β_ω^* 的幅模 $|\beta_\omega^*|$ 随频率的提高而减小。把当 $|\beta_\omega^*|$ 下降到 $\beta_0^*/\sqrt{2}$ 时所对应的角频率与频率分别称为 β_ω^* 的截止角频率与截止频率，记为 ω_{β^*} 与 f_{β^*}。由式（3-72）及式（3-70）可知

$$\omega_{\beta^*} = \frac{1}{\tau_b'} = \frac{1+m}{\tau_b} \tag{3-73}$$

$$f_{\beta^*} = \frac{\omega_{\beta^*}}{2\pi} = \frac{1+m}{2\pi\tau_b} \tag{3-74}$$

利用截止频率，可将表示高频小信号基区输运系数的式（3-72）写为

$$\beta_\omega^* = \frac{\beta_0^*}{1+j\frac{\omega}{\omega_{\beta^*}}} e^{-jm\frac{\omega}{\omega_{\beta^*}}} = \frac{\beta_0^*}{1+j\frac{f}{f_{\beta^*}}} e^{-jm\frac{f}{f_{\beta^*}}} \tag{3-75}$$

用改进了的电荷控制法得到的公式基本和式（3-70）一致，这两个公式在 ω 从 0 到 ω_{β^*} 的

范围内都和解连续性方程得到的 β_ω^* 一致。而晶体管在实际使用中，一般来讲，信号角频率低于甚至远低于 $\omega_{\beta\cdot}$。从这个意义上来讲，电荷控制法的准确性是毋庸置疑的。

6. 缓变基区晶体管的情形

在缓变基区晶体管中，少子在基区中除有扩散运动外还有漂移运动。如果漂移速度远大于扩散速度（D_B / W_B），则少子渡越基区主要靠漂移运动来实现。将这种情况下的渡越时间 τ_b 用 τ_s 来表示，即

$$\tau_b = \tau_s = \frac{W_B}{\mu E} = \frac{W_B}{\mu \cdot \dfrac{kT}{q} \cdot \dfrac{\eta}{W_B}} = \frac{W_B^2}{\eta D_B} \tag{3-76}$$

式（3-76）中的后两个等式是将基区掺杂浓度为指数分布时的自建电场公式代入而求得的。式中，$\eta = \ln\left[N_B(0) / N_B(W_B)\right]$ 是反应掺杂浓度变化大小的常数。

当少子完全以漂移运动渡越基区时，显然没有渡越时间的分散，即少子电流幅度不会变化，渡越时间只起了信号延迟的作用，即 $\tau_{dB} = \tau_b = \tau_s$，$\tau_b' = 0$。

从少子浓度的空间分布来看，假设没有扩散运动且暂不考虑复合，则少子浓度在基区中的变化相当于一种无衰减的行波，如图 3-26 中的实线所示。β_ω^* 的幅模 $\left|\beta_\omega^*\right|$ 为 1，相移因子 $e^{-j\omega\tau_{dB}} = e^{-j\omega\tau_b}$。

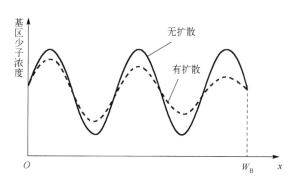

图 3-26　基区中少子浓度的行波式分布

但是实际上总存在一定的扩散运动，因而渡越时间多少有些分散，使高频下的 $\left|\beta_\omega^*\right|$ 减小。这一情况可以从图 3-26 来理解，此图表示的是发射极电流中有正弦成分时，某瞬间基区少子浓度的分布。由于少子向集电结漂移，浓度分布曲线也随着时间的推移而向集电结移动，形成一个前进波。但随着波的前进，波峰少子将向波谷扩散，使峰与谷的差距逐渐减小，结果使少子浓度分布如图中虚线所示。集电结所得的信号取决于峰、谷之差，因此输出信号小于发射结的注入信号。

扩散运动促进了少子的前进运动，因而使 τ_{dB} 减小，而 τ_b' 也将不再是 0。对于内建场因子为 η 的缓变基区晶体管，τ_{dB} 及 τ_b' 可以近似表示为

$$\tau_{dB} = \frac{0.22 + 0.098\eta}{1.22 + 0.098\eta} \tau_b \tag{3-77}$$

$$\tau_b' = \tau_b - \tau_{dB} = \frac{1}{1.22 + 0.098\eta} \tau_b \tag{3-78}$$

内建电场越强，τ_{dB} 在 τ_b 中所占的比例越大。在电场极强、η 很大的极端情况下，以上两式变为式（3-76）。

将式（3-77）、式（3-78）代入式（3-70），可得缓变基区晶体管的输运系数 β_ω^*、超相移因子 m 及 β_ω^* 的截止角频率 $\omega_{\beta\cdot}$ 分别为

$$\beta_\omega^* = \frac{\beta_0^*}{1 + j\omega\tau_b'} e^{-jm\omega\tau_b'} = \frac{\beta_0^*}{1 + j\dfrac{\omega}{\omega_{\beta^*}}} e^{-jm\frac{\omega}{\omega_{\beta^*}}} \tag{3-79}$$

$$m = 0.22 + 0.098\eta \tag{3-80}$$

$$\omega_{\beta^*} = \frac{1}{\tau_b'} = \frac{1.22 + 0.098\eta}{\tau_b} = \frac{1+m}{\tau_b} \tag{3-81}$$

由式（3-80）可知，内建电场越强，超相移因子 m 越大。

在低频时，$\omega \ll \omega_{\beta^*}$，$\arctan(\omega \ll \omega_{\beta^*}) \approx \omega \ll \omega_{\beta^*}$，由式（3-81）知，相移因子为

$$e^{-j(1+m)\frac{\omega}{\omega_{\beta^*}}} = e^{-j(1+m)\tau_b'} = e^{-j\omega\tau_b} \tag{3-82}$$

则式（3-79）可近似写为

$$\beta_\omega^* \approx \frac{\beta_0^*}{1 + j\omega\tau_b} \tag{3-83}$$

或

$$\beta_\omega^* \approx \beta_0^* e^{-j\omega\tau_b} \tag{3-84}$$

可见，不管有无漂移场，相移都只与渡越时间有关。当 $\omega\tau_b < \pi/8$ 时，以上两式的相移误差在 5%之内。

实际上，在用扩散工艺制作的缓变基区晶体管中，基区的大部分区域为少子的加速场，但发射结附近又为少子的减速场，因此为了简单起见，有时可忽略漂移场的作用。有些文献则用 $W_B^2/(5D_B)$ 作为 τ_b 的近似式，这是一个经验公式。

3.3.2　高频小信号电流放大系数

在早期的晶体管中，由于基区宽度 W_B 很大，渡越时间 τ_b 长达微秒的数量级，β_ω^* 的截止频率仅约为几十千赫，这种晶体管的频率特性完全取决于基区宽度 W_B。但是随着晶体管制造工艺技术的日益提高，现在微波晶体管的 W_B 已远在 1μm 以下，τ_b 只有几皮秒。在很高的工作频率下，原来可以忽略的 pn 结势垒电容充放电时间、少子渡过集电结势垒区的时间等就必须要考虑了。

1．发射结势垒电容充放电时间常数

现在来推导式（3-51）右边的第一个因子 i_{pe}/i_e。类似于直流注入效率的定义，把从发射区注入基区的少子电流中的高频小信号分量 i_{pe} 与发射极电流中的高频小信号分量 i_e 之比称为高频小信号注入效率，记为 γ_ω，即

$$\gamma_\omega = i_{pe}/i_e \tag{3-85}$$

当暂时不考虑发射结扩散电容 C_{DE} 和其他寄生参数时，发射结的高频小信号等效电路是发射结增量电阻

$$r_{e} = \frac{dv_{EB}}{di_{E}} = \frac{v_{eb}}{i_{e}} = \frac{kT}{qI_{E}} \tag{3-86}$$

和发射结势垒电容 C_{TE} 的并联，如图 3-27 所示。r_{e} 与发射极偏置电流 i_{e} 成反比，室温下当 i_{e} 为 1mA 时 r_{e} 为 26Ω。但与 pn 结不同的是，由于基区极薄，流过电阻 r_{e} 的电流并不从基极流出，而被集电结势垒区中的强电场拉入集电区后从集电极流出。

先假设直流小信号注入效率 $\gamma_0 = 1$，即忽略从基区注入发射区的少子的电流 i_{ne}，则从发射区注入基区的少子小信号电流 i_{pe} 在增量电阻 r_{e} 上产生的小信号电压是

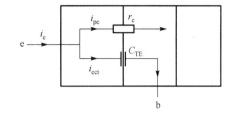

图 3-27　发射极支路的 β 小信号等效电路

$$v_{eb} = r_{e}i_{pe} \tag{3-87}$$

由这一电压引起的发射结势垒电容 C_{TE} 的充放电电流为

$$i_{ect} = C_{TE}\frac{dv_{eb}}{dt} = C_{TE}\frac{dV_{eb}e^{j\omega t}}{dt} = j\omega C_{TE}v_{eb} \tag{3-88}$$

发射极小信号电流 i_{e} 中的一部分用于对势垒电容 C_{TE} 充放电，另一部分就是注入基区的少子电流 i_{pe}，所以 i_{e} 应该是这两部分电流之和，结合以上两式，i_{e} 可表示为

$$i_{e} = i_{pe} + j\omega C_{TE}v_{eb} = i_{pe}(1 + j\omega r_{e}C_{TE}) = i_{pe}(1 + j\omega\tau_{eb}) \tag{3-89}$$

式中

$$\tau_{eb} = r_{e}C_{TE} \tag{3-90}$$

代表发射结势垒电容 C_{TE} 的充放电时间常数。由式（3-89）可得

$$\frac{i_{pe}}{i_{e}} = \frac{1}{1 + j\omega\tau_{eb}} \tag{3-91}$$

实际上在发射区向基区注入少子的同时，基区也在向发射区注入少子，这使得直流小信号注入效率 γ_0 略小于 1。假设由基区向发射区注入少子所造成的影响对直流和直流小信号而言都相同，都可以用 $\gamma_0 = 1 - (R_{\square E} / R_{\square B1})$ 来表示，则式（3-91）还应再乘以 γ_0，于是可得高频小信号的注入效率为

$$\gamma_{\omega} = \frac{i_{pe}}{i_{e}} = \frac{\gamma_0}{1 + j\omega\tau_{eb}} \tag{3-92}$$

由式（3-92）可见，当 $\omega \to 0$ 时，$\gamma_{\omega} = \gamma_0$。

C_{TE} 对高频小信号注入效率的影响的物理意义是：C_{TE} 的存在意味着 i_{e} 必须在先排除对势垒区充放电的多子电流 i_{ect} 后，才能建立起一定的 i_{pc}。这一过程需要的时间是 τ_{eb}，这使得 i_{pe} 的相位滞后于 i_{e} 的相位。此外，由于 i_{pe} 是 i_{e} 在时间 τ_{eb} 内的某种平均表现，因此 i_{pe} 随时间变化的波动幅度被削弱，使其幅度小于 i_{e} 的幅度。显然，这会使高频下的注入效率下降。

2. 发射结扩散电容充放电时间常数

式（3-51）右边的第 2 个因子（i_{pc}/i_{pe}）就是高频小信号的基区输运系数 β_ω^*，这已经在 3.3.1 节中进行了详细讨论。从 i_{pe} 到 i_{pc}，除要受到基区中的复合损失外，还要受到发射结扩散电容 C_{DE} 的作用。本小节就从扩散电容 C_{DE} 的角度再次推导基区输运系数。

与发射结增量电阻 r_e 并联的还有发射结扩散电容 C_{DE}，它反映了高频下基区中的少子电荷随结电压的变化，如图 3-28 所示。当发射结上的电压有微小的变化 v_{eb} 时，基区少子分布将从图 3-29 的曲线 1 变为曲线 2，使基区少子电荷有微小的增量 q_b，这些少子电荷是由发射极提供的。为了维持电中性，应有同样数量的多子电荷从基极流入基区，这相当于发射极与基极之间存在一个电容，这就是发射结扩散电容。前面推导基区输运系数时直接基于基区中的少子电荷，下面的推导则基于发射结扩散电容，实际上这是同一事物的两种表现形式。

当发射区向基区注入少子电荷时，基区也有少子电荷注入发射区，同时有同样数量的多子电荷 q_e 从发射极流入发射区以维持电中性。发射区内的这些电荷也是发射结扩散电容 C_{DE} 上电荷的一部分。为了提高注入效率，发射区掺杂浓度远大于基区掺杂浓度，所以发射区内的这些电荷可以忽略。由以上分析，可得

$$C_{DE} = \frac{q_b + q_e}{v_{eb}} \approx \frac{q_b}{v_{eb}} \tag{3-93}$$

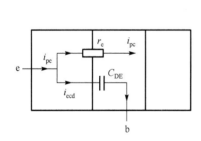

图 3-28 发射结小信号等效电路

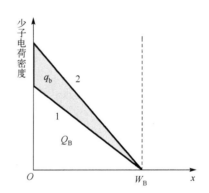

图 3-29 发射结电压变化时基区少子的分布情况

根据电荷控制法的基本假设

$$q_b = \tau_b i_{pc} \tag{3-94}$$

将式（3-94）代入式（3-93），得

$$C_{DE} = \frac{\tau_b i_{pc}}{v_{eb}} \tag{3-95}$$

若暂时忽略基区中的复合损失，即假设直流小信号输运系数为 1，则式（3-87）也可写为

$$v_{eb} = r_e i_{pc} \tag{3-96}$$

由这一电压引起的发射结扩散电容 C_{DE} 的充放电电流为

$$i_{\text{ecd}} = C_{\text{DE}} \frac{\mathrm{d}v_{\text{eb}}}{\mathrm{d}t} = \mathrm{j}\omega C_{\text{DE}} v_{\text{eb}} \tag{3-97}$$

发射结注入基区的少子电流 i_{pe}，一部分用于对 C_{DE} 充放电，另一部分到达集电结成为 i_{pc}，所以 i_{pe} 应为这两部分电流之和。结合式（3-97）和式（3-96），i_{pe} 可表示为

$$i_{\text{pe}} = i_{\text{pc}} + \mathrm{j}\omega C_{\text{DE}} v_{\text{eb}} = i_{\text{pc}}(1 + \mathrm{j}\omega C_{\text{DE}} r_{\text{e}}) \tag{3-98}$$

于是可得

$$\frac{i_{\text{pc}}}{i_{\text{pe}}} = \frac{1}{1 + \mathrm{j}\omega C_{\text{DE}} r_{\text{e}}} \tag{3-99}$$

式中

$$C_{\text{DE}} r_{\text{e}} = \frac{q_{\text{b}}}{v_{\text{eb}}} r_{\text{e}} = \frac{\tau_{\text{b}} i_{\text{pc}}}{r_{\text{e}} i_{\text{pc}}} r_{\text{e}} = \tau_{\text{b}} \tag{3-100}$$

可见，发射结扩散电容充放电时间常数就是基区渡越时间。

实际上基区中存在复合，因此式（3-99）应再乘以 β_0^*，得到高频小信号输运系数为

$$\beta_\omega^* = \frac{\beta_0^*}{1 + \mathrm{j}\omega\tau_{\text{b}}} \tag{3-101}$$

这与用电荷控制法得到的高频小信号输运系数完全一致。从 C_{DE} 的角度推导输运系数当然也有其局限性，由于在推导过程中采用了反映简单的电荷控制关系的式（3-94），没有计入延迟时间 τ_{dB} 的作用，所以得到的是不含超相移因子的近似式。

应当指出，高频下少子的实际输运过程很复杂，将发射结等效为 r_{e} 与 C_{DE} 的并联这种做法，只适用于 $\omega < 1/\tau_{\text{b}}$ 的低频情况。严格的计算表明，即使对于均匀基区晶体管，在低频下，其共基极电路中的 C_{DE} 也只有式（3-95）右侧的三分之二，即

$$C_{\text{DE}} = \frac{2}{3} \cdot \frac{\tau_{\text{b}}}{r_{\text{e}}} \tag{3-102}$$

这是因为基区少子电荷的变化既与注入电流 i_{pe} 有关，又与抽出电流 i_{pc} 有关，但 C_{DE} 只反映了发射极的充放电电流。对于共发射极电路而言，C_{DE} 反映了基极的充放电电流，即基区多子电荷的变化，与基区少子电荷相等。因此，在共发射极的输入回路中，发射结扩散电容就是式（3-95）。

对于内建场因子为 η 的缓变基区晶体管，其低频下的共基极发射结扩散电容为

$$C_{\text{DE}} = \frac{qI_{\text{B}}}{kT} \cdot \frac{W_{\text{B}}^2}{2D_{\text{B}}} \left[\frac{2}{\eta}\left(1 - \frac{1 - \mathrm{e}^{-\eta}}{\eta}\right) \right] \tag{3-103}$$

可以从物理意义上再对发射结扩散电容 C_{DE} 对高频小信号输运系数的影响给出简单的解释。由于集电结处的少子小信号电流 i_{pc} 取决于基区少子电荷 q_{b}，即 C_{DE} 上的电荷，而后者是由发射结流入基区的少子电流 i_{pe} 建立的，建立过程需要的时间是 τ_{b}。就是说，i_{pe} 必须先对 C_{DE} 充放电后，才能建立起一定的 i_{pc}，因此 i_{pc} 的相位滞后于 i_{pe} 的相位，使 β_ω^* 有负的相角。而且因为 i_{pc} 是 i_{pe} 在时间 τ_{b} 内的某种平均表现，所以 i_{pc} 随时间变化的波动幅度被削弱，使 $\left|\beta_\omega^*\right|$ 随着 ω 的增大而减小。

3. 集电结耗尽区延迟时间

式（3-51）右边第 3 个因子 i_{pcc}/i_{pc} 反映基区少子电流通过集电结耗尽区时发生的变化，即由 i_{pc} 变为 i_{pcc}。由于集电区掺杂浓度较低，集电结又是反偏，因此集电结耗尽区较厚。少子通过集电结耗尽区需要一定的时间，设这一时间为 τ_t。当 τ_t 远小于上述的 τ_b 及 τ_{eb} 时，其作用可以忽略。但在微波晶体管中，τ_b 及 τ_{eb} 都很小，τ_t 与它们相比已经不能算很短了，因此必须考虑它的作用。

当集电结的反偏足够大时，集电结耗尽区中的电场强度很大，可以认为大部分区域的电场强度都超过了速度饱和临界电场值 10kV/cm，使载流子的漂移速度达到了几乎不随电场强度而变化的饱和值 υ_{max}。硅中电子的 υ_{max} 约为 $1\times10^7cm/s$，空穴的 υ_{max} 约为 $7.5\times10^6cm/s$。以 x_{dc} 代表集电结耗尽区的宽度，则少子越过集电结耗尽区的时间近似为

$$\tau_t = x_{dc} / \upsilon_{max} \qquad (3\text{-}104)$$

当少子以有限速度越过耗尽区时，将改变耗尽区内空间电荷的分布，从而改变耗尽区内电场的分布。运动的空间电荷在其所在处产生徙动电流，在其所在处前后产生位移电流，在耗尽区外感应出传导电流。不同区域的不同形式的电流保证了电流的连续性。

为了求得电流与运动电荷的关系，假设在耗尽区内的 x 处，有厚为 dx、电荷面密度为 $Q_1 = \rho dx$ 的极薄的一层电荷以速度 υ_{max} 沿 x 轴方向运动，这层电荷在其前方产生附加电场 E_f，在其后方产生附加电场 E_b，如图 3-30 所示。$x<0$ 及 $x>x_{dc}$ 的区域分别为中性基区及集电区。在耗尽区内，取一个包含电荷的平行于 x 轴的圆柱体，圆柱体的长度为 dx，截面积为 A，根据高斯定理，有

$$\int \varepsilon_s E \cdot dA = A\rho dx \qquad (3\text{-}105)$$

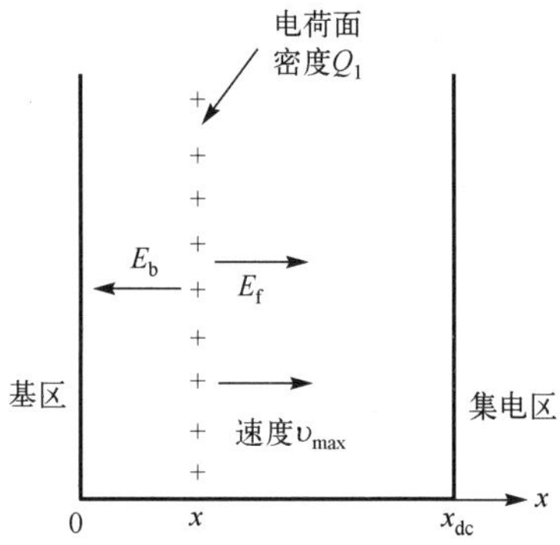

图 3-30 耗尽区中运动电荷产生的电场

由于在圆柱体的柱面上没有电力线穿过，可得

$$\varepsilon_s(E_f + E_b) = \rho dx \qquad (3\text{-}106)$$

在耗尽区两侧的基区与集电区，由外电路维持恒定的电位差，因此由运动电荷产生的附加电场不会引起附加电位差 ΔV，即

$$\Delta V = E_f(x_{dc} - x) - E_b x = 0 \qquad (3\text{-}107)$$

将式（3-106）和式（3-107）联立，可解出

$$E_f = \frac{\rho dx}{\varepsilon_s} \cdot \frac{x}{x_{dc}} \qquad (3\text{-}108)$$

$$E_b = \frac{\rho dx}{\varepsilon_s} \cdot \frac{(x_{dc} - x)}{x_{dc}} \qquad (3\text{-}109)$$

电荷 ρdx 运动时，将使 E_f、E_b 随时间变化，引起位移电流密度 $\varepsilon_s(\partial E / \partial t)$。由式（3-108）和式（3-109）可算出在运动电荷前、后的位移电流密度相等，为

$$\varepsilon_s \frac{\partial E_f}{\partial t} = -\varepsilon_s \frac{\partial E_b}{\partial t} = \frac{\rho dx}{x_{dc}} \cdot \frac{\partial x}{\partial t} = \frac{\rho dx}{x_{dc}} \upsilon_{max} \qquad (3\text{-}110)$$

由 $\rho \mathrm{d}x$ 产生的 E_f 的电力线将终止在耗尽区边缘的中性集电区上，因此图中 x_dc 处必须有附加的负电荷来终止这些附加的电力线，对于 p 型的集电区而言，就是有空穴离开那里流向集电极，这就是传导电流。将式（3-110）的位移电流密度乘以集电结截面积 A_C，即可得到由 $\rho \mathrm{d}x$ 产生的集电结流出电流为

$$\mathrm{d}i_\mathrm{pcc} = \frac{A_\mathrm{C}\rho \mathrm{d}x}{x_\mathrm{dc}}v_\mathrm{max} \tag{3-111}$$

在基区与集电结耗尽区的交界处（ $x=0$ ），由 i_pc 引起的从基区流入集电结耗尽区的空间电荷密度为

$$\rho(0,t) = \frac{i_\mathrm{pc}(t)}{A_\mathrm{C}v_\mathrm{max}} \tag{3-112}$$

经过时间 t 后，此电荷到达 $x = v_\mathrm{max}t$ 处。于是在任意位置 x 处，任意时刻 t 的电荷密度是

$$\rho(x,t) = \rho\left(0, t - \frac{x}{v_\mathrm{max}}\right) = \frac{i_\mathrm{pc}\left(t - \dfrac{x}{v_\mathrm{max}}\right)}{A_\mathrm{C}v_\mathrm{max}} \tag{3-113}$$

考虑到 i_pc 的复数形式为 $I_\mathrm{pc}\mathrm{e}^{\mathrm{j}\omega t}$，将其代入式（3-113），得

$$\rho(x,t) = \frac{i_\mathrm{pc}(t)}{A_\mathrm{C}v_\mathrm{max}}\mathrm{e}^{-\mathrm{j}\omega x/v_\mathrm{max}} \tag{3-114}$$

将式（3-114）代入式（3-111）后，在整个耗尽区内进行积分，并利用式（3-104），可得到

$$i_\mathrm{pcc} = \frac{A_\mathrm{C}v_\mathrm{max}\displaystyle\int_0^{x_\mathrm{dc}}\rho(x,t)\mathrm{d}x}{x_\mathrm{dc}} = I_\mathrm{pc}\left(\frac{1-\mathrm{e}^{-\mathrm{j}\omega \tau_\mathrm{t}}}{\mathrm{j}\omega \tau_\mathrm{t}}\right) \tag{3-115}$$

当 $\omega \tau_\mathrm{t} \ll 1$ 时，利用近似公式 $\sin \xi \approx \xi$（当 ξ 很小时），可将式（3-115）右边括号中的分式简化为

$$\frac{1-\mathrm{e}^{-\mathrm{j}\omega \tau_\mathrm{t}}}{\mathrm{j}\omega \tau_\mathrm{t}} = \frac{2\sinh\left(\mathrm{j}\dfrac{\omega \tau_\mathrm{t}}{2}\right)}{\mathrm{e}^{\mathrm{j}\omega \tau_\mathrm{t}/2}\mathrm{j}\omega \tau_\mathrm{t}} = \mathrm{e}^{-\mathrm{j}\omega \tau_\mathrm{t}/2} \tag{3-116}$$

于是可得式（3-51）右边的第三个因子为

$$\frac{i_\mathrm{pcc}}{i_\mathrm{pc}} = \mathrm{e}^{-\mathrm{j}\omega \tau_\mathrm{t}/2} = \mathrm{e}^{-\mathrm{j}\omega \tau_\mathrm{d}} \tag{3-117}$$

式中

$$\tau_\mathrm{d} = \frac{\tau_\mathrm{t}}{2} = \frac{x_\mathrm{dc}}{2v_\mathrm{max}} \tag{3-118}$$

称为集电结耗尽区延迟时间。

可见，信号电流通过集电结耗尽区时将进一步延迟 $w\tau_\mathrm{d}$ 的相角。当 $w\tau_\mathrm{d} \ll 1$ 时，也可以将式（3-117）用式（3-119）来代替，即

$$\frac{i_{\text{pcc}}}{i_{\text{pc}}} = \frac{1}{1 + \mathrm{j}\omega\tau_{\mathrm{d}}} \tag{3-119}$$

现在再从物理意义上把集电结耗尽区渡越时间 τ_{t} 对电流输运的影响简述一下。由于电流 i_{pcc} 是由基区经集电结耗尽区到集电区的多子（在基区为少子，在集电区为多子）形成的，因此 i_{pcc} 在时间上似乎应比 i_{pc} 延迟 τ_{t}。然而实际上当载流子在耗尽区内运动时，在耗尽区外的中性区内会产生感应电流，因此 i_{pcc} 比 i_{pc} 只延迟了 $\tau_{\mathrm{d}} = (\tau_{\mathrm{t}}/2)$ 的时间。而且由于 i_{pcc} 是由 i_{pc} 引起的耗尽区运动电荷在 τ_{t} 时间内的平均表现，因此其瞬时值随时间变化的波动被削弱，即 $\left|i_{\text{pcc}}\right|$ 比 $\left|i_{\text{pc}}\right|$ 小。

4．集电结势垒电容经集电区充放电的时间常数

最后来讨论式（3-51）右边的第 4 个因子 $i_{\mathrm{c}}/i_{\text{pcc}}$。平面管的集电区通常由轻掺杂的外延

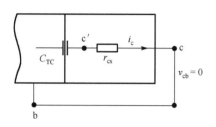

图 3-31　集电区的小信号等效电路

层制成，存在一定的体电阻 r_{cs}，当电流 i_{c} 流过 r_{cs} 时将产生附加的电压降 $i_{\mathrm{c}}r_{\text{cs}}$，如图 3-31 所示。这时虽然外集电极对高频小信号短路，$v_{\text{cb}} = 0$，但在 c'、b 之间的本征集电结上有高频小信号电压，即

$$v_{\text{c'b}} = v_{\text{c'c}} + v_{\text{cb}} = i_{\mathrm{c}}r_{\text{cs}} \tag{3-120}$$

c' 为紧靠势垒区的本征集电极，或称为内集电极。电压 $i_{\mathrm{c}}r_{\text{cs}}$ 将会对集电结势垒电容 C_{TC} 进行充放电，充放电电流为

$$i_{\text{cc}} = -C_{\text{TC}}\frac{\mathrm{d}v_{\text{c'b}}}{\mathrm{d}t} = -C_{\text{TC}}r_{\text{cs}}\frac{\mathrm{d}i_{\mathrm{c}}}{\mathrm{d}t} = -\mathrm{j}\omega C_{\text{TC}}r_{\text{cs}}i_{\mathrm{c}} = -\mathrm{j}\omega\tau_{\mathrm{c}}i_{\mathrm{c}} \tag{3-121}$$

式中

$$\tau_{\mathrm{c}} = C_{\text{TC}}r_{\text{cs}} \tag{3-122}$$

称为集电结势垒电容经集电区充放电的时间常数。

因此，集电极电流的高频小信号分量应包括两部分电流，即

$$i_{\mathrm{c}} = i_{\text{pcc}} + i_{\text{cc}} = i_{\text{pcc}} - \mathrm{j}\omega\tau_{\mathrm{c}}i_{\mathrm{c}} \tag{3-123}$$

由式（3-123）可得式（3-51）右边的第 4 个因子为

$$\frac{i_{\mathrm{c}}}{i_{\text{pcc}}} = \frac{1}{1 + \mathrm{j}\omega\tau_{\mathrm{c}}} \tag{3-124}$$

由式（3-124）可见，集电极电流 i_{c} 比 i_{pcc} 滞后了 $\arctan\omega\tau_{\mathrm{c}} \approx \omega\tau_{\mathrm{c}}$ 的相角，而且 i_{c} 的幅度也减小了。

上述关系可从其他角度解释其物理意义，具体如下：因为存在集电区电阻 r_{cs}，集电结耗尽区内空间电荷在耗尽区外感应出的电流 i_{pcc} 并不能立刻造成集电极电流 i_{c}，而需要先在电阻 r_{cs} 上建立起一个附加电压 $v_{\text{c,b}} = i_{\mathrm{c}}r_{\text{cs}}$ 后才能形成电流 i_{c}，即 C_{TC} 上要有附加的充电电荷。用 i_{pcc} 对 C_{TC} 充电的时间常数为 τ_{c}，这样一来，i_{c} 比 i_{pcc} 在时间上延迟 τ_{c}，即相角滞后 $\omega\tau_{\mathrm{c}}$。同时因为 i_{c} 是 i_{pcc} 在时间 T 内的某种平均表现，使得 i_{c} 在幅度上也减小了。

5. 共基极高频小信号短路电流放大系数及其截止频率

将式（3-92）、式（3-79）、式（3-119）和式（3-124）代入式（3-51），得

$$\alpha_\omega = \frac{\alpha_0 e^{-jm\omega\tau_b}}{(1+j\omega\tau_{eb})(1+j\omega\tau_b)(1+j\omega\tau_e)(1+j\omega\tau_d)} \tag{3-125}$$

可以看出，当 $\omega\to0$ 时，$\alpha_\omega\to\alpha_0=\gamma_0\beta_0^*$。$\alpha_0$ 代表极低频率或直流小信号共基极短路电流放大系数，也称为共基极增量电流放大系数。

α_0 与直流电流放大系数 α 有联系也有区别。已知在共基极放大区，集电极电流可表示为 $i_c=\alpha i_e+i_{CBO}$，式中 α 在电流很小或很大时都会下降。由于小信号电流很小，又是叠加在直流偏流上的，因此可以把小信号电流作为电流的微分来处理，于是小信号电流放大系数

$$\alpha_0 = \frac{di_c}{di_e} = \alpha + i_e\frac{d\alpha}{di_e} \tag{3-126}$$

在中等的偏流范围内，α 不随电流而变化，这时 $d\alpha/di_e=0$，因此 $\alpha_0=\alpha$。当偏流很小时，$d\alpha/di_e>0$，$\alpha_0>\alpha$。当偏流很大时，$d\alpha/di_e<0$，$\alpha_0<\alpha$。晶体管在正常使用时，应该被偏置在使放大系数与电流无关的偏流范围内，这时小信号电流放大系数与直流电流放大系数相同。

可以对式（3-125）进行简化近似。若 $\omega(\tau_{eb}+\tau_b'+\tau_c+\tau_d)\ll1$，则在将式（3-125）的分母展开时可略去含 ω 的高次项，得

$$\alpha_\omega = \frac{\alpha_0 e^{-jm\omega\tau_b'}}{1+j\omega(\tau_{eb}+\tau_b'+\tau_e+\tau_d)} \tag{3-127}$$

τ_{eb}、τ_b、τ_c 及 τ_d 这 4 个时间之和代表载流子从流入发射极开始到从集电极流出为止的总渡越时间，称为信号延迟时间，记为 τ_{ec}，即

$$\tau_{ec} = \tau_{eb}+\tau_b'+\tau_c+\tau_d \tag{3-128}$$

再根据式（3-71）$\tau_b'=\tau_b-m\tau_b'$，则式（3-127）可写为

$$\alpha_\omega = \frac{\alpha_0 e^{-jm\omega\tau_b'}}{1+j\omega(\tau_{ec}-m\tau_b)} \tag{3-129}$$

将式（3-129）写成幅模与相角分开的形式，并利用 $\arctan\omega(\tau_{ec}-m\tau_b')\approx\omega(\tau_{ec}-m\tau_b')$，则可得到

$$\alpha_\omega = \frac{\alpha_0 e^{-j\omega\tau_{ec}}}{\sqrt{1+\omega^2(\tau_{ec}-m\tau_b)^2}} \tag{3-130}$$

式（3-130）表明，α_ω 的总相移是 $-\omega\tau_{ec}$。在直流状态或极低频率时，$\alpha_\omega=\alpha_0$，相移为零。随着频率的提高，α_ω 的幅度减小，相移滞后。

把当 $|\alpha_\omega|$ 下降到 $\alpha_0/\sqrt{2}$（下降 3dB）时所对应的角频率与频率分别称为 α_ω 的截止角频率与截止频率，记为 ω_α 与 f_α。式（3-130）可得

$$\omega_\alpha = \frac{1}{\tau_{ec}-m\tau_b'} \tag{3-131}$$

$$f_\alpha = \frac{1}{2\pi(\tau_{ec} - m\tau_b')} \qquad (3\text{-}132)$$

利用截止频率，可将式（3-129）写为

$$\alpha_\omega = \frac{\alpha_0 e^{-jm\omega\tau_b'}}{1 + j\dfrac{\omega}{\omega_\alpha}} = \frac{\alpha_0 e^{-jm\omega\tau_b'}}{1 + j\dfrac{f}{f_\alpha}} \qquad (3\text{-}133)$$

对于截止频率 f_α 不是特别高的一般高频晶体管，如 f_α 小于 500MHz 的晶体管，基区宽度 W_B 一般大于 1μm，此时 $\tau_b' \gg (\tau_{eb} + \tau_c + \tau_d)$，$(\tau_{ec} - m\tau_b') \approx \tau_b'$，$\alpha_\omega$ 的频率特性主要由基区宽度 W_B 和基区输运系数 β_B^* 决定，即

$$\alpha_\omega = \frac{\alpha_0 e^{-jm\omega\tau_b'}}{1 + j\omega\tau_b'} = \frac{\alpha_0 e^{-jm\frac{\omega}{\omega_\alpha}}}{1 + j\dfrac{\omega}{\omega_\alpha}} \qquad (3\text{-}134)$$

式中

$$\omega_\alpha = 1/\tau_b' = \omega_{\beta^*} \qquad (3\text{-}135)$$

这时 α_ω 与 β_B^* 的区别仅在于用 $\alpha_0 = \gamma_0\beta_0^*$ 代替 β_0^*。

另外，对于截止频率 f_α 大于 500MHz 的微波晶体管，基区宽度 W_B 一般小于 1μm，这时 τ_b 只占 $r\tau_{ec}$ 中的很小一部分，$m\tau_b'$ 就更小了，因此可以忽略 $m\tau_b'$，得

$$\alpha_\omega = \frac{\alpha_0}{1 + j\omega\tau_{ec}} = \frac{\alpha_0}{1 + j\dfrac{\omega}{\omega_\alpha}} \qquad (3\text{-}136)$$

$$\omega_\alpha = 1/\tau_{ec} \qquad (3\text{-}137)$$

6. 共发射极高频小信号短路电流放大系数及其截止频率

集电结对高频小信号短路（$v_{cb} = 0$ 但 $V_{CB} < 0$）条件下的 i_c 和 i_b 之比称为共发射极高频小信号短路电流放大系数，记为 β_ω，即

$$\beta_\omega = \left.\frac{i_c}{i_b}\right|_{v_{cb}=0} \qquad (3\text{-}138)$$

在小信号工作条件下，晶体管端电流关系如下

$$i_b = i_e - i_c = \frac{1 - \alpha_\omega}{\alpha_\omega} i_c \qquad (3\text{-}139)$$

可以得到

$$\beta_\omega = \frac{\alpha_\omega}{1 - \alpha_\omega} \qquad (3\text{-}140)$$

在形式上，小信号情况下 β_ω 和 α_ω 之间的关系与直流状态下相同。式中的 α_ω 可以近似地认为是共基极小信号电流增益，将式（3-133）代入式（3-140），得到

$$\beta_\omega = \frac{\beta_0}{1+j\dfrac{\omega}{\omega_\beta}} = \frac{\beta_0}{1+j\dfrac{f}{f_\beta}} \tag{3-141}$$

式中，β_0 是共发射极直流电流增益，ω_β 和 f_β 分别为 $|\beta_\omega|$ 下降到 $\beta_0/\sqrt{2}$ 时所对应的角频率和频率，又称为截止角频率和截止频率

$$\omega_\beta = \frac{1}{\beta_0 \tau_{ec}} \tag{3-142}$$

$$f_\beta = \frac{1}{2\pi\beta_0 \tau_{ec}} \tag{3-143}$$

在 f_α 小于 500MHz 的一般高频晶体管中，基区宽度 W_B 较大，τ_{ec} 中以 τ_b 为主

$$\omega_\beta = \frac{1}{\beta_0 \tau_b} = \frac{\omega_\alpha}{\beta_0(1+m)} \tag{3-144}$$

在 f_α 大于 500MHz 的一般微波晶体管中，基区宽度 W_B 较小，τ_b 只占 τ_{ec} 中的很小一部分

$$\omega_\beta = \frac{\omega_\alpha}{\beta_0} \tag{3-145}$$

f_α 与 f_β 具有相同的关系。

一般晶体管的 β_0 是比较大的，因此共发射极电流增益截止频率比共基极电流增益截止频率低得多。这是因为在电流传输过程中，存在结电容的分流作用，由于结电容的阻抗随频率的增大而减小，使得传输到集电极的电流 i_c 随频率的增大而减小。同时，在注入电子电流对结电容充放电时，需要从基极进入等量的空穴流以填充负空间电荷区，即电容的分流电流。而该电流会在频率升高时转变为交流基极电流，因此，在集电极电流 i_c 随着频率的增大而减小的同时，基极电流 i_b 却随频率的增大而增大。

3.4　开关特性

3.4.1　晶体管开关等效电路和工作区域

用晶体管作为开关元件，不仅能完成开关作用，而且具有放大作用。开关晶体管除对击穿电压、反向电流、电流放大系数等参数与其他晶体管有同样的要求外，还必须有较好的开关特性，即晶体管导通时的压降要小，截止时反向漏电流要小，开关时间要短。目前已可做出开关时间为几纳秒的开关器件。此外，还希望开关器件导通所需要的驱动功率小。

开关电路中的晶体管多采用共发射极接法。如图 3-32（a）所示，当晶体管输入端加上正脉冲或正电平时，就会有电流流入基极，在集电极将引起很大的电流，如果流入基极的电流足够大，晶体管输出端（C、E 之间）的压降很小，可近似看作短路，晶体管相当于一个接通的开关 S，则图 3-32（a）可用图 3-32（b）来等效。当输入是负脉冲或零电平时，如

图 3-32（c）所示，基极没有输入电流，集电极只有很小的漏电流，晶体管 C、E 之间的阻抗很大，可以看成断路，这时图 3-32（c）可等效成图 3-32（d）。所以，晶体管的开关作用是通过基极输入脉冲或电平控制集电极回路的通断来实现的。

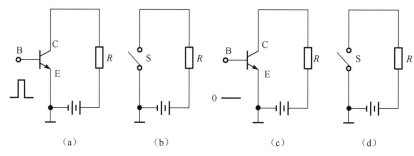

图 3-32　晶体管用作开关元件

假如在晶体管的基极加上脉冲信号，使晶体管不断地在"开"和"关"两种状态下交替工作，则输出端会出现一连串的脉冲电压，如图 3-33 所示。不过输出波形的相位和输入波形的相位相差 180°。当输入电压为零时，晶体管集电极电流极小，R_C 上的压降可以忽略，$U_{out} \approx E_C$；而当输入电压为高电平时，晶体管导通，C、E 两端压降很小，输出电压接近于零。所以，脉冲电压经过晶体管开关后，波形发生了翻转，因此在脉冲电路中常把这种电路称为"倒相器"。

晶体管共发射极输出特性曲线如图 3-34 所示，其中 MN 为负载线。当晶体管作为开关运用时，它的"开"与"关"两种工作状态分别对应于输出特性曲线中的饱和区与截止区。可见晶体管的开关作用就是通过基极加驱动信号电压使晶体管导通和截止，也就是使晶体管的工作点位于饱和区或截止区，并在两个区之间转换。截止态（关态）与饱和态（开态）这两个概念对于晶体管的开关应用是很重要的，下面分析晶体管工作于饱和区与截止区的特点。

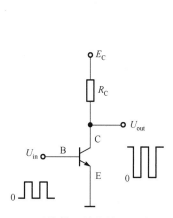

图 3-33　晶体管开关的输入和输出波形

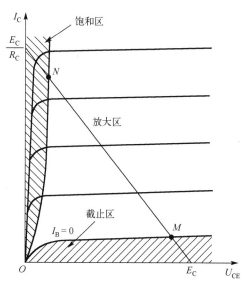

图 3-34　晶体管共发射极输出特性曲线

1. 饱和区

在图 3-33 所示的电路中，集电极回路的电压和电流存在如下关系

$$U_{CE} = E_C - I_C R_C \tag{3-146}$$

当基极电流 I_B 增大时，I_C 随之增大，与此同时，U_{CE} 则随之减小。当 I_C 增大到某一数值 I_{CS} 时，将使得 $I_{CS} R_C \approx E_C$，即 $U_{CE} \approx 0$，此时有

$$I_{CS} \approx \frac{E_C}{R_C} \tag{3-147}$$

即此时 I_C 将不再随 I_B 而变，仅由外电路参数 E_C 和 R_C 确定。在这种状态下，晶体管已进入饱和状态，I_{CS} 称为晶体管的饱和电流。实际上，U_{CE} 不会减小到零，开关晶体管在饱和时的 U_{CE} 约为 0.3V，这一电压降称为饱和压降，用 U_{CES} 表示。

在饱和状态时，晶体管的发射结处于正向偏置，发射结偏压约为 0.7V。而 C、E 间的压降约为 0.3V，如图 3-35 所示，这表明 C 极电位低于 B 极，即集电结也处于正向偏置，这是晶体管饱和的重要特点。

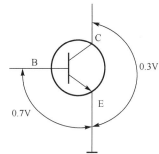

图 3-35   晶体管饱和时的压降

使晶体管由放大区进入饱和区的临界基极电流称为临界饱和基极电流，用 I_{BS} 表示，显然有

$$I_{BS} = \frac{I_{CS}}{\beta} = \frac{E_C}{\beta R_C} \tag{3-148}$$

所以，晶体管处于饱和状态的条件为

$$I_B \geqslant I_{BS} = \frac{E_C}{\beta R_C} \tag{3-149}$$

当 $I_B > I_{BS}$ 时，定义 I_B 与 I_{BS} 之差为基极过驱动电流，用 I_{BX} 表示，即有

$$I_{BX} = I_B - I_{BS} = I_B - \frac{I_{CS}}{\beta} \tag{3-150}$$

正是这部分基极过驱动电流促使晶体管内部载流子运动发生变化从而使晶体管进入了饱和状态。在正常工作区，$I_C = \beta I_B$，基极电流提供的空穴一部分是用来补充在基区由于复合而损失的空穴，另一部分是通过发射结注入发射区的空穴。而当 $I_B > \dfrac{I_{CS}}{\beta}$ 时，集电极电流由于负载电阻 R_C 的限制，只能为饱和值 I_{CS} 而不可能再增大了，这时基极过驱动电流就成了多余的空穴电流而在基区积累。但是载流子在基区的分布梯度是与集电极电流的大小相关联的，集电极电流达到饱和值后，基区载流子分布梯度就基本不变了。因此，多余的空穴在基区的不断积累只能使基区载流子分布曲线向上平移，其分布曲线的形状和临界饱和时一致。这就是说，在基区过驱动电流的作用下，靠近集电结边缘的基区载流子浓度将从接近于零增大到某一数值。与此同时，集电结的偏压也必然相应地从反偏变为零偏，甚至正偏，晶体管进入了饱和状态。

饱和状态又可分为临界饱和与深饱和。集电结偏压 $U_{BC} = 0$ 的情况称为临界饱和，此时晶

体管处于放大区与饱和区的边界，这时在集电区没有非平衡载流子的积累；集电结偏压 $U_{BC}>0$ 的情况称为深饱和，这时 I_B 的增大并不引起 I_C 的改变。由于深饱和时 $U_{BC}>0$，集电结两边就出现了少数载流子积累，通常把这部分载流子称为超量贮存电荷。

晶体管进入深饱和状态后，其深饱和的程度可用饱和深度 S 来表示。饱和深度 S 定义为

$$S = \frac{I_B}{I_{CS}/\beta} = \frac{I_B}{E_C/\beta R_C} \qquad (3\text{-}151)$$

饱和深度 S 又称为驱动因子，S 越大，表示晶体管饱和得越深。临界饱和时，$S=1$；深饱和时，$S>1$。

2. 截止区

如果晶体管的发射结加上反向偏压（或零偏压），集电结也加上反向偏压，晶体管就处于截止区，这时晶体管内只有反向漏电流流过，其数值极小。

由图 3-34 可见，在输出特性曲线上放大区与截止区的分界线就是 $I_B=0$ 对应的那条特性曲线，此时 $I_C=I_{CEO}$。$I_B=0$ 对应的特性曲线下面的部分叫作截止区。在截止区，晶体管的基极没有输入电流，输出电压（C、E 两端电压）非常接近于电源电压 E_C。

3.4.2 晶体管的开关过程

当输入端为脉冲波形时，实际观察到的输入/输出波形如图 3-36 所示。在图 3-36 中，图 3-36（a）为输入电压波形，图 3-36（b）为基极电流波形，图 3-36（c）为集电极电流波形，图 3-36（d）为输出电压波形。可见，同二极管的动态开关特性一样，晶体管的开关特性也有时间上的延迟，即晶体管的开关是需要时间的。在晶体管开关过程中，各个阶段所需的时间定义如下。

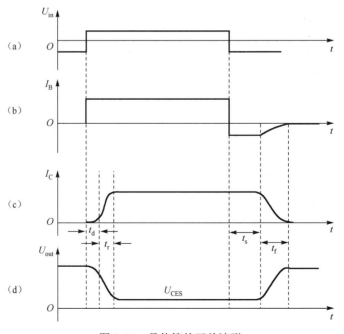

图 3-36　晶体管的开关波形

① 延迟时间 t_d：从输入信号 U_{in} 变为高电平开始，到集电极电流 I_C 上升到最大值 I_{CS} 的 0.1 倍时所需的时间。

② 上升时间 t_r：集电极电流 I_C 从 $0.1 I_{CS}$ 上升至 $0.9 I_{CS}$ 所需的时间。

③ 贮存时间 t_s：从输入信号 U_{in} 变为低电平或负脉冲开始，至 I_C 下降到 $0.9 I_{CS}$ 所需的时间。

④ 下降时间 t_f：集电极电流 I_C 从 $0.9 I_{CS}$ 下降到 $0.1 I_{CS}$ 所需的时间。

上述 4 个时间都标注在图 3-36 中。必须注意，这里的上升和下降都是对集电极电流的增大和减小来说的，对输出电压则刚好相反。就是说在上升时间里，集电极电流从 $0.1 I_{CS}$ 增大到 $0.9 I_{CS}$，而输出电压则从 E_C 减小到 U_{CES}；在下降时间里，集电极电流减小，输出电压则增大。

延迟时间、上升时间、贮存时间、下降时间总称为晶体管的开关时间。通常把延迟时间 t_d 和上升时间 t_r 合称为开启时间 t_{on}，而把贮存时间 t_s 和下降时间 t_f 合称为关闭时间。下面进一步阐述开关时间的物理意义。

1. 延迟过程和延迟时间 t_d

在晶体管开启以前，晶体管处于截止态，发射结和集电结都处于反向偏置，因此它们的势垒区是比较宽的，势垒区中有比较多的空间电荷。如果晶体管的反向漏电流可以忽略，那么这时 I_B、I_C、I_E 都等于零，在基区中的非平衡少数载流子（电子）低于平衡时的值，如图 3-37 中的曲线 1 所示。

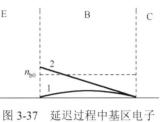

图 3-37 延迟过程中基区电子浓度分布示意图

当输入电压由负值跳变到正值时，就产生了基极电流 I_B，但是这个基极电流并不能立即使发射结向基区注入载流子而产生集电极电流 I_C。因为在输入电压刚刚变正时，发射结的势垒区还保持原来的状态，即势垒区有比较多的空间电荷，势垒区还很宽。由于发射结势垒电容电压不能突变，也就是发射结仍然保持在负偏压或零偏压的状态，所以没有电子从发射区注入基区。这时 I_B 的作用是将空穴注入基区，对发射结和集电结的势垒电容充电，使得两个结的势垒变窄、变低。随着充电过程的进行，发射结的偏压逐渐从负变零，再变到正。发射结的偏压变正了，就有电子从发射结注入基区。但是从 pn 结的正向特性可知，在 pn 结正向偏压上升到约 0.5V 以前，正向电流是微不足道的。所以，从 I_B 对发射结电容充电开始，到发射结的偏压上升到约 0.5V 这一段时间里，发射区向基区注入的电子是极少的，不足以引起明显的集电极电流，这一段时间就是延迟时间 t_d。当发射结偏压上升到 0.5V 时，可以认为集电极电流接近于最大值的十分之一，这时基区中的电子分布如图 3-37 中的曲线 2 所示。综上所述，延迟时间 t_d 的长短取决于基极电流对发射结和集电结电容充电的快慢。

2. 上升过程和上升时间 t_r

在延迟过程结束后，晶体管的发射结偏压将继续上升，从 0.5V 变到 0.7V 左右，于是发射区就向基区注入较多的电子，电子在基区中积累，形成一定的浓度梯度，其中一部分在基区中复合，其余的输运到集电结，形成集电极电流 I_C。

随着发射结偏压的上升，注入基区的电子增多，电子的浓度梯度增大，集电极电流 I_C 也随着增大，这就是上升过程。图 3-38 画出了在上升过程中，基区电子浓度梯度从曲线 1 到曲线 4 逐渐增大的情况。

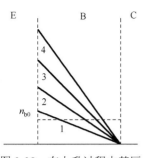

图 3-38　在上升过程中基区
电子浓度梯度的增大

在集电极电流 I_C 增大的同时，负载电阻 R_C 上的电压降 $I_C R_C$ 也增大，使得输出电压下降，这样集电结的负偏压逐渐减小，一直减小到零偏压附近。

上升过程到集电极电流增大到 $0.9 I_{CS}$ 为止，就是说，基区中电子浓度逐渐增大，增大到图 3-38 中的曲线 4 的分布后，电子浓度梯度基本就不再增大了，因为这时集电极电流受到负载电阻 R_C 的限制，不会继续上升。必须指出，上升过程的结束并不等于晶体管内部变化的停止，因为它仅对应于 I_C 增大到 $0.9 I_{CS}$ 这一区间，随着 I_C 从 $0.9 I_{CS}$ 继续增大到 I_{CS}，晶体管进入饱和区。

由以上分析可见，在上升过程中基极电流有三个作用：一是增加基区电荷积累，增大基区少子分布梯度，使集电极电流上升；二是继续对发射结势垒电容 C_{TE} 和集电结势垒电容 C_{TC} 充电，使结压降继续上升，结压降上升又使基区电荷积累增加，如此循环使集电极电流不断增大；三是补充基区中因复合而损失的空穴。晶体管从截止到导通是靠基极电流 I_B 来驱动的，所以往往把 I_B 称为基极驱动电流。延迟时间和上升时间的快慢都与基极驱动电流有关，基极驱动电流越大，发射结势垒电容 C_{TE} 和集电结势垒电容 C_{TC} 越小，上升时间就越短。

3. 贮存电荷和贮存时间 t_s

在上升过程结束以后，集电结电流再略增大些，达到最大值 I_{CS}，集电结从负偏变为零偏，发射结和集电结的势垒电容充电基本结束，晶体管各部分的电压基本上就不再变了。这时假如基极驱动电流 I_B 所注入的空穴与同一时间内因复合而减少的空穴数相等，那么在基区中的电荷积累 Q_b 就不再变化。

然而，在实际应用中，晶体管作为开关时通常会处于过驱动状态。在这种情况下，基极的驱动电流很大，导致不仅是用来补偿复合效应产生的空穴，而且还有额外的空穴积聚在基区内，这会导致除临界饱和时的电荷 Q_b 外，还会产生超批存储电荷 Q_b'。为了保持电中性，基区还必须积累相同数量的电子电荷，同时，集电结处于正向偏置状态，这会导致集电区向基区注入电子，并且基区也向集电区注入空穴。因此，在集电区也会产生相应的空穴积累电荷 Q_c'。如图 3-39 所示，这时晶体管才真正进入饱和状态，达到了稳定状态。

但是，在上升结束后，集电极电流已达到最大值 I_{CS}，I_{CS} 就不会再增大了，所以虽然基区中的电荷量在增加，但电子（少子）的浓度梯度保持不变，因此基区内载流子的分布按照临界饱和时的分布梯度（图 3-39 中的曲线 2，此时集电结处于零偏）向上平移（图 3-39 中的曲线 3，此时集电结变为正偏）。

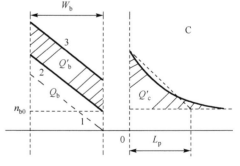

图 3-39　晶体管饱和时的电荷分布

在上升过程结束以后，由于晶体管处于过驱动状态，集电结从零偏变为正偏，集电区除要向基区注入电子外，基区也要向集电区注入空穴，所以在集电区中也有一部分空穴电荷积累量 Q_c'，Q_c' 积累在空穴扩散长度 L_p 这一段距离内。因此，在过驱动的情况下，晶体管的基区和集电区中都要多积累一部分空穴电荷 Q_b' 和 Q_c'，这部分电荷叫作超量贮存电荷。超量贮存电荷的出现表示晶体管进入了深饱和状态，超量贮存电荷越多，晶体管饱和深度就越大。超量贮存电荷多了，复合也相应地增加，直到由 Q_b、Q_b' 和 Q_c' 所引起的空穴复合数等于同一时间内由 I_B 流入的空穴数，超量贮存电荷就不再增加，达到了稳定的状态。

当基极电压突然变负时，在基极产生了抽取电流 I_B'，它起抽取贮存电荷的作用。然而，在 Q_b' 和 Q_c' 被全部抽走以前，基区中的电子浓度梯度不会减小，所以集电极电流仍保持在最大值 I_{CS}，于是就出现了一段 I_C 基本不变的时间，参见图 3-36（c）。显然，这段时间就是基区和集电区的超量贮存电荷 Q_b' 和 Q_c' 被基极电流 I_B' 抽走所需的时间，称为贮存时间（严格地说，还应加上从 I_{CS} 下降到 $0.9 I_{CS}$ 所需的时间，才是贮存时间。因为当 Q_b' 和 Q_c' 完全消失时，I_C 还没有下降到 $0.9 I_{CS}$，但是贮存时间主要是 Q_b' 和 Q_c' 消失所需的时间）。

4．下降过程和下降时间 t_f

在贮存过程结束后，晶体管中的电荷分布又回到和上升过程结束时相同的情况，参见图 3-38，这时集电极电流 I_C 等于 $0.9 I_{CS}$，基区中还存在积累电荷 Q_b。

但是因为 I_B' 要继续从基区中抽取空穴，并且基区中积累的电子和空穴不断地复合，使得基区中积累的电荷量继续减小，电子和空穴的浓度梯度也减小，集电极电流就从 I_{CS} 开始下降，一直到集电极电流 I_C 等于 $0.1 I_{CS}$，这就是下降过程。在下降过程中，基区电子浓度的变化刚好和上升过程相反，如图 3-38 所示，电子浓度梯度的变化趋势为从曲线 4 到曲线 1。在下降过程中，集电结从零偏压降到负偏压，发射结的正向偏压从 0.7V 开始下降。

下降过程一直进行到基区中积累的电荷 Q_b 消失为止，这时集电极电流 I_C 等于 $0.1 I_{CS}$，这一过程是同上升过程相反的。在上升过程中，基极驱动电流注入空穴到基区，使发射结和集电结势垒电容充电，并使基区中产生积累电荷 Q_b；而在下降过程中，发射结和集电结的势垒电容放电，并同积累的电荷 Q_b 一起被基极电流 I_B' 抽走。所不同的是，基区中电子和空穴的复合作用对上升和下降过程的影响不同：在上升过程中，复合作用阻碍空穴和电子的积累，所以起了延缓上升过程、延长上升时间的作用；在下降过程中，复合作用加快了空穴和电子的消失，所以起了加速下降过程、缩短下降时间的作用。

下降时间的长短取决于发射结势垒电容 C_{TE}、集电结势垒电容 C_{TC}、寿命 τ 和基极抽取电流 I_B'。C_{TC}、C_{TE}、τ 越小或 I_B' 越大，下降时间就越短。

下降过程的结束并不等于晶体管内部变化的停止，只有下降到发射结和集电结都反偏时，晶体管才处于稳定的截止状态。

3.5　思考题和习题 3

1．描述双极型晶体管的基本工作情况。

2．试画出处于放大偏置模式的 npn 晶体管的少子分布及载流子输运过程示意图。

3．双极型晶体管的饱和状态的特点是什么？画出饱和状态时晶体管内各区的少子分布图。

4．双极型晶体管为什么具有对微弱电信号的放大能力？怎样提高晶体管的放大系数？

5．解释发射效率 γ 和基区输运系数 β^* 的物理意义。

6．画出晶体管共基极、共发射极直流输入/输出特性曲线，并讨论它们之间的异同。

7．试描述共发射极状态下晶体管的雪崩倍增过程。

8．试解释高频下双极型晶体管的电流放大系数为何会下降。

9．双极型晶体管为何具有开关作用？试描述双极型晶体管的开关过程。

10．什么是双极型晶体管的截止频率？

11．在开关波形图中注明延迟时间 t_d、上升时间 t_r、贮存时间 t_s、下降时间 t_f，说明其物理意义。

12．在图 3-8 所示的 pnp 晶体管中，已知 $I_{Ep} = 1\text{mA}$，$I_{En} = 100\mu\text{A}$，$I_{Cp} = 0.98\text{mA}$，$I_{Cn} = 0.1\mu\text{A}$，试计算：

（1）β^*；

（2）γ；

（3）I_E、I_C 和 I_B；

（4）α_0 和 β_0；

（5）I_{CBO} 和 I_{CEO}。

13．假设晶体管的 3 个电极按照下图所示的方式连接，假设发射结注入效率 $\gamma = 1$，求发射极、基极和集电极处的电流。

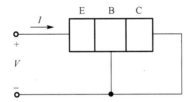

14．在信号频率为 100MHz 的条件下测试某高频晶体管的 $|\beta_\omega|$，当 $I_C = 1\text{mA}$ 时测得其值为 4，当 I_C 为 4mA 时测得其值为 4.5。试求该晶体管的发射结势垒电容 C_{TE} 和基区渡越时间 τ_b 的值。

15．一高频双极型晶体管工作于 240MHz 时，其共基极电流放大系数为 0.68，若该频率为 f_α，试求其 β 为 5 时的工作频率。

第4章 MOS 场效应晶体管

场效应晶体管（Field Effect Transistor，FET）是另一类重要的微电子器件。FET 是一种半导体器件，其操作是基于电场调制的，它已经成为现代集成电路的核心组成部分。理解 FET 的工作原理对于展望晶体管未来的发展具有关键意义。与双极型晶体管相比，场效应晶体管有以下优点。

（1）输入阻抗高，这有利于各级间的直接耦合，有利于在大功率晶体管中将各子晶体管并接，有利于输入端与微波系统的匹配。

（2）场效应晶体管依靠多子工作，因此具有较高的温度稳定性，同时具有较低的噪声。

（3）功耗低，是制造高密度集成电路的半导体器件。

（4）没有少子存储效应，因此具有较快的开关速度。

（5）制造工艺简单，工艺步骤比双极型晶体管少得多，且合格率高、成本低廉。

在 FET 中，电子流动的控制通过在半导体材料上施加电场来实现。最常见的 FET 类型是金属-氧化物-半导体场效应晶体管（MOSFET）。MOSFET 的结构由金属-氧化物-半导体构成，其中金属电极充当门极，氧化层作为绝缘层，半导体为沟道。根据沟道的导电类型的不同，每类 MOSFET 又可分为 n 沟道器件和 p 沟道器件。MOSFET 各个器件之间存在着天然的隔离，适用于制作大规模集成电路。本章主要介绍 MOSFET 的基本结构、工作原理、基本类型和阈值电压，以及 MOSFET 的直流特性和直流参数、交流特性和交流参数、频率特性和开关特性及温度特性等。

4.1 结构与工作原理

4.1.1 MOSFET 的类型

图 4-1 展示了 n 沟道 MOSFET 的基本结构示意图。这个器件是在 p 型半导体衬底上制作的，其中包括两个 n^+ 区域，一个称为源区，另一个称为漏区，这两个区域之间的距离为沟道的长度。在沟道的表面上覆盖着一层通过热氧化工艺形成的氧化层，充当绝缘栅。在源区、漏区和绝缘栅上沉积了一层铝膜，用作引出电极，它们分别被称为源极、漏极和栅极，简写为 S、D 和 G。此外，也可以从 MOSFET 的衬底上引出一个电极，简称 B 极。

在这个器件上可以加上不同的电压，包括源极电压（V_S）、漏极电压（V_D）、栅极电压（V_G）和衬底电压（V_B）。需要确保这些电压的极性和大小，

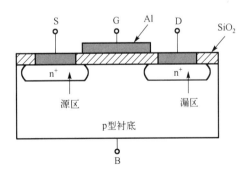

图 4-1 n 沟道 MOSFET 的基本结构示意图

以防止源区与衬底之间的 pn 结及漏区与衬底之间的 pn 结进入正向偏置状态。通常，MOSFET 在工作时，将源极与衬底连接在一起并接地，即 $V_S = 0$。在这种情况下，源极作为电位的参

考点，栅极电压和漏极电压分别称为栅源电压（V_{GS}）和漏源电压（V_{DS}）。从 MOSFET 的漏极流入的电流被称为漏极电流，记作 I_D。

在 n 沟道 MOSFET 中，当栅极上没有外加适当的栅极电压时，n^+源区和 n^+漏区被两个背靠背的二极管所隔离。这时，如果在漏极与源极之间加上漏源电压 V_{DS}，除极其微小的 pn 结反向电流外，是不会产生电流的。当在栅极上加上适当的电压 V_{GS} 时，就会在栅极下面产生一个指向半导体体内的电场。当 V_{GS} 增大到被称为阈值电压 V_T 的值时，由于电场的作用，栅极下面的 p 型半导体表面开始发生强反型，形成连通 n^+源区和 n^+漏区的 n 型沟道。由于沟道内有大量的可动电子，因此在漏极和源极之间加上漏源电压 V_{DS} 后，就能产生漏极电流 I_D，如图 4-2（a）所示。在 V_{DS} 一定的条件下，当 $V_{GS}<V_T$ 时，$I_D=0$。当 $V_{GS}>V_T$ 时，$I_D>0$。V_{GS} 越大，则 n 型沟道内的可动电子就越多，I_D 就越大。反之，当 V_{GS} 减小时，n 型沟道内的可动电子将减少，I_D 也将随之减小。在漏源电压 V_{DS} 恒定时，漏极电流 I_D 随栅源电压 V_{GS} 的变化而变化的规律，称为 MOSFET 的转移特性。

由以上讨论可见，MOSFET 通过改变栅源电压 V_{GS} 来控制沟道的导电能力，从而控制漏极电流 I_D，显然，MOSFET 是一种电压控制型器件。

MOSFET 的转移特性反映了栅源电压 V_{GS} 对漏极电流 I_D 的控制能力。当 V_{DS} 足够大时，I_D 是 V_{GS} 的二次函数，所以 MOSFET 的转移特性曲线具有抛物线的特点，如图 4-2（b）所示。

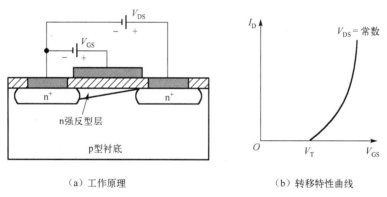

（a）工作原理　　　　　　　　　（b）转移特性曲线

图 4-2　n 沟道增强型 MOSFET

在一般的工作条件下，MOSFET 的源极和衬底是连接在一起的，而漏区和衬底之间的 pn 结则处于反向偏置状态，因此，MOSFET 在正常工作时，源区、漏区和沟道所构成的有源部分与衬底之间处于反偏的状态。这一特性使得整个器件与衬底之间在电学上实现了完全隔离，从而为在同一衬底上制作的各个器件之间提供了天然的隔离。相反，如果漏区和衬底之间的 pn 结处于正向偏置状态，这不仅会破坏器件之间的隔离，还会导致一个与输入信号无关的正向电流流经负载电阻 R_L，从而增大晶体管的功耗。因此，若 MOSFET 的源极未与衬底连接在一起，则同样需要确保源区和衬底之间的 pn 结保持反向偏置。

如果 n 沟道 MOSFET 的阈值电压 $V_T>0$，则当 $V_{GS}=0$ 时，源区与漏区之间的 p 型半导体表面因为 $V_{GS}<V_T$ 而没有形成强反型层，源极和漏极之间不导电。只有当栅、源之间外加超过阈值电压的较大正电压时，才能产生漏极电流，这种 MOSFET 通常称为 n 沟道增强型 MOSFET 或 n 沟道常关型 MOSFET。图 4-2（b）所示就是 n 沟道增强型 MOSFET 的转移特性曲线。

如果 MOSFET 的 p 型半导体衬底的掺杂浓度较低、金属半导体功函数差 ϕ_{MS} 较大、氧化层内具有较多的正电荷，则即使 $V_{GS}=0$，氧化层内的正电荷等所产生的电场也足以使源区和

漏区之间的半导体表面发生强反型，使漏极与源极之间导电。只有当栅、源之间外加较大的
负电压时，才能完全抵消氧化层中正电荷等的影响，使强反型层
消失。这时，加上漏源电压才不会产生漏极电流，这种 n 沟道
MOSFET 的阈值电压 $V_T < 0$，通常称为 n 沟道耗尽型 MOSFET 或
n 沟道常开型 MOSFET。对于 n 沟道耗尽型 MOSFET，当 $V_{GS} < 0$
且 $|V_{GS}| > |V_T|$ 时，$I_D = 0$。n 沟道耗尽型 MOSFET 的转移特性曲线如
图 4-3 所示。

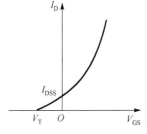

图 4-3　n 沟道耗尽型
MOSFET 的转移特性曲线

p 沟道 MOSFET 的结构及工作原理和 n 沟道 MOSFET 完全
相似，不同之处在于如下几点。

（1）衬底为 n 型半导体，源区和漏区为 p^+ 区。

（2）沟道中参与导电的载流子是空穴。

（3）外加 V_{GS} 和 V_{DS} 的极性及 I_D 的方向都与 n 沟道 MOSFET 的相反。

（4）$V_T < 0$ 时称为 p 沟道增强型 MOSFET，$V_T > 0$ 时称为 p 沟道耗尽型 MOSFET。

综上所述，MOSFET 共有 4 种类型，在表 4-1 和图 4-4 中对它们的特性进行了比较。

表 4-1　4 种类型的 MOSFET 的特性比较

类　　型	衬底材料	源、漏区	V_{DS}	I_D	V_{GS}	V_T
p 沟道增强型	n	p^+	<0	−	<0	<0
p 沟道耗尽型		p^+	<0	−		>0
n 沟道增强型	p	n^+	>0	+	>0	>0
n 沟道耗尽型		n^+	>0	+		<0

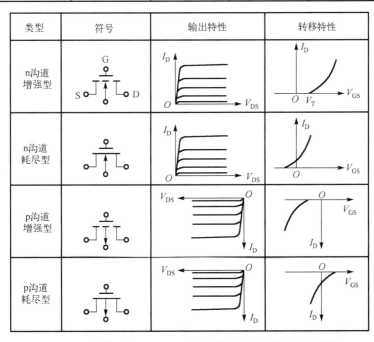

图 4-4　4 种类型的 MOSFET 的符号、输出特性和转移特性

在以上介绍的 MOSFET 中，沟道电流都是沿水平方向流动的，这种 MOSFET 称为横向

MOSFET，集成电路中的 MOSFET 都是横向 MOSFET。在分立器件中，有的 MOSFET 的沟道电流是沿垂直方向流动的，这种 MOSFET 称为纵向 MOSFET。

4.1.2　MOSFET 的输出特性

　　MOSFET 共源极连接时的输出特性也称为漏极特性，是指在给定的栅源电压 V_{GS}（$V_{GS}>V_T$）保持恒定时，漏极电流 I_D 随着漏源电压 V_{DS} 变化的规律。这一输出特性可以分为 4 个（或 3 个）不同性质的区域。下面将分析 n 沟道 MOSFET 共源极连接的输出特性的各个区域，具体如图 4-5 所示。

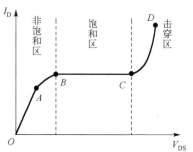

图 4-5　n 沟道 MOSFET 共源极
连接的输出特性

　　（1）当 V_{DS} 取一个很小的正值时，整个沟道长度范围内的电势几乎都近似为零。栅极与沟道之间的电势差在沟道的各个位置近似相等，因此沟道内的自由电子浓度也近似相等，如图 4-6（a）所示。在这种情况下，沟道可以视为一个具有恒定电阻值且与 V_{DS} 无关的电阻器，因此漏极电流 I_D 与漏源电压 V_{DS} 呈线性关系，如图 4-5 中 OA 段所示，这个区域被称为线性区。

　　（2）随着 V_{DS} 的增大，从漏极流向源极的沟道电流相应增大，导致沿着沟道由源极到漏极的电势逐渐上升。越靠近漏极，沟道电势就越高，栅极与沟道之间的电势差也随之减小。这会导致沟道中的电子浓度随着栅极与沟道之间电势差的减小而减小，因此沟道的厚度逐渐减小，如图 4-6（b）所示。沟道内自由电子数量的减小及沟道厚度的减小将导致沟道电阻的增大，因此，与 V_{DS} 很小时不同，当 V_{DS} 较大时，沟道电阻将随 V_{DS} 的增大而增大，导致 I_D 随 V_{DS} 的增大速率减缓，曲线开始偏离线性关系并逐渐向下弯曲，如图 4-5 中的 AB 段所示。当 V_{DS} 增大到饱和漏源电压或夹断电压 V_{Dsat} 的值时，沟道厚度在漏极处减小到零，沟道在漏极处消失，只剩下耗尽层，这被称为沟道夹断，如图 4-6（b）所示。图 4-5 中的点 B 代表了沟道开始夹断的工作状态，这一区域通常称为过渡区。线性区和过渡区可以合称为非饱和区，有时也被称为线性区。

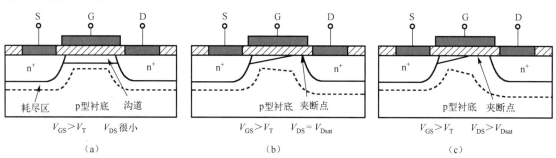

图 4-6　沟道和耗尽区随 V_{DS} 的变化

　　（3）当 $V_{DS}>V_{Dsat}$ 时，沟道夹断点会朝着源极方向移动，此时在沟道与漏区之间存在一段耗尽区，如图 4-6（c）所示。当沟道中的自由电子到达沟道端头的耗尽区边界时，会立即受到耗尽区内强电场的影响，被迅速扫入漏区。因为电子在耗尽区内的漂移速度已经达到饱和速度，不再随电场的增强而增大，所以此时 I_D 也达到了饱和状态，不再随 V_{DS} 的增大而增大。这一区域通常被称为饱和区，如图 4-5 中的 BC 段所示。实际上，在 $V_{DS}>V_{Dsat}$ 后，沟道的有效长度会逐渐减小，这被称为有效沟道长度调制效应。由于有效沟道长度调制效应和静电反馈的作用，使得 I_D 随着 V_{DS} 的增大而略微增大。

（4）当 V_{DS} 增大到漏源击穿电压时，反向偏置的漏 pn 结会因雪崩倍增效应而发生击穿，或者在漏区与源区之间产生电子穿越现象。这时 I_D 将会迅速上升，对应于图 4-5 中的 CD 段。以栅源电压 V_{GS} 为参变量，可以绘制出对应于不同 V_{GS} 值（通常以等差方式增大）的 $I_D\text{-}V_{DS}$ 曲线集合，这被称为 MOSFET 的输出特性曲线，如图 4-7 所示。将各条曲线的夹断点用虚线连接起来，得到的是非饱和区与饱和区的分界线。虚线左侧表示非饱和区，虚线右侧表示饱和区。

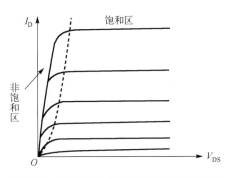

图 4-7　n 沟道 MOSFET 的输出特性曲线

由于 4 种类型的 MOSFET 的工作原理相同，故它们的 I_D 随 V_{DS} 的增大而变化的规律也相同，如图 4-4 所示。

4.2　阈值电压

4.2.1　MOS 结构阈值电压

作为推导 MOSFET 阈值电压的工作的一部分，本小节先推导以 p 型半导体为衬底的没有源区、漏区的 MOS 结构的阈值电压，如图 4-8 所示。整个推导过程可分为 4 个步骤。

1. 理想 MOS 结构当 $V_G = 0$ 时的情形

若 MOS 结构的金属半导体功函数差 ϕ_{MS} 为零，栅氧化层内的有效电荷面密度 Q_{OX} 为零，则称为理想 MOS 结构。当理想 MOS 结构的外加栅极电压 V_G 为零时，半导体中沿垂直方向的能带为水平分布，如图 4-9 所示。

本征费米能级 E_i 与费米能级 E_F 之差除以电子电荷量 q 称为 p 型衬底的费米势 ϕ_{Fp}，即

$$\phi_{Fp} = \frac{1}{q}(E_i - E_F) = \frac{kT}{q}\ln\frac{N_A}{n_i} \tag{4-1}$$

2. 实际 MOS 结构当 $V_G = 0$ 时的情形

在实际的 MOS 结构中，通常 $\phi_{MS} < 0$，$Q_{OX} > 0$。这两个因素都使半导体一侧带负电荷，使半导体中的能带在表面附近向下弯曲，如图 4-10 所示。

能带的弯曲量为 $-q\phi_{MS} + q(Q_{OX}/C_{OX})$，能带的弯曲量除以电子电荷量 q 为半导体中从表面到体内平衡处的电势差，称为表面势 ϕ_S，即

$$\phi_S = -\phi_{MS} + \frac{Q_{OX}}{C_{OX}} \tag{4-2}$$

式中，$C_{OX} = (\varepsilon_{OX}/T_{OX})$ 代表单位面积的栅氧化层电容，ε_{OX} 和 T_{OX} 分别代表栅氧化层的介电常数和厚度。

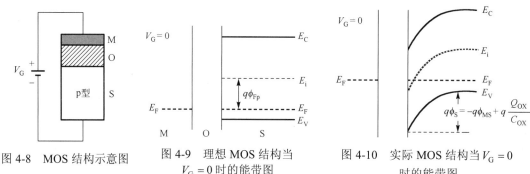

图 4-8　MOS 结构示意图　　图 4-9　理想 MOS 结构当　　图 4-10　实际 MOS 结构当 $V_G = 0$
　　　　　　　　　　　　$V_G = 0$ 时的能带图　　　　　　　　时的能带图

3. 实际 MOS 结构当 $V_G = V_{FB}$ 时的情形

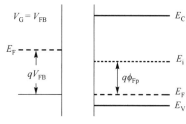

图 4-11　实际 MOS 结构当 $V_G = V_{FB}$
时的能带图

　　如果对实际的 MOS 结构外加一个适当的栅极电压，使它能够正好抵消 ϕ_{MS} 和 Q_{OX} 的作用，就可以使栅下的半导体恢复为电中性，使能带分布恢复为平带状态，使半导体的表面势恢复为零，如图 4-11 所示。这样的栅极电压称为平带电压 V_{FB}，即

$$V_{FB} = \phi_{MS} - \frac{Q_{OX}}{C_{OX}} \tag{4-3}$$

当 $\phi_{MS} < 0$，$Q_{OX} > 0$ 时，平带电压 V_{FB} 是一个负值。

4. 实际 MOS 结构当 $V_G = V_T$ 时的情形

　　实际 MOS 结构上的外加栅极电压 V_G 超过平带电压 V_{FB} 后，栅下的半导体会带负电荷，能带会向下弯曲，半导体中会形成表面势。所以，可以认为栅极电压中超过平带电压的部分 $V_G - V_{FB}$ 是对沟道区 MOS 电容进行充电的有效栅极电压。有效栅极电压可以分为两部分：一部分是降在栅氧化层上的电压 V_{OX}，另一部分是降在半导体上的电压，即表面势 ϕ_S，故有

$$V_G - V_{FB} = V_{OX} + \phi_S \tag{4-4}$$

　　根据阈值电压的定义，当 $V_G = V_T$ 时，栅下的半导体表面发生强反型，即半导体表面处的平衡少子浓度等于体内的平衡多子浓度，根据这个条件可以得到表面发生强反型时的表面势。已知 p 型半导体的体内平衡多子浓度 p_{p0} 和表面平衡少子浓度 n_S 可分别表示为

$$p_{p0} = n_i \exp\left(-\frac{E_F - E_i}{kT}\right) = n_i \exp\left(\frac{q\phi_{Fp}}{kT}\right) \tag{4-5}$$

$$n_S = n_i \exp\left(\frac{E_F - E_{iS}}{kT}\right) \tag{4-6}$$

式中，E_{iS} 代表半导体表面处的本征费米能级。由于此时未加漏源电压，半导体处于平衡状态，反型层和 p 型中性区有统一的费米能级，即以上两式中的 E_F 是相同的。比较以上两式可知，要使 n_S 与 p_{p0} 相等，就应使 $E_F - E_{iS} = q\phi_{Fp}$，即表面处的本征费米能级 E_{iS} 应当比费米能级 E_F 低 $q\phi_{Fp}$。另一方面，由式（4-5）可知，体内的本征费米能级 E_i 比费米能级 E_F 高 $q\phi_{Fp}$，所

以当半导体表面发生强反型时,能带在表面附近向下弯曲的弯曲量是 $2q\phi_{Fp}$,如图 4-12 所示。

将表面开始发生强反型时的表面势写作 $\phi_{S,inv}$,则根据以上分析可得

$$\phi_{S,inv} = 2\phi_{Fp} \tag{4-7}$$

当式(4-4)中的 $\phi_S = \phi_{S,inv}$ 时,该式中的 V_G 就是阈值电压 V_T,于是得

$$V_T = V_{FB} + V_{OX} + 2\phi_{Fp} \tag{4-8}$$

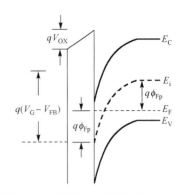

图 4-12　实际 MOS 结构当 $V_G = V_T$ 时的能带图

下面推导表面发生强反型时栅氧化层上的电压 V_{OX}。设金属栅极上的电荷面密度为 Q_M,半导体中的电荷面密度为 Q_S,则单位面积的栅氧化层电容

$$C_{OX} = \frac{dQ_M}{dV_{OX}} = -\frac{dQ_S}{dV_{OX}} \tag{4-9}$$

在栅氧化层中积分后得

$$V_{OX} = \frac{Q_M}{C_{OX}} = \frac{-Q_S}{C_{OX}} \tag{4-10}$$

将以上各关系式及平带电压 V_{FB} 的表达式代入式(4-8),得到 MOS 结构的阈值电压公式

$$V_T = \phi_{MS} - \frac{Q_{OX}}{C_{OX}} - \frac{Q_A(2\phi_{Fp})}{C_{OX}} + 2\phi_{Fp} \tag{4-11}$$

对于 n 沟道 MOS 结构,衬底是 p 型半导体,表面耗尽层中的空间电荷为负值;对于 p 沟道 MOS 结构,衬底是 n 型半导体,表面耗尽层中的空间电荷为正值。同样,对于 n 沟道 MOS 结构,因 p 型衬底的 $E_i > E_F$,费米势 ϕ_{Fp} 为正;对于 p 沟道 MOS 结构,因 n 型衬底的 $E_i < E_F$,费米势 ϕ_{Fn} 为负。

在考虑 Q_{OX} 和 ϕ_{Fp} 正负号的条件下,n 沟道 MOS 结构的阈值电压为

$$\begin{aligned} V_{Tn} &= -\frac{Q_S}{C_{OX}} - \frac{Q_{OX}}{C_{OX}} + \frac{2kT}{q}\ln\frac{N_A}{n_i} + \phi_{MS} \\ &= -\frac{Q_S}{C_{OX}} + \frac{1}{C_{OX}}[2\varepsilon_0\varepsilon_s qN_A(2\phi_{Fp})]^{1/2} + \frac{2kT}{q}\ln\frac{N_A}{n_i} + \phi_{MS} \end{aligned} \tag{4-12}$$

同理,p 沟道 MOS 结构的阈值电压为

$$\begin{aligned} V_{Tp} &= -\frac{Q_S}{C_{OX}} - \frac{Q_{OX}}{C_{OX}} - \frac{2kT}{q}\ln\frac{N_D}{n_i} - \phi_{MS} \\ &= -\frac{Q_S}{C_{OX}} - \frac{1}{C_{OX}}[2\varepsilon_0\varepsilon_s qN_D(2\phi_{Fn})]^{1/2} - \frac{2kT}{q}\ln\frac{N_D}{n_i} + \phi_{MS} \end{aligned} \tag{4-13}$$

从式(4-12)和式(4-13)可以看出,MOS 结构的阈值电压 V_T 与衬底掺杂浓度 N_D、N_A 密切相关,衬底掺杂浓度越高,阈值电压越高。

4.2.2 MOS 结构阈值电压 V_T 的影响因素

1. 栅绝缘层厚度对阈值电压的影响

根据式（4-12）和式（4-13）可知，单位面积栅氧化层电容 C_{OX} 越大，阈值电压 V_T 的绝对值越小。对于 MOS 结构，单位面积栅氧化层电容为

$$C_{OX} = \frac{\varepsilon_0 \varepsilon_{OX}}{T_{OX}} \tag{4-14}$$

式中，ε_{OX} 为栅氧化层的介电常数，T_{OX} 为栅氧化层厚度。

因此，当栅氧化层厚度 T_{OX} 越小时，单位面积栅氧化层电容 C_{OX} 越大，阈值电压 V_T 越小，即栅控灵敏度越高。同时，当 T_{OX} 为定值时，栅氧化层的介电常数 ε_{OX} 越大，则 C_{OX} 越大，阈值电压也就越小。

2. 功函数差 ϕ_{MS} 的影响

根据式（4-12）和式（4-13）可知，功函数差 ϕ_{MS} 越大，阈值电压 V_T 越高，为降低阈值电压 V_T，应该选择 ϕ_{MS} 低的材料，例如，以多晶硅材料为栅极。在选择 ϕ_{MS} 低的材料的基础上，适当降低衬底掺杂浓度。

3. 有效电荷面密度 Q_{OX} 的影响

在使用 SiO_2 作栅绝缘材料的 MOS 结构中，固定电荷、可动离子和电离陷阱组成的有效电荷面密度 Q_{OX} 一般为正电荷。Q_{OX} 主要影响平带电压的大小，从而影响阈值电压的大小，导致增强型的 MOS 场效应晶体管可能变成耗尽型，甚至做不出增强型的 MOS 场效应晶体管。

4. 衬底掺杂浓度的影响

根据式（4-12）和式（4-13）可知，有效电荷面密度 Q_{OX} 随衬底掺杂浓度 N_B 的增大而增大，阈值电压 V_T 也随之变大。图 4-13 为阈值电压 V_T 随衬底掺杂浓度 N_B 和栅氧化层厚度 T_{OX} 的变化关系。从图 4-13 可以看出，当衬底掺杂浓度由 10^{15}cm^{-3} 增大到 10^{17}cm^{-3} 时，阈值电压 V_T 改变了 3V 左右；当衬底掺杂浓度由 10^{13}cm^{-3} 变化到 10^{15}cm^{-3} 时，阈值电压 V_T 的改变量只有 0.1V 左右，主要是因为衬底掺杂浓度越低，表面耗尽层的空间电荷对阈值电压 V_T 的影响越小。

衬底掺杂浓度 N_B 对费米势 ϕ_{Fp}、功函数差 ϕ_{MS} 和有效电荷面密度 Q_{OX} 等均有影响，但影响最大的是有效电荷面密度 Q_{OX}。因此改变衬底掺杂浓度 N_B 是用来调整阈值电压 V_T 的一种重要方法。在现代 MOS 器件工艺中，已大量采用离子注入技术通过沟道注入来调整沟道掺杂浓度，以满足阈值电压的要求。忽略衬底掺杂浓度 N_B 变化对 ϕ_{Fp} 和 ϕ_{MS} 的影响，离子注入浓度 N_S 引起的阈值电压增量 ΔV_T 可表示为

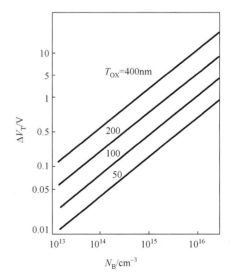

图 4-13 阈值电压 V_T 随衬底掺杂浓度 N_B 与栅氧化层厚度 T_{OX} 的变化关系

$$\Delta V_{\mathrm{T}} = \frac{\Delta Q_{\mathrm{OX}}}{C_{\mathrm{OX}}} \propto \frac{q N_{\mathrm{S}}}{C_{\mathrm{OX}}} \qquad (4\text{-}15)$$

可见，通过改变离子注入浓度 N_{S} 能有效调节 MOS 场效应管的阈值电压 V_{T}。

4.3　稳　态　响　应

4.3.1　电流-电压关系的概念

图 4-14（a）所示为对 n 沟道增强型 MOSFET 加一小于阈值电压的栅源电压及一非常小的漏源电压，源和衬底（或称体区）接地。在这种偏置下，没有电子反型层，漏到衬底的 pn 结是反偏的，漏电流为零（忽略 pn 结漏电流）。

图 4-14（b）所示为所加栅压 $V_{\mathrm{GS}} > V_{\mathrm{T}}$ 时的同一个 MOSFET。此时产生了电子反型层，当加一较小的漏电压时，反型层中的电子将从源端流向正的漏端。习惯上认为漏极为电流流入端，而源极为电流流出端。在这种理想情况下，没有电流从氧化层向栅极流过。

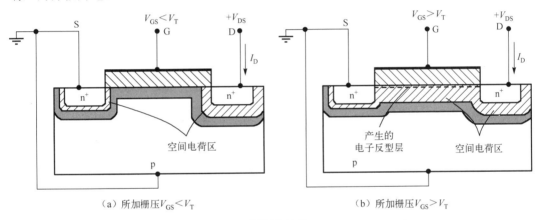

（a）所加栅压 $V_{\mathrm{GS}} < V_{\mathrm{T}}$　　　　　　　（b）所加栅压 $V_{\mathrm{GS}} > V_{\mathrm{T}}$

图 4-14　n 沟道增强型 MOSFET

对于较小的 V_{DS}，沟道区具有电阻的特性，因此可得

$$I_{\mathrm{D}} = g_{\mathrm{d}} V_{\mathrm{DS}} \qquad (4\text{-}16)$$

式中，g_{d} 为在 V_{DS} 趋近于零时的沟道电导。沟道电导可以表示为

$$g_{\mathrm{d}} = \frac{W}{L} \cdot \mu_{\mathrm{n}} |Q_{\mathrm{n}}'| \qquad (4\text{-}17)$$

式中，μ_{n} 为反型层中的电子迁移率，$|Q_{\mathrm{n}}'|$ 为单位面积的反型层电荷数量。反型层电荷是栅压的函数，因此，基本 MOS 晶体管的工作机理为栅压对沟道电导的调制作用，而沟道电导决定漏电流的大小。

对于较小的 V_{DS}，I_{D}-V_{DS} 的特性曲线如图 4-15 所示。当 $V_{\mathrm{GS}} < V_{\mathrm{T}}$ 时，漏电流为零。当 $V_{\mathrm{GS}} > V_{\mathrm{T}}$ 时，沟道反型层电

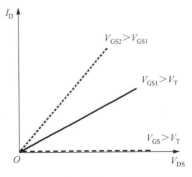

图 4-15　三个不同 V_{GS} 值对应的较小 V_{DS} 时的 I_{D}-V_{DS} 的特性曲线

荷密度增大，从而沟道电导增大。g_d 越大，图中的 I_D-V_{DS} 特性曲线的斜率也越大。

图 4-16（a）所示为当 $V_{GS}>V_T$ 且 V_{DS} 较小时基本 MOS 结构的示意图。图中反型沟道层的厚度定性地表明了相对电荷密度，这时的相对电荷密度在沟道长度方向上为一常数。

图 4-16（b）所示为当 V_{DS} 增大时的情形。由于漏电压增大，漏端附近的氧化层压降增大，这意味着漏端附近的反型层电荷密度也将增大。漏端的沟道电导减小，从而 I_D-V_{DS} 特性曲线的斜率减小。

当 V_{DS} 增大到漏端的氧化层压降等于 V_T 时，漏极处的反型层电荷密度为零。这一效应如图 4-16（c）所示，此时漏极处的电导为零，这意味着 I_D-V_{DS} 特性曲线的斜率为零，可以写出

$$V_{GS} - V_{DS(sat)} = V_T \tag{4-18}$$

或者

$$V_{DS(sat)} = V_{GS} - V_T \tag{4-19}$$

式中，$V_{DS(sat)}$ 为在漏极处产生零反型层电荷密度的漏源电压。

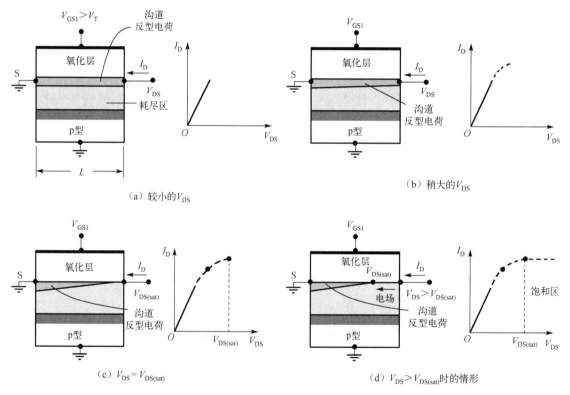

图 4-16　当 $V_{GS}<V_T$ 时的器件剖面和 I_D-V_{DS} 特性曲线

当 $V_{DS} = V_{DS(sat)}$ 时，沟道中反型电荷为零的点移向源端。这时，电子从源端进入沟道，通过沟道流向漏端。在电荷为零的点处，电子被注入空间电荷区，并被电场推向漏端。如果假设沟道长度的变化 ΔL 相对于初始沟道长度 L 而言很小，那么当 $V_{DS} > V_{DS(sat)}$ 时漏电流为一常数。这种情形在 I_D-V_{DS} 特性曲线中对应于饱和区，图 4-16（d）所示为此种情形的示意图。

当 V_{GS} 改变时，I_D-V_{DS} 特性曲线将有所变化。可以看到，若 V_{GS} 增大，则 I_D-V_{DS} 特性曲

线的斜率增大。还可以从式（4-19）中看到 $V_{DS(sat)}$ 是 V_{GS} 的函数，可以作出 n 沟道增强型 MOSFET 的曲线簇，如图 4-17 所示。

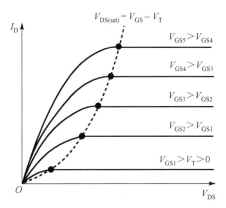

图 4-18 所示为 n 沟道耗尽型 MOSFET 的剖面图。如果 n 沟道区是由金属-半导体功函数差和固定氧化层电荷生成的电子反型层，那么电流-电压特性就和先前讨论的相同，只是 V_T 为负值。还可以考虑另一种情况，即 n 沟道区是 n 型半导体区。在这类器件中，负栅压可以在氧化层下产生一空间电荷区，从而减小 n 沟道区的厚度，进而沟道电导减小，漏电流减小。正栅压可以产生一电子堆积层，从而增大漏电流。这

图 4-17　n 沟道增强型 MOSFET 的 I_D-V_{DS} 特性曲线簇

类器件需满足一个条件，就是沟道厚度 t_c 必须小于最大空间电荷宽度，以使器件能够正常截止。常见的 n 沟道耗尽型 MOSFET 的 I_D-V_{DS} 特性曲线簇如图 4-19 所示。

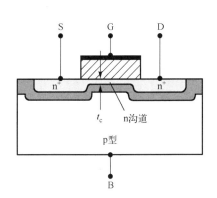

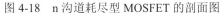

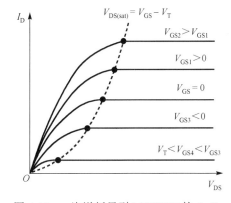

图 4-18　n 沟道耗尽型 MOSFET 的剖面图　　　　图 4-19　n 沟道耗尽型 MOSFET 的 I_D-V_{DS} 特性曲线簇

下一节将推导 n 沟道 MOSFET 的理想电流-电压关系。在非饱和区，可以得到

$$I_D = \frac{W \mu_n C_{OX}}{2L}[2(V_{GS} - V_T)V_{DS} - V_{DS}^2] \tag{4-20}$$

也可以写成

$$I_D = \frac{k'_n}{2} \cdot \frac{W}{L} \cdot [2(V_{GS} - V_T)V_{DS} - V_{DS}^2] \tag{4-21}$$

或

$$I_D = K_n[2(V_{GS} - V_T)V_{DS} - V_{DS}^2] \tag{4-22}$$

式中，$k'_n = \mu_n C_{OX}$，称为 n 沟道 MOSFET 的器件跨导参数，单位为 A/V^2；$K_n = (W \mu_n C_{OX}) / 2L = (k'_n / 2) \cdot (W / L)$，称为 n 沟道 MOSFET 的器件跨导系数，单位也为 A/V^2。

在饱和区，理想的电流-电压关系为

$$I_D = \frac{W \mu_n C_{OX}}{2L}(V_{GS} - V_T)^2 \tag{4-23}$$

也可写为

$$I_D = \frac{k_n'}{2} \cdot \frac{W}{L} \cdot (V_{GS} - V_T)^2 \qquad (4\text{-}24)$$

或者

$$I_D = K_n (V_{GS} - V_T)^2 \qquad (4\text{-}25)$$

通常，在同一工艺条件下，k_n' 为常数。由式（4-21）和式（4-24）可以看出，I_D 是由宽长比决定的。

p 沟道器件的工作原理和 n 沟道器件的相同，只是载流子为空穴且习惯上的电流方向和电压极性是相反的。

4.3.2　非饱和区电流响应

1．漏极电流的一般表达式

当 $V_G > V_T$ 时，栅下的半导体表面发生强反型，形成含有大量自由电子的导电沟道，其形状如图 4-20 所示。图中 L、W 和 $b(y)$ 分别代表沟道长度、沟道宽度和沟道厚度。

在漏极上加漏极电压 $V_D > V_S$ 后，沟道内产生横向电场 E_y，从而产生电子漂移电流。若忽略电子扩散电流，则沟道内的电子电流密度为

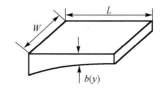

图 4-20　$V_G > V_T$ 时的沟道形状

$$J_C = -q\mu_n n E_y = q\mu_n n \frac{dV}{dy} \qquad (4\text{-}26)$$

将式（4-26）在沟道的截面积上进行积分，并采用电子迁移率为常数的假设，即可得到漏极电流

$$I_D = W\mu_n \int_0^b qn\,dx \frac{dV}{dy} = -W\mu_n Q_n \frac{dV}{dy} \qquad (4\text{-}27)$$

式中，$Q_n = -\int_0^b qn\,dx$，代表沟道电子电荷面密度。由于沟道厚度 b 是 y 的函数，所以 Q_n 也是 y 的函数。将式（4-27）两边同乘以 dy 后沿沟道从源区到漏区进行积分，并考虑电流的连续性，以及在 $y = 0$ 处 $V = V_S$，在 $y = L$ 处 $V = V_D$，得

$$I_D \int_0^L dy = W\mu_n \int_{V_S}^{V_D} (-Q_n)\,dV \qquad (4\text{-}28)$$

$$I_D = \frac{W}{L} \mu_n \int_{V_S}^{V_D} (-Q_n)\,dV \qquad (4\text{-}29)$$

为了完成上面的积分，需要知道沟道电子电荷面密度 Q_n 的表达式。

2．沟道电子电荷面密度 Q_n

当衬底表面刚开始强反型时，沟道电子电荷面密度 Q_n 远小于耗尽区电离杂质电荷面密度 Q_A。在衬底表面强反型以后，随着栅极电压 V_G 的继续增大，表面势 ϕ_S 也会有所增大。由于

Q_n 随表面势的增大以指数方式急剧增大，而 Q_A 仅与表面势的平方根成正比，Q_n 的增大比 Q_A 快得多，故在强反型以后 Q_n 与 Q_A 相比已不能再忽略不计。另外，由于迅速增加的表面沟道电子大量屏蔽了从栅极穿过栅氧化层进入半导体的纵向电场，使 V_G 的增大部分几乎全部降在栅氧化层上，所以可以近似地认为：在衬底表面强反型以后，当 V_G 继续增大时，半导体中的能带弯曲程度不再增大，表面势 ϕ_S 维持在 $\phi_{S,inv}$ 不变，耗尽区宽度也维持在其最大值 $x_{d\,max}$ 不变。

根据 $V_{OX} = \dfrac{Q_M}{C_{OX}} = \dfrac{-Q_S}{C_{OX}}$ 可得 $Q_S = -C_{OX}V_{OX}$，根据有效栅极电压的表达式，在衬底表面强反型以后，栅氧化层上的电压 $V_{OX} = V_G - V_B - V_{FB} - \phi_{S,inv}$，于是可得

$$Q_n = Q_S - Q_A = -C_{OX}(V_G - V_B - V_{FB} - \phi_{S,inv}) - Q_A \tag{4-30}$$

由于沟道有一定的电阻，电流在沟道中将产生压降，使沟道中各点的电势 $V(y)$ 不相等。$V(y)$ 将随着 y 的增大而增大，而且 $V(0)=V_S$，$V(L) = V_D$。$V(y)$ 对于反型层与衬底之间的感应 pn 结是一个反向偏压，而这个感应 pn 结上本来有一个反向偏压（$-V_B$），因此当 MOSFET 的沟道中有电流流过时，感应 pn 结上的总反向偏压是 $V(y)-V_B$。由于这个总反向偏压是 y 的函数，所以使 $\phi_{S,inv}$、$x_{d\,max}$、Q_A 等都成为 y 的函数，即

$$\phi_{S,inv} = 2\phi_{Fp} - V_B + V(y) \tag{4-31}$$

$$x_{d\,max} = \left[\left(\frac{2\varepsilon_s}{qN_A}\right)(2\phi_{Fp} - V_B + V(y))\right]^{1/2} \tag{4-32}$$

$$Q_A = -\{2\varepsilon_s qN_A[2\phi_{Fp} - V_B + V(y)]\}^{1/2} \tag{4-33}$$

从而使 Q_n 也成为 y 的函数，即

$$Q_n = -C_{OX}[V_G - V_{FB} - 2\phi_{Fp} - V(y)] + \{2\varepsilon_s qN_A[2\phi_{Fp} - V_B + V(y)]\}^{1/2} \tag{4-34}$$

3．漏极电流的精确表达式

将式（4-34）代入式（4-29）后进行积分，并令

$$\beta = \frac{W\mu_n C_{OX}}{L} \tag{4-35}$$

称其为 MOSFET 的增益因子，可得漏极电流的精确表达式

$$I_D = \beta\left\{\begin{array}{l}(V_G - V_{FB} - 2\phi_{Fp})(V_D - V_S) - \dfrac{1}{2}(V_D^2 - V_S^2) - \dfrac{2}{3}\times\dfrac{(2\varepsilon_s qN_A)^{1/2}}{C_{OX}}\times \\[2mm] \left[(2\phi_{Fp} - V_B + V_D)^{\frac{3}{2}} - (2\phi_{Fp} - V_B + V_S)^{\frac{3}{2}}\right]\end{array}\right\} \tag{4-36}$$

必须指出，式（4-36）只适用于非饱和区。

根据式（4-34），沟道漏端的电子电荷面密度为

$$Q_n(L) = -C_{OX}[V_G - V_{FB} - 2\phi_{Fp} - V_D] + [2\varepsilon_s qN_A(2\phi_{Fp} - V_B + V_D)]^{1/2} \tag{4-37}$$

可见随着漏极电压 V_D 的增大，$Q_n(L)$ 的绝对值将减小。把使 $Q_n(L) = 0$ 的漏极电压称为饱

和漏极电压或夹断电压，记为 V_{Dsat}。当 $V_D = V_{Dsat}$ 时，沟道在漏端消失，这称为沟道被夹断。将此条件代入式（4-37），可解出

$$V_{Dsat} = V_G - V_{FB} - 2\phi_{Fp} - \frac{\varepsilon_s q N_A}{C_{OX}^2} \left\{ \left[1 + \frac{2C_{OX}^2}{\varepsilon_s q N_A}(V_G - V_{FB} - V_B) \right]^{1/2} - 1 \right\} \qquad (4\text{-}38)$$

由式（4-38）可以看出，饱和漏极电压 V_{Dsat} 与源极电压 V_S 无关。

如果漏极电压 V_D 超过 V_{Dsat} 后继续增大，则由式（4-37）可以发现，$Q_n(L)$ 将随 V_D 的增大而成为正值，即电子电荷面密度成为负值。而式（4-36）的漏极电流 I_D 则将随 V_D 的增大而减小。这在物理上是不可能的，所以式（4-34）与式（4-36）只适用于非饱和区，即沟道被夹断之前。

当无衬底电压和源极电压，即 $V_B = 0$，$V_S = 0$ 时，式（4-36）和式（4-38）分别变为

$$I_D = \beta \left\{ (V_{GS} - V_{FB} - 2\phi_{Fp})V_{DS} - \frac{1}{2}V_{DS}^2 - \frac{2}{3} \times \frac{(2\varepsilon_s q N_A)^{1/2}}{C_{OX}} \left[(2\phi_{Fp} + V_{DS})^{\frac{3}{2}} - (2\phi_{Fp})^{\frac{3}{2}} \right] \right\} \qquad (4\text{-}39)$$

$$V_{Dsat} = V_{GB} - V_{FB} - 2\phi_{Fp} - \frac{\varepsilon_s q N_A}{C_{OX}^2} \left\{ \left[1 + \frac{2C_{OX}^2}{\varepsilon_s q N_A}(V_{GS} - V_{FB}) \right]^{1/2} - 1 \right\} \qquad (4\text{-}40)$$

4．漏极电流的近似表达式

由于式（4-36）及式（4-39）所表示的 MOSFET 的电流-电压方程过于复杂，一般要对其做近似简化。在 $V_B = 0$、$V_S = 0$ 的情况下，将式（4-34）的 Q_n 表达式中的 $(2\phi_{Fp} + V(y))^{1/2}$ 在 $V(y) = 0$ 附近展开成级数，得

$$(2\phi_{Fp} + V(y))^{1/2} = (2\phi_{Fp})^{1/2} + \frac{1}{2}(2\phi_{Fp})^{-1/2}V(y) + \cdots \qquad (4\text{-}41)$$

如果在展开式中只取第一项，即 $(2\phi_{Fp} + V(y))^{1/2} = (2\phi_{Fp})^{1/2}$，这表示 $V(y) = 0$，即假设整个沟道上没有压降，或者说假设沟道各处的耗尽区宽度都与源处的耗尽区宽度相同。这可以作为零级近似，这时式（4-34）的 Q_n 变为

$$Q_n = -C_{OX} \left[V_{GS} - V_{FB} - 2\phi_{Fp} - V(y) - \frac{(2\varepsilon_s q N_A 2\phi_{Fp})^{1/2}}{C_{OX}} \right] \qquad (4\text{-}42)$$

与 $V_T = \phi_{MS} - \dfrac{Q_{OX}}{C_{OX}} + K(2\phi_{Fp})^{1/2} + 2\phi_{Fp}$ 进行比较后可知，式（4-42）右边方括号内的第二、三、五项之和恰好就是阈值电压的负数，于是 Q_n 可以被表示成一个极简单的形式

$$Q_n = -C_{OX}[V_{GS} - V_T - V(y)] \qquad (4\text{-}43)$$

将式（4-43）代入式（4-29）并进行积分，可得到漏极电流的近似表达式，即著名的萨之唐方程

$$I_D = \beta \left[(V_{GS} - V_T)V_{DS} - \frac{1}{2}V_{DS}^2 \right] \qquad (4\text{-}44)$$

式（4-44）表明，I_D 是 V_{DS} 的二次函数，I_D-V_{DS} 特性曲线是开口向下的抛物线。抛物线的顶点

是 I_D 的极值点，对应于沟道在漏端被夹断。令 $\mathrm{d}I_\mathrm{D}/\mathrm{d}V_\mathrm{DS}=0$，可解出饱和漏极电压

$$V_\mathrm{Dsat}=V_\mathrm{GS}-V_\mathrm{T} \tag{4-45}$$

另外，在式（4-43）中取 $y=L$，当 $V(L)=V_\mathrm{Dsat}$ 时，$Q_\mathrm{n}(L)=0$，同样可以得到式（4-45）。

式（4-43）与式（4-44）同样只适用于非饱和区。将式（4-45）的 V_Dsat 代入式（4-44），可得饱和漏极电流，即

$$I_\mathrm{Dsat}=\frac{\beta}{2}(V_\mathrm{GS}-V_\mathrm{T})^2 \tag{4-46}$$

在 V_DS 较小的范围内，式（4-44）与式（4-39）的结果基本相同，这是因为式（4-44）是在假设沟道中 $V(y)=0$ 的情况下近似得到的。在 V_DS 较大的范围内，式（4-44）所得的结果则比式（4-39）所得的结果明显偏大。尽管式（4-44）有较大的误差，但因其计算简单，适用于快速估算 MOSFET 的性能，因而获得了广泛的应用。

同理，对于 p 沟道 MOSFET，有

$$I_\mathrm{D}=-\beta\left[(V_\mathrm{GS}-V_\mathrm{T})V_\mathrm{DS}-\frac{1}{2}V_\mathrm{DS}^2\right] \tag{4-47}$$

$$I_\mathrm{Dsat}=-\frac{\beta}{2}(V_\mathrm{GS}-V_\mathrm{T})^2 \tag{4-48}$$

可见除电流的方向外，p 沟道 MOSFET 的 I_D 表达式与 n 沟道 MOSFET 的完全相同。

当在 $(2\phi_\mathrm{Fp}+V(y))^{1/2}$ 的展开式中只取第一项时，式（4-27）可写成

$$I_\mathrm{D}=W\mu_\mathrm{n}C_\mathrm{OX}(V_\mathrm{GS}-V_\mathrm{T}-V(y))\frac{\mathrm{d}V(y)}{\mathrm{d}y} \tag{4-49}$$

式（4-49）与式（4-44）是 I_D 的两种形式的表达式，令这两个公式相等，得

$$\frac{1}{L}\left[(V_\mathrm{GS}-V_\mathrm{T})V_\mathrm{DS}-\frac{1}{2}V_\mathrm{DS}^2\right]\mathrm{d}y=(V_\mathrm{GS}-V_\mathrm{T}-V(y))\mathrm{d}V(y) \tag{4-50}$$

将上式的两边在整个沟道内进行积分，得到 $V(y)$ 满足如下的二次方程，即

$$V(y)^2-2(V_\mathrm{GS}-V_\mathrm{T})V(y)+[2(V_\mathrm{GS}-V_\mathrm{T})V_\mathrm{DS}-V_\mathrm{DS}^2]\frac{y}{L}=0 \tag{4-51}$$

从而可解得沟道中沿 y 方向的电势分布

$$V(y)=(V_\mathrm{GS}-V_\mathrm{T})-(V_\mathrm{GS}-V_\mathrm{T})\left(1-\frac{y}{y_\mathrm{eff}}\right)^{1/2} \tag{4-52}$$

式中，$y_\mathrm{eff}=\dfrac{L}{1-\eta^2}$，$\eta$（$\eta=1-\dfrac{V_\mathrm{DS}}{V_\mathrm{GS}-V_\mathrm{T}}$）为与工作点有关的参数。

对 $V(y)$ 求导数可进一步得到沟道中沿 y 方向的电场分布

$$E_y(y)=\frac{-\mathrm{d}V(y)}{\mathrm{d}y}=-\frac{V_\mathrm{GS}-V_\mathrm{T}}{2y_\mathrm{eff}\left(1-\dfrac{y}{y_\mathrm{eff}}\right)^{1/2}}=-\frac{V_\mathrm{DS}}{2L}\cdot\frac{\left(2-\dfrac{V_\mathrm{DS}}{V_\mathrm{GS}-V_\mathrm{T}}\right)}{\left(1-\dfrac{y}{y_\mathrm{eff}}\right)^{1/2}} \tag{4-53}$$

从式（4-53）可见，沟道电场 $E_y(y)$ 是从源端到漏端逐渐增大的，在沟道漏端达到最大。当 $V_{DS} = V_{Dsat}$ 时，$\eta = 0$，$y_{eff} = L$，沟道电势分布和沟道电场分布分别变为

$$V(y) = (V_{GS} - V_T) - (V_{GS} - V_T)\left(1 - \frac{y}{L}\right)^{1/2} \tag{4-54}$$

$$E_y(y) = -\frac{V_{GS} - V_T}{2(L^2 - Ly)^{1/2}} \tag{4-55}$$

5. 漏极电流的一级近似表达式

为了提高漏极电流近似表达式的精确度，可以采用一级近似，即在式（4-41）的 $(2\phi_{Fp} + V(y))^{1/2}$ 展开式中取前两项，得到 $(2\phi_{Fp} + V(y))^{1/2} = (2\phi_{Fp})^{1/2} + \frac{1}{2}(2\phi_{Fp})^{-1/2}V(y)$，再经过类似的推导后可得

$$I_D = \beta\left[(V_{GS} - V_T)V_{DS} - \frac{1}{2}(1 + \delta)V_{DS}^2\right] \tag{4-56}$$

$$V_{Dsat} = \frac{V_{GS} - V_T}{1 + \delta} \tag{4-57}$$

$$I_{Dsat} = \frac{\beta}{2} \cdot \frac{(V_{GS} - V_T)^2}{1 + \delta} \tag{4-58}$$

式中

$$\delta = \frac{(2\varepsilon_s q N_A)^{1/2}}{C_{OX}} \cdot \frac{(2\phi_{Fp})^{-1/2}}{2} = K\frac{(2\phi_{Fp})^{-1/2}}{2} \tag{4-59}$$

由式（4-59）可以看出，衬底掺杂浓度 N_A 越低，栅氧化层电容 C_{OX} 越大（T_{OX} 越小），则 δ 就越小，式（4-44）就与式（4-56）越接近。

4.3.3 饱和区电流响应

1. 饱和区的特性

MOSFET 在进入饱和区以后，前面的漏极电流表达式不再适用。

一方面，由式（4-27）可以看出

$$I_D = W\mu_n Q_n(y)\frac{dV(y)}{dy} \tag{4-60}$$

当 $V_{DS} = V_{Dsat}$ 时，沟道在漏端 $y = L$ 处被夹断，该处的 $Q_n(L) = 0$。为了保持电流的连续，该处的电子漂移速度必须趋于无穷大，但这是不可能的。即使该处的横向电场 $E_y(L)$ 趋于无穷大，电子漂移速度也只能达到饱和漂移速度 v_{max}。

另外，由式（4-37）和式（4-43）可以发现，在 $V_{DS} > V_{Dsat}$ 后，夹断区域内的电子电荷面密度将成为负值。这是因为在这种情况下，作为一维分析基础的缓变沟道近似已经不再适用。缓变沟道近似认为，沟道内的载流子电荷都是由 V_{GS} 产生的 $(\partial E_x / \partial x)$ 所感应出来的，而忽略由 V_{DS} 产生的 $(\partial E_y / \partial y)$ 的作用。然而实际上，在 $V_{DS} > V_{Dsat}$ 后，夹断区域内当然仍然有电子，

但它们不是由 $(\partial E_x / \partial x)$ 感应出来的，而是从夹断区域左侧的沟道中注入过来的。它们并不终止从栅极发出的电力线，而是终止从漏极发出的电力线。这样，在缓变沟道近似下推导出来的漏极电流表达式显然不能适用于饱和区了。

当 MOSFET 的沟道长度较大时，漏极电流主要取决于源区与夹断点之间的沟道内的载流子输运速度，受夹断点和夹断区域的影响并不很大。所以可以简单假设：当 $V_{DS}>V_{Dsat}$ 时，随着 V_{DS} 的增大，漏极电流 I_D 保持饱和漏极电流 I_{Dsat} 的值不变。这时 MOSFET 的 I_D-V_{DS} 特性曲线为水平直线，其增量输出电阻为无穷大。但是实际测量发现，当 $V_{DS}>V_{Dsat}$ 时，漏极电流 I_D 并不饱和，而是随着 V_{DS} 的增大略有增大，也就是说，在饱和区，MOSFET 具有有限的增量输出电阻。对于漏极电流不饱和的原因，这里可以用有效沟道长度调制效应和经典场的反馈作用来解释。

2. 有效沟道长度调制效应

当 $V_{DS} = V_{Dsat}$ 时，在沟道漏端 $y=L$ 处，$V(L)=V_{Dsat}$，$Q_n(L)=0$，沟道在此处被夹断。夹断点的电势为 V_{Dsat}，沟道上的压降也是 V_{Dsat}，夹断点处栅极与沟道间的电势差为 $V_{GS}-V_{Dsat}=V_T$。当 $V_{DS}>V_{Dsat}$ 时，沟道中各点的电势均上升，使 $V(y)=V_{Dsat}$ 及 $Q_n(y)=0$ 的位置向左移动，即夹断点向左移动，这使得沟道的有效长度减小，如图 4-21 所示。沟道的有效长度随 V_{DS} 的增大而减小的现象称为有效沟道长度调制效应。

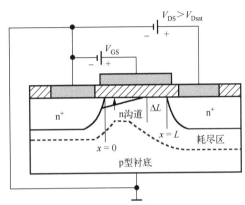

图 4-21   n 沟道 MOSFET 的有效沟道长度调制效应

在 $V_{DS}>V_{Dsat}$ 后，可以将 V_{DS} 分为两部分。其中的 V_{Dsat} 部分降在缩短了的有效沟道上，沟道夹断点处的栅极与沟道间的电势差仍为 $V_{GS}-V_{Dsat}=V_T$。V_{DS} 中的其余部分（$V_{DS}-V_{Dsat}$）降在夹断点右边的夹断区域上，其长度用 ΔL 来表示。夹断区域可以看作漏 pn 结耗尽区的一部分，其长度将随着 V_{DS} 的增大而增大，从而使有效沟道长度（$L-\Delta L$）随 V_{DS} 的增大而减小。虽然夹断区域内的电场和电势分布都是二维的，但是仍然可以利用一维 pn 结理论中耗尽区宽度与电压之间的关系式，来对沟道长度调制量 ΔL 做近似的估算，即

$$\Delta L = \left[\frac{2\varepsilon_s(V_{DS}-V_{Dsat})}{qN_A}\right]^{1/2} \tag{4-61}$$

当有效沟道长度（$L-\Delta L$）随 V_{DS} 的增大而减小时，沟道电阻将减小，而有效沟道上的压降仍保持 V_{Dsat} 不变，所以沟道电流就会增大，这就是在饱和区中，I_D 随 V_{DS} 的增大而略有增大的原因之一。

根据有效沟道长度调制效应的模型，饱和区的漏极电流的表达式为

$$I_D = \frac{1}{2}\times\frac{W}{L-\Delta L}\mu_n C_{OX}(V_{GS}-V_T)^2 = I_{Dsat}\left(\frac{1}{1-\Delta L/L}\right) \tag{4-62}$$

由式（4-62）及式（4-61）可见，对于沟道长度 L 较大及衬底掺杂浓度 N_A 较高（因而 ΔL 较小）的 MOSFET，有效沟道长度调制效应并不显著，漏极电流趋于饱和。反之，对于沟道

长度 L 较小及衬底掺杂浓度 N_A 较低（因而 ΔL 较大）的 MOSFET，有效沟道长度调制效应比较显著，ΔL 将随 V_{DS} 的增大而增大，使漏极电流随 V_{DS} 的增大而增大，即漏极电流并不饱和。

在进行电路模拟时，常需要一个同时适用于非饱和区与饱和区的统一的漏极电流方程，而且要求其导数在两区的分界点上连续。为此，可以在用式（4-61）计算沟道长度调制量 ΔL 时引入有效漏源电压 $V_{DS,eff1}$ 的概念，即

$$V_{DS,eff1} = (V_{DS}^S + V_{Dsat}^S)^{1/S} \tag{4-63}$$

式中，S 为适配因子，$S \geq 2$。当 MOSFET 处于非饱和区，即 $V_{DS} < V_{Dsat}$ 时，$V_{DS,eff1} \approx V_{Dsat}$；当 MOSFET 处于饱和区，即 $V_{DS} > V_{Dsat}$ 时，$V_{DS,eff1} \approx V_{DS}$。

同时在计算漏极电流时引入另一个有效漏源电压 $V_{DS,eff2}$ 的概念，即

$$V_{DS,eff2} = \frac{V_{DS} V_{Dsat}}{(V_{DS}^K + V_{Dsat}^K)^{1/K}} \tag{4-64}$$

式中，K 为适配因子，$K \geq 2$。当 $V_{DS} < V_{Dsat}$ 时，$V_{DS,eff2} \approx V_{DS}$；当 $V_{DS} > V_{Dsat}$ 时，$V_{DS,eff2} \approx V_{Dsat}$。于是可以得到统一的漏极电流经验方程

$$I_D = \frac{W \mu_n C_{OX}}{L - \Delta L} \left[(V_{GS} - V_T) V_{DS,eff2} - \frac{1}{2} V_{DS,eff2}^2 \right] \tag{4-65}$$

3. 漏区静电场对沟道区的反馈作用

制作在较低掺杂浓度衬底上的 MOSFET，在 $V_{DS} > V_{Dsat}$ 后，其漏区附近的耗尽区较宽，严重时甚至可以与有效沟道长度相比拟，在沟道长度较小时尤为显著。这时起始于漏区的电力线中的一部分将穿过耗尽区而终止于沟道，如图 4-22 所示。正如前面已经指出的，沟道内的载流子电荷也可以由漏源电压 V_{DS} 产生的 $(\partial E_y / \partial y)$ 感应出来。当 V_{DS} 增大时，耗尽区内的电场强度随之增大，使沟道内的电子数也相应增大，以终止增多的电力线。可以将这一过程看作在漏区和沟道之间存在着一个耦合电容 C_{dCT}，当漏源电压 V_{DS} 增大 ΔV_{DS} 时，通过静电耦合，单位面积沟道区内产生的平均电荷密度的增量为

$$\Delta Q_{AV} = -\frac{C_{dCT} \Delta V_{DS}}{WL} \tag{4-66}$$

由于漏区与沟道间存在静电耦合，当漏源电压 V_{DS} 增大时，沟道内的载流子增多，沟道电导增大，从而使漏极电流增大，这是 MOSFET 的漏极电流在饱和区实际上并不饱和的第二个原因。

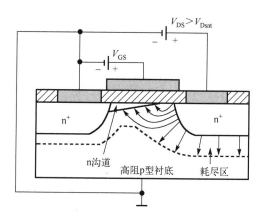

图 4-22 $V_{DS} > V_{Dsat}$ 后 n 沟道 MOSFET 中的电场分布

在实际的 MOSFET 中，以上两种作用同时存在。在衬底掺杂浓度中等或较高的 MOSFET 中，使饱和区漏极电流不饱和的主要原因是有效沟道长度调制效应，而在衬底掺杂浓度较低的 MOSFET 中，则以漏区与沟道间的静电耦合作用为主。

4.3.4　关键参数的热敏响应

1. MOSFET 的直流参数

（1）阈值电压 V_T

这个参数已经在 4.2 节中详细讨论，这里不再重复。

（2）饱和漏极电流 I_{DSS}

对于耗尽型 MOSFET，当 $V_{GS} = 0$ 时，源区和漏区之间已经导通。将 $V_{GS} = 0$ 和 V_{DS} 足够大且恒定条件下的饱和漏极电流记为 I_{DSS}

$$I_{DSS} = \pm \frac{W}{2L} \mu C_{OX} V_T^2 \tag{4-67}$$

式中，对 n 沟道 MOSFET 取正号，对 p 沟道 MOSFET 取负号。由式（4-67）可见，I_{DSS} 与沟道的宽长比成正比，与栅氧化层厚度 T_{OX} 成反比。

（3）截止漏极电流

对于增强型 MOSFET，当 $V_{GS} = 0$ 时，源区和漏区之间不导通，当漏极与源极之间外加 V_{DS} 时，漏极电流 I_D 为零。但实际上由于存在亚阈漏极电流及 pn 结反向饱和电流，故源区和漏区之间仍有微弱的电流通过，这一电流叫作截止漏极电流。

（4）导通电阻 R_{on}

当 MOSFET 工作在非饱和区且 V_{DS} 很小时，其输出特性曲线是直线，如图 4-5 的 OA 段所示，这时 MOSFET 相当于一个其电阻值与 V_{DS} 无关的固定电阻。根据式（4-44），在略去 V_{DS}^2 项后得

$$I_D = \beta(V_{GS} - V_T)V_{DS} \tag{4-68}$$

当 V_{DS} 很小时，漏源电压 V_{DS} 与漏极电流 I_D 的比值称为导通电阻，记为 R_{on}，即

$$R_{on} = \frac{V_{DS}}{I_D} = \frac{1}{\beta(V_{GS} - V_T)} \tag{4-69}$$

从式（4-69）可见，导通电阻 R_{on} 与 $V_{GS} - V_T$ 成反比。又由于 $\beta = \dfrac{W\mu_n \varepsilon_{OX}}{LT_{OX}}$，可知导通电阻 R_{on} 与沟道的宽长比成反比，与栅氧化层厚度 T_{OX} 成正比。

（5）栅极电流 I_G

在外加电压的作用下，流过栅极与沟道之间的电流称为栅极电流，记为 I_G。由于在栅极与沟道之间隔着绝缘层，因此栅极电流 I_G 非常小，通常小于 10^{-14}A，这使得 MOSFET 有很高的输入电阻。

2. MOSFET 的温度特性

（1）阈值电压与温度的关系

当 $V_S = 0$ 时，n 沟道 MOSFET 的阈值电压为

$$V_T = \phi_{MS} - \frac{Q_{OX}}{C_{OX}} + \frac{1}{C_{OX}}[2\varepsilon_s q N_A(2\phi_{Fp} - V_{BS})]^{1/2} + 2\phi_{Fp} \tag{4-70}$$

在很大的温度范围内，Q_{OX} 和 ϕ_{MS} 几乎与温度无关，因此式中与温度关系密切的只有衬底的

费米势 ϕ_{Fp}。将 V_{T} 对 T 取导数，得

$$\frac{\mathrm{d}V_{\mathrm{T}}}{\mathrm{d}T} = \left[2 + \frac{2(2\varepsilon_s q N_{\mathrm{A}})^{1/2}}{2C_{\mathrm{OX}}(2\phi_{\mathrm{Fp}} - V_{\mathrm{BS}})^{1/2}}\right]\frac{\mathrm{d}\phi_{\mathrm{Fp}}}{\mathrm{d}T} \tag{4-71}$$

已知 p 型衬底的费米势为

$$\phi_{\mathrm{Fp}} = \frac{kT}{q}\ln\left(\frac{N_{\mathrm{A}}}{n_{\mathrm{i}}}\right) = \frac{kT}{q}\ln\left(\frac{N_{\mathrm{A}}}{\sqrt{N_{\mathrm{C}}N_{\mathrm{V}}}}\exp\frac{E_{\mathrm{G}}}{2kT}\right) = \frac{kT}{q}\ln\frac{N_{\mathrm{A}}}{\sqrt{N_{\mathrm{C}}N_{\mathrm{V}}}} + \frac{E_{\mathrm{G}}}{2q} \tag{4-72}$$

式中，N_{C}、N_{V} 及 E_{G} 与温度的关系都不太密切，所以 ϕ_{Fp} 对 T 的导数为

$$\frac{\mathrm{d}\phi_{\mathrm{Fp}}}{\mathrm{d}T} = \frac{kT}{q}\ln\frac{N_{\mathrm{A}}}{\sqrt{N_{\mathrm{C}}N_{\mathrm{V}}}} \tag{4-73}$$

将其代入式（4-71），得

$$\frac{\mathrm{d}V_{\mathrm{T}}}{\mathrm{d}T} = \left[2 + \frac{2(2\varepsilon_s q N_{\mathrm{A}})^{1/2}}{2C_{\mathrm{OX}}(2\phi_{\mathrm{Fp}} - V_{\mathrm{BS}})^{1/2}}\right]\frac{k}{q}\ln\left(\frac{N_{\mathrm{A}}}{\sqrt{N_{\mathrm{C}}N_{\mathrm{V}}}}\right) \tag{4-74}$$

从式（4-74）可以看出，由于通常 $N_{\mathrm{C}}N_{\mathrm{V}} > N_{\mathrm{A}}^2$，因此 n 沟道 MOSFET 的阈值电压 V_{T} 的温度系数是负值，即随着温度的上升，V_{T} 向负方向移动。从式（4-74）还可以看出，在外加衬底偏压 V_{BS} 后，因 $V_{\mathrm{BS}}<0$，故将使 V_{T} 的温度系数的绝对值减小。

实验证明，在 −55～125℃ 的范围内，V_{T} 与 T 呈线性关系，并与式（4-74）的结果符合得相当好。

对于 p 沟道 MOSFET，可以用类似的方法得到阈值电压 V_{T} 的温度系数的表达式。p 沟道 MOSFET 的 V_{T} 具有正的温度系数，即温度上升时，V_{T} 向正方向移动。V_{T} 的温度系数也随衬底偏压 V_{BS} 的增大而减小。

图 4-23 所示为某 p 沟道 MOSFET 的阈值电压 V_{T} 与温度 T 的关系曲线。对于 $N_{\mathrm{D}}=3\times10^{15}\mathrm{cm}^{-3}$、$T_{\mathrm{OX}}=90\mathrm{nm}$ 的 p 沟道 MOSFET，V_{T} 的温度系数约为 3.1mV/℃。

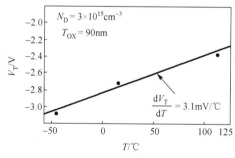

图 4-23　p 沟道 MOSFET 的 V_{T} 与 T 的关系曲线

（2）漏极电流与温度的关系

n 沟道 MOSFET 在非饱和区的漏极电流为

$$I_{\mathrm{D}} = \frac{W}{L}\mu_{\mathrm{n}}C_{\mathrm{OX}}\left[(V_{\mathrm{GS}} - V_{\mathrm{T}})V_{\mathrm{DS}} - \frac{1}{2}V_{\mathrm{DS}}^2\right] \tag{4-75}$$

式中与温度关系密切的有 μ_{n} 和 V_{T}。将 I_{D} 取全微商，得

$$\frac{\mathrm{d}I_{\mathrm{D}}}{\mathrm{d}T} = \frac{W}{L}C_{\mathrm{OX}}\left[(V_{\mathrm{GS}} - V_{\mathrm{T}})V_{\mathrm{DS}} - \frac{1}{2}V_{\mathrm{DS}}^2\right]\frac{\mathrm{d}\mu_{\mathrm{n}}}{\mathrm{d}T} - \frac{W}{L}\mu_{\mathrm{n}}C_{\mathrm{OX}}V_{\mathrm{DS}}\frac{\mathrm{d}V_{\mathrm{T}}}{\mathrm{d}T} \tag{4-76}$$

因为 μ_{n} 大约正比于 $T^{-1.5}$，所以 $\mathrm{d}\mu_{\mathrm{n}}/\mathrm{d}T<0$。又已知对于 n 沟道 MOSFET，$\mathrm{d}V_{\mathrm{T}}/\mathrm{d}T<0$，所以：

① 当 $V_{\mathrm{GS}} - V_{\mathrm{T}}$ 较小时，$\mathrm{d}I_{\mathrm{D}}/\mathrm{d}T>0$，漏极电流的温度系数为正，温度上升时 I_{D} 增大；

② 当 $V_{\mathrm{GS}} - V_{\mathrm{T}}$ 较大时，$\mathrm{d}I_{\mathrm{D}}/\mathrm{d}T<0$，漏极电流的温度系数为负，温度上升时 I_{D} 减小；

③ 若令 $\mathrm{d}I_{\mathrm{D}}/\mathrm{d}T=0$，则由式（4-76）可解得

$$V_{GS} - V_T - \frac{1}{2}V_{DS} = \frac{\mu_n \dfrac{dV_T}{dT}}{\dfrac{d\mu_n}{dT}} \qquad (4\text{-}77)$$

这时漏极电流的温度系数为零，温度上升时 I_D 不变。

由以上分析可知，n 沟道 MOSFET 的漏极电流的温度系数可为正、负或零，主要取决于栅源电压 V_{GS} 的数值。当 MOSFET 的工作条件满足式（4-77）时，I_D 将不随温度的变化而变化。因此只要适当选择工作条件，MOSFET 就会有很高的温度稳定性。此外，当 $V_{GS} - V_T$ 较大，即 I_D 较大从而功耗较大时，I_D 的温度系数为负，这有利于 MOSFET 的温度稳定性。

在饱和区中，漏极电流与温度的关系也与上述规律相似，图 4-24 示出了工作在饱和区的 n 沟道 MOSFET 的 $\sqrt{I_D}$-V_{GS} 特性与温度的关系曲线。

对 p 沟道 MOSFET 有类似的结论。

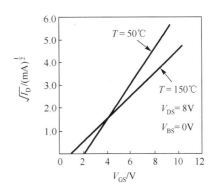

图 4-24　n 沟道 MOSFET 的饱和区漏极电流的温度特性曲线

4.3.5　MOSFET 的击穿电压

1. 漏源击穿电压 BV$_{DS}$

当漏源电压 V_{DS} 超过一定限度时，漏极电流 I_D 将迅速增大，如图 4-5 中的 *CD* 段所示，这种现象称为漏源击穿，使 I_D 迅速增大的漏源电压称为漏源击穿电压，记为 BV$_{DS}$。在 MOSFET 中产生漏源击穿的机理有两种：一种是漏 pn 结的雪崩击穿；另一种是漏源两区的穿通。

当源极与衬底相连时，漏源电压 V_{DS} 对漏 pn 结是反向偏压。当 V_{DS} 增大到一定程度时，漏 pn 结就会发生雪崩击穿。雪崩击穿电压的大小由衬底掺杂浓度和结深决定，但是在结深为 $1\sim3\mu m$ 的典型 MOSFET 中，漏源击穿电压 BV$_{DS}$ 的典型值只有 $25\sim40V$，远低于 pn 结击穿电压的理论值，这是因为受到了由金属栅极引起的附加电场的影响。

MOSFET 的金属栅极一般覆盖了漏区边缘的一部分。如果金属栅极的电势低于漏区的电势，就会在漏区与金属栅极之间形成一个附加电场，如图 4-25 所示。这个附加电场使栅极下面漏 pn 结耗尽区中的电场增大，因而击穿首先在该处发生。MOSFET 的这种雪崩击穿是表面的小面积击穿。应该指出，在 MOS 集成电路中，当 n 沟道 MOSFET 处于截止状态时，栅极电压为负值，这将使得 BV$_{DS}$ 有明显的降低。实验表明，当衬底的电阻率大于 $1\Omega\cdot cm$ 时，BV$_{DS}$ 就不再与衬底材料的掺杂浓度有关，而主要由栅极电压的极性、大小和栅氧化层的厚度所决定。

如果 MOSFET 的沟道长度较小而衬底串阻率较大，则当 V_{DS} 增大到某一数值时，虽然漏区与衬底间尚未发生雪崩击穿，但漏 pn 结的耗尽区已经扩展到与源区相连了，这种现象称为漏源穿通，如图 4-26 所示。发生漏源穿通后，如果 V_{DS} 继续增大，源 pn 结上会出现正偏，使电子从源区注入沟道。这些电子将被耗尽区内的强电场扫入漏区，从而产生较大的漏极电流，使漏源两区发生穿通的漏源电压称为穿通电压，记为 V_{pT}。

与有效沟道长度调制效应一样，根据一维 pn 结理论，耗尽区宽度与外加电压之间的关系为

$$x_{d} = \left[\frac{2\varepsilon_{s}(V_{bi} - V)}{qN} \right]^{1/2} \tag{4-78}$$

式中，N 为 pn 结高阻一边的掺杂浓度。

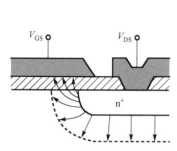

图 4-25　漏 pn 结附近的电场分布

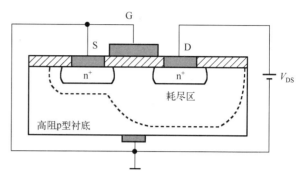

图 4-26　漏源穿通现象

当式中的电压达到穿通电压 V_{pT} 时，耗尽区宽度 x_d 近似等于沟道长度 L。如果略去 V_{bi}，对于 n 沟道 MOSFET 有

$$V_{pT} = \frac{qN_A}{2\varepsilon_s} L^2 \tag{4-79}$$

由式（4-79）可见，沟道长度越小，衬底电阻率越高，穿通电压就越低。MOSFET 的漏源穿通类似于双极型晶体管的基区穿通。但在双极型晶体管中，基区掺杂浓度高于集电区掺杂浓度，集电结耗尽区主要向集电区扩展，一般不易发生基区穿通。而在 MOSFET 中，由于漏区掺杂浓度高于衬底掺杂浓度，耗尽区主要向衬底扩展，所以 MOSFET 的漏源穿通问题比双极型晶体管的基区穿通要严重得多。

漏源击穿电压是由漏 pn 结雪崩击穿电压和穿通电压两者中的较小者所决定的。例如，当 n 型硅衬底的电阻率为 $10\Omega\cdot cm$，相应的掺杂浓度为 $5\times10^{14}cm^{-3}$，漏区的结深为 $1\mu m$ 时，若不考虑栅极附加电场的影响，则 pn 结的雪崩击穿电压约为 100V。如果沟道长度 $L = 10\mu m$，则穿通电压只有 35～40V。这时该 p 沟道 MOSFET 的 BV_{DS} 就由穿通电压所决定，只有 35～40V。

漏源穿通限制了 MOSFET 的沟道长度不能太小，否则会使 BV_{DS} 降得太低。因此，在设计 MOSFET 时必须足够重视漏源穿通现象。

2. 栅源击穿电压 BV_{GS}

在使用 MOSFET 时，栅极上不能外加过高的电压。当栅源电压 V_{GS} 超过一定限度时，会使栅氧化层发生击穿，使栅极与栅氧化层下面的衬底出现短路，从而造成永久性的损坏。使栅氧化层发生击穿的栅源电压称为栅源击穿电压，记为 BV_{GS}。

栅源击穿电压 BV_{GS} 取决于栅氧化层厚度和温度。当栅氧化层厚度 T_{OX} 小于 80nm 时，使栅氧化层发生击穿的临界电场强度 E_B 随 T_{OX} 的变化规律是 $E_B \propto T_{OX}^{-0.21}$；当栅氧化层厚度 T_{OX} 为 100～200nm 时，E_B 与 T_{OX} 无关，这时栅源击穿电压 BV_{GS} 与 T_{OX} 成正比。

与硅的雪崩击穿电压相似，温度较高时 BV_{GS} 较大。

临界电场强度 E_B 的值一般为 5×10^6～10×10^6V/cm。对于通常的 MOSFET，栅氧化层厚度 T_{OX} 为 100～200nm，其击穿电压的范围如图 4-27 所示。栅氧化层的质量不同将导致同样厚度下的击穿电压也不同。对于厚度为 150nm 的栅氧化层，其击穿电压为 75～150V。由于栅氧化层质量的变化范围比较大，因此在设计栅氧化层厚度时至少要考虑 50%的安全因子。

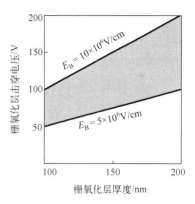

图 4-27　栅氧化层的击穿电压

由栅极-氧化层-半导体构成的 MOS 电容有两个特点：一是绝缘电阻非常高，高达 $10^{15}\Omega$；二是电容量非常小，只有几皮法。第一个特点使存储在栅极上的电荷不容易泄放；第二个特点是较小的存储电荷就会产生很高的电压，致使栅氧化层容易被击穿。在运输和存放 MOSFET 时必须使其栅源之间实现良好的短路，防止因栅极发生静电感应而对器件造成损坏。

4.3.6　MOSFET 的亚阈区导电

4.3.2 节讨论了表面处于强反型情况下的沟道导电情况，并近似地认为当 $V_{GS} \leqslant V_T$ 时 $I_D = 0$。但实际情况并非如此，以 n 沟道 MOSFET 为例，当外加栅源电压使半导体表面附近的能带下弯 $q\phi_{Fp}$ 时，半导体表面处于本征状态。这时的栅源电压称为本征电压 V_i。当栅源电压在 $V_i < V_{GS} < V_T$ 范围内时，表面势 ϕ_S 介于 ϕ_{Fp} 和 $2\phi_{Fp}$ 之间，表面处于弱反型状态，表面电子浓度介于本征载流子浓度和衬底平衡多子浓度之间。这时半导体表面已经反型，只是电子浓度还很小，所以在外加漏源电压 V_{DS} 后，MOSFET 也能导电，只是电流很小，这种电流称为亚阈漏极电流或次开启电流，记为 I_{Dsub}。表面处于弱反型状态的情况就称为亚阈区。亚阈区在 MOSFET 的低压低功耗应用及在数字电路中用作开关或存储器时，有很重要的意义。应当指出，亚阈区导电和表面强反型时的导电具有完全不同的性质，图 4-28 画出了某 MOSFET 的亚阈区特性的实验结果，可以看出在半对数坐标中，I_{Dsub} 与 V_{GS} 的关系曲线在小于 V_T 时是一条直线，这表示 I_{Dsub} 与 V_{GS} 呈指数关系。

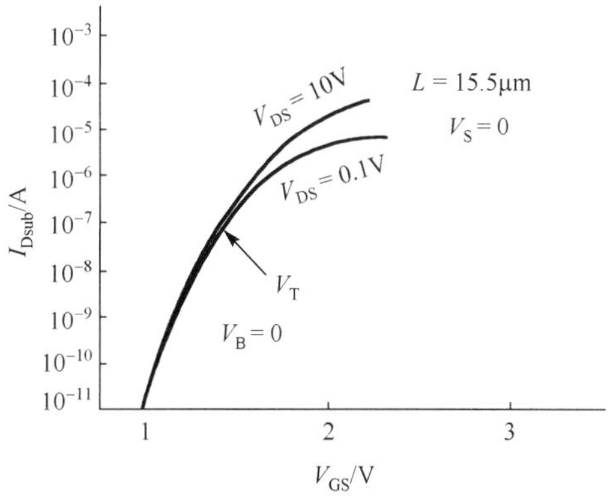

图 4-28　MOSFET 的 I_{Dsub} 与 V_{GS} 的关系

1．MOSFET 的亚阈漏极电流

在亚阈区导电过程中，表面弱反型层中的电子浓度很小，而电子在沿沟道方向的浓度梯度却很大，所以沟道电流中的漂移电流很小，扩散电流很大。与强反型时的导电情况正相反，可以假设亚阈漏极电流 I_{Dsub} 完全由扩散电流构成（忽略漂移电流），于是可以采用与推导均匀基区双极型晶体管集电极电流 I_C 类似的方法来推导 I_{Dsub}。若将 n 沟道 MOSFET 视为横向 npn（源-衬底-漏）双极型晶体管，则有

$$I_{Dsub} = -AqD_n \frac{dn}{dy} = AqD_n \frac{n(0) - n(L)}{L} \qquad (4\text{-}80)$$

式中，A（$A = Z_b$）代表 I_{Dsub} 所流经的截面积；$n(0)$ 和 $n(L)$ 分别代表沟道源端和沟道漏端处的电子浓度，可分别表示为

$$n(0) = n_{p0} \exp\left(\frac{q\phi_S}{kT}\right) \tag{4-81}$$

$$n(L) = n_{p0} \exp\left[\frac{q(\phi_S - V_{DS})}{kT}\right] \tag{4-82}$$

沟道厚度 b 可以这样来考虑：把 b 近似认为是从半导体表面处垂直向下到电子浓度降为表面浓度的 $1/e$ 处之间的距离。这表示 $x = 0$ 与 $x = b$ 之间的电势差为 kT/q，设此范围内的平均表面纵向电场为 E_s，则有

$$b = \frac{kT}{qE_s} \tag{4-83}$$

根据高斯定律

$$E_s = -\frac{Q_A}{\varepsilon_s} = \left(\frac{2qN_A\phi_S}{\varepsilon_s}\right)^{1/2} \tag{4-84}$$

定义

$$-\frac{dQ_A}{d\phi_S} = C_D(\phi_S) = \left(\frac{q\varepsilon_s N_A}{2\phi_S}\right)^{1/2} \tag{4-85}$$

式中，$C_D(\phi_S)$ 是沟道下的耗尽层电容。将式（4-85）及式（4-84）代入式（4-83），即可得沟道厚度

$$b = \frac{kT}{q} \cdot \frac{C_D(\phi_S)}{qN_A} \tag{4-86}$$

再将式（4-86）及式（4-81）、式（4-82）代入式（4-80），得

$$I_{Dsub} = \frac{W}{L} qD_n \frac{kT}{q} \cdot \frac{C_D(\phi_S)}{qN_A} n_{p0} \exp\left(\frac{q\phi_S}{kT}\right)\left[1 - \exp\left(-\frac{qV_{DS}}{kT}\right)\right] \tag{4-87}$$

应用爱因斯坦关系，并注意到 $n_{p0} = p_{p0} \exp(-2q\phi_{Fp}/kT)$ 及 $N_A = p_{p0}$，式（4-87）可写成

$$I_{Dsub} = \frac{W}{L} \mu_n \left(\frac{kT}{q}\right)^2 C_D(\phi_S) \exp\left(-\frac{2q\phi_{Fp}}{kT}\right) \cdot \exp\left(\frac{q\phi_S}{kT}\right)\left[1 - \exp\left(-\frac{qV_{DS}}{kT}\right)\right] \tag{4-88}$$

在式（4-88）中，还需推导出表面势 ϕ_S 对 V_{GS} 的依赖关系，这可用以下方法求得。根据 $V_G - V_{FB} = V_{OX} + \phi_S$、$V_{OX} = \frac{Q_M}{C_{OX}} = \frac{-Q_S}{C_{OX}}$ 和 $Q_S = Q_n + Q_A \approx Q_A$，得

$$V_{GS} = V_{FB} + \phi_S - \frac{Q_A(\phi_S)}{C_{OX}} \tag{4-89}$$

式中的 Q_A 是 ϕ_S 的函数。在表面弱反型时，$\phi_{Fp} < \phi_S < 2\phi_{Fp}$，因 ϕ_S 的变化范围不大，故可将 $Q_A(\phi_S)$ 在 $Q_A = 2\phi_{Fp}$ 附近展开成泰勒级数并取其前两项，得

$$Q_A(\phi_S) = Q_A(2\phi_{Fp}) + (\phi_S - 2\phi_{Fp})\frac{dQ_A}{d\phi_S} = Q_A(2\phi_{Fp}) - (\phi_S - 2\phi_{Fp})C_D(\phi_S) \tag{4-90}$$

由于 $\phi_{Fp} < \phi_S < 2\phi_{Fp}$，因此 $C_D(\phi_S)$ 可取 $\phi_S = 1.5\phi_{Fp}$ 时的数值。将其代入式（4-89），并利用阈值电压 V_T 的表达式，可得 ϕ_S 对 V_{GS} 的依赖关系

$$\phi_S = 2\phi_{Fp} + \frac{V_{GS} - V_T}{n} \tag{4-91}$$

式中，$n = 1 + C_D / C_{OX}$。可以看出，当 $V_{GS} < V_T$ 时，$\phi_S < 2\phi_{Fp}$。

将式（4-91）代入式（4-88），可得亚阈漏极电流的表达式

$$I_{Dsub} = \frac{W}{L}\mu_n\left(\frac{kT}{q}\right)^2 C_D \exp\left[\frac{q}{kT}\left(\frac{V_{GS} - V_T}{n}\right)\right]\cdot\left[1 - \exp\left(-\frac{qV_{DS}}{kT}\right)\right] \tag{4-92}$$

2．MOSFET 的亚阈区特性

（1）I_{Dsub} 与 V_{GS} 的关系

当漏源电压 V_{DS} 不变时，亚阈漏极电流 I_{Dsub} 与栅源电压 V_{GS} 呈指数关系，类似于 pn 结的正向伏安特性。由于因子 n 的存在，亚阈漏极电流 I_{Dsub} 随 V_{GS} 的增大而增大的速度要小于 pn 结正向电流随电压的增大而增大的速度。

（2）I_{Dsub} 与 V_{DS} 的关系

当栅源电压 V_{GS} 不变时，亚阈漏极电流 I_{Dsub} 随漏源电压 V_{DS} 的增大而增大，但当 V_{DS} 大于 kT/q 的若干倍时，I_{Dsub} 变得与 V_{DS} 无关，即 I_{Dsub} 对 V_{DS} 而言会发生饱和，这类似于 pn 结的反向伏安特性。

（3）亚阈区栅源电压摆幅 S

将亚阈区转移特性的半对数斜率的倒数称为亚阈区栅源电压摆幅，记为 S，即

$$S = \frac{dV_{GS}}{d(\lg I_{Dsub})} = \ln(10)\frac{kTn}{q} = \ln(10)\frac{kT}{q}\left(1 + \frac{C_D}{C_{OX}}\right) \tag{4-93}$$

S 是反映 MOSFET 亚阈区特性的一个重要参数。S 的意义是：在亚阈区使 I_{Dsub} 扩大一个数量级所需要的栅源电压 V_{GS} 的增量，它代表亚阈区中 V_{GS} 对 I_{Dsub} 的控制能力。当温度 T 一定时，S 的值取决于 n。衬底掺杂浓度 N_A 越高，则 C_D 越大，n 越大，S 就越大；当有衬底偏压 V_{BS} 时，$|V_{BS}|$ 越小，则 C_D 越大，S 越大；栅氧化层厚度 T_{OX} 越大，则 C_{OX} 越小，n 越大，S 越大。S 的增大意味着 V_{GS} 对 I_{Dsub} 的控制能力减弱，这会影响数字电路的关态噪声容限，模拟电路的功耗、增益、信号失真及噪声特性等。

3．阈值电压的测量

（1）联立方程法

在测量阈值电压时，如果仍然假设当 $V_{GS} = V_T$ 时 $I_D = 0$，就可以利用饱和漏极电流的表达式，建立如下联立方程，即

$$\begin{cases} I_{Dsat1} = \dfrac{\beta}{2}(V_{GS1} - V_T)^2 \\[2mm] I_{Dsat2} = \dfrac{\beta}{2}(V_{GS2} - V_T)^2 \end{cases} \tag{4-94}$$

对饱和区 MOSFET 进行两次测量，将获得的 V_{GS1}、I_{Dsat1} 和 V_{GS2}、I_{Dsat2} 数据作为已知数，

通过求解上面的联立方程，可以同时求得 MOSFET 的阈值电压 V_T 和增益因子 β。

（2） $\sqrt{I_{\text{Dsat}}}$-V_{GS} 法

这一方法实际上是联立方程法的一个特例。由饱和漏极电流的表达式可知，$\sqrt{I_{\text{Dsat}}}$ 与 V_{GS} 成线性关系。对饱和区 MOSFET 进行两次测量，就可以在 $\sqrt{I_{\text{Dsat}}}$-V_{GS} 坐标系中画出一条直线，该直线在 V_{GS} 轴上的截距就是阈值电压 V_T。如图 4-29 所示，如果测试条件满足 $I_{\text{Dsat2}} = 4I_{\text{Dsat1}}$，则可以利用式（4-95）方便地求出 V_T，即

$$V_T = 2V_{\text{GS1}} - V_{\text{GS2}} \qquad (4\text{-}95)$$

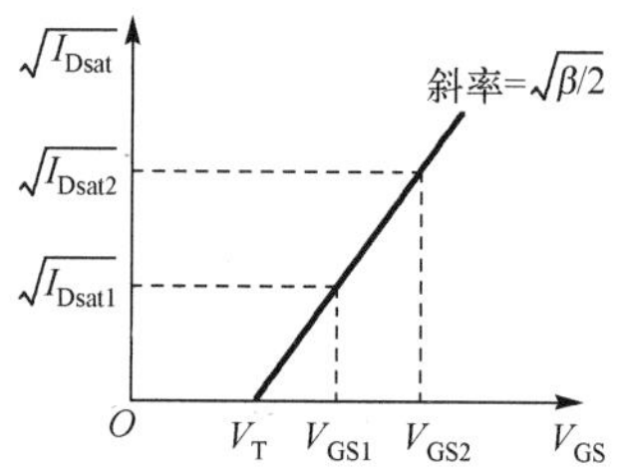

图 4-29　$\sqrt{I_{\text{Dsat}}}$-V_{GS} 法测量阈值电压

（3） 1μA 法

这一方法类似于对 pn 结击穿电压的测量，在漏源电压 V_{DS} 足够大且恒定的条件下，逐渐增大栅源电压 V_{GS}，当漏极电流达到某个规定值 I_{DT} 时，所对应的 V_{GS} 就是阈值电压 V_T，如图 4-30 所示。这一方法简单易行，常被早期的工厂所采用，并且将 I_{DT} 定为 1μA。但是要注意的是，在测量击穿电压时，由于 pn 结在击穿后其反向电流的上升极其陡峭,因此结面积的变化对测量结果的影响极小。但是在 MOSFET 中，漏极电流的上升并不太陡。直线 $\sqrt{I_{\text{Dsat}}}$-V_{GS} 的斜率为 $\sqrt{W\mu_n C_{\text{OX}}/2L}$，不同宽长比的 MOSFET 有不同的斜率，从而导致所测得的阈值电压有所不同。而根据阈值电压的理论定义，阈值电压是指使栅下的衬底表面开

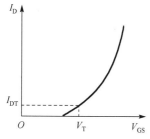

图 4-30　1μA 法测量阈值电压

始发生强反型时的栅源电压，与沟道宽长比无关。解决这一问题的办法是根据宽长比来调整测试电流 I_{DT}，使 I_{DT} 与宽长比成正比。

4.4　频 率 响 应

4.4.1　MOSFET 的小信号交流参数

（1）跨导 g_m

MOSFET 的跨导 g_m 的定义是

$$g_m = \left.\frac{\partial I_D}{\partial V_{\text{GS}}}\right|_{V_{\text{DS}}=常数} \qquad (4\text{-}96)$$

跨导是 MOSFET 的转移特性曲线的斜率，它反映了 MOSFET 的栅源电压 V_{GS} 对漏极电流 I_D 的控制能力，所以反映了 MOSFET 的增益。

以 n 沟道 MOSFET 为例，按照以上定义，非饱和区与饱和区的跨导分别为

$$g_m = \beta V_{\text{DS}} \qquad (4\text{-}97)$$

$$g_m = \beta(V_{\text{GS}} - V_T) \qquad (4\text{-}98)$$

以 V_{GS} 作为参变量，MOSFET 的 g_m-V_{DS} 特性曲线如图 4-31 所示。

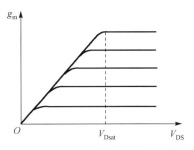

MOSFET 跨导的数值一般为几至几十毫西门子。在模拟电路中，MOSFET 一般工作在饱和区。根据式（4-98），为了提高饱和区的跨导 g_{ms}，从电路使用的角度来讲，应该提高栅源电压 V_{GS}，而从器件设计的角度来讲，应该提高增益因子 β，即提高沟道的宽长比 W/L，减小栅氧化层的厚度 T_{OX}。

图 4-31　MOSFET 的 g_m-V_{DS} 特性曲线

为了制造大跨导的 MOSFET，在图形设计时应该增大沟道宽长比。但是如果沟道长度太小，则一方面在工艺上难以精确控制，另一方面也会使有效沟道长度调制效应等变得显著，使饱和区的实际漏源电导增大，所以提高跨导的措施首先是增大沟道宽度。

（2）漏源电导 g_{ds}

MOSFET 的漏源电导 g_{ds} 的定义是

$$g_{ds} = \frac{\partial I_D}{\partial V_{DS}}\bigg|_{V_{GS}=\text{常数}} \tag{4-99}$$

漏源电导是 MOSFET 的输出特性曲线的斜率，它反映了 MOSFET 的漏极电流 I_D 随漏源电压 V_{DS} 的变化而变化的情况。

以 n 沟道 MOSFET 为例，按照以上定义，由式（4-44）可知，非饱和区的漏源电导为

$$g_{ds} = \beta(V_{GS} - V_T - V_{DS}) \tag{4-100}$$

可见 g_{ds} 随漏源电压 V_{DS} 的增大而线性地减小。当 V_{DS} 很小时，若略去式中的 V_{DS}，则得

$$g_{ds} = \beta(V_{GS} - V_T) = 1/R_{on} \tag{4-101}$$

以 V_{GS} 作为参变量，MOSFET 的 g_{ds}-V_{DS} 特性曲线如图 4-32 所示。

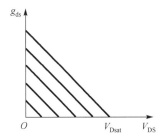

由式（4-100）可知，当 $V_{DS} = V_{Dsat}$ 时，漏源电导 $(g_{ds})_{sat}$ 为零。但是实际上有效沟道长度调制效应和漏区静电场对沟道区的反馈作用等因素，会使得饱和区的 $(g_{ds})_{sat}$ 并不为零，而是一个有限的值。在模拟电路中，希望饱和区的漏源电导 $(g_{ds})_{sat}$ 尽量小。

图 4-32　MOSFET 的 g_{ds}-V_{DS} 特性曲线

首先讨论有效沟道长度调制效应对饱和区的漏源电导 $(g_{ds})_{sat}$ 的影响。根据 $(g_{ds})_{sat}$ 的定义，即

$$(g_{ds})_{sat} = \frac{d(I_D)_{饱和}}{dV_{DS}} = \frac{d(I_D)_{饱和}}{d(\Delta L)} \cdot \frac{d(\Delta L)}{dV_{DS}} \tag{4-102}$$

对式（4-62）的 I_D 和式（4-61）的 ΔL 分别求导，得 $\dfrac{d(I_D)_{饱和}}{d(\Delta L)} = \dfrac{I_{Dsat}}{L\left(1 - \dfrac{\Delta L}{L}\right)^2}$ 和 $\dfrac{d(\Delta L)}{dV_{DS}} =$

$\left(\dfrac{2\varepsilon_s}{qN_A}\right)^{1/2}\dfrac{1}{2(V_{DS}-V_{Dsat})^{1/2}}$，将这两式代入式（4-102），得

$$(g_{ds})_{sat}=\left(\dfrac{2\varepsilon_s}{qN_A}\right)^{1/2}\dfrac{LI_{Dsat}}{2(L-\Delta L)^2(V_{DS}-V_{Dsat})^{1/2}} \tag{4-103}$$

当沟道长度 L 较小时，有效沟道长度调制效应较显著，这时饱和区的漏源电导 $(g_{ds})_{sat}$ 将会很大。因此，为了得到较小的 $(g_{ds})_{sat}$，MOSFET 的沟道长度不能选得太小。

其次讨论漏区静电场对沟道区的反馈作用对饱和区的漏源电导 $(g_{ds})_{sat}$ 的影响。当漏源电压 V_{DS} 增大 ΔV_{DS} 时，漏极电流 I_D 的增量为

$$\Delta I_D=-Wbq(\Delta n)\mu_n E_y=W(\Delta Q_{AV})\mu_n E_y \tag{4-104}$$

式中，b 是沟道厚度，$(\Delta Q_{AV})=-bq(\Delta n)$ 是因静电耦合在沟道区内产生的平均电荷面密度的增量。根据式（4-66），$(\Delta Q_{AV})=\dfrac{C_{dCT}\Delta V_{DS}}{WL}$，沟道内的横向电场强度 E_y 可近似取为平均电场强度 E_{AV}，即

$$E_{AV}=-\dfrac{V_{GS}-V_T}{L-\Delta L}\approx-\dfrac{V_{GS}-V_T}{L} \tag{4-105}$$

于是可得漏极电流的增量

$$\Delta I_D=\dfrac{\mu_n C_{dCT}(V_{GS}-V_T)}{L^2}\Delta V_{DS} \tag{4-106}$$

最后根据 $(g_{ds})_{sat}$ 的定义可得

$$(g_{ds})_{sat}=\left(\dfrac{\Delta I_D}{\Delta V_{DS}}\right)_{V_{GS}}=\dfrac{\mu_n C_{dCT}(V_{GS}-V_T)}{L^2} \tag{4-107}$$

由式（4-107）可见，$(g_{ds})_{sat}$ 正比于 C_{dCT} 和 $V_{GS}-V_T$，反比于 L^2，当 L 较小时，$(g_{ds})_{sat}$ 较大，这也说明沟道长度不应太小。

以上结论同样适用于 p 沟道 MOSFET。

（3）电压放大系数 μ

MOSFET 的电压放大系数 μ 的定义是

$$\mu=-\dfrac{\partial V_{DS}}{\partial V_{GS}}\bigg|_{I_D=常数} \tag{4-108}$$

以 n 沟道 MOSFET 为例，在非饱和区 $I_D=\beta\left[(V_{GS}-V_T)V_{DS}-\dfrac{1}{2}V_{DS}^2\right]$，对此式取全微分，得 $dI_D=\dfrac{\partial I_D}{\partial V_{DS}}dV_{DS}+\dfrac{\partial I_D}{\partial V_{GS}}dV_{GS}=g_{ds}dV_{DS}+g_m dV_{GS}$。求 μ 时要求 $I_D=$ 常数，即 $dI_D=0$。令 $g_{ds}dV_{DS}+g_m dV_{GS}=0$，并将 g_{ds} 和 g_m 的表达式代入，得

$$\mu=\dfrac{g_m}{g_{ds}}=\dfrac{V_{DS}}{V_{GS}-V_T-V_{DS}} \tag{4-109}$$

在饱和区，g_m 达到最大值。对于 $(g_{ds})_{sat}$，当不考虑有效沟道长度调制效应和漏区静电场

对沟道区的反馈作用时，$(g_{ds})_{sat} = 0$，因此饱和区的电压放大系数 μ 趋于无穷大。实际上，$(g_{ds})_{sat}$ 不为零，故饱和区的电压放大系数 μ 为有限值。

4.4.2 MOSFET 的小信号高频等效电路

（1）一般推导

本小节的思路是先推导出 MOSFET 的小信号 Y 参数，即 $Y_{11} = \dfrac{i_g}{v_{gs}}\bigg|_{v_{ds}=0}$，$Y_{12} = \dfrac{i_g}{v_{ds}}\bigg|_{v_{gs}=0}$，$Y_{21} =$

$\dfrac{i_d}{v_{gs}}\bigg|_{v_{ds}=0}$，$Y_{22} = \dfrac{i_d}{v_{ds}}\bigg|_{v_{gs}=0}$，接着将 Y 参数转换为图 4-33 所示的 MOSFET 小信号高频等效电路。

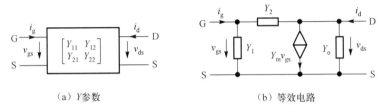

（a）Y 参数   （b）等效电路

图 4-33   MOSFET 的 Y 参数及其小信号高频等效电路

图中，$Y_1 = Y_{11} + Y_{12}$，$Y_2 = -Y_{12}$，$Y_o = Y_{22} + Y_{12}$，$Y_m = Y_{21} - Y_{12}$。

推导 MOSFET 的 Y 参数的依据是以下两个方程。由式（4-27）和式（4-34），将 I_D 换成 t 时刻沟道内 y 处的传导电流 $I_c(y,t)$，将沟道直流电势 $V(y)$ 换成 t 时刻沟道内 y 处的电势 $V_c(y, t)$。当 $V_B = 0$、$V_S = 0$ 时，得

$$I_c(y,t) = -W\mu_n C_{OX}\left\{V_{GS}(t) - V_{FB} - 2\phi_{Fp} - V_c(y,t) - \frac{(2\varepsilon_s qN_A)^{1/2}}{C_{OX}}[2\phi_{Fp} + V_c(y,t)]^{1/2}\right\} \cdot \frac{\partial V_c(y,t)}{\partial y} \tag{4-110}$$

根据电流的连续性，有

$$\frac{\partial I_c(y,t)}{\partial y} = WC_{OX}\frac{\partial}{\partial t}\left\{V_{GS}(t) - V_{FB} - 2\phi_{Fp} - V_c(y,t) - \frac{(2\varepsilon_s qN_A)^{1/2}}{C_{OX}}[2\phi_{Fp} + V_c(y,t)]^{1/2}\right\} \tag{4-111}$$

式（4-111）代表在 $y \sim y + dy$ 范围内流入沟道的位移电流。

将 $[2\phi_{Fp} + V_c(y,t)]^{1/2}$ 展开成级数并只取第一项，再令 $V_{GS}(t) - V_T = V'_{GS}(t)$，称为有效栅源电压，则式（4-110）和式（4-110）可分别简化为

$$I_c(y,t) = -W\mu_n C_{OX}[V'_{GS}(t) - V_c(y,t)]\frac{\partial V_c(y,t)}{\partial y} \tag{4-112}$$

$$\frac{\partial I_c(y,t)}{\partial y} = WC_{OX}\frac{\partial}{\partial t}[V'_{GS}(t) - V_c(y,t)] \tag{4-113}$$

为了得到小信号特性，采用如下的小信号近似，将电流与电压的瞬时值分解为直流分量和小信号交流分量，即 $I_c(y,t) = I_0 + I_c(y)e^{j\omega t}$、$V'_{GS}(t) - V_c(y,t) = V_0(y) + V_c(y)e^{j\omega t}$，将这两式代入式（4-112）和式（4-113），得到小信号交流分量的幅度所满足的微分方程，即

$$I_c(y) = W\mu_n C_{OX} \frac{\mathrm{d}}{\mathrm{d}y}[V_0(y)V_c(y)] \tag{4-114}$$

$$\frac{\mathrm{d}I_c(y)}{\mathrm{d}y} = \mathrm{j}\omega W C_{OX} V_c(y) \tag{4-115}$$

将式（4-114）代入式（4-115），可得到一个关于 $V_c(y)$ 的二阶微分方程。经过一系列推导，可分别求出在输入端短路和输出端短路两种情况下的一级近似的 $V_c(y)$ 与 $I_c(y)$。再根据图 4-34 所示的 MOSFET 中各电流、电压之间的关系，可得 $I_s = I_c(0)$，$I_d = -I_c(L)$，$I_g = -I_s - I_d = -I_c(0) + I_c(L)$，$V_{gs} = V_c(0)$，$V_{ds} = V_c(L) - V_c(0)$。

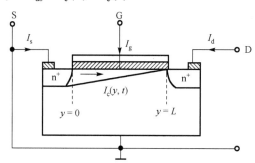

图 4-34   MOSFET 中各电流、电压之间的关系

由以上各小信号交流电流与电压的幅度即可求得 Y 参数 Y_{11}、Y_{12}、Y_{21} 与 Y_{22}，并进而求得等效电路中的 Y_1、Y_2、Y_o 与 Y_m。本征 MOSFET 的小信号高频近似等效电路如图 4-35（a）所示，等效电路中各元件的数值与偏置条件有关，它们与 V_{GS} 和 V_{DS} 的关系如图 4-35（b）所示。

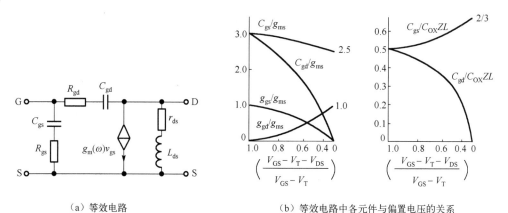

（a）等效电路   （b）等效电路中各元件与偏置电压的关系

图 4-35   本征 MOSFET 的小信号高频近似等效电路及元件与偏置电压的关系

（2）饱和区小信号高频等效电路

模拟电路中的 MOSFET 通常工作在饱和区。下面通过重复积分的方法导出 MOSFET 的饱和区小信号高频等效电路。

对式（4-115）沿沟道方向从 y 到 L 进行积分，得

$$\int_y^L \mathrm{d}I_c(y) = I_c(L) - I_c(y) = \mathrm{j}\omega W C_{OX}\int_y^L V_c(y')\mathrm{d}y' \tag{4-116}$$

定义 $\omega \to 0$ 时为零级近似。从式（4-116）可见，对于零级近似，有 $I_c(L) = I_c(y)$。

若在式（4-116）中取 $y = 0$，则可得

$$I_c(L) - I_c(0) = j\omega W C_{OX} \int_0^L V_c(y)\mathrm{d}y \qquad (4\text{-}117)$$

式（4-117）是栅极电流的小信号交流分量的幅度，即

$$I_g = -I_s - I_d = -I_c(0) + I_c(L) = j\omega W C_{OX} \int_0^L V_c(y)\mathrm{d}y \qquad (4\text{-}118)$$

要完成式（4-118）右边的积分，需要知道 $V_c(y)$ 的表达式。对式（4-114）从 y 到 L 进行积分，得

$$\int_y^L I_c(y')\mathrm{d}y' = W\mu_n C_{OX} V_0(y') V_c(y')\Big|_y^L \qquad (4\text{-}119)$$

求 y_{11}、y_{21} 时要求输出端短路，即 $V_c(L) = 0$，故有

$$\int_y^L I_c(y')\mathrm{d}y' = -W\mu_n C_{OX} V_0(y) V_c(y) \qquad (4\text{-}120)$$

对于零级近似，因为 $I_c(y) = I_c(L)$，则式（4-120）变为

$$(L - y)I_c(L) = -W\mu_n C_{OX} V_0(y) V_c(y) \qquad (4\text{-}121)$$

于是从式（4-121）可解得 $V_c(y)$ 的零级近似

$$V_c(y) = -\frac{I_c(L)}{W\mu_n C_{OX}} \cdot \frac{(L - y)}{V_0(y)} \qquad (4\text{-}122)$$

式中，$V_0(y) = V_{GS} - V_T - V(y)$，$V(y)$ 为直流偏置下的沟道电势分布，饱和区的沟道直流电势分布已由 $V(y) = (V_{GS} - V_T) - (V_{GS} - V_T)\left(1 - \dfrac{y}{L}\right)^{1/2}$ 给出，令 $V'_{GS} = V_{GS} - V_T$ 为有效栅源电压，则

$$V_0(y) = V'_{GS}\left(1 - \frac{y}{L}\right)^{1/2} = V_0(0)\left(1 - \frac{y}{L}\right)^{1/2} \qquad (4\text{-}123)$$

将式（4-123）代入式（4-122），得

$$V_c(y) = -\frac{I_c(L)}{W\mu_n C_{OX}} \cdot \frac{L^{1/2}}{V'_{GS}}(L - y)^{1/2} \qquad (4\text{-}124)$$

在上述零级近似的基础上，可以进行一级近似的计算。将式（4-124）所代表的零级近似 $V_c(y)$ 代入式（4-118），可求得 I_g 的一级近似，即

$$I_g = -j\omega W C_{OX} \int_0^L \frac{I_c(L)}{W\mu_n C_{OX}} \cdot \frac{L^{1/2}}{V'_{GS}}(L - y)^{1/2}\mathrm{d}y = -I_c(L)\left(\frac{2}{3}\right)j\omega\frac{L^2}{\mu_n V'_{GS}} = -I_c(L)\left(\frac{2}{3}\right)j\omega\tau \quad (4\text{-}125)$$

式中，τ（$\tau = \dfrac{L^2}{\mu_n V'_{GS}}$）是一个与沟道渡越时间同数量级的时间常数。

从式（4-125）所表示的 I_g 的一级近似可求得 Y_{11} 的一级近似，即 $Y_{11} = \dfrac{I_g}{V_c(0)} = -\dfrac{2I_c(L)}{3V_c(0)}j\omega\tau$，

根据 Y_{21} 的定义 $Y_{21} = \dfrac{I_d}{V_c(0)} = -\dfrac{I_c(L)}{V_c(0)}$ 可得

$$Y_{11} = \frac{2}{3} Y_{21} \mathrm{j}\omega\tau \tag{4-126}$$

Y_{11} 与 Y_{21} 中 $V_c(0)$ 的一级近似可按下述方法求得。由式（4-116）有 $I_c(y) = I_c(L) - \mathrm{j}\omega W C_{\mathrm{OX}}$ $\int_y^L V_c(y')\mathrm{d}y'$，对此式从 0 到 L 积分，得 $\int_0^L I_c(y)\mathrm{d}y = \int_0^L I_c(L)\mathrm{d}y - \mathrm{j}\omega W C_{\mathrm{OX}} \int_0^L \left[\int_y^L V_c(y')\mathrm{d}y' \right]\mathrm{d}y$，将式（4-124）所表示的 $V_c(y)$ 代入此式，得 $\int_0^L I_c(y)\mathrm{d}y = I_c(L)L + \mathrm{j}\omega W C_{\mathrm{OX}} \int_0^L \left\{ \int_y^L \frac{I_c(L)}{W \mu_n C_{\mathrm{OX}}} \cdot \frac{L^{1/2}}{V_{\mathrm{GS}}'}(L-y)^{1/2}\mathrm{d}y' \right\}\mathrm{d}y = I_c(L)L\left[1 + \mathrm{j}\omega\left(\frac{4}{15}\right)\tau\right]$。

根据式（4-120）可知，$\int_0^L I_c(y)\mathrm{d}y = -\mu_n W C_{\mathrm{OX}} V_0(0) V_c(0)$，令以上两式相等，可解出 $V_c(0)$ 的一级近似，再将 $V_c(0)$ 代入 Y_{21}，得

$$Y_{21} = -\frac{I_c(L)}{V_c(0)} = \frac{\mu_n W C_{\mathrm{OX}} V_0(0)}{1 + \mathrm{j}\omega\left(\frac{4}{15}\right)\tau} = \frac{g_{\mathrm{ms}}}{1 + \mathrm{j}\omega\left(\frac{4}{15}\right)\tau} \tag{4-127}$$

将式（4-127）代入式（4-126），得

$$Y_{11} = \frac{\frac{2}{3}\mathrm{j}\omega W L C_{\mathrm{OX}}}{1 + \mathrm{j}\omega\left(\frac{4}{15}\right)\tau} \tag{4-128}$$

下面讨论 Y_{12} 与 Y_{22} 对式（4-114）沿沟道方向从 0 到 L 进行积分，得

$$\int_0^L I_c(y)\mathrm{d}y = \mu_n W C_{\mathrm{OX}} V_0(y) V_c(y)\Big|_0^L \tag{4-129}$$

求 y_{12}、y_{22} 时要求输入端短路，即 $V_c(0) = 0$，则式（4-129）成为 $\int_0^L I_c(y)\mathrm{d}y = \mu_n W C_{\mathrm{OX}}$ $V_0(L) V_c(L)$，从式（4-123）可以看到，$V_0(L) = 0$，故式（4-129）的积分必等于零，即 $\int_0^L I_c(y)\mathrm{d}y = 0$。这表示 $I_c(y) = 0$，即 $I_d = 0$，$I_s = 0$，于是 $I_g = 0$。于是根据 Y_{12} 和 Y_{22} 的定义得

$$Y_{12} = 0 \tag{4-130}$$

$$Y_{22} = 0 \tag{4-131}$$

在求得 MOSFET 的 Y 参数后，可根据图 4-36 得到等效电路中的各元件

$$Y_1 = Y_{11} + Y_{12} = \frac{1}{\dfrac{1}{\mathrm{j}\omega C_{\mathrm{gs}}} + R_{\mathrm{gs}}} \tag{4-132}$$

$$Y_2 = -Y_{12} = 0 \tag{4-133}$$

$$Y_o = Y_{22} + Y_{12} = 0 \tag{4-134}$$

$$Y_m = Y_{21} - Y_{12} = \frac{g_{\mathrm{ms}}}{1 + \mathrm{j}\omega R_{\mathrm{gs}} C_{\mathrm{gs}}} = g_{\mathrm{ms}}(\omega) \tag{4-135}$$

式中

$$C_{\text{gs}} = \frac{2}{3} W L C_{\text{OX}} \tag{4-136}$$

$$R_{\text{gs}} = \frac{2}{5} \frac{L}{\mu_{\text{n}} W C_{\text{OX}} (V_{\text{GS}} - V_{\text{T}})} \tag{4-137}$$

$$g_{\text{ms}}(\omega) = \frac{g_{\text{ms}}}{1 + \text{j} \omega R_{\text{gs}} C_{\text{gs}}} \tag{4-138}$$

最后根据上面所求得的 Y_1、Y_2、Y_o 与 Y_m 可画出 MOSFET 在饱和区的小信号高频近似等效电路，如图 4-36 所示。若根据 Y 参数，图中的 $r_{\text{ds}} \to \infty$，但是考虑到有效沟道长度调制效应和漏区静电场的反馈作用，应将 $r_{\text{ds}} = 1/g_{\text{ds}}$ 添加上。

式（4-138）可以写成

$$g_{\text{ms}}(\omega) = \frac{g_{\text{ms}}}{1 + \text{j} \dfrac{\omega}{\omega_{\text{gm}}}} \tag{4-139}$$

式中

$$\omega_{\text{gm}} = \frac{1}{R_{\text{gs}} C_{\text{gs}}} = \frac{15}{4} \cdot \frac{\mu_{\text{n}} (V_{\text{GS}} - V_{\text{T}})}{L^2} \tag{4-140}$$

代表跨导的截止角频率，是 $|g_{\text{ms}}(\omega)|$ 下降到其低频值的 $1 / \sqrt{2}$ 时的角频率。

为了提高跨导的截止角频率，从器件设计的角度来讲，应选用载流子迁移率大的 n 沟道器件，尤其是应减小沟道长度 L；从器件使用的角度来讲，应提高栅源电压 V_{GS}。

（3）本征电容 C_{gs} 和 C_{gd}

在漏、源对交流短路的情况下，当栅源电压 V_{GS} 增大 ΔV_{GS} 时，沟道内的载流子电荷将产生相应的变化量 ΔQ_{ch}，如图 4-37 所示。这相当于一个电容，定义为栅极电容 C_{G}，即

$$C_{\text{G}} = -\frac{\text{d}Q_{\text{ch}}}{\text{d}V_{\text{GS}}}\bigg|_{V_{\text{DS}} = \text{常数}} \tag{4-141}$$

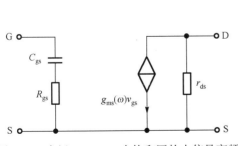

图 4-36　本征 MOSFET 在饱和区的小信号高频
近似等效电路

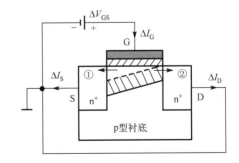

图 4-37　n 沟道 MOSFET 中的 C_{G}

沟道内自由电荷的增加是通过电子从源、漏两极流入沟道来实现的，这相当于对 C_{G} 的

放电电流①和②。电流①可看成是由栅源电容 C_{gs} 放出的，而电流②则可看成是由栅漏电容 C_{gd} 放出的。由于 ΔI_G 为电流①与电流②之和，故有

$$C_G = C_{gs} + C_{gd} \tag{4-142}$$

在栅、源对交流短路的情况下，当漏源电压 V_{DS} 增大 ΔV_{DS} 时，沟道内载流子电荷的变化量 ΔQ_{ch} 完全由电流②引起，如图 4-38 所示。由此可以定义栅漏电容

$$C_{gd} = -\frac{dQ_{ch}}{dV_{DS}}\bigg|_{V_{GS}=常数} \tag{4-143}$$

在栅、漏对交流短路的情况下，当栅源电压 V_{GS} 增大 ΔV_{GS} 时，沟道内载流子电荷的变化量 ΔQ_{ch} 完全由电流①引起，如图 4-39 所示。由此可以定义栅源电容

$$C_{gs} = -\frac{dQ_{ch}}{dV_{GS}}\bigg|_{V_{DS}-V_{GS}=常数} \tag{4-144}$$

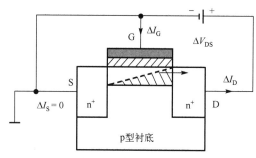

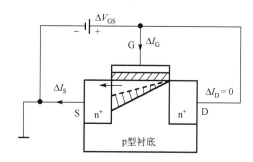

图 4-38　n 沟道 MOSFET 中的 C_{gd} 　　　　图 4-39　n 沟道 MOSFET 中的 C_{gs}

推导 C_{gs} 和 C_{gd} 的表达式时采用准静态近似，即认为在电压发生变化前沟道中的电势和电荷已处于静态。根据式（4-43）及有效栅源电压 $V'_{GS} = V_{GS} - V_T$ 的概念，沟道电子电荷面密度为 $Q_n = -C_{OX}[V'_{GS} - V(y)]$，所以整个沟道中的电子电荷总量为 $Q_{ch} = -WC_{OX}\int_0^L [V'_{GS} - V(y)]dy$，将沟道电势分布 $V(y)$ 代入此式，并进行积分得

$$Q_{ch} = (WLC_{OX})\left\{ -V'_{GS} + \frac{1}{3} \cdot \frac{3V'_{GS}V_{DS} - 2V_{DS}^2}{(2V'_{GS} - V_{DS})} \right\} \tag{4-145}$$

从而根据 C_G、C_{gd} 的定义及式（4-142），可得

$$C_G = -\frac{dQ_{ch}}{dV_{GS}} = (WLC_{OX})\left[1 - \frac{1}{3} \cdot \frac{V_{DS}^2}{(2V'_{GS} - V_{DS})^2} \right] \tag{4-146}$$

$$C_{gd} = \frac{dQ_{ch}}{dV_{DS}} = \frac{2}{3}(WLC_{OX})\left[1 - \frac{V'^2_{GS}}{(2V'_{GS} - V_{DS})^2} \right] \tag{4-147}$$

$$C_{gs} = C_G - C_{gd} = \frac{2}{3}(WLC_{OX})\left[\frac{V'_{GS}(3V'_{GS} - 2V_{DS})}{(2V'_{GS} - V_{DS})^2} \right] \tag{4-148}$$

由以上各式可见，当 $V_{DS} = 0$ 时，$C_G = WLC_{OX}$，$C_{gd} = \dfrac{1}{2}WLC_{OX}$，$C_{gs} = \dfrac{1}{2}WLC_{OX}$。

当 $V_{DS} = V_{GS}'$，即饱和时，$C_G = \dfrac{2}{3}WLC_{OX}$，$C_{gd} = 0$，$C_{gs} = \dfrac{2}{3}WLC_{OX}$。

关于图 4-36 中 C_{gs} 和 R_{gs} 的意义，可通过图 4-40 来加以理解。如图 4-40 所示，在 $V_{GS} > V_T$ 后，源、漏区之间的半导体表面将形成沟道。如果 V_{GS} 增大 ΔV_{GS}，电子将由源区流入沟道，使沟道内的电子电荷增加。由于沟道有一定的电阻，因此可以把这一过程看作通过电阻对栅极与沟道间电容的充电。这一充电过程本来应该用分布参数来描述，但是为了使等效电路得到简化，也可以近似用 C_{gs} 和 R_{gs} 的串联来描述。

（4）寄生参数

对于实际的 MOSFET，其高频等效电路中除上述一些本征元件外，还有一些表示寄生参数的元件，如图 4-41 中虚线框外的 R_S、R_D、C_{gs}'、C_{gd}' 和 C_{ds}'。

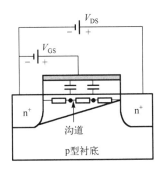

图 4-40　C_{gs} 和 R_{gs} 的意义

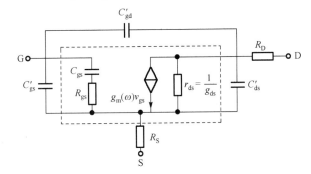

图 4-41　MOSFET 中的主要寄生参数（源极与衬底相连接）

R_S 和 R_D 分别代表源、漏极的寄生串联电阻。每个电阻都由三部分组成：①金属与源、漏区的接触电阻；②源、漏区的体电阻；③当电流从源、漏区流向较薄的反型层时，与电流流动路线的聚集有关的电阻，即所谓的"扩展电阻"效应。

R_S 在共源极连接中起负反馈作用，使跨导 g_m 降低。由图 4-41，当虚线框内的本征 MOSFET 的栅源电压 V_{GS} 增大 dV_{GS} 时，漏极电流 I_D 增大 dI_D，当存在 R_S 时，实际 MOSFET 的栅、源极之间的电压增量是 $dV_{GS}' = dV_{GS} + R_S dI_D$。根据跨导的定义，得

$$g_m' = \frac{dI_D'}{dV_{GS}'} = \frac{dI_D}{dV_{GS} + R_S dI_D} = \frac{dI_D / dV_{GS}}{1 + R_S (dI_D / dV_{GS})} = \frac{g_m}{1 + R_S g_m} \tag{4-149}$$

R_D 的存在将使 V_{Dsat} 增大，R_S 和 R_D 的存在将使漏源电导 g_{ds} 减小。经过与上面类似的推导，可得存在 R_S 和 R_D 时的漏源电导 g_{ds}' 的表达式为

$$g_{ds}' = \frac{g_{ds}}{1 + (R_S + R_D)g_{ds}} \tag{4-150}$$

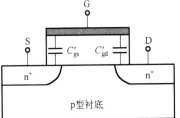

图 4-42　MOSFET 中的寄生电容 C_{gs}' 和 C_{gd}'

为了在光刻栅极时即使套刻出现偏差，也能使源、漏区之间的 SiO_2 层全部覆盖上金属栅极，就必须在版图设计时使金属栅极与源区及漏区都有一定的重叠面积，于是形成了寄生电容 C_{gs}' 和 C_{gd}'，如图 4-42 所示。其中尤其是 C_{gd}'，它将在漏极与栅极之间起负反馈的作用，使 MOSFET 的增

益下降。采用硅栅自对准结构可以避免栅极与源、漏区之间的套刻问题，从而显著降低 C'_{gs} 和 C'_{gd}。

4.4.3 最高工作频率和最高振荡频率

以图 4-36 所示的本征 MOSFET 在饱和区的小信号高频近似等效电路为基础，加上寄生电容 C'_{gs} 和 C'_{gd}，再在输入端接信号电压 v_{gs}，在输出端接负载电阻 R_L，可得到图 4-43 所示的 MOSFET 线性放大器的基本电路。

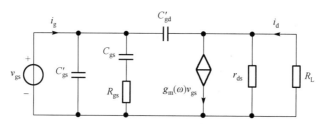

图 4-43   MOSFET 线性放大器的基本电路

由图 4-43 可知，栅极电流的小信号高频分量为

$$i_g = v_{gs}\left[j\omega C'_{gs} + \frac{j\omega C_{gs}}{1 + j\omega R_{gs}C_{gs}} + (1 - A_V)j\omega C'_{gd} \right] \tag{4-151}$$

式中，A_V（$A_V = v_o/v_{gs}$）为放大器的电压放大系数。作为一级近似，假定 $\omega^2 R_{gs}^2 C_{gs}^2 \ll 1$，则放大器的输入阻抗为

$$Z_{in} = \frac{v_{gs}}{i_g} = \frac{1}{j\omega[C'_{gs} + C_{gs} + (1 - A_V)C'_{gd}]} \tag{4-152}$$

输入电容为

$$C_{in} = C'_{gs} + C_{gs} + (1 - A_V)C'_{gd} \tag{4-153}$$

由于输入电压和输出电压的相位相反，因此电压放大系数 A_V 为负值，$1-A_V>0$。在放大电路中，电容 $C_{gd}+C'_{gd}$ 等效到输入端时扩大为原来的 $1-A_V$ 倍，这一现象称为密勒效应。

由图 4-43 可知，漏极电流的小信号高频分量为

$$i_d = \frac{g_{ms}v_{gs}}{1 + j\omega R_{gs}C_{gs}} - v_{gs}(1 - A_V)j\omega C'_{gd} \tag{4-154}$$

作为一级近似，可以假定 $\omega^2 R_{gs}^2 C_{gs}^2 \ll 1$ 及 $g_{ms}^2 \gg (1 - A_V)^2 \omega^2 C'^2_{gd}$。令 $\left| i_d / i_g \right| = 1$，可求得当 $R_L \neq 0$ 及输出电流和输入电流相等时的频率为

$$f'_T = \frac{g_{ms}}{2\pi[C'_{gs} + C_{gs} + (1 - A_V)C'_{gd}]} \tag{4-155}$$

定义短路输出电流与输入电流相等时的频率为最高工作频率 f_T。由于输出端短路时 $v_o = 0$，故 $A_V = 0$，于是从式（4-155）可得

$$f_{\text{T}} = \frac{g_{\text{ms}}}{2\pi\left(C'_{\text{gs}} + C_{\text{gs}} + C'_{\text{gd}}\right)} \tag{4-156}$$

如不考虑寄生电容 C'_{gs} 和 C'_{gd}，则得本征最高工作频率为

$$f_{\text{T}} = \frac{g_{\text{ms}}}{2\pi C_{\text{gs}}} = \frac{1}{2\pi}\left[\frac{3}{2} \cdot \frac{\mu_{\text{n}}(V_{\text{GS}} - V_{\text{T}})}{L^2}\right] \tag{4-157}$$

通过以上分析可以看到，为了提高最高工作频率 f_{T}，一方面应选用迁移率大的 n 沟道器件、缩短沟道长度 L、提高栅源电压 V_{GS}，这些都与提高跨导截止角频率 ω_{gm} 的要求一致；另一方面，应减小寄生电容 C'_{gs} 和 C'_{gd}，由于存在密勒效应，尤其应减小 C'_{gd}。

在输出端得到最大输出功率的条件下，输出功率与输入功率之比称为最大功率增益。当输出端实现共轭匹配，即 $R_{\text{L}} = r_{\text{ds}}$ 时，能获得最大输出功率。当不考虑寄生参数时，$i_{\text{g}} = \dfrac{\text{j}\omega C_{\text{gs}}}{1 + \text{j}\omega R_{\text{gs}} C_{\text{gs}}} v_{\text{gs}}$，$i_{\text{d}} = \dfrac{1}{2} \times \dfrac{g_{\text{ms}} v_{\text{gs}}}{1 + \text{j}\omega R_{\text{gs}} C_{\text{gs}}}$，则 MOSFET 的本征最大功率增益为

$$\frac{P_{\text{out}}}{P_{\text{in}}} = \frac{|i_{\text{d}}|^2 r_{\text{ds}}}{|i_{\text{g}}|^2 R_{\text{gs}}} = \frac{g_{\text{ms}}^2 r_{\text{ds}}}{4(2\pi f)^2 C_{\text{gs}}^2 R_{\text{gs}}} \tag{4-158}$$

由式（4-158）可见，频率每增大 1 倍，功率增益减小为原来的 1/4。最大功率增益降为 1 时的频率称为最高振荡频率 f_{M}。令式（4-158）等于 1，可解出 MOSFET 的本征最高振荡频率为

$$f_{\text{M}} = \frac{g_{\text{ms}}}{2\pi C_{\text{gs}}} = f_{\text{T}}\left(\frac{r_{\text{ds}}}{4R_{\text{gs}}}\right)^{1/2} \tag{4-159}$$

4.5　思考题和习题 4

1．MOSFET 和 BJT 相比具有哪些特点？它们的工作原理有何不同？

2．n 沟道 MOSFET 和 p 沟道 MOSFET 有什么不同？

3．什么是阈值电压？影响阈值电压的因素有哪些？

4．试述 MOSFET 伏安特性的分段模型，影响直流特性的因素有哪些？

5．导致漏源击穿的机制有哪几种？各有何特点？

6．如何提高 MOS 场效应晶体管的频率特性？

7．什么是 MOSFET 的跨导？怎样提高跨导？

8．画出 MOSFET 交流小信号等效电路，并说明其中每个元件的名称和含义。

9．n 沟道 MOSFET 的参数为：衬底掺杂浓度 N_{A} 为 10^{15}cm^{-3}，栅氧化层厚度 T_{OX} 为 120nm，栅氧化层中有效电荷面密度 Q_{OX} 为 $3\times10^{11}\text{cm}^{-2}$。试计算其阈值电压 V_{T}。

10．一个以高掺杂 p 型多晶硅为栅极的 p 沟道 MOSFET，在源与衬底接地时阈值电压 V_{T} 为 -1.5V。在外加 5V 的衬底偏压后，测得其 V_{T} 为 -2.3V。若栅氧化层厚度为 100nm，试求其衬底掺杂浓度。

11. 试求出习题 10 中，当外加 5V 衬底偏压时，温度升高 10℃引起的阈值电压的变化。

12. 对于 n 沟道增强型 MOSFET，已知 T_{OX} 为 100nm，W 为 100nm，L 为 2μm，V_T 为 0.8V，试求在 V_{DS} 为 2.5V、V_{GS} 为 3V 时 MOSFET 的漏源电流（设 μ_n=600cm^2/(V·s)，且 $\varepsilon_0 = 8.85 \times 10^{-14}$F/cm，$\varepsilon_{OX} = 3.9$）。

13. 3DO1 型 MOSFET，$T_{OX} = 160$nm，$W/L = 45$，$L = 12$μm，$\mu_n = 600$cm^2/(V·s)，已知饱和时漏源电压 $V_{Dsat} = 10$V，试求其跨导及最高工作频率。

14. 推导并画出 $V_{GS} > V_T$ 且为常数时，当 $V_{DS} = V_{Dsat}$ 时 MOSFET 沟道内的电场分布 E_y。

第 5 章　现代半导体器件

前几章系统地介绍了 pn 结、双极型晶体管、MOSFET 等基础半导体器件的结构、特性和机理。随着业界对半导体器件的广泛研究和应用，无论在制程、工艺方面，还是功能、特性方面，现代半导体器件均有着长足的进步和发展。一方面，随着器件尺寸的不断缩小，体硅 MOS 器件技术发展已经越来越接近基本物理极限，为了克服尺寸缩小带来的栅介质隧穿及短沟道效应，平面 MOS 器件采用了高 K 栅介质、衬底非均匀掺杂及应变沟道等手段来改善体硅 MOS 器件的性能。进一步地，SOI MOS 场效应晶体管、鳍式场效应晶体管（FinFET）等新的器件结构以其优异的电流控制能力和高集成度，将 MOS 器件带入纳米时代。另一方面，电力电子等高功率应用领域对场效应管在高温度、高电压、高可靠性方面提出了更高的需求。为了适应功率器件的发展，U-MOSFET、超结 MOSFET 等新型器件结构相继被提出。Si 基半导体器件以其成熟的工艺和较低的成本，仍是集成电路的组成主体，随着半导体材料的发展，基于 SiC、GaN 等第三代半导体和以 Ga_2O_3 为首的第四代半导体的器件逐渐受到关注和研究，并在功率、高速半导体器件中有着广泛的应用。

本章主要讲述高 K 栅 MOS 场效应晶体管、SOI MOS 场效应晶体管、FinFET、U-MOSFET，以及几种基于 SiC、GaN、Ga_2O_3、碳纳米管等新型半导体材料的半导体器件的结构、工作原理和特性参数。

5.1　Si 基场效应晶体管

5.1.1　高 K 栅 MOSFET

当器件的尺寸缩小至亚 0.1μm 级别时，如果继续使用 SiO_2 作为栅介质层，其厚度将小于 3nm。由于直接隧穿电流随着栅介质层厚度的减小而呈指数级增大，栅和沟道之间的直接隧穿效应将变得非常显著，如图 5-1 所示。超薄的栅介质层会导致直接隧穿电流急剧增大，从而增大了器件的功耗。同时，流经氧化层的栅电流也可能导致氧化层损坏，引发器件可靠性问题。

克服这一限制的有效方法之一是采用高介电常数的新型绝缘介质材料，通常称为高 K 材料，以取代 SiO_2 来制造 MOSFET 栅介质。通过采用高 K 材料，可以在保持相同的单位面积栅电容的条件下，增大栅绝缘介质的介电常数，从而使栅介质层的物理厚度相对增大。这样，栅与沟道之间的直接隧穿电流将显著减小。在 MOSFET 栅长缩小到 45nm 以下后，广泛采用高 K 材料作为栅介质，如图 5-2（b）所示。

高介电常数的介质材料的使用可以增大实际栅介质层的物理厚度，从而降低了隧穿电流的发生概率。在高 K 材料栅介质的研究中，通常使用等效栅氧化层厚度（EOT，Equivalent Oxide Thickness）作为衡量标准，它不同于高 K 材料栅介质的实际物理厚度。EOT 的定义是：当高 K 材料栅介质和纯 SiO_2 栅介质具有相同的栅电容时纯 SiO_2 栅介质的厚度。也就是说，EOT 是为了衡量在具有相同电容的条件下所需的栅氧化层的物理厚度，即

$$\text{EOT} = \frac{\varepsilon_{\text{OX}}}{\varepsilon_{\text{high-K}}} T_{\text{K}} \tag{5-1}$$

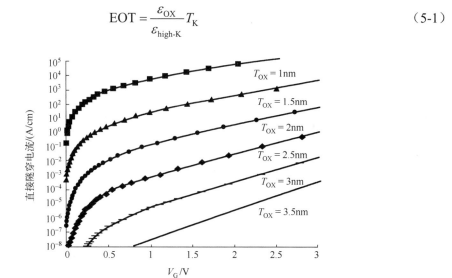

图 5-1 直接隧穿电流与栅压的关系曲线

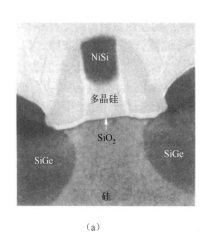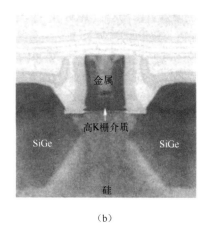

（a） （b）

图 5-2 MOS 晶体管结构比较

  根据等栅电容的设计原理，在引入高 K 栅介质后，随着介电常数的提高，栅介质的物理厚度也会相应增大。当栅介质的厚度增大到与沟道长度相当时，不能再简单地将栅电容建模为平行板电容器，必须考虑边缘效应的影响。边缘效应使到达栅极下方沟道区的电场线减少，同时一部分电场线会延伸到源-漏扩展区域。高 K 栅介质的物理厚度增大会导致更多的电场线终止于源-漏区域，从而增强了边缘效应的影响，如图 5-3（a）所示。

  在边缘电场的影响下，沟道中的电势上升，这导致了电子势垒的降低，进而增大了 MOSFET 的关态泄漏电流。同时，阈值电压也会下降，如图 5-3（b）所示。这种现象被称为边缘感应的势垒降低效应，通常简称为 FIBL（Fringing-Induced Barrier Lowering）效应。

  图 5-4（a）给出了栅介质 EOT 分别为 1nm 和 1.5nm 时阈值电压退化及亚阈值斜率与高 K 栅介质介电常数 K 的关系，其中阈值电压退化 $\Delta V_{\text{T}} = V_{\text{high-K}} - V_{K=3.9}$，式中，$V_{\text{high-K}}$ 是当高 K 栅介质和纯 SiO_2 栅介质具有相同的栅电容时纯 SiO_2 栅介质的阈值电压。在栅介质介电常数变化过程中，为保持栅电容不变，高 K 栅介质的物理厚度由 $T_{\text{K}} = \text{EOT} \times (K / 3.9)$ 决定。由图

可见，随着栅介质介电常数 K 的增大，由于 FIBL 效应增强，阈值电压退化及亚阈值斜率均增大。此外，EOT 为 1nm 的器件比 EOT 为 1.5nm 的器件的栅介质更薄，具有更好的栅控特性，FIBL 效应更小。进一步分析表明，对于不同的等效栅氧化层厚度 EOT，高 K 栅介质厚度与栅长之比 T_K / L_{Gate} 能够比介电常数 K 更好地表征 FIBL 效应，如图 5-4（b）所示。这是因为 T_K / L_{Gate} 实际上表明了边缘电场占总电场的比例，相同比例的栅结构具有相同的 FIBL 效应。由图 5-4（b）可知，只要 $T_K / L_{Gate} < 0.2$，就能保证器件由 FIBL 效应引起的亚阈值斜率退化小于 10%。

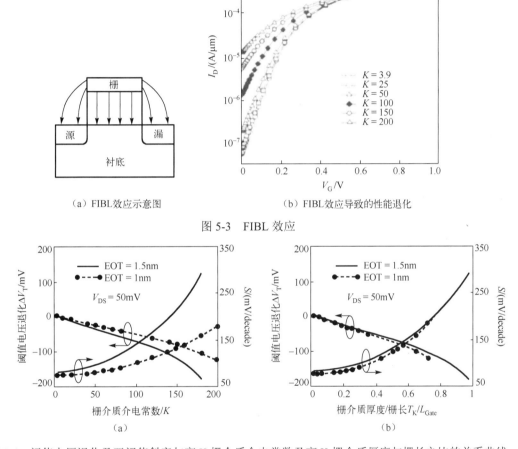

（a）FIBL效应示意图　　　　　　（b）FIBL效应导致的性能退化

图 5-3　FIBL 效应

图 5-4　阈值电压退化及亚阈值斜率与高 K 栅介质介电常数及高 K 栅介质厚度与栅长之比的关系曲线

　　对栅极而言，随着尺寸的缩小，传统的多晶硅栅极由于电阻率高，且存在多晶硅耗尽等原因，已不再适用于亚 100nm 的 MOS 器件，必须采用合适的金属来取代，如图 5-2（b）所示。为了实现合适的阈值电压，针对 PMOS 和 NMOS 可以采用两种不同功函数的金属分别制作栅极，也可以采用单一金属电极，通过工艺条件来对功函数进行调制，以分别满足 PMOS 和 NMOS 的要求。

　　高 K 栅介质的传统生长方法是采用原子层淀积（ALD）技术。ALD 技术是一种化学气相沉积（CVD）技术的分支，它通过交替生长两种前驱体来形成可精确控制厚度的薄膜层。以生长 HfO_2 介质层为例，在一个生长周期内，在特定的衬底温度和气压条件下，首先在含有 Hf 前驱体的气氛中，将一层 Hf 前驱体单层生长在硅表面；然后将含 Hf 前驱体的气体排出，接着通入含氧前驱体的气体（如氧气），含氧前驱体与之前生长的含 Hf 前驱体反应，生成一层 HfO_2 单层。随后，进入下一个生长周期：将含氧前驱体的气体排出，然后通入含 Hf 前驱体的气体，再次生长一层含 Hf 前驱体单层，如此反复多个周期，就可以制备出所需厚度的 HfO_2 介质层。从这一生长技术的特点来看，它能够以"数字化"的方式精确控制介质层的厚度，即介质层的厚度取决于生长周期的数量，而不依赖于生长时间（与传统 CVD 生长介质层的厚度依赖于生长时间的方式不同）。这种技术已经成为制备超薄介质层的一种非常关键的方法。

除了采用高 K 栅介质取代 SiO_2 介质，人们也在转向采用难熔金属取代多晶硅作为栅极。

$$V_T = \phi_{MS} - \frac{Q_i}{C_i} - \frac{Q_d}{C_i} + 2\phi_F \tag{5-2}$$

由式（5-2）可看到，通过选择适当功函数的金属材料作为栅极，可以进行 MOSFET 的"功函数工程"，以调整平带电压和阈值电压 V_T。有趣的是，随着时间的推移，技术发展经常呈现出一种循环现象：最初的 MOSFET 使用金属 Al 作为栅极，后来被高熔点多晶硅取代并且使用了相当长的时间。多晶硅栅极的优点在于它允许使用自我校准工艺对源区和漏区进行离子注入，并且支持高温退火，这是它广泛应用的主要原因。现在，人们又开始考虑回归使用高熔点金属作为栅极的方向。

MOSFET 的制造过程中的某些工艺步骤，如源区和漏区的离子注入后的高温退火，可能会对高 K 栅介质造成损害，因为高 K 栅介质通常无法承受如此高的温度。为了在器件中集成高 K 栅介质，人们采用了后栅工艺（Gate-last Process）：首先制作一个伪栅，在伪栅的保护下，对源区和漏区进行离子注入并进行退火，然后去除伪栅层，接着沉积高 K 栅介质层，最后制作金属栅极。

5.1.2 SOI MOSFET

1. SOI MOSFET 的结构

SOI MOSFET 是一种采用 SOI（Silicon On Insulator，绝缘层上硅）衬底材料制造的器件，其结构如图 5-5 所示。在 20 世纪 60 年代，最早出现了使用蓝宝石作为衬底的外延硅（SOS，Silicon On Sapphire）技术，然后在硅膜上制造 MOSFET，这可以看作 SOI MOSFET 的雏形。然而，由于硅与二氧化硅系统具有更佳的界面特性、机

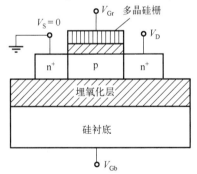

图 5-5　SOI MOSFET 结构

械性能和热稳定性，因此随着 SOI 基片制造技术的不断成熟，如注氧隔离技术（SI-MOX，Separation by IMplanted OXygen），现在通常采用二氧化硅作为硅膜下的绝缘层。

由于埋氧化层的存在，SOI 器件的寄生电容大幅减小，在功耗和速度方面均有了极大的改善。薄膜全耗尽 SOI MOSFET 由于实现了体反型，因此载流子迁移率较大，电流驱动能力较强，跨导较大，而且短沟道效应小，亚阈值斜率曲线陡直，在高速和低压、低功耗电路中有着广阔的应用前景。

器件特性与顶层硅膜的厚度关系密切。根据硅膜的厚度和硅沟道中掺杂浓度的情况，器件可以划分为厚膜器件、薄膜器件及介于两者之间的中等膜厚器件。三者主要是根据硅沟道

中耗尽区的宽度 x_d 来划分的，x_d 的表达式如下

$$x_\mathrm{d} = \sqrt{\frac{2\varepsilon_\mathrm{s}(2\phi_\mathrm{Fp})}{qN_\mathrm{A}}} \tag{5-3}$$

当硅膜的厚度大于 $2x_\mathrm{d}$ 时，被称为厚膜器件。厚膜器件具有正界面和背界面上各自的耗尽区，这两个耗尽区之间不重叠，中间有一个中性体区。这种器件通常也被称为部分耗尽（PD）SOI MOSFET 器件，简称 PD 器件，如图 5-6（b）所示。当中性体区接地时，部分耗尽 SOI MOSFET 器件的工作原理类似于传统体硅器件，可以采用传统体硅器件的各种设计方法。然而，当中性体区没有接地而处于悬浮状态，并且漏电流较大时，就会出现浮体效应。以 NMOS 为例，由于在漏区附近高电场区域产生的电子-空穴对中，空穴无法从衬底中流出，它们会积聚在中性体区，导致衬底电势升高，从而阈值电压下降，这会导致输出特性曲线的翘曲，对器件和电路性能产生较大影响。

当硅膜的厚度小于 x_d 时，被称为薄膜器件。由于性能差，因此不考虑背栅界面呈现反型或积累的导通模式。薄膜器件的主要工作模式是将背栅表面置于耗尽状态。一旦器件打开，沟道的硅膜就全部被耗尽。这种器件也被称为全耗尽（Fully Depleted，FD）SOI MOSFET 器件，简称 FD 器件，如图 5-6（c）所示。这种器件具有较低的纵向电场、较高的电流驱动能力、陡峭的亚阈值特性及较弱的沟道效应。但是，由于正、背表面之间的相互作用，器件的阈值电压对硅膜厚度、背表面质量和状态非常敏感，因此难以调整阈值电压。

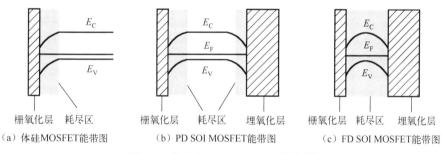

（a）体硅MOSFET能带图　　　（b）PD SOI MOSFET能带图　　　（c）FD SOI MOSFET能带图

图 5-6　体硅和 SOI MOSFET 能带图

介于厚膜和薄膜之间的硅膜厚度的器件称为中等膜厚器件，其特性取决于不同的背栅电压。在适当的背栅电压下，正、背面的耗尽区不会重叠，背面栅界面表现出积累或中性特性，此时器件呈现出厚膜器件的特性。如果在适当的背栅电压下，正、背面的耗尽区重叠，硅膜全部耗尽，那么器件呈现出薄膜器件的特性。由于 SOI 器件的硅层受到前栅和背栅的控制，正、背面都有可能处于积累、耗尽或反型状态，因此共有 9 种工作模式。然而，除正、背面都处于全耗尽状态外，大多数模式的性能较差，在超大规模集成电路中并没有实际用途。

2．SOI MOSFET 一维阈值电压模型

我们要分析的是四端 SOI MOS 器件，其结构如图 5-5 所示。如果这是一个厚膜器件，那么正栅和背栅之间是没有耦合的，如图 5-6（b）所示。在这种情况下，该器件等效于正栅和背栅分别控制两个独立的体硅器件，由于埋氧化层足够厚，背栅器件的阈值电压很大，跨导很低，因此可以忽略背栅器件的影响，只需考虑正栅器件的特性。

然而在一般情况下，性能出色的 FD 器件的硅膜厚度小于正栅和背栅的耗尽层厚度之和，这会导致正栅和背栅之间相互耦合，阈值电压相互影响。在这里我们就考虑这种情况。为了简化分析，可以忽略源和漏对短沟道效应的影响，仅考虑一维 SOI MOS 结构模型，如图 5-7 所示。

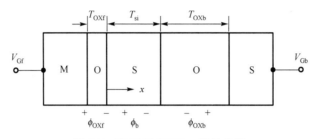

图 5-7　SOI MOSFET 一维结构图

硅层满足一维泊松方程

$$\frac{\mathrm{d}^2\phi}{\mathrm{d}x^2} = \frac{qN_\mathrm{A}}{\varepsilon_\mathrm{s}} \tag{5-4}$$

设硅膜正、背界面的电势分别为 ϕ_sf 和 ϕ_sb，积分并代入如下边界条件

$$\phi(x)\big|_{x=0} = \phi_\mathrm{sf} \tag{5-5}$$

$$\phi(x)\big|_{x=T_\mathrm{si}} = \phi_\mathrm{sb} \tag{5-6}$$

得到硅层中的电势分布

$$\phi(x) = \frac{qN_\mathrm{A}x^2}{2\varepsilon_\mathrm{s}} + \left(\frac{\phi_\mathrm{sb}-\phi_\mathrm{sf}}{T_\mathrm{si}} - \frac{qN_\mathrm{A}T_\mathrm{si}}{2\varepsilon_\mathrm{s}}\right) + \phi_\mathrm{sf} \tag{5-7}$$

和电场分布

$$E(x) = -\frac{qN_\mathrm{A}x}{\varepsilon_\mathrm{s}} + \frac{\phi_\mathrm{sf}-\phi_\mathrm{sb}}{T_\mathrm{si}} + \frac{qN_\mathrm{A}T_\mathrm{si}}{2\varepsilon_\mathrm{s}} \tag{5-8}$$

代入 $x=0$ 和 $x=T_\mathrm{si}$，得到正表面电场 E_sf 和背表面电场 E_sb 分别为

$$E_\mathrm{sf} = \frac{\phi_\mathrm{sf}-\phi_\mathrm{sb}}{T_\mathrm{si}} + \frac{qN_\mathrm{A}T_\mathrm{si}}{2\varepsilon_\mathrm{s}} \tag{5-9}$$

$$E_\mathrm{sb} = -\frac{qN_\mathrm{A}T_\mathrm{si}}{\varepsilon_\mathrm{s}} + E_\mathrm{sf} \tag{5-10}$$

假定刚反型时，沟道内的反型电荷密度为零，忽略界面电荷及氧化层内电荷，考虑正、背面不同的电场方向，则由高斯定律可得正栅氧化层电压降 ϕ_OXf 和背栅氧化层电压降 ϕ_OXb 分别为

$$\phi_\mathrm{OXf} = E_\mathrm{OXf}T_\mathrm{OXf} = \frac{\varepsilon_\mathrm{s}E_\mathrm{sf}}{\varepsilon_\mathrm{OX}}T_\mathrm{OXf} = \frac{\varepsilon_\mathrm{s}E_\mathrm{sf}}{C_\mathrm{OXf}} \tag{5-11}$$

$$\phi_{OXb} = E_{OXb}T_{OXb} = \frac{\varepsilon_s E_{sb}}{\varepsilon_{OX}} T_{OXb} = \frac{\varepsilon_s E_{sb}}{C_{OXb}} \tag{5-12}$$

其中 $C_{OXf} = \varepsilon_{OX}/T_{OXf}$，$C_{OXb} = \varepsilon_{OX}/T_{OXb}$。假设源极接地，则正、背栅电压可表示为

$$V_{Gf} - V_{FBf} = \phi_{sf} + \phi_{OXf} \tag{5-13}$$

$$V_{Gb} - V_{FBb} = \phi_{sb} + \phi_{OXb} \tag{5-14}$$

式中，V_{FBf} 和 V_{FBb} 分别是正栅和背栅的平带电压。

将式（5-11）和式（5-12）分别代入式（5-13）和式（5-14），得到正、背栅电压为

$$V_{Gf} = V_{FBf} + \left(1 + \frac{C_{si}}{C_{OXf}}\right)\phi_{sf} - \frac{C_{si}}{C_{OXf}}\phi_{sb} + \frac{qN_A T_{si}}{2C_{OXf}} \tag{5-15}$$

$$V_{Gb} = V_{FBb} - \frac{C_{si}}{C_{OXb}}\phi_{sf} + \left(1 + \frac{C_{si}}{C_{OXb}}\right)\phi_{sb} + \frac{qN_A T_{si}}{2C_{OXb}} \tag{5-16}$$

式中，C_{si}（$C_{si} = \varepsilon_s/T_{si}$）为硅层电容。

式（5-15）和式（5-16）反映了正栅和背栅之间的电荷耦合情况。联立此两式可得出器件阈值电压与背栅偏压及器件参数之间的关系。在器件达到阈值电压的情况下，正面反型导通，而背面存在积累，反型和耗尽分为三种情况，下面分别进行讨论。

（1）背面积累时，背界面电势为零，即 $\phi_{sb} = 0$，正界面电势为二倍费米势，即 $\phi_{sf} = 2\phi_{Fp}$，则由式（5-11）可得此时的阈值电压为

$$V_{T,ba} = V_{FBf} + \left(1 + \frac{C_{si}}{C_{OXb}}\right)2\phi_{Fp} + \frac{qN_A T_{si}}{2C_{OXf}} \tag{5-17}$$

此时，背界面电势 ϕ_{sb} 与背栅电压 V_{Gb} 无关，因而阈值电压与背栅电压无关。

（2）背面反型时，正、背界面电势均为二倍费米势，即 $\phi_{sf} = \phi_{sb} = 2\phi_{Fp}$，由式（5-15）可得阈值电压为

$$V_{T,bi} = V_{FBf} + 2\phi_{Fp} + \frac{qN_A T_{si}}{2C_{OXf}} \tag{5-18}$$

由式（5-18）可见，背界面反型与背界面积累时相同，阈值电压与背栅电压无关。

（3）背界面耗尽时，背界面电势变化较大且与背栅电压 V_{Gb} 密切相关，背表面电势的变化范围从积累时的零变化到反型时的 $2\phi_{Fp}$，而此时正界面反型，电势为二倍费米势，即 $\phi_{sf} = 2\phi_{Fp}$，由式（5-16）可以得出从背面积累时的背栅电压 $V_{Gb,a}$ 到背面反型时的背栅电压 $V_{Gb,i}$

$$V_{Gb,a} = V_{FBb} - \frac{C_{si}}{C_{OXb}}2\phi_{Fp} + \frac{qN_A T_{si}}{2C_{OXb}} \tag{5-19}$$

$$V_{Gb,i} = V_{FBb} + 2\phi_{Fp} + \frac{qN_A T_{si}}{2C_{OXb}} \tag{5-20}$$

也就是说，当背界面栅压满足 $V_{Gb,a} < V_{Gb} < V_{Gb,i}$ 时，背界面耗尽。由式（5-15）和式（5-16）消去 ϕ_{sb}，可以得到此时的阈值电压为

$$V_{T,bd} = V_{T,ba} - \frac{C_{si}}{C_{OXf}(C_{si}+C_{OXb})}(V_{Gb}-V_{Gb,a}) = V_{T,bi} - \frac{C_{si}}{C_{OXf}(C_{si}+C_{OXb})}(V_{Gb}-V_{Gb,i}) \qquad （5-21）$$

所以，当背栅电压从 $V_{Gb,a}$ 增大到 $V_{Gb,i}$（增大量 $V_{T,ba}$ 为 $2\phi_{Fp}(1+C_{si}/C_{oxf})$）时，阈值电压从 $V_{Gb,a}$ 线性减小到 $V_{T,bi}$（下降量为 $2\phi_{Fp}(C_{si}/C_{OXf})$）。图 5-8 给出了薄膜全耗尽 SOI MOSFET 器件阈值电压与背栅电压 V_{Gb} 的关系曲线。图中对比给出了相同掺杂浓度的体硅器件的阈值电压 V_{T0}。实际上阈值电压的转换并非导数不连续的折线，因为背面电荷从积累到耗尽，以及从耗尽到反型的变换，并非如上述推导时所假定的是突变的。

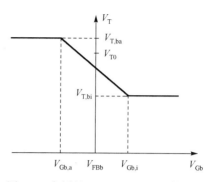

图 5-8　全耗尽 SOI MOSFET 器件阈值电压与背栅电压的关系

（4）阈值电压与硅层厚度的关系。

在前述的阈值电压分析中，假设 SOI MOSFET 的硅层完全耗尽，并根据正、背面电荷的耦合来得出结论。然而，根据 5.1.2 节的结构分析可以知道，基于硅层厚度和式（5-3）中描述的耗尽区宽度的关系，SOI MOSFET 不仅包括完全耗尽的薄膜器件类型，还包括厚膜器件和中等膜厚器件中的部分耗尽器件，所以需要分别考虑这三种类型的器件，从而得出相应的阈值电压。因此，阈值电压可根据硅层厚度 T_{si} 与耗尽区宽度 x_d 分为三种不同情况。

① $T_{si} > 2x_d$。对于这类厚膜器件，在任何正、背栅电压下，硅层都不能达到全耗尽，正、背栅之间不存在电荷耦合，此时的阈值电压与体硅器件的阈值电压完全相同

$$V_T = V_{T0} = V_{FBf} + 2\phi_{Fp} + \frac{qN_A x_d}{C_{OXf}} \qquad （5-22）$$

② $T_{si} \le x_d$。这种情形下，无论背栅电压 V_{Gb} 如何取值，整个硅层都全耗尽，正栅与背栅存在电荷耦合，阈值电压由前面的分析给出，如图 5-8 所示。注意当背栅电压较小时，阈值电压可以超过体硅器件的阈值电压，这与体硅器件衬底偏置效应相似，是由于背栅电场与正栅电场方向一致，等效的耗尽区宽度增大，在相同正栅电压情况下沟道电荷减少，阈值电压增大。

③ $x_d < T_{si} \le 2x_d$。对于这种硅层厚度，其耗尽情况取决于背栅电压 V_{Gb}。假定在正面反型，背栅电压达到 $V_{Gb,c}$ 时硅层刚好全耗尽，此时背面耗尽区宽度为 $T_{si}-x_d$，由一维泊松方程可以得到背面耗尽区的电压降为 $\frac{qN_A}{2\varepsilon_s}(T_{si}-x_d)^2$，由高斯定律可得背面氧化层电压降为 $\frac{qN_A}{C_{OXb}}(T_{si}-x_d)$，故刚好达到全耗尽时的背栅电压为

$$V_{Gb,c} = V_{FBb} + \frac{qN_A}{2\varepsilon_s}(T_{si}-x_d)^2 + \frac{qN_A}{C_{OXb}}(T_{si}-x_d) \qquad （5-23）$$

当 $V_{Gb} \le V_{Gb,c}$ 时，属于部分耗尽器件，阈值电压按照式（5-22）所示的体硅器件的表达式给出。当 $V_{Gb} \ge V_{Gb,c}$ 时，阈值电压可按照前面的全耗尽器件的情形得到，即当 $V_{Gb,c} \le V_{Gb} \le V_{Gb,i}$ 时，阈值电压满足式（5-21）。当 $V_{Gb} \ge V_{Gb,i}$ 时，阈值电压由式（5-18）确定。

3. SOI MOSFET 的电流特性

由上面的分析可知，由于背栅与正栅存在电荷耦合，对于图 5-5 所示的四端 SOI MOSFET，阈值电压与体硅器件的阈值电压有很大的不同。其电流-电压关系必然也与背栅电压密切相关，可以表示为正栅电压、背栅电压及漏极电压的函数 $I_D(V_{Gf}, V_{Gb}, V_D)$。

为了得到 SOI MOSFET 的电流-电压关系表达式，这里采用与体硅 MOSFET 相同的假设：即恒定迁移率、缓变沟道近似、均匀掺杂并忽略扩散电流，且假定仅存在正面沟道导电。则可写出强反型时 n 沟道 SOI MOSFET 的漏极导通电流

$$I_D = W\mu_n \int_0^b qn\mathrm{d}x \frac{\mathrm{d}V}{\mathrm{d}y} = -W\mu_n Q_n(y)\frac{\mathrm{d}V}{\mathrm{d}y} \tag{5-24}$$

$$I_D = -W\mu_n Q_n(y)\frac{\mathrm{d}V}{\mathrm{d}y} = W\mu_n Q_n(y)\frac{\mathrm{d}\phi_{sf}(y)}{\mathrm{d}y} \tag{5-25}$$

式中，$Q_n(y)$ 和 $\phi_{sf}(y)$ 分别是 y 处的反型层电荷密度和正表面势，μ_n 为沟道电子迁移率。对式（5-25）从 $y=0$ 到 $y=L$ 积分，得到

$$I_D = \frac{W}{L}\mu n \int_{2\phi_{Fp}}^{2\phi_{Fp}+V_D} |Q_n(y)|\mathrm{d}\phi_{sf}(y) \tag{5-26}$$

其中，$\phi_{sf}(0)=2\phi_{Fp}$ 和 $\phi_{sf}(L)=2\phi_{Fp}+V_D$ 是长沟道正表面的强反型条件。

如果整个硅层耗尽，考虑正、背面电荷耦合，则反型层电荷密度 $Q_n(y)$ 可以由式（5-15）得到

$$|Q_n(y)| = C_{OXf}\left[V_{Gf} - V_{FBf} - \left(1+\frac{C_{si}}{C_{OXf}}\right)2\phi_{sf}(y) + \frac{C_{si}}{C_{OXf}}2\phi_{sb}(y) + \frac{qN_A T_{si}}{2C_{OXf}}\right] \tag{5-27}$$

而背面电势 $\phi_{sb}(y)$ 由式（5-16）得出

$$\phi_{sb}(y) = \frac{C_{OXb}}{C_{OXb}+C_{si}}\left[V_{Gb} - V_{FBb} + \frac{C_{si}}{C_{OXb}}2\phi_{sf}(y) + \frac{qN_A T_{si}}{2C_{OXb}}\right] \tag{5-28}$$

以上推导中，假定相比于硅层厚度，积累层厚度或反型层厚度可以忽略不计，且不考虑正面硅层及衬底的电压降。

由前面 SOI MOSFET 阈值电压的分析可知，在 V_{Gb} 足够低时，从源到漏整个背面积累；随着 V_{Gb} 的增大，当漏端背面电势达到 $V_{Gb}(L)=V_{Gb}$ 时，漏端背面耗尽，此时满足 $\phi_{sf}(L)=V_D+2\phi_{Fp}$，$\phi_{sb}(L)=0$，由式（5-28）可得出

$$V_{Gb,a}(L) = V_{Gb,a} - \frac{C_{si}}{C_{OXb}}V_D \tag{5-29}$$

式中，$V_{Gb,a}$ 是由式（5-19）给出的背面积累时的背栅电压。

当背栅电压增大到大于 $V_{Gb,a}(L)$ 时，背面耗尽部分从漏向源方向扩展，当背栅电压满足式（5-19）时，整个背面耗尽。背栅电压继续增大，背面保持耗尽直到背栅电压满足式（5-20），此时背面开始反型。以下对背面电荷分三种情况讨论 SOI MOS 器件的电流-电压关系。

（1）背面从源到漏均积累（$V_{Gb}<V_{Gb,a}(L)$）。

当背面全积累时，$\phi_{sb}(y)=0$，由式（5-26）、式（5-27）可推出

$$I_{\mathrm{D,a}}=\frac{W}{L}\mu_{\mathrm{n}}C_{\mathrm{OXf}}\left[(C_{\mathrm{Gf}}-V_{\mathrm{T,ba}})V_{\mathrm{D}}-\left(1+\frac{C_{\mathrm{si}}}{C_{\mathrm{OXf}}}\right)\frac{V_{\mathrm{D}}^2}{2}\right] \tag{5-30}$$

式中，$V_{\mathrm{T,ba}}$ 是由式（5-17）所表示的背面积累时的正栅阈值电压（$\phi_{\mathrm{sf}}=2\phi_{\mathrm{Fp}}$）。

式（5-30）表明，背面积累时的导通电流与背栅电压 V_{Gb} 无关，其原因在于背面积累电荷阻止了背面电场向硅层的穿透。

根据 $\left.\dfrac{\mathrm{d}I_{\mathrm{D}}}{\mathrm{d}V_{\mathrm{D}}}\right|_{V_{\mathrm{D}}=V_{\mathrm{Dsat}}}=0$，由式（5-30）可得背面积累时的饱和漏电压

$$V_{\mathrm{Dsat,a}}=\frac{V_{\mathrm{Gf}}-V_{\mathrm{T,ba}}}{1+C_{\mathrm{si}}/C_{\mathrm{OXf}}} \tag{5-31}$$

将式（5-31）代入式（5-30），相应的饱和漏电流为

$$I_{\mathrm{Dsat,a}}=\frac{W\mu_{\mathrm{n}}C_{\mathrm{OXf}}}{2L(1+C_{\mathrm{si}}/C_{\mathrm{OXf}})}(V_{\mathrm{Gf}}-V_{\mathrm{T,ba}})^2 \tag{5-32}$$

由于背面积累时 $\phi_{\mathrm{sb}}(y)=0$，式（5-27）的电荷密度表达式与 ϕ_{sf} 呈线性关系，故推出的式（5-30）、式（5-32）与体硅 MOSFET 漏电流具有相同的形式。

（2）背面从源到漏均耗尽（$V_{\mathrm{Gb,a}}<V_{\mathrm{Gb}}<V_{\mathrm{Gb,i}}$）。

当背面全反耗尽时，由式（5-26）、式（5-27）、式（5-28）可以得出

$$I_{\mathrm{D,d}}=\frac{W}{L}\mu_{\mathrm{n}}C_{\mathrm{OXf}}\left[(C_{\mathrm{Gf}}-V_{\mathrm{T,bd}})V_{\mathrm{D}}-\left(1+\frac{C_{\mathrm{si}}C_{\mathrm{OXb}}}{(C_{\mathrm{si}}+C_{\mathrm{OXb}})C_{\mathrm{OXf}}}\right)\frac{V_{\mathrm{D}}^2}{2}\right] \tag{5-33}$$

式中，$V_{\mathrm{T,bd}}$ 为式（5-21）所表示的背面耗尽时的正栅阈值电压。

由于背面耗尽时正栅阈值电压随背栅电压的增大而下降，因此漏电流随背栅电压的增大而增大。

同样可以得出背面耗尽时的饱和漏电压与饱和漏电流

$$V_{\mathrm{Dsat,d}}=\frac{V_{\mathrm{Gf}}-V_{\mathrm{T,ba}}}{1+\dfrac{C_{\mathrm{si}}C_{\mathrm{OXb}}}{(C_{\mathrm{si}}+C_{\mathrm{OXb}})C_{\mathrm{OXf}}}} \tag{5-34}$$

$$I_{\mathrm{Dsat,a}}=\frac{W\mu_{\mathrm{n}}C_{\mathrm{OXf}}}{2L\left(1+\dfrac{C_{\mathrm{si}}C_{\mathrm{OXb}}}{(C_{\mathrm{si}}+C_{\mathrm{OXb}})C_{\mathrm{OXf}}}\right)}(V_{\mathrm{Gf}}-V_{\mathrm{T,ba}})^2 \tag{5-35}$$

（3）背面在源附近积累，在漏附近耗尽（$V_{\mathrm{Gb,a}}(L)<V_{\mathrm{Gb}}<V_{\mathrm{Gb,a}}$）。

当漏电压较大时，尽管在源附近背面积累，但是在漏附近仍然可能背面耗尽。假定从积累到耗尽的转折点位于 $y=y_{\mathrm{t}}$，式（5-24）可写为

$$I_{\mathrm{D,d}}=\frac{W}{L}\mu_{\mathrm{n}}C_{\mathrm{OXf}}\left[\int_{2\phi_{\mathrm{Fp}}}^{\phi_{\mathrm{f}}(y_{\mathrm{t}})}\left.Q_{\mathrm{n}}(y)\right|_{\phi_{\mathrm{sb}}(y)=0}\mathrm{d}\phi_{\mathrm{sf}}(y)+\int_{\phi_{\mathrm{sf}}(y_{\mathrm{t}})}^{2\phi_{\mathrm{Fp}}+V_{\mathrm{D}}}\left.Q_{\mathrm{n}}(y)\right|_{0<\phi_{\mathrm{sb}}(y)<\phi_{\mathrm{Fp}}}\mathrm{d}\phi_{\mathrm{sf}}(y)\right] \tag{5-36}$$

可在式（5-28）中令 $\phi_{\mathrm{sb}}(y_{\mathrm{t}})=0$ 得出

$$\phi_{\mathrm{sf}}(y_{\mathrm{t}})\approx2\phi_{\mathrm{Fp}}+\frac{C_{\mathrm{OXb}}}{C_{\mathrm{si}}}(V_{\mathrm{Gb,a}}-V_{\mathrm{Gb}}) \tag{5-37}$$

求解式（5-36）和式（5-37）可得

$$
\begin{aligned}
I_{D,ad} = \frac{W}{L}\mu_n C_{OXf}\Bigg[& (C_{Gf}-V_{T,bd})V_D - \left(1+\frac{C_{bb}}{C_{OXf}}\right)\frac{V_D^2}{2} - \\
& \frac{C_{bb}}{C_{OXf}}V_D(V_{Gb,a}-V_{Gb}) + \frac{C_{bb}}{2C_{OXf}}\frac{C_{OXb}}{C_{si}}(V_{Gb,a}-V_{Gb})^2\Bigg]
\end{aligned}
\tag{5-38}
$$

式中，$C_{bb}=\dfrac{C_{si}C_{OXb}}{C_{si}+C_{OXb}}$。值得注意的是，随着 V_{Gb} 的增大，y_t 减小，背面耗尽的区域增大，将使电流增大，趋近于式（5-33）。同样可以得出此背面部分耗尽时的饱和漏电压与饱和漏电流

$$
V_{Dsat,ad} = \frac{V_{Gf}-V_{Tf,a}-\dfrac{C_{bb}}{C_{OXf}}(V_{Gb,a}-V_{Gb})}{1+C_{bb}/C_{OXf}}
\tag{5-39}
$$

$$
\begin{aligned}
I_{Dsat,ad} = \frac{W\mu_n C_{OXf}}{2L(1+C_{bb}/C_{OXff})}\Bigg[& (V_{Gf}-V_{T,ba})^2 - 2\frac{C_{bb}}{C_{OXf}}(V_{Gf}- \\
& V_{Tf,a})(V_{Gb,a}-V_{Gb}) + \frac{C_{OXb}^2(C_{si}+C_{OXf})}{C_{OXf}^2(C_{si}+C_{OXb})}(V_{Gb,a}-V_{Gb})^2\Bigg]
\end{aligned}
\tag{5-40}
$$

4．SOI MOSFET 的亚阈值斜率

对于 SOI MOSFET，其亚阈区导电的主要机制仍是扩散电流，仅考虑正面沟道导电，则可以得出与体硅 MOSFET 相同的亚阈值电流表达式，即式（5-41），于是可以推导出相应的亚阈值斜率

$$
I_{Dsub} = \frac{W}{L}qD_n\frac{kT}{q}\cdot\frac{C_D(\phi_S)}{qN_A}n_{p0}\exp\left(\frac{q\phi_S}{kT}\right)\left[1-\exp\left(-\frac{qV_{DS}}{kT}\right)\right]
\tag{5-41}
$$

$$
S = \frac{dV_{Gf}}{d(\lg I_{Dsub})} = (\ln 10)\frac{dV_{Gf}}{d(\ln I_{Dsub})} = (\ln 10)\frac{kT}{q}\frac{dV_{Gf}}{d\phi_{sf}}
\tag{5-42}
$$

当背面积累时，$\phi_{sb}=0$，由式（5-15）可得

$$
S_{ba} = (\ln 10)\frac{kT}{q}\frac{dV_{Gf}}{d\phi_{sf}} = (\ln 10)\frac{kT}{q}\left[1+\frac{C_{si}}{C_{OXf}}\right]
\tag{5-43}
$$

当背面耗尽时，ϕ_{sb} 从积累时的 0 变化到反型时的 $2\phi_{Fp}$，由式（5-15）、式（5-16）消去 ϕ_{sb}，可得

$$
S_{bd} = (\ln 10)\frac{kT}{q}\frac{dV_{Gf}}{d\phi_S} = (\ln 10)\frac{kT}{q}\left[1+\frac{C_{si}C_{OXb}}{C_{OXf}(C_{si}+C_{OXb})}\right]
\tag{5-44}
$$

一般情况下，埋氧化层厚度远大于硅层厚度和正栅氧化层厚度，故有 $C_{OXb}\ll C_{si}$，$C_{OXb}\ll C_{OXf}$，所以 $S_{bd}<S_{ba}$，也就是说，背面耗尽时的 SOI MOSFET 亚阈值斜率小于背面积累时的 SOI MOSFET 亚阈值斜率，背面耗尽器件具有更小的泄漏电流。在背面耗尽时，亚阈值斜率可由式（5-44）近似为

$$S \approx (\ln 10) \frac{kT}{q} \qquad (5\text{-}45)$$

5. 短沟道 SOI MOSFET 的准二维分析

前面对长沟道 SOI MOSFET 的基本特性进行了一维分析，SOI MOS 器件的突出优势是其优异的短沟道性能和亚阈值特性。对于短沟道器件，必须考虑二维电势分布的影响，这里采用类似高斯盒准二维模型，对 SOI MOSFET 的短沟道效应特征长度和阈值电压进行分析和讨论。

通过对图 5-9 所示的高斯盒采用高斯定理，在忽略沟道中的可动电荷和埋氧化层边缘电场并假设埋氧化层中电场均匀的情况下，可得到如下关于正表面势和电场的二阶微分方程

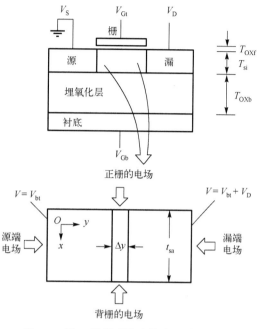

图 5-9　准二维模型的高斯盒及边界条件

$$\frac{\varepsilon_s T_{si}}{\eta} \frac{\partial E_{sf}(y)}{\partial y} + C_{OXf}[V_{Gf} - V_{FBf} - \phi_{sf}(y)] +$$
$$C_{OXb}[V_{Gb} - V_{FBb} - \phi_{sb}(y)] = qN_A T_{si}$$
$$(5\text{-}46)$$

式（5-46）左边第一项为沿 y 方向进入高斯盒的净电通量，第二项和第三项分别为进入高斯盒上边和下边的电通量，右边为高斯盒中的总电荷，式中，η 为拟合参数。由于方程中出现了未知量 ϕ_{sb}，因此还需要建立 ϕ_{sf} 和 ϕ_{sb} 的关系，通过式（5-7）可以得到两者的关系

$$\phi_{sb}(y) = \phi_{sf}(y) - E_{sf}(y)T_{si} + \frac{qN_A T_{si}^2}{2\varepsilon_s} \qquad (5\text{-}47)$$

而正表面的垂直电场为

$$E_{sf}(y) = \frac{C_{OXf}\left[V_{Gf} - V_{FBf} - \phi_{sf}(y)\right]}{\varepsilon_s} \qquad (5\text{-}48)$$

将式（5-47）和式（5-48）代入式（5-46），可以得到

$$\frac{\varepsilon_s T_{si}}{\eta C_{OXf}} \frac{\partial E_{sf}(y)}{\partial y} - \phi_{sf}(y) = \frac{qN_A T_{si}}{C_{OXf}}\left[1 + \frac{C_{OXb}}{2C_{si}}\right] - \left[1 + \frac{C_{OXb}}{C_{si}}\right]\frac{C_{OXf}(V_{Gf} - V_{FBf})}{C_{OXf}} - \frac{C_{OXb}(V_{Gb} - V_{FBb})}{C_{OXf}}$$
$$(5\text{-}49)$$

式（5-49）可以进一步简化为

$$\frac{\varepsilon_s T_{si} \overline{C}}{\eta C_{OXf} C_{OXb}} \frac{\partial E_{sf}(y)}{\partial y} - \phi_{sf}(y) + \phi_{s0} = 0 \qquad (5\text{-}50)$$

式中

$$V_{T0} = V_{FBf} + \frac{\overline{C}_{OXb}}{\overline{C}} \cdot 2\phi_{Fp} - \frac{\overline{C}_{OXb}}{\overline{C}}(V_{Gb} - V_{FBb}) + \left[1 + \frac{\overline{C}_{OXb}}{\overline{C}}\right]\frac{qN_A T_{si}}{C_{OXf}}$$

$$\phi_{s0} = \frac{\overline{C}}{\overline{C}_{OXb}}(V_{Gf} - V_{T0}) + 2\phi_{Fp} \tag{5-51}$$

$$\frac{1}{\overline{C}_{OXb}} = \frac{1}{C_{OXb}} + \frac{1}{C_{si}} \qquad \frac{1}{\overline{C}} = \frac{1}{C_{OXb}} + \frac{1}{C_{si}} + \frac{1}{C_{OXb}}$$

求解式（5-50），代入边界条件 $\phi_{sf}(0) = V_{bi}$，$\phi_{sf}(L) = V_{bi} + V_D$，得到正表面势分布

$$\phi_{sf} = \phi_{s0} + (V_{bi} + V_D - \phi_{s0})\frac{\sinh(y/\lambda_1)}{\sinh(L/\lambda_1)} + (V_{bi} - \phi_{s0})\frac{\sinh[(L-y)/\lambda_1]}{\sinh(L/\lambda_1)} \tag{5-52}$$

式中，ϕ_{s0} 是长沟道 SOI 器件的正表面势，V_{bi} 为源-衬底和漏-衬底 pn 结的内建电势，λ_1 是表征短沟道效应的特征长度

$$\lambda_1 = \sqrt{\frac{\varepsilon_s T_{si} \overline{C}}{\eta C_{OXf} C_{OXb}}} = \sqrt{\frac{\varepsilon_s T_{si} T_{OXf}}{\eta \varepsilon_{OX}\left(1 + \dfrac{C_{OXb}}{C_{OXf}} + \dfrac{C_{OXb}}{C_{si}}\right)}} \tag{5-53}$$

由式（5-53）可知，SOI MOS 器件的正表面势与短沟道体硅器件具有相同的形式，沟道长度与特征长度的比值 L/λ_1 表征了器件的短沟道特性。L/λ_1 越大，正表面势的极小值越小，对应的电子势垒越高，关态泄漏电流越小。而式（5-47）表明，减小栅氧化层厚度、硅层厚度及埋氧化层厚度，都可以减小特征长度，减弱短沟道效应。一般情况下，埋氧化层厚度远大于硅层厚度和正栅氧化层厚度，故有 $C_{OXb} \ll C_{si}$，$C_{OXb} \ll C_{OXf}$。假定经验参数 $\eta = 1$，则可得出短沟道 SOI MOSFET 特征长度的简化表达式

$$\lambda_1 = \sqrt{\frac{\varepsilon_s}{\varepsilon_{OX}} T_{si} T_{OXf}} \tag{5-54}$$

由式（5-54）可知，SOI MOSFET 的特征长度不仅可以通过减小栅氧化层厚度来减小，还可以通过减小硅膜厚度来减小。也就是说，可以通过采用超薄硅膜来减小短沟道效应，降低关态泄漏电流，从而降低对栅氧化层厚度减小的限制，这也是薄膜 SOI MOS 器件的一大优势。图 5-10 印证了硅膜厚度对器件亚阈值特性的影响。

根据式（5-52）的 SOI MOSFET 正表面势，采用体硅阈值电压的求解方法，同样可以准二维求解出短沟道 SOI MOS 器件的阈值电压，这里不再赘述。

5.1.3　FinFET

如前所述，SOI MOSFET 相对于体硅 MOSFET 具有更强的栅极对沟道电势的控制能力，这种控制能力可以通过采用多个横向条形结构的栅极来进一步增强。一种有效的方

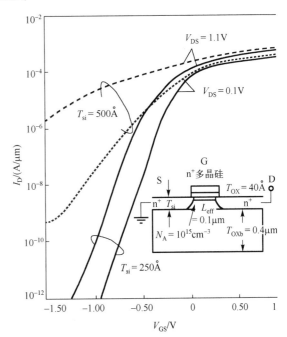

图 5-10　SOI MOS 器件转移特性与硅膜厚度及漏电压的关系曲线

法是将 SOI 层刻蚀成许多带有一定高度和宽度的"鳍"（Fin）结构，其中鳍的高度记为 h，宽度记为 w。然后在这些鳍上沉积高 K 栅介质，并在介质上制作栅极，使用栅极作为自对准掩模，离子注入鳍（包括侧壁），从而形成源区和漏区，制造出的这种晶体管被称为 FinFET。FinFET 的栅极位于鳍的顶部和两侧，因此栅极对沟道电势的控制明显优于 SOI MOSFET 的顶栅结构。此外，FinFET 的沟道位于栅极（或栅介质）所包围的鳍的顶部和侧壁区域，因此沟道的有效宽度是 $(2h+w)$ 乘以鳍的数量。通过对 FinFET 稍做改变，可以制造多栅场效应晶体管（MuGFET）或三栅场效应晶体管（Tri-gate FET）等多种变体。

在 SOI MOSFET 中，不存在体硅 MOSFET 中常见的 p-n-p-n 晶闸管结构，因此不会出现器件的闩锁效应，这消除了 pn 结到衬底的泄漏电流，因此器件或电路的待机功耗较低。此外，由于不直接使用体硅衬底，因此 SOI 器件对射线辐照具有很强的抗性，这对高速电路应用非常有利。尽管 SOI 制造成本较高，但考虑到上述优点和卓越性能，仍然是一项非常划算的选择。

随着 MOSFET 的特征尺寸的持续缩小，特征尺寸已经进入了亚 100nm 的纳米尺度领域。然而，随着器件尺寸的减小，出现了许多问题，例如，为了保持器件速度，MOSFET 的阈值电压必须与工作电压等比例减小，以确保足够的驱动电流。然而，亚阈值斜率无法按比例减小，因此阈值电压的降低会导致器件的关态泄漏电流按指数增大，静态功耗增大。为了使 MOSFET 的亚阈值斜率不随着器件尺寸的缩小而减小，需要在缩小尺寸的同时增大电流传输方向的电势曲率，也就是增大沟道区的载流子势垒高度以控制亚阈值泄漏电流。

根据二维泊松方程，增大电流传输方向的电势曲率可以通过两种方法来实现：一种方法是增大沟道的掺杂浓度，但这会增大结电容，并降低载流子的迁移率，从而影响电路速度；另一种方法是增大沟道在垂直方向上的电场梯度，即通过采用薄膜全耗尽 SOI 或多栅 MOSFET 来实现。

1. 多栅 MOSFET 结构

多栅 MOSFET 的沟道区在多个表面上都被栅极覆盖，这使得栅极可以从多个方向对沟道电势进行调节，从而增强了对沟道区电荷的控制。为了进一步增强栅极在多个方向上的电场控制作用，通常要求沟道区的横截面尺寸小于耗尽区宽度。图 5-11 概述了多栅 MOSFET 的结构。根据硅片表面与电流方向的位置关系，这些结构可以分为平面结构和鳍（Fin）结构。其中，鳍（Fin）结构的 MOSFET 被称为 FinFET，包括双栅（Double Gate）FinFET、三栅（Triple Gate）FinFET 和围栅（Gate All Around）FinFET。这些结构允许栅极分别从两个相对的方向、三个方向和四个方向调节沟道电势。当沟道区 Fin 的横截面尺寸减小到约 10nm 时，围栅 FinFET 也可以称为纳米线（Nanowire）FET。

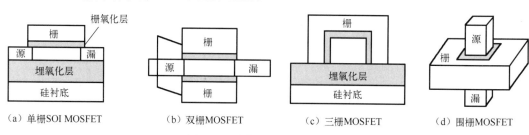

（a）单栅SOI MOSFET　　　（b）双栅MOSFET　　　（c）三栅MOSFET　　　（d）围栅MOSFET

图 5-11　多栅 MOSFET 的结构

多栅 MOSFET 是基于几何结构来增强栅对沟道电势的控制能力的，其优点是：（1）器件截止时沟道耗尽，亚阈值斜率接近理想水平；（2）通过几何结构加强了对短沟道效应的抑制，使沟道区掺杂浓度无须按比例增大，可以轻掺杂甚至不掺杂，避免了迁移率退化及沟道区掺杂浓度涨落，提高了器件参数的一致性；（3）器件导通时，被栅覆盖的多个表面参与导电，提高了电流驱动能力。

从实际应用于超大规模集成电路的 MOS 晶体管发展来看，在栅长进入 22nm 后，为了保证低的泄漏电流和大的驱动电流，MOSFET 已经从平面结构向三维 FinFET 结构转变，如图 5-12 所示。图 5-12（b）中，FinFET 的导电沟道位于高且窄的硅鳍，栅极能对其进行更好的电势控制，使得 FinFET 比普通平面 MOSFET 具有更为陡峭的亚阈值特性，如图 5-13（a）所示。低的亚阈值斜率可使 FinFET 在低阈值电压下具有更小的泄漏电流，保证了低电压工作情况下的低功耗和高性能，如图 5-13（b）所示。

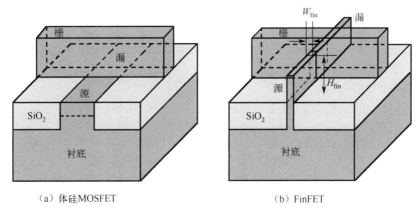

（a）体硅MOSFET　　　　　　　　　　（b）FinFET

图 5-12　平面体硅 MOSFET 结构和 FinFET 结构比较

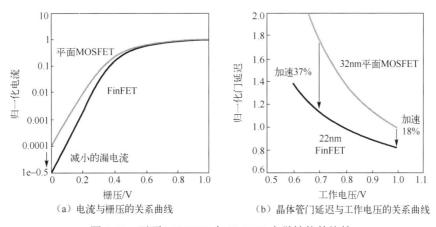

（a）电流与栅压的关系曲线　　　　　　（b）晶体管门延迟与工作电压的关系曲线

图 5-13　平面 MOSFET 与 FinFET 电学性能的比较

2. 多栅结构 MOSFET 的特征长度

多栅 MOS 器件是一种利用多个方向的栅来控制沟道电场的器件。其起源可以追溯到单栅薄膜全耗尽 SOI MOSFET，为了解决 FD SOI MOSFET 背栅控制能力有限的问题，双栅 SOI MOSFET 被提出，其背栅结构与正栅结构相同，包括相同的薄膜氧化层和栅极，并将两个栅极连接在一起，以协同调控沟道电势。然而，由于双栅器件与传统的平面工艺不兼容，因此实际上的多栅结构器件通常采用了三栅 FinFET 结构，如图 5-11（c）所示。

如图 5-12（b）所示，三栅 FinFET 结构硅鳍的高为 H_{fin}，宽为 W_{fin}，如果器件的 $H_{fin} \ll W_{fin}$，即硅鳍的高宽比很小，则可以忽略左右侧栅的影响，器件可以简化为平面单栅器件来近似分析；而如果 $H_{fin} \gg W_{fin}$，即硅鳍的高宽比很大，则可以忽略顶栅的影响，简化为双栅器件来近似分析。目前工艺上应用的 FinFET 结构的高宽比很大，如图 5-12（b）所示，所以这里用双栅器件来近似。5.1.2 节已经对单栅 SOI 器件进行了分析，这里只对双栅 FinFET 结构进行讨论。

对于图 5-11（b）所示的双栅 MOSFET 结构，设 x 是垂直于沟道向内的方向，y 是平行于沟道的方向，写出二维泊松方程

$$\frac{d\phi^2(x,y)}{dx^2} + \frac{d\phi^2(x,y)}{dy^2} = \frac{qN_A}{\varepsilon_s} \tag{5-55}$$

在垂直于表面的 x 方向，电势变化较为平缓，可以采用简单的抛物线函数来近似

$$\phi(x,y) = c_0(y) + c_1(y)x + c_2(y)x^2 \tag{5-56}$$

其中，参数 $c_0(y)$、$c_1(y)$ 和 $c_2(y)$ 仅仅是 y 的函数。

在硅鳍与栅氧化层界面 $x = 0$ 处，满足

$$\phi(0,y) = c_0(y) = \phi_S(y) \tag{5-57}$$

界面处的电场由栅压和氧化层厚度决定

$$\left.\frac{d\phi(x,y)}{dx}\right|_{x=0} = \frac{\varepsilon_{OX}}{\varepsilon_s}\frac{\phi_S(y) - V_G - V_{FB}}{T_{OX}} = c_1(y) \tag{5-58}$$

忽略顶栅的影响，在硅鳍中间电场为零

$$\left.\frac{d\phi}{dx}\right|_{x=W_{fin}/2} = c_1(y) + c_2(y)W_{fin} = 0 \tag{5-59}$$

将式（5-57）、式（5-58）、式（5-59）代入式（5-56），得出抛物线近似下的电势分布

$$\phi(x,y) = \phi_S(y) + \frac{\varepsilon_{OX}}{\varepsilon_s}\frac{\phi_S(y) - (V_G - V_{FB})}{T_{OX}}x - \frac{\varepsilon_{OX}}{\varepsilon_s}\frac{\phi_S(y) - (V_G - V_{FB})}{T_{OX}W_{fin}}x^2 \tag{5-60}$$

在式（5-60）中代入 $x = W_{fin}/2$，可以得到硅鳍中心的电势 ϕ_C 与表面势 ϕ_S 的关系

$$\phi_S(y) = \frac{1}{1 + \frac{\varepsilon_{OX}}{4\varepsilon_s}\frac{W_{fin}}{T_{OX}}}\left[\phi_C(y) + \frac{\varepsilon_{OX}}{4\varepsilon_s}\frac{W_{fin}}{T_{OX}}(V_G - V_{FB})\right] \tag{5-61}$$

也就是说，双栅 FinFET 硅膜中心的电势与表面势呈线性关系。图 5-14 是通过数值计算得到的沿沟道方向在硅鳍中心和表面的电子势能分布。图 5-14 表明，对电子而言，硅鳍中心的势垒比表面势垒更低也更窄，且硅鳍较厚时更为明显，故穿通泄漏电流大部分流经硅鳍中心。

将式（5-61）代入式（5-60），得到以硅鳍中心电势为变量的二维电势分布表达式

$$\phi(x,y)=\left[1+\frac{\varepsilon_{OX}}{\varepsilon_s}\frac{x}{T_{OX}}-\frac{\varepsilon_{OX}}{\varepsilon_s}\frac{x^2}{T_{OX}W_{fin}}\right]\frac{\phi_C(y)+\frac{\varepsilon_{OX}}{4\varepsilon_s}\frac{W_{fin}}{T_{OX}}(V_G-V_{FB})}{1+\frac{\varepsilon_{OX}W_{fin}}{4\varepsilon_s T_{OX}}}-$$

(5-62)

$$\frac{\varepsilon_{OX}}{\varepsilon_s}\frac{x}{T_{OX}}(V_G-V_{FB})+\frac{\varepsilon_{OX}}{\varepsilon_s}\frac{x^2}{T_{OX}W_{fin}}(V_G-V_{FB})$$

把式（5-62）代入二维泊松方程（5-55），可得

$$\frac{d^2\phi_C(y)}{dy^2}+\frac{V_G-V_{FB}-\phi_C(y)}{\lambda_2^2}=\frac{qN_A}{\varepsilon_s}$$

(5-63)

$$\lambda_2=\sqrt{\frac{\varepsilon_s T_{OX}W_{fin}}{2\varepsilon_{OX}}\left(1+\frac{\varepsilon_{OX}W_{fin}}{4\varepsilon_s T_{OX}}\right)}$$

(5-64)

式中，λ_2 为特征长度，与前面单栅 SOI MOSFET 的特征长度具有相同的物理意义，且 $\lambda_2<\lambda_1$，表明双栅 FinFET 比单栅 SOI 器件更有利于抑制短沟道效应。

特征长度 λ_2 是衡量 MOSFET 短沟道效应的重要参数，实际上，λ_2 表征了器件关断时电子越过沟道势垒的形状。由图 5-14 可见，硅鳍宽度 W_{fin} 从 200nm 减小到 40nm，特征长度减小，使得电子势垒高度增大、厚度增大、关态泄漏电流减小。对于不同的器件，从体硅 MOSFET、超薄 SOI MOSFET（ETSOI）、双栅 MOSFET（DG）、三栅 MOSFET（TG）到围栅 MOSFET（GAA），都可以按照上述推导得出相应的特征长度。若统一以 T_{si} 表示硅层（鳍）厚度，则表 5-1 列举了不同种类多栅器件的特征长度。

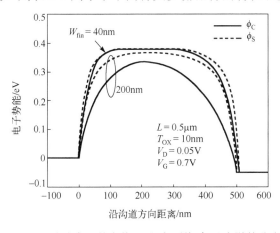

图 5-14 硅鳍中心的电势 ϕ_C 和表面势 ϕ_S 沿沟道的分布

表 5-1 多栅 SOI MOSFET 的特征长度

单栅结构	$\lambda_1\approx\sqrt{\dfrac{\varepsilon_s}{\varepsilon_{OX}}T_{si}T_{OX}}$
双栅结构	$\lambda_2\approx\sqrt{\dfrac{\varepsilon_s}{2\varepsilon_{OX}}T_{si}T_{OX}}=\sqrt{\dfrac{1}{2}}\lambda_1$
三栅结构	$\lambda_3\approx\sqrt{\dfrac{\varepsilon_s}{3\varepsilon_{OX}}T_{si}T_{OX}}=\sqrt{\dfrac{1}{3}}\lambda_1$
围栅结构	$\lambda_4\approx\sqrt{\dfrac{\varepsilon_s}{4\varepsilon_{OX}}T_{si}T_{OX}}=\dfrac{1}{2}\lambda_1$

图 5-15（a）和（b）分别是以有效沟道长度 L_{eff} 和以有效沟道长度与特征长度之比 L_{eff}/λ 为衡量标准的不同种类器件的 DIBL 效应比较，可见随着多栅器件栅极数目的增大，其栅对电势的控制作用增强，对应的 DIBL 效应减弱。图 5-15（a）采用有效沟道长度为横坐标，不同种类的器件得出不同的 DIBL 值，而图 5-15（b）采用有效沟道长度与特征长度之比 L_{eff}/λ 为横坐标，不同种类的器件能得到几乎相同的 DIBL 值。也就是说，L_{eff}/λ 可以作为多栅器件的按比例缩小因子，只要保证 L_{eff}/λ 大于一定的值，就可以得到符合要求的短沟道特性。

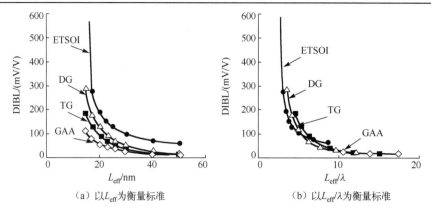

（a）以 L_{eff} 为衡量标准   （b）以 L_{eff}/λ 为衡量标准

图 5-15   不同种类器件的 DIBL 效应比较

3. 双栅 FinFET 的亚阈值斜率

在式（5-63）中，引入变量

$$\eta(y) = \phi_{\mathrm{C}}(y) - V_{\mathrm{G}} + V_{\mathrm{FB}} + \frac{qN_{\mathrm{A}}}{\varepsilon_{\mathrm{s}}}\lambda_2^2 \tag{5-65}$$

则式（5-63）可简化为关于 $\eta(y)$ 的方程

$$\frac{\mathrm{d}^2\eta(y)}{\mathrm{d}y^2} - \frac{\eta(y)}{\lambda_2^2} = 0 \tag{5-66}$$

$\eta(y)$ 所满足的边界条件为

$$\eta(0) = V_{\mathrm{bi}} - V_{\mathrm{G}} + V_{\mathrm{FB}} + \frac{qN_{\mathrm{A}}}{\varepsilon_{\mathrm{s}}}\lambda_2^2 \equiv \eta_{\mathrm{S}} \tag{5-67}$$

以及

$$\eta(L) = V_{\mathrm{bi}} + V_{\mathrm{D}} - V_{\mathrm{G}} + V_{\mathrm{FB}} + \frac{qN_{\mathrm{A}}}{\varepsilon_{\mathrm{s}}}\lambda_2^2 \equiv \eta_{\mathrm{S}} + V_{\mathrm{D}} \tag{5-68}$$

其中，V_{bi} 和 V_{D} 分别是内建电势和漏电压。式（5-66）的解为

$$\eta(y) = \frac{\eta_{\mathrm{S}}\sinh\left(\dfrac{L-y}{\lambda_2}\right) + (\eta_{\mathrm{S}} + V_{\mathrm{D}})\sinh\left(\dfrac{y}{\lambda_2}\right)}{\sinh\left(\dfrac{L}{\lambda_2}\right)} \tag{5-69}$$

通过求 $\mathrm{d}\eta / \mathrm{d}y\big|_{y=y_0} = 0$，得到硅鳍中心电势极小值 ϕ_{m}，电势极值位于 y_0 处

$$y_0 \approx \frac{L}{2} + \frac{\lambda}{2}\ln\left(\frac{\eta_{\mathrm{S}}}{\eta_{\mathrm{S}} + V_{\mathrm{D}}}\right) \tag{5-70}$$

通常情况下栅长满足 $L_{\mathrm{G}} \gg \lambda$，硅鳍中心电势极小值为

$$\phi_{\mathrm{m}} = V_{\mathrm{G}} - V_{\mathrm{FB}} - \frac{qN_{\mathrm{A}}}{\varepsilon_{\mathrm{s}}}\lambda_2^2 + 2\sqrt{\eta_{\mathrm{S}}(\eta_{\mathrm{S}} + V_{\mathrm{D}})}\exp\left(-\frac{L}{2\lambda_2}\right) \tag{5-71}$$

式中，等号右边的第一项、第二项分别是栅压与平带电压；第三项处于 nV 量级，可以忽略；当 $L \to \infty$ 时最后一项为零，表征短沟道效应的影响，即短沟道效应使得电势极小值增大，对应电子越过的势垒下降，穿通泄漏电流增大。

假定器件开启条件是 $\phi_m = 2\phi_{Fp}$，则可由式（5-66）推出阈值电压表达式，推导过于烦琐，这里忽略。

由于穿通泄漏电流经过硅鳍中心，因此亚阈值斜率与硅鳍中心电势极小值 ϕ_m 有关，根据亚阈值斜率的定义，可得

$$S = \frac{\mathrm{d}V_G}{\mathrm{d}(\lg I_{Dsub})} = (\ln 10)\frac{\mathrm{d}V_G}{\mathrm{d}(\ln I_{Dsub})} = (\ln 10)\frac{kT}{q}\frac{\mathrm{d}V_G}{\mathrm{d}\phi_m} \qquad （5-72）$$

将式（5-71）代入式（5-72），可得到双栅 FinFET 的亚阈值斜率

$$S = (\ln 10)\frac{kT}{q}\frac{\mathrm{d}V_G}{\mathrm{d}\phi_S} = (\ln 10)\frac{kT}{q}\left[1 - \frac{2\eta_S + V_D}{\sqrt{\eta_S(\eta_S + V_D)}}\mathrm{e}^{-\alpha}\right]^{-1} \qquad （5-73）$$

当 $\eta_S \gg V_D$ 时，式（5-73）可简化为

$$S = (\ln 10)\frac{kT}{q}\frac{1}{1 - 2\mathrm{e}^{-\alpha}} \qquad （5-74）$$

式中，α 称为缩小参数

$$\alpha = \frac{L}{2\lambda_2} \qquad （5-75）$$

图 5-16 为式（5-74）得出的亚阈值斜率与缩小参数 α 的关系，并与二维数值模拟的结果进行比较，尽管数值模拟的离散性较大，但仍然能与式（5-74）很好地吻合。其中多晶硅的受主掺杂浓度和源、漏的施主掺杂浓度均为 $10^{20}\,\mathrm{cm}^{-3}$，$N_A = 10^{15}\,\mathrm{cm}^{-3}$，$V_G = 0.7\mathrm{V}$，$V_D = 0.05\mathrm{V}$，$V_{bi} = 0.88\mathrm{V}$，$V_{FB} = 0.3\mathrm{V}$，相应地得出 $\eta_S = 0.48\mathrm{V}$，满足 $\eta_S \gg V_D$ 的条件。由图 5-16 可见，选择器件参数使得缩小参数 $\alpha > 3$，即可满足 $S < 70\mathrm{mV/decade}$ 的理想亚阈值斜率。

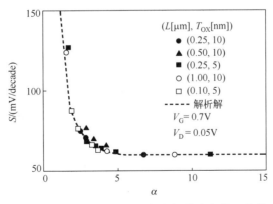

图 5-16　双栅 FinFET 亚阈值斜率与缩小参数 α 的关系

4. 双栅 FinFET 的按比例缩小

由上述分析和图 5-16 可知，尽管选择了不同的沟道长度和栅氧化层厚度，但只要器件尺

寸缩小时保持同样的缩小因子 α 的值，就可以得到同样的亚阈值斜率 S。图 5-16 显示，为保证 $S < 70\text{mV/decade}$ 的理想亚阈值斜率，α 应不小于 3。一旦确定了 α，就可以根据式（5-64）和式（5-75）得出不同沟道长度下的栅氧化层厚度 T_{OX} 和硅鳍宽度 W_{fin}

$$T_{\text{OX}} = \frac{\varepsilon_{\text{OX}} L^2}{2\alpha^2 \varepsilon_{\text{s}} W_{\text{fin}}} - \frac{\varepsilon_{\text{OX}}}{4\varepsilon_{\text{s}}} W_{\text{fin}} \tag{5-76}$$

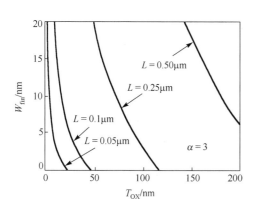

图 5-17   按比例缩小的双栅 FinFET 参数设计

图 5-17 给出了在保持 $\alpha = 3$ 的情况下，针对不同沟道长度器件的栅氧化层厚度 T_{OX} 和硅鳍宽度 W_{fin} 的设计允许窗口。T_{OX} 和 W_{fin} 允许的取值应在给定沟道长度确定的曲线下方，也就是说，根据器件沟道长度从曲线下方选择 T_{OX} 和 W_{fin}，就能够保证器件具有小于 70mV/decade 的理想亚阈值斜率。

5. 多栅 FinFET 的结构设计

通过上述分析可得知，FinFET 器件通过多面栅来控制沟道电势，有效抑制了短沟道效应，使得亚阈值斜率减小。在截止状态下，穿通泄漏电流较低，而在导通状态下，多个面同时发生反型导通，从而实现了高驱动电流和大跨导。FinFET 的制造工艺与传统平面工艺兼容，因此在特征尺寸小于 22nm 的超大规模集成电路中得到广泛应用。需要注意的是，FinFET 的性能与其结构密切相关，尤其是与鳍的数量和高宽比（Aspect Ratio，AR）强烈相关。

为了比较不同高宽比硅鳍所构成的器件性能，选择三栅 FinFET 器件的硅鳍截面分别为图 5-18（a）所示的 $H_{\text{fin}} = 2W_{\text{fin}}$ 的准双栅器件、图 5-18（b）所示的 $H_{\text{fin}} = W_{\text{fin}}$ 的三栅器件和图 5-18（c）所示的 $H_{\text{fin}} = W_{\text{fin}} / 2$ 的准单栅器件三种情况。为了讨论硅鳍数目与器件特性的关系，对单鳍和三鳍 FinFET 器件进行分析和比较，图 5-18（d）是三鳍 FinFET 的三维结构图。对于图 5-18（a）～（c）的三栅器件，将硅鳍截面积保持为固定的 128nm^2，具体的尺寸请参考表 5-2。此外，对不同高宽比的器件进行了阈值电压的校准，使其均为 200mV。这样，具有相同截面积和阈值电压的器件表现出相似的沟道控制和工作性能。使用三维计算机求解泊松方程、输运方程和连续性方程，并考虑了电子、空穴的量子势，以获得与用实际工艺制造的器件性能一致的结果。

表 5-2   图 5-18（a）～（c）中相同截面积、不同高宽比的硅鳍尺寸

结构参数	准双栅	三栅	准单栅
$H_{\text{fin}}/W_{\text{fin}}$（AR）	2	1.0	0.5
H_{fin}/nm	16	11.3	8
W_{fin}/nm	8	11.3	16
有效鳍宽/nm	40	33.9	32

首先讨论短沟道特性，图 5-19（a）和（b）分别是利用计算机数值计算得到的不同高宽比的单鳍及三鳍 n 型 FinFET 阈值电压与沟道长度的关系曲线。对比两图可见，三鳍 FinFET

比单鳍 FinFET 可以更好地抑制阈值电压下降的短沟道效应。同时，硅鳍高宽比（AR）增大也对短沟道效应有所改善，也就是说，$H_{fin} > W_{fin}$ 的准双栅结构比 $H_{fin} < W_{fin}$ 的准平面结构具有更好的短沟道特性。

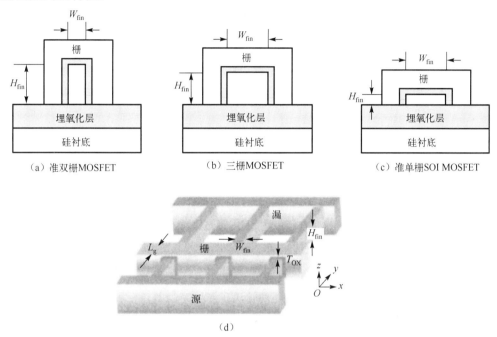

图 5-18　不同高宽比的三栅 FinFET 截面图和三鳍 FinFET 三维结构图

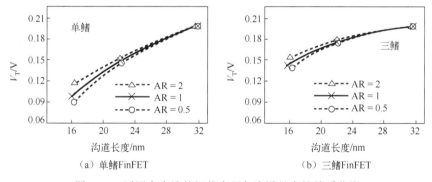

图 5-19　不同高宽比的阈值电压与沟道长度的关系曲线

图 5-20 同时显示了在不同高宽比情况下有效鳍宽与栅长 16nm 的单鳍 FinFET 亚阈值斜率及 DIBL 值的关系曲线，横坐标（有效鳍宽）由 $2H_{fin} + W_{fin}$ 给出。结果表明，在相同高宽比的条件下，减小硅鳍的有效鳍宽也就是缩小截面积，能有效地增强栅对沟道的电势控制，减小亚阈值斜率和 DIBL 值（DIBL 值通过漏电压为 0.05V 和 1V 时的阈值电压的差来表示）；而在相同截面积的情况下，增大硅鳍的高宽比同样能减弱短沟道效应。从导通电流角度来看，宽的硅鳍能得到更大的电流，这是因为其具有更小的沟道电阻。然而，增大鳍宽并保持高宽比不变，则硅鳍的截面积增大，栅对沟道的控制减弱，器件的亚阈值斜率和 DIBL 效应增强。

从芯片版图效率的角度看，采用大高宽比的多栅 FinFET 结构，既能够减小亚阈值斜率和减弱漏致势垒降低效应,同时可以大幅增大芯片中的器件密度,提高版图效率。例如,为保证亚阈值斜率 $S < 70\text{mV/decade}$,采用图 5-18(a)的准双栅器件,其所占芯片面积分别是图 5-18(b)的三栅器件和图 5-18(c)的准单栅器件的 75.19% 和 59.88%。

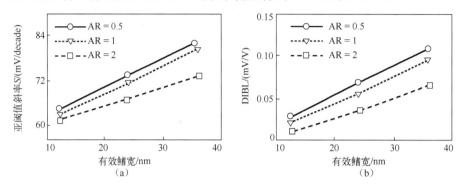

图 5-20　不同高宽比单鳍 FinFET 亚阈值斜率和 DIBL 值与有效鳍宽的关系曲线

图 5-20 显示,对于单鳍 FinFET,采用截面积更小的硅鳍能够减小亚阈值斜率和减弱 DIBL 效应,但会使沟道电阻增大,驱动电流减小。因此,要想在保持良好短沟道特性的同时,又能得到大的驱动电流,只能采用多鳍 FinFET 结构。

对于 n 条硅鳍的 FinFET 器件,其饱和导通电流可近似为

$$I_{\text{on}} = \frac{n(2H_{\text{fin}} + W_{\text{fin}}) \cdot \mu \cdot C_{\text{OX}}}{L}(V_{\text{G}} - V_{\text{T}})^2 = \frac{n(2\text{AR}) \cdot W_{\text{fin}} \cdot \mu \cdot C_{\text{OX}}}{L}(V_{\text{G}} - V_{\text{T}})^2 \qquad (5\text{-}77)$$

式中, H_{fin} 和 W_{fin} 分别是鳍高和鳍宽,AR 是硅鳍的高宽比。可见多鳍及高宽比大的器件能提供更大的电流。对于 16nm 栅长器件可采用表 5-2 所示的硅鳍截面,计算机数值模拟结果表明在理想情况下,准双栅 FinFET 的导通电流分别是三栅和准平面器件的 1.2 倍和 2.9 倍,而三鳍器件由于受寄生电阻的影响,其驱动电流是单鳍器件的 2.1 倍,如图 5-21(a)所示。总体来说,具有大高宽比的三鳍器件比单鳍器件具有更大的驱动电流、更小的输出电阻,如图 5-21(b)所示。当然,更小的输出电阻意味着寄生串联电阻的影响更大。

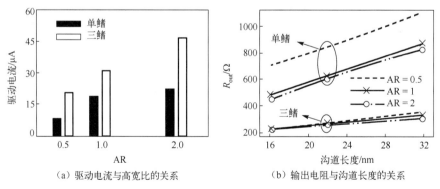

(a)驱动电流与高宽比的关系　　　　(b)输出电阻与沟道长度的关系

图 5-21　FinFET 的导通特性

值得注意的是,尽管三鳍器件具有更大的有效栅宽,比单鳍器件具有更大的驱动电流 I_{on} ,但相应的栅电容 C_{g} 也更大。图 5-22(a)是栅长 16nm 在不同高宽比下单鳍器件与三鳍器件的栅电容,可见三鳍器件的栅电容近似为单鳍器件的栅电容的 3 倍,随着鳍数和高宽比的增大,栅电容增大。然而,栅电容增大会使得本征门延迟时间($C_{\text{g}}V_{\text{dd}} / I_{\text{on}}$)变长,器件设计需要

在驱动电流和栅电容上进行折中考虑。图 5-22（b）是不同结构器件的本征门延迟时间，可见单鳍器件具有更好的开关特性，而大的高宽比也可缩短器件的本征门延迟时间。

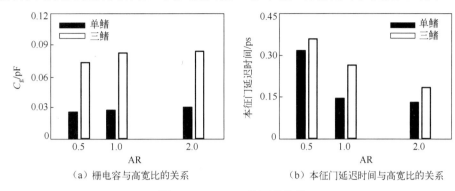

（a）栅电容与高宽比的关系   （b）本征门延迟时间与高宽比的关系

图 5-22 FinFET 的开关特性

5.1.4 U-MOSFET

20 世纪 80 年代后期，硅刻槽技术迎来了重大发展，主要是由于其在制造 DRAM 芯片中电荷存储电容方面的广泛应用。随后，功率半导体领域也采用了这一技术，用于开发槽形栅或 U-MOSFET 结构。如图 5-23 所示，在这种结构中，槽从晶体管的表面穿过源区，经过 p 型基区，一直延伸至 n 型漂移区。在槽的底部和侧壁进行热氧化后，栅氧化层形成于槽内，进而形成栅极。

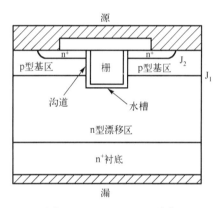

图 5-23 U-MOSFET 结构

当栅极不加偏压、漏极加正偏压时，U-MOSFET 结构可以承受高压。此时，p 型基区与 n 型漂移区构成的 J_1 结反偏，电压主要由厚的轻掺杂 n 型漂移区承担。在阻断模式下栅极处于零电位，栅氧内也产生一高电场，为避免由槽栅拐角处栅氧的强电场引发的可靠性问题，通常需要圆化槽栅底部结构。

当栅极施加正偏压时，在 U-MOSFET 结构中，漏极电流开始形成。这时，在槽栅的纵向侧壁上形成了 p 型基区表面的反型层沟道。当漏极也施加正偏压时，这个反型层沟道为电子提供了一条从源区流向漏区的通道。电子从源区穿越沟道后，进入了槽栅底部的 n 型漂移区。随后，电流在整个单元横截面内扩散传播。这种结构的内部电阻降低为 U-MOSFET 器件在 20 世纪 90 年代的发展提供了机遇。

1. 功率 U-MOSFET 的导通电阻

图 5-24 所示为功率 U-MOSFET 结构的内部电阻构成。由于功率 U-MOSFET 的槽形区域扩展穿过了 p 型基区的最下端，形成的沟道位于 n+ 源极与 n 型漂移区之间，故消除了 JFET 区，因此功率 U-MOSFET 结构的总导通电阻大幅减小，在减小电阻的同时，更重要的是元胞节距比功率 VD-MOSFET（垂直双扩散金属氧化物场效应晶体管）结构制造得更小，而更小的元胞节距减小了沟道、积累层及漂移区的导通电阻。

功率 U-MOSFET 结构的导通电阻是源极与漏极之间电流通路的所有电阻串联之和

$$R_{\mathrm{ON}} = R_{\mathrm{CS}} + R_{\mathrm{n+}} + R_{\mathrm{CH}} + R_{\mathrm{A}} + R_{\mathrm{D}} + R_{\mathrm{SUB}} + R_{\mathrm{CD}} \tag{5-78}$$

以下逐一分析功率 U-MOSFET 结构中的每一部分电阻。由于槽形结构能够通过优化的布局方向而实现高质量的表面刻蚀，因此功率 U-MOSFET 结构通常采用线性元胞表面布局。

图 5-25 表示了用于分析功率 U-MOSFET 结构的导通电阻的结构横截面。光刻板边缘的尺寸 W_{S} 和 W_{C} 确定了 $\mathrm{n^+}$ 源离子注入边界及接触孔窗口，其边缘确定了器件结构中孔连接 $\mathrm{n^+}$ 源区的位置。$\mathrm{n^+}$ 源光刻板同时确定了 $\mathrm{n^+}$ 源区的长度 L_{N}。

图中的阴影区域给出了功率 U-MOSFET 结构中的电流流动方向。在进入漂移区后，电流在槽栅结构底部以 45° 角扩散。由于台面宽度很小，电流路径通常会出现交叠，因此电流传输路径从漂移区中逐渐开始改变并最终均匀分布。

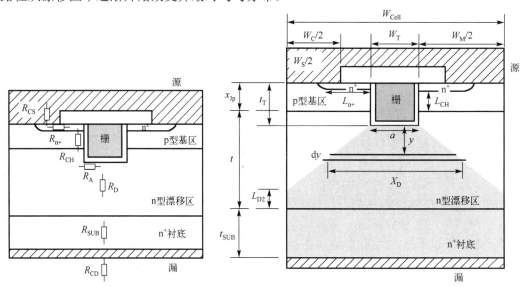

图 5-24　功率 U-MOSFET 结构的　　图 5-25　功率 U-MOSFET 结构带电流流动模型的
　　　　内部电阻构成　　　　　　　　　　　内部电阻分析

2. 源接触电阻

为了获得较小的导通电阻，需使 U-MOSFET 结构中接触孔与 $\mathrm{n^+}$ 源区的接触面积非常小，从而实现槽栅间的台面区域尺寸最小化。此外，接触孔需同时短接 p 型基区与源电极来抑制寄生 npn 双极型晶体管，故接触区域也受到一定的限制。在器件制造中，$\mathrm{n^+}$ 源区两端分别由槽形区域和光刻胶边界确定。源金属电极与 $\mathrm{n^+}$ 源区的接触是由该边界及另一步光刻确定的接触孔窗口形成的。尽管栅极因为嵌入槽形结构内而位于 U-MOSFET 结构的半导体表面之下，但接触孔窗口必须远离槽形结构边缘，以避免栅和源发生短路。

为了计算 $\mathrm{n^+}$ 源区与电极的接触电阻，需要先定义源极部分的接触区域。$\mathrm{n^+}$ 源的接触孔区域是由接触孔窗口宽度（W_{C}）和 $\mathrm{n^+}$ 源区离子注入窗口宽度（W_{S}）的宽度差确定的。在功率 U-MOSEFT 元胞结构内到每个 $\mathrm{n^+}$ 源区的接触电阻可通过均分特征接触电阻（ρ_{C}）来得到，该电阻是由第 2 章所述的接触金属的功函数和 $\mathrm{n^+}$ 源区表面掺杂浓度来确定的，并考虑到接触面积，有

$$R_{\mathrm{CS}} = \frac{2\rho_{\mathrm{C}}}{Z(W_{\mathrm{C}} - W_{\mathrm{S}})} \tag{5-79}$$

式中，Z 是相对于图中横截面结构垂直方向的元胞长度。功率 U-MOSFET 结构源区的总接触电阻可以通过源接触电阻和元胞面积（$W_{Cell}Z$）相乘获得，同时从图中可知每个横截面内都包含两个源区

$$R_{CS,SP} = \rho_C \frac{W_{Cell}}{W_C - W_S} \tag{5-80}$$

该式表明由减小设计规则来缩小台面区的尺寸，n^+ 源区的接触电阻能显著增大。式中元胞宽度由槽形和台面宽度决定

$$W_{Cell} = W_T + W_M \tag{5-81}$$

为了描述源区接触电阻的放大效应，设计一个槽宽（W_T）为 1μm 的功率 U-MOSFET 结构，台面宽（W_M）为 4μm，源接触窗口的宽度为 3μm，源边界宽度（W_S）为 2μm。在元胞宽度（W_{Cell}）为 5μm 时，接触孔与每个 n^+ 源区的接触宽度仅为 0.5μm，因此，源接触电阻放大了 5 倍。通过增大 n^+ 源区表面掺杂浓度使之高于 $5 \times 10^{19} cm^{-3}$，确保特征接触电阻（ρ_C）小于 $1 \times 10^{-5} \Omega \cdot cm^2$，以避免对功率 MOSFET 结构总导通的严重影响。通常实际中的做法是使用一个低势垒高度接触金属，如钛或硅化钛来减小特征接触电阻。

电流从接触孔进入 n^+ 源区，在到达沟道之前必须沿源区流过。源区贡献的电阻是由 n^+ 扩散（ρ_{SQn+}）的表面电阻及其长度（L_{n+}）决定的

$$R_{Sn+} = \rho_{SQn+} \frac{L_{n+}}{Z} \tag{5-82}$$

n^+ 源区的长度如图 5-25 所示，与在元胞制造过程中的窗口相关

$$L_{n+} = \frac{W_M - W_S}{2} \tag{5-83}$$

n^+ 源区的电流流动贡献的特征电阻是通过其电阻与元胞面积相乘得到的，并考虑每个元胞内包含两个源区的情况

$$R_{Sn+,SP} = \frac{\rho_{SQn+} L_{n+} W_{Cell}}{2} \tag{5-84}$$

在功率 U-MOSEFT 结构中通常忽略 n^+ 源区的特征电阻。对于元胞节距为 5μm 的功率 U-MOSFET 结构，n^+ 源区的长度为 1μm。对于一个典型的表面电阻 $20\Omega \cdot sq^{-1}$ 的结深 1μm 的 1μm 源区，电流流过源区对特征电阻的贡献仅为 $0.0005 m\Omega \cdot cm^2$。

3. 沟道电阻

图 5-25 所示的功率 U-MOSFET 结构中的沟道形成于槽栅结构的两个纵向侧墙。每个沟道贡献的电阻为

$$R_{CH} = \frac{L_{CH}}{Z \mu_{ni} C_{OX} (V_G - V_T)} \tag{5-85}$$

式中，L_{CH} 为沟道长度，μ_{ni} 为反型层迁移率，C_{OX} 为栅氧化层特征电容，V_G 为栅偏置电压，V_T 为阈值电压。对于功率 U-MOSFET 结构，沟道长度是由 p 型基区和 n^+ 结的深度差确定的

$$L_{CH} = x_{Jp} - x_{n+} \tag{5-86}$$

式中，x_{Jp} 是 p 型基区的结深度，x_{n+} 是 n$^+$ 源区的结深度。

功率 VD-MOSFET 结构中沟道贡献的导通电阻可由式（5-85）获得，通过元胞电阻与元胞面积相乘，并考虑每个结构的横截面存在两个沟道且均有电流从源极流至漂移区

$$R_{CH,SP} = \frac{L_{CH}W_{Cell}}{2\mu_{ni}C_{OX}(V_G - V_T)} \tag{5-87}$$

对一个元胞宽度为 5μm 的功率 U-MOSFET 结构，如果沟道长度是 1μm，栅氧化层厚度是 500Å，在 10V 栅偏压下由沟道贡献的特征电阻是 0.2229mΩ·cm^2。U-MOSFET 结构因沟道密度的增大而使得部分贡献的导通电阻减小。

4．积累区电阻

在功率 U-MOSFET 结构中，电流由反型层沟道进入漂移区不会遇到 JFET 区。由正栅偏置形成积累层，使电流从 p 型基区结（J_1）边缘沿槽形结构表面流动，然后进入漂移区。采用解析方法，首先容易计算出电流由 p 型基区边缘流至槽形中央通过积累层的电阻。该距离（L_A）由沿槽的纵向侧墙和沿底部表面两部分构成

$$L_A = t_T - x_{Jp} + \left(\frac{W_T}{2}\right) \tag{5-88}$$

p 型基区结边缘和槽形中央之间的积累层电阻计算如下

$$R_A = \frac{L_A}{W\mu_{nA}C_{OX}(V_G - V_T)} \tag{5-89}$$

功率 U-MOSFET 结构的导通电阻中的积累层贡献部分可由式（5-89）用上述电阻与元胞区面积相乘得到，考虑每个结构横截面中包含两个积累层路径，电流由两个源区进入漂移区情况，则有

$$R_{A,SP} = K_A \frac{L_A W_{Cell}}{2\mu_{nA}C_{OX}(V_G - V_T)} \tag{5-90}$$

由数值模拟功率 U-MOSFET 结构中的电流流动可知，系数 K_A 的值为 0.6。表达式中的阈值电压表示积累层开始形成，尽管该阈值电压相比之前由形成反型层而得到的值较低，但为了解析计算方便，取相同的阈值电压。

对于元胞宽度为 5μm 的功率 U-MOSFET 结构，若 p 型基区的结深度（x_{Jp}）是 1.5μm，槽深是 2μm，栅氧化层厚度是 500Å，由 10V 栅偏压形成的积累层所贡献的导通电阻是 0.055mΩ·cm^2。因为积累层路径（L_A）仅为 1μm 且 U-MOSFET 结构的元胞节距更小，所以该值比功率 VD-MOSFET 结构的情况小一个数量级。在一些功率 U-MOSFET 结构中，槽形结构底部采用较厚的氧化层来减少栅-漏电容，在这些器件中，积累层电阻由于该层中电荷减少而相应增大。

5．漂移区电阻

由于电流沿槽形表面扩散流入漂移区，因此功率 U-MOSFET 结构中漂移区贡献的电阻大于本章之前所述的理想漂移区的电阻。如图 5-25 中的阴影部分所示，漂移区中电流流动截面

从宽度 a 开始增大，该宽度是 U-MOSFET 结构中的槽宽。

本节讨论的漂移区电阻基于图 5-25 中所示的电流流动模式。在该模式中，假设电流流动的截面宽（X_D）自槽底部以 45° 角开始增大。并假设台面区的宽度相比漂移区厚度足够小，使得当电流到达 n$^+$ 衬底层时合并在一起，则漂移区的电阻由两部分组成：第一部分是随着深度增大的横截面部分；第二部分是电流均匀流动的横截面部分。

如图 5-25 所示，在 JFET 区下深度为 y 的位置，第一部分电流流动截面的宽度为

$$X_D = a + 2y \tag{5-91}$$

在槽形底部表面下该深度微分单元 dy 厚度的电阻如下

$$dR_D = \frac{\rho_D dy}{W X_D} = \frac{\rho_D dy}{W(a+2y)} \tag{5-92}$$

则由第一部分漂移区贡献的电阻可以通过对 $y=0$ 和 $y=(W_M/2)$ 之间的微分电阻进行积分得到

$$R_{D1} = \frac{\rho_D}{2W} \ln\left[\frac{a+W_M}{a}\right] = \frac{\rho_D}{2W} \ln\left[\frac{W_T+W_M}{W_T}\right] \tag{5-93}$$

因为 $a = W_T$，漂移区第二部分贡献的电阻是由通过整个横截面宽度（W_{Cell}）的电流确定的。在整个横截面区域的距离（L_{D2}，参见图 5-25）为 $L_{D2} = t + x_{Jp} - t_T - \frac{W_M}{2}$，该部分漂移区的电阻如下

$$R_{D2} = \frac{\rho_D}{W W_{Cell}}\left(t + x_{Jp} - t_T - \frac{W_M}{2}\right) \tag{5-94}$$

在功率 U-MOSFET 结构中，由漂移区贡献的导通电阻可由以上两部分电阻与元胞区面积相乘得到

$$R_{D,SP} = \frac{\rho_D W_{Cell}}{2} \ln\left[\frac{W_T+W_D}{W_T}\right] + \rho_D\left(t + x_{Jp} - t_T - \frac{W_M}{2}\right) \tag{5-95}$$

例如，一个耐压为 50V、漂移区掺杂浓度为 $1\times10^{16}\,\text{cm}^{-3}$ 的功率 U-MOSFET 结构，其元胞宽度为 $5\mu\text{m}$，采用上述模型计算得到的漂移区特征导通电阻贡献为 $0.209\text{m}\Omega\cdot\text{cm}^2$。

6. n$^+$ 衬底电阻

当电流达到 n 型漂移区底部时，会非常快速地扩散到整个重掺杂 n$^+$ 衬底。因此可假设通过衬底的电流为进入均匀截面区域的电流，在该假设下，由 n$^+$ 衬底贡献的导通电阻为

$$R_{SUB,SP} = \rho_{SUB} t_{SUB} \tag{5-96}$$

式中，ρ_{SUB} 与 t_{SUB} 分别为 n$^+$ 衬底的电阻率及厚度。当在制备用于生产功率 MOSFET 结构的圆片时，需要把薄外延（$2\sim50\,\mu\text{m}$）漂移区生长在 $500\mu\text{m}$ 的厚衬底上，以避免圆片在工艺设备中加工时发生碎裂。对于典型的磷掺杂硅圆片，最小的电阻率为 $0.003\Omega\cdot\text{cm}$，由该圆片贡献的特征电阻为 $0.15\text{m}\Omega\cdot\text{cm}^2$，该部分在低耐压（小于 50V）的功率 U-MOSFET 结构中对特征导通电阻的贡献较大。当器件完成制造后圆片厚度减小到 $200\mu\text{m}$ 时，由衬底对特征导通电阻的贡献减小到 $0.06\text{m}\Omega\cdot\text{cm}^2$，因此在通常实际的漏极金属化之前，需减小圆片厚度。此外，特殊的圆片掺杂技术可以使得 $0.003\Omega\cdot\text{cm}$ 的衬底电阻率减小到约 $0.001\Omega\cdot\text{cm}$。

7. 漏极接触电阻

电流到达漏极之前，需先经过漏极金属和 n$^+$ 衬底之间的漏极接触电阻。由于漏极接触端电流是均匀流动的，其电阻不会出现类似于源极接触放大的情况，因此能够获得阻值为 $1\times10^{-5}\Omega\cdot cm^2$ 的理想电阻。可通过采用钛接触层并覆盖镍和银金属，获得较低的势垒高度，镍作为钛与银层之间的阻挡层，银层是用焊料把芯片装配到封装外形上的理想材料。

8. 总导通电阻

功率 U-MOSFET 结构的总导通电阻可通过上述 7 部分加起来得到。对于一个设计元胞节距（W_{Cell}）为 5μm、耐压为 50V 的功率 U-MOSFET 结构，其特征导通电阻为 $0.613m\Omega\cdot cm^2$。表 5-3 所示为构成总导通电阻 7 部分的每部分的贡献及所占比重。通过比较可知，沟道电阻和漂移区电阻所占的比重最大。

$$R_{on-sp,ideal} = 5.93\times10^{-9}BV_{PP}^{2.5} \tag{5-97}$$

式中，$BV_{PP}^{2.5}$ 为平面结击穿电压。通过式（5-97）可得到耐压 50V 器件的理想导通电阻为 $0.105m\Omega\cdot cm^2$。因此，该例子的功率 U-MOSFET 结构的导通电阻是理想情况的 6 倍，但相比功率 VD-MOSFET 结构还小得多。

表 5-3　元胞节距为 5μm 的 50V 功率 U-MOSFET 结构的总导通电阻的组成部分

电阻类型	值/（mΩ·cm²）	比　重
源极接触电阻（$R_{CS,SP}$）	0.05	8.2%
源接触电阻（$R_{Sn+,SP}$）	0.0005	0
沟道电阻（$R_{CH,SP}$）	0.229	37.4%
积累区电阻（$R_{A,SP}$）	0.055	9.0%
漂移区电阻（$R_{D,SP}$）	0.209	34%
n$^+$衬底电阻（$R_{SUB,SP}$）	0.06	9.8%
漏极接触电阻（$R_{DS,SP}$）	0.01	1.6%
总导通电阻（$R_{T,SP}$）	0.613	100%

为了验证以上模型得到的功率 U-MOSFET 结构的导通电阻，采用二维数值模拟额定电压 30V 的器件结构。该结构 p 型基区下的漂移区厚度为 3μm，其掺杂浓度为 $1.3\times10^{16}cm^{-3}$。p 型基区及 n$^+$ 源区的深度分别为 1.5μm 和 0.5μm，如图 5-26 所示，得到的沟道长度为 1μm。沟道中补偿后最高 p 型掺杂浓度为 $1.5\times10^{17}cm^{-3}$。在栅氧化层厚度为 500Å 时，该掺杂浓度下的阈值电压为 3.5V。

为了分析功率 U-MOSFET 结构的电流流动模式，施加 10V 的栅偏压以使器件处于导通状态。图 5-27 展示了在 0.1V 的小漏极偏置下的电流流动模式，在图中，点线表示耗尽层的边界，虚线表示结的边界。

可以看到，电流首先从沟道进入积累层，然后进入漂移区并开始扩散。扩散从槽形结构的侧壁和底部开始，然后在深度 4μm 处变得均匀流动。这种扩散的角度约为 45°，与漂移区的特征导通电阻模型结果一致。

由漏极偏置 0.1V 时的传输特性，可得到阈值电压为 3.5V。通过数值模拟得到该功率 U-MOSFET 结构在 10V 栅偏压时的总导通电阻为 $0.35m\Omega\cdot cm^2$。如之前所讨论功率

VD-MOSFET 结构的模拟情况，为了与解析模型值比较，需要提取模拟的 U-MOSFET 结构中反型层迁移率和积累层迁移率。通过模拟相同栅氧化层厚度的长沟道横向 MOSFET 来提取沟道及积累层迁移率。在栅偏压为 10V 时反型层迁移率为 $450 \mathrm{cm}^2/(\mathrm{V} \cdot \mathrm{s})$，而积累层迁移率为 $1000 \mathrm{cm}^2/(\mathrm{V} \cdot \mathrm{s})$。当这些值用于相同尺寸及掺杂浓度的 U-MOSFET 结构的解析模型时，在栅偏压为 10V 时计算的特征导通电阻为 $0.39 \mathrm{m}\Omega \cdot \mathrm{cm}^2$，证明了电流在漂移区按 45° 角扩散模型的正确性。

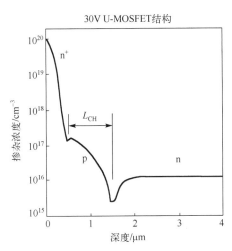

图 5-26　功率 U-MOSFET 结构沟道掺杂分布

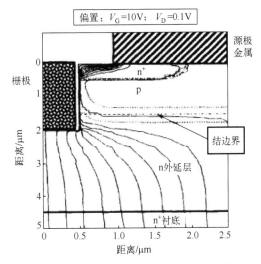

图 5-27　功率 U-MOSFET 结构电流流动模式

沟道及漂移区电阻的贡献在功率 U-MOSFET 结构中占主要部分，该部分可通过减小台面区域宽度来降低。然而台面宽度减小会受到其中央 p 型基区接触孔布局的限制，可将部分接触孔与结构横截面垂直设置来解决。

5.1.5　超结 MOSFET

功率 MOSFET 的补偿原理已经通过 600V CoolMOSTM 技术于 1998 年应用在商用产品中。相比传统的功率 MOSFET，乘积 $R_{\mathrm{on}} A$ 大幅减小的基本原理是 n 型漂移区的施主受到位于 p 柱（也称为超结）区受主的补偿。图 5-28 给出了一个超结 MOSFET，并与传统 MOSFET 相比较。p 柱排在中间层，调整 p 型掺杂的浓度值直到能补偿 n 区。补偿受主位于漂移区施主的侧向附近。

其结果是在整个电压维持区实现有效低掺杂。这样就获得了一个近似矩形的电场分布，如图 5-28 的下图所示。对于这种形状的电场，最高电压能够在一个给定的厚度被吸收。只要在技术上能够用等量 p 型掺杂来与 n 层进行补偿，就应尽可能提高 n 层的掺杂浓度。在这个过程中，需要顾忌的是 n^- 区面积的减小。

利用补偿原理，阻断电压对掺杂浓度的依赖关系得到了缓和，因而获得了一个调整 n 型掺杂的自由度。根据式（5-98），因为 n 区的掺杂决定着单极器件的电阻，所以这个电阻能够大幅降低。

$$R_{\mathrm{eqi}} = \frac{w_{\mathrm{B}}}{q \mu_{\mathrm{n}} N_{\mathrm{D}} A} \tag{5-98}$$

对于矩形电场，雪崩击穿场强可采用 Shields 和 Fulop 提出的 $n = 7$ 的方式，通过电离积分[式（5-99）]来计算，由此得

$$\int_0^w \alpha_{\mathrm{eff}} E(x)\mathrm{d}x = 1 \qquad （5\text{-}99）$$

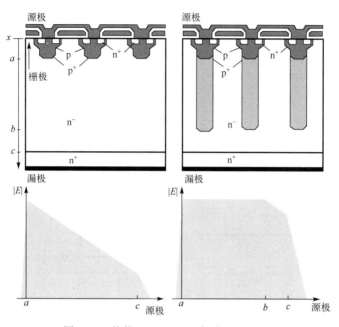

图 5-28 传统 MOSFET 和超结 MOSFET

$$w_{\mathrm{B}} = B^{\frac{1}{6}} V_{\mathrm{BD}}^{\frac{7}{6}} \qquad （5\text{-}100）$$

$$B = \frac{1.06 \times 10^6\,/\,\mathrm{cm}}{E_0^n\,\mathrm{e}^n} \qquad （5\text{-}101）$$

由式（5-101）可得到 $B = 2.1 \times 10^{-35}\,\mathrm{cm}^6\,/\,\mathrm{V}^7$。

把式（5-100）代入式（5-98），可推出外延层电阻 R_{eqi} 为

$$R_{\mathrm{eqi}} = \frac{2B^{\frac{1}{6}} V_{\mathrm{BD}}^{\frac{7}{6}}}{q\mu_{\mathrm{n}} N_{\mathrm{D}} A} \qquad （5\text{-}102）$$

$$R_{\mathrm{eqi,min}} = 0.88 \frac{2B^{\frac{1}{2}} V_{\mathrm{BD}}^{\frac{5}{2}}}{\mu_{\mathrm{n}} \varepsilon A} \qquad （5\text{-}103）$$

式（5-102）中分子上的因子为 2，是因为简单估算认为 p 柱与 n 区宽度相等。因为仅 n 区有助于导电，所以仅有一半的区域是有效可用的。

图 5-29 对比了传统设计的器件[式（5-103）]和超结器件[式（5-102）]的 R_{eqi} 与阻断电压 V_{BD} 之间的关系。这里对于超结器件，所选的掺杂浓度 $N_{\mathrm{A}} = N_{\mathrm{D}} = 2 \times 10^{15}\,\mathrm{cm}^{-3}$。此外，假定总面积中只有一半来承载电子电流。

针对这种非常简单的情况，可以得出以下结果。

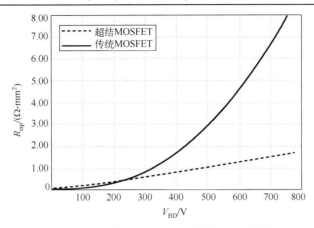

图 5-29　传统 MOSFET 和超结 MOSFET 的电阻 R_{eqi} 与阻断电压 V_{BD} 的关系

　　阻断条件下的空间电荷横向穿透到 n 区和 p 区，如图 5-30 所示。在图 5-30 中假设 n 区和 p 区的掺杂浓度是相等的，p 区的掺杂浓度为 N_A，n 区的掺杂浓度为 N_D，$N_A = N_D$。此外，这两个柱必须有相同的宽度，分别定为 $2y_L$，如图 5-30 所示。当在反方向加载电压时，空间电荷区仅横向穿透到柱内。对于低电压，图 5-30（b）所示的虚线指示的是柱区中沿着横向电场的大小。随着电压的增大，空间电荷区最终将在柱与柱之间的中心相遇。如图 5-30（b）中的实线所示，所有的施主和受主原子都已电离。

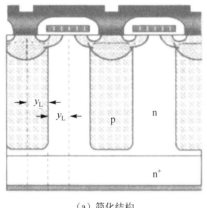

（a）简化结构

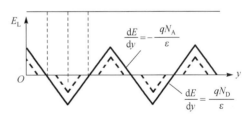

（b）柱区域的横向方向上的电场

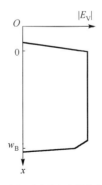

（c）垂直方向上的电场

图 5-30　超结 MOSFET

随着电压的进一步增大，图 5-30（b）中的折线抬升。这个结果在结构上与波浪形铁皮屋顶相似。垂直方向上可得到如图 5-30（c）所示的电场。

在横向方向，p 区和 n 区各自都须被电场完全穿透。雪崩击穿时电场在掺杂浓度为 N_D 的 n 区的扩展在式（5-104）中给出。指定的宽度 w 是 n 区宽度 y 的一半，掺杂浓度 $N_D = 2 \times 10^{15}\,\mathrm{cm}^{-3}$ 时，$y_L = 11\mathrm{um}$。p 区和 n 区的宽度必须小于 $2y_L$，否则击穿会发生在横向区域。

$$w = \left(\frac{1}{8}\right)^{\frac{1}{8}} \left(\frac{\varepsilon}{qN_D}\right)^{\frac{7}{8}} = 44.6\mu\mathrm{m} \times \left(\frac{4 \times 10^{14}\,\mathrm{cm}^{-3}}{N_D}\right)^{\frac{7}{8}} \tag{5-104}$$

因此式（5-102）的掺杂与柱的宽度是有关联的；一个较高的掺杂浓度 N_D 需要一个较小的 y。从式（5-104）反解出 N_D 并代入式（5-102）可推出

$$R_{eqi} = \frac{2 \times 2^{-\frac{3}{7}} B^{\frac{13}{42}} y_L^{\frac{8}{7}} V_{BD}^{\frac{7}{6}}}{\mu_n \varepsilon A} \tag{5-105}$$

式（5-105）表明这个电阻能够进一步减小，如图 5-29 所示，这需要一个更小的 y。请注意图 5-29 中的超结曲线，对于更高的掺杂浓度和更精细的图形，R_{eqi} 还能够更低。然而，要在 $w_B \gg y_L$ 的这样一种纵向结构上实现这一点，在技术上存在很大的挑战。

一种更精确的考虑是把空间电荷区在源、漏两侧边沿上的电场峰值也考虑进去。从器件的顶部看，图 5-28 和图 5-30 对应的 n 区和 p 区的排列是条纹状，然而，六角排列会更好。

对横向 n 区和 p 区进行精确补偿的要求限制了 n 漂移区的掺杂。电荷平衡的偏差越大，阻断能力的损失越大，提高掺杂浓度 N_D 和缩小 y_L 会扩大这种影响，偏离电荷平衡的工艺窗口会变得越来越窄。工艺技术最终限制了这种补偿功率 MOSFET 进一步降低导通电阻 R_{on} 的可能性。

对于击穿电压在 200V 以下的情况，场板或氧化边 MOSFET 是一个很好的替代品。该器件包括一个深沟槽栅，它贯穿 n 漂移区的大部分。隔离场板提供移动电荷，在阻断的条件下可补偿漂移区的施主，如图 5-31 所示。电压源动态地提供场板上的电子，因此在所有工作条件下可以确保精确的横向漂移区补偿。

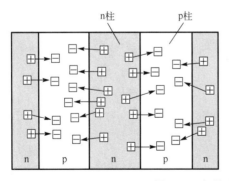
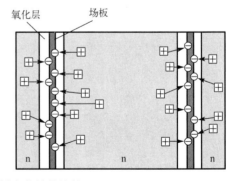

图 5-31　超结和场板电荷补偿比较

场板隔离必须在沟槽栅底部承受器件的全部源漏阻断电压，因此必须精心地制作厚度在微米范围内的氧化层，尤其要注意避免在底部的沟槽栅角落处的氧化层变薄和防止由应力造成的缺陷产生。

$$R_{on} = R_{s*} + R_N + + R_{CH} + R_a + R_{epi} + R_S \qquad (5\text{-}106)$$

与标准的沟槽栅 MOS 结构相比，超结器件中的电场从体区/漂移区的 pn 结处的最大值开始一直呈线性递减的趋势，这是由场板原理导致的，从而实现了更加均匀的电场分布。

在超结器件中，纵向电场分布几乎是均匀的，而在场板器件中，电场分布呈现两个峰值，一个峰值在体区/漂移区的 pn 结处，另一个在场板沟槽栅的底部。通过缩短漂移区的长度及提高漂移区的掺杂浓度，导通电阻可以显著减小。对于超结器件来说，其导通电阻已经降低到硅材料的极限以下。如果器件结构设计合理，无论是超结还是场板结构，在性能方面都会非常出色。在 30～100V 的电压范围内，场板补偿优于超结补偿，图 5-32 描述了漂移区电阻随阻断电压变化的关系，其中展示了场板补偿结构的二维模拟结果与由式（5-106）给出的"硅极限"进行比较。由于场板沟槽栅器件的尺寸较小，

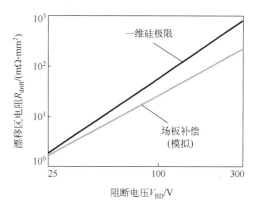

图 5-32　场板器件漂移区电阻和阻断电压的关系

因此相应的掺杂浓度较高，漂移区电阻较低。图 5-32 中的模拟结果与实验数据非常吻合。

5.2　非 Si 基场效应晶体管

电力电子技术通过有效地运用功率半导体器件、电路应用及设计理论和分析方法，实现对电能的高效转换和精确控制。这门技术在 20 世纪 70 年代开始形成，经过四五十年的不断发展，已经成为现代工业社会的一个至关重要的支柱。应用电力电子技术构建的电力电子装置（通常称为"电力电子装置"）在工/农业生产、交通运输、国防、航空航天、石油冶炼、核工业及能源工业等各领域得到了广泛应用。从大型几百兆瓦的直流输电装置到日常生活中的家用电器，电力电子技术的应用无处不在。

1. 高性能电力电子装置的发展要求

提高电力电子装置的效率、减小装置的重量和体积（提高功率密度），一直是其重要的发展方向。在一些特殊应用场合，还要求电力电子装置能够耐受高压、在恶劣环境下具有高可靠性。

（1）高效率

提高效率意味着在满足负载需求、产生相同输出功率的情况下，能量损失更少，热量产生更少，从而减小了散热系统设计的压力。此外，从长期能源消耗的角度来看，电能占据了人类总能源消耗的相当大部分，但有 50%～60% 的能量在电能传输和转换过程中被浪费。因此，提高电能的转换效率对于实现可观的节能和减排效果至关重要。电力电子装置在各领域都有广泛应用，包括新能源发电（如光伏发电和风力发电）、数据中心、电机驱动、照明等。这些装置的应用不仅提高了机电设备的节能性能，还通过提高电力电子装置本身的效率，实现了显著的节能效果。

（2）高功率密度

提高功率密度意味着在获得相同输出功率的情况下，装置的体积和重量更小。这对于交通运输、航空航天和舰船，以及对空间有严格要求的领域至关重要。

以汽车为例，目前的大功率电力电子装置在成本和功率密度方面都不符合汽车工业的需求。传统的大功率电力电子装置主要面向一般工业和可再生能源领域，性能上没有达到汽车行业的严格要求。对于新一代电动汽车，其电力驱动系统需要达到汽车工业级标准。美国能源部设定的 2020 混合动力汽车（HEV）的发展目标要求电力电子装置具备更高的性能，包括质量功率密度超过 14.1kW/kg、体积功率密度超过 13.4kW/L、效率超过 98%、价格低于 3.3 美元/kW，这一发展目标对电力电子器件和相关技术提出了新的要求。

另外，多电/全电飞机是 21 世纪飞机发展的重要方向，高速和超高速电机是多电飞机的电气系统的关键技术。随着电机转速的提高，供电高速电机的逆变器需要输出更高的频率，以获得平滑的电流并减小转矩脉动。然而，现有的硅器件在开关速度和功率水平上存在相互制约，限制了高速电机的性能。

（3）高压

在 20 世纪 80 年代末，电力系统已发展成为一个超高压、远距离输电、跨区域联网的大系统。从 20 世纪 90 年代末开始，可再生能源（如风电等）接入电网，极大地推动了电力系统的技术进步。随着社会经济和电力系统的快速发展，对现代电力系统的安全性、稳定性、高效性和灵活运行控制性的要求不断提高。电力电子技术在电能的产生、传输、分配和使用的全过程中得到广泛且重要的应用。然而，与其他应用领域相比，电力系统对电力电子装置具有更高的电压、更大的功率容量和更高的可靠性要求。

由于在电压和电流承受能力方面的限制，现有的 Si 基大功率器件不得不采用多元件串联的技术和复杂的电路拓扑，这导致了装置的故障率和成本大幅上升，制约了电力电子技术在现代电力系统中的应用。

高压直流输电（HVDC）是坚强智能电网的重要组成部分，具有多项优点，如异步联网、高传输容量、低损耗、快速潮流调节、可限制短路电流及高度智能化等。HVDC 的关键是换流阀及其开关器件，虽然全球已经投入运营的直流输电工程超过 150 个，但除了早期建设的 11 个采用汞弧阀，其余都采用了晶闸管直流输电技术，这些晶闸管通过几十到数百个晶闸管器件串联而成。尽管经过几十年的发展，Si 基晶闸管的单管额定电压和电流已分别高达 10kV 和 5kA，但与 500～1000kV 的特高直流电压相比，单一 Si 基晶闸管的额定电压仍然太低，必须通过多元件的串联才能满足工程运行电压的需求。此外，高压 Si 基晶闸管的电压阻断能力和耐 du/dt、di/dt 能力已经接近了 Si 基电力电子器件所能达到的物理极限。另外，这些 Si 基晶闸管无法在高于 125℃的电力系统中工作，需要使用复杂的辅助冷却装置，因此现有基于 Si 基晶闸管的 HVDC 换流装置既体积庞大，又能量损失较大。

可再生能源和智能电网是电力系统的重要发展方向，需要大量的功率变换器进行电能调节和变换。不同的交流线电压等级需要不同额定电压级别的功率器件，如表 5-4 所示。对于线电压为 4160V 的两电平变换器和线电压为 7.2kV 的三电平变换器，需要采用耐压为 10kV 的功率器件。而对于线电压为 6.9kV 的两电平变换器和线电压为 13.8kV 的三电平变换器，需要采用耐压为 20kV 的功率器件。

表 5-4　不同的交流线电压等级下变换器功率器件的额定电压等级

母线电压有效值/V	电力电子器件额定电压等级/V	
	两电平变换器	三电平变换器
480	1200	600
490	1700	850
2400	5900	2950
4160	10200	5100
6900	16900	8450
7200	17600	8800
12470	30500	15250
13200	32300	16150
13800	33700	16850

当前，高压大功率硅（Si）器件主要包括 IGBT、IGCT 和 GTO。目前，6.5kV 的 Si IGBT 是商用 Si 基 IGBT 产品中电压最高的，主要用于轨道交通领域。相比之下，3.3kV 的 Si IGBT 的应用范围更广泛。

为了满足微网、智能电网功率变换器的需求，必须采用多个 Si IGBT 串联或多电平拓扑结构。然而，由于功率损耗的限制，这些系统的开关频率不宜超过 1kHz，这导致电抗元件的体积和重量相对较大。此外，在多个 Si IGBT 串联时会出现静态和动态均压的问题，因此需要采取相关的吸收和动态均压措施，提高系统的复杂性。

另外，采用 6.5kV 的 Si 基晶闸管 GTO 时，其开关频率更低，电抗元件的体积和重量更大，系统复杂度更高。

（4）高温

在许多重要的场合，需要具备高温环境下的耐用电力电子装置。例如，多电飞机、电动汽车和石油钻井等工作场所通常面临极端恶劣的条件，其最高工作温度可能超过 200℃。

这些场合需要电力电子装置来控制和调节各种设备，如飞机的电环控制系统、内置式启动/发电装置、集成化功率单元、固态功率控制器、固态远程终端装置、电力驱动飞控作动器、电力制动器、电力除冰装置、固态容错配电系统等。由于这些设备经常在高温环境中运行，因此电力电子装置不仅需要具备高效率和高功率密度，还必须具备高温环境下的耐受性。

电动汽车中的电力电子装置通常具有数十千瓦的功率定额。为了确保各部分都能有效散热，通常需要两条不同温度范围的冷却液循环：一条用于冷却发动机，温度约为 105℃；另一条用于冷却功率变换器，温度约为 75℃。如果汽车的电力电子装置能够在更高的温度下运行，就可能省去第二条冷却液循环，从而显著减小汽车的重量。

图 5-33 所示为地球的温度梯度曲线，随着深度的增大，温度也逐渐升高，温度梯度约为 3℃/100m。因此，随着石油钻井深度的增大，钻井工具的工作环境温度也在不断上升。一些钻井深度已经超过 10km，典型的工作环境温度高达 200℃。随着采掘深度的进一步增大，未来的钻井工具需要能够在 250℃ 甚至更高的温度环境中可靠工作。在地热能开发领域，最高工作温度甚至可达 300℃ 以上，其工作温度范围非常广泛。

在图 5-34 所示的典型航空推进系统和航天探索系统等更为极端的环境中，需要电力电子装置具备更高的耐受性。例如，金星的大气含有高浓度的硫酸，对设备具有强腐蚀性。金星表面温度超过 46℃，气压达到 9.2MPa。

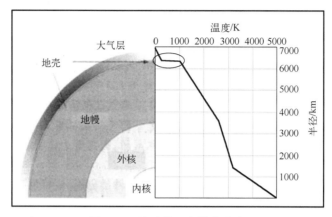

图 5-33　地球的温度梯度曲线

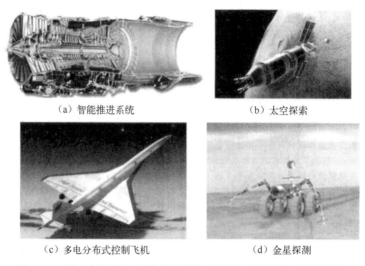

（a）智能推进系统　　　　　　　　　　（b）太空探索

（c）多电分布式控制飞机　　　　　　　（d）金星探测

图 5-34　面对高温恶劣环境的典型航空推进系统和航天探测系统

　　传统的电力电子装置在这些极端环境下往往无法达到工作要求，因此急需研发新型电力电子装置，以适应高温和极宽温度变化范围的需求。

2．Si 基电力电子器件的限制

　　电力电子装置的核心组成部分是电力电子器件，其性能质量对于实现高性能电力电子装置至关重要，器件技术的进步常常引领电力电子装置性能的提升。

　　导通电阻和寄生电容是电力电子器件的两个关键的性能参数，它们分别决定了器件的导通损耗和开关损耗。器件的损耗在电力电子装置中扮演着重要的角色，它对装置的效率有着直接的影响，并且是产生热量的主要来源。不同型号的电力电子器件有不同的特性和参数，它们在电力电子装置中会引发不同程度的损耗，因此支持的最大开关频率也不同。开关频率的提高会影响电力电子装置中电抗元件的尺寸和重量，这对于装置的功率密度具有显著影响。此外，高开关频率可能导致高 di/dt 和 du/dt，这也可能引发电磁干扰（EMI）问题。

电力电子器件的耐压、电流承受能力和散热性能等特性决定了器件的可靠性。器件的失效是电力电子装置可靠性的重要影响因素。同时，电力电子器件的耐高温工作性能可以降低电力电子装置的散热需求，有助于减小冷却系统的体积和重量，提高电力电子装置的功率密度，使其更适应极端高温工作环境。

可以理解，更高耐压和更卓越的开关性能的电力电子器件的出现，使得在高压大容量应用场景中无须采用过于复杂的电路拓扑，从而可有效地减小装置的故障率和成本。图 5-35 总结了当前市场上主要的电力电子器件及其额定电压和额定电流。

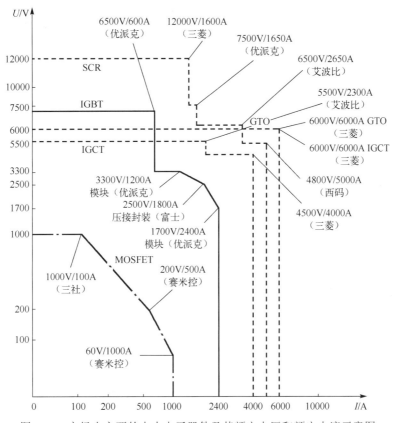

图 5-35　市场上主要的电力电子器件及其额定电压和额定电流示意图

当前，Si 基电力电子器件面临一些挑战，包括难以大幅减小导通电阻和结电容，这导致了导通损耗和开关损耗的限制，从而限制了采用 Si 基电力电子器件制造的电力电子装置（简称"Si 基电力电子装置"）的效率提升。此外，硅器件的结电容也难以显著减小，这使得高功率变换器难以采用高的开关频率。同时，磁性元件和电容器等电抗元件的体积和重量也很难进一步减小，这限制了功率密度的提高。即使采用了软开关技术以提高开关频率，也会提高电路的复杂性，对可靠性产生不利影响。通常情况下，硅器件的最高结温为 150℃，即使采用最新工艺和复杂的液冷散热技术，也很难使硅器件在超过 200℃ 的高温环境中可靠运行，因此不能满足许多需要高温电力电子装置的应用场景的需求。

总体来说，Si 基电力电子器件经过几十年的发展，性能水平基本稳定在 $10^9 \sim 10^{10}$W·Hz 的范围内，接近了硅材料的极限。如图 5-36 所示，很难通过器件结构创新和工艺改进来显著提高性能，这限制了 Si 基电力电子装置性能的进一步显著提升，使其越来越难以满足许多应用场合对更高性能指标的需求。

宽禁带半导体材料是继以硅（Si）和砷化镓（GaAs）为代表的第一代和第二代半导体材料之后，迅速发展起来的第三代新型半导体材料。宽禁带半导体材料中有两种得到较为广泛的研究，一种是碳化硅（SiC），另一种是氮化镓（GaN）。从现阶段的器件发展水平来看，GaN 材料更适用于制作 1000V 以下电压等级的功率器件。相比之下，SiC 材料及其器件的发展更为迅速，更适用于制作高压大功率电力电子装置，且已有多种类型的 SiC 器件商业化生产。本章主要对 SiC 器件的基本原理、特性和应用进行讨论。

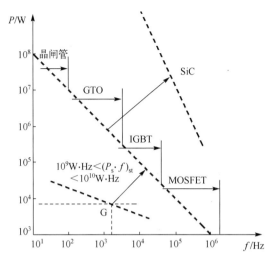

图 5-36   电力电子器件的功率频率乘积和相应
半导体材料的极限

5.2.1   SiC MOSFET

1. SiC 材料特性

早在 1824 年，瑞典科学家 J. J. Berzelius 就已经发现了碳化硅（SiC）的存在。尽管随后的研究逐渐揭示出这种材料具有出色的性能，但由于当时硅技术取得了卓越的成就并迅速发展，因此使得研究人员的关注从 SiC 转移到了 Si。直到 20 世纪 90 年代，随着 Si 基电力电子装置的性能遇到了瓶颈，才重新引起了电力电子领域的研究者对 SiC 材料的浓厚兴趣。

SiC 材料相较于 Si 材料，由于 C 和 Si 之间的共价键比 Si 原子之间的强，因此表现出了更高的击穿电场强度、载流子饱和漂移速率、热导率和热稳定性等优势。此外，SiC 存在多种不同的晶体结构，已经发现的有 250 多种不同的晶格类型。然而，商业化应用的 SiC 材料主要包括 4H-SiC 和 6H-SiC 两种，其中，由于 4H-SiC 具有比 6H-SiC 更高的载流子迁移率，因此成为 SiC 基电力电子器件的首选材料。

4H-SiC 半导体材料的物理特性主要有以下优点：

（1）SiC 的禁带宽度大，是 Si 的 3 倍、GaAs 的 2 倍；

（2）SiC 的击穿电场强度高，是 Si 的 10 倍、GaAs 的 7 倍；

（3）SiC 的电子饱和漂移速率高，是 Si 及 GaAs 的 2 倍；

（4）SiC 的热导率高，约是 Si 的 3 倍、GaAs 的 10 倍。

SiC 半导体材料的优异性能使得 SiC 基电力电子器件与 Si 基电力电子器件相比具有以下突出的性能优势。

（1）具有更高的额定电压。图 5-37 所示为 Si 基和 SiC 基电力电子器件的额定电压的对比。可以看出，无论是单极型器件还是双极型器件，SiC 基电力电子器件的额定电压均远高于 Si 基同类型器件。

（2）具有更低的比导通电阻。图 5-38 所示为 Si 基和 SiC 基单极型电力电子器件在室温下的理论比导通电阻的对比。在 1kV 电压等级下，SiC 基单极型电力电子器件的比导通电阻约是 Si 基单极型电力电子器件的 1/60。

（3）具有更高的开关频率。SiC 基电力电子器件的结电容更小，开关速度更快，开关损耗更低。图 5-39 所示为在相同的工作电压和电流下，当设定最大结温为 175℃时，Si 基和 SiC 基单极型电力电子器件的理论最大开关频率的对比。对于 10kV SiC 基单极型高压器件，仍可实现 33kHz 的理论最大开关频率。在中/大功率应用场合，有望实现 Si 基电力电子器件难以达到的更高的开关频率，从而显著减小电抗元件的体积和重量。

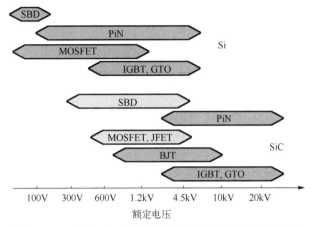

图 5-37　Si 基和 SiC 基电力电子器件的额定电压的对比

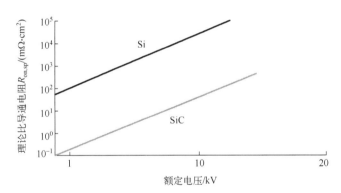

图 5-38　室温时 Si 基和 SiC 基单极型电力电子器件的理论比导通电阻的对比

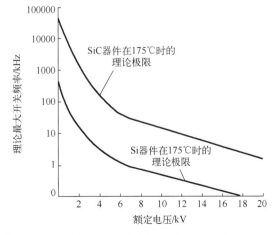

图 5-39　Si 基和 SiC 基单极型电力电子器件的理论最大开关频率的对比

（4）具有更低的结-壳热阻。由于 SiC 的热导率约是 Si 的 3 倍，因此器件内部产生的热量更容易释放到外部，相同条件下，SiC 基电力电子器件可以采用更小尺寸的散热器。

（5）具有更高的结温。SiC 基电力电子器件的极限工作结温有望达到 600℃以上，远高于 Si 基电力电子器件。

（6）具有极强的抗辐射能力。辐射不会导致 SiC 基电力电子器件的电气性能出现明显的衰减，因而在航空航天等领域采用 SiC 基电力电子装置可以减小辐射屏蔽设备的重量，提高系统的性能。

图 5-40 所示为 SiC 基电力电子器件对电力电子装置的主要影响。将 SiC 基电力电子器件应用于电力电子装置，可使装置获得更高的效率和功率密度，能够满足高压、大功率、高频、高温及抗辐射等苛刻的要求，可支撑飞机、舰艇、战车、火炮、太空探测等国防军事设备的功率电子系统领域，以及民用电力电子装置、电动汽车驱动系统、列车牵引设备和高压直流输电设备等领域的发展。

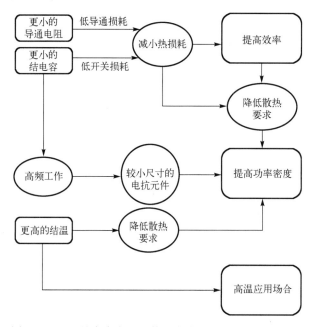

图 5-40　SiC 基电力电子器件对电力电子装置的主要影响

2. SiC 基功率二极管

图 5-41 和图 5-42 分别展示了 SiC 器件的发展过程和主要类型。目前，SiC 基功率二极管主要有三种类型：肖特基二极管（SBD）、PiN 二极管和结势垒肖特基（JBS）二极管。三种二极管的截面图如图 5-43 所示。肖特基二极管采用 4H-SiC 的衬底及高阻保护环终端技术，并用势垒更高的 Ni 和 Ti 金属来增大电流密度，使其开关速度加快，导通电压降低，但其阻断电压偏低，漏电流较大，因此只适用于阻断电压在 0.6～1.5kV 范围内的应用；PiN 二极管具有电导调制作用，使其导通电阻较低、阻断电压较高、漏电流小，但在工作过程中反向恢复问题严重；JBS 二极管结合了肖特基二极管所具有的出色的开关特性和 PiN 二极管所具有的低漏电流的特点，把 JBS 二极管的结构参数和制造工艺稍做调整就可以形成混合 PiN-肖特基结二极管（MPS）。

图 5-41　SiC 器件的发展过程示意图

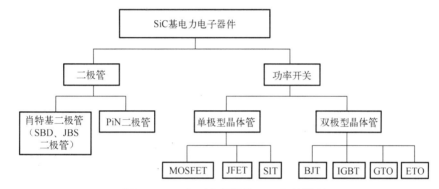

图 5-42　已有研究报道的 SiC 器件类型

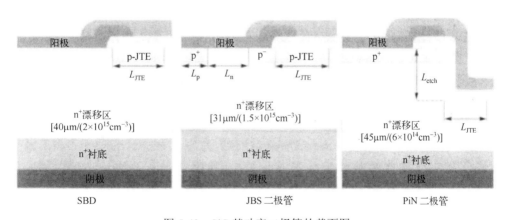

图 5-43　SiC 基功率二极管的截面图

与 Si 基二极管相比，SiC SBD 的显著优点是阻断电压提高、无反向恢复及具有更好的热稳定性。图 5-44 所示为 Si 基快恢复二极管和 SiC SBD 的反向恢复过程对比。可见 SiC SBD 只有由结电容充电引起的较小的反向电流，几乎无反向恢复，且反向电流不受温度的影响。

目前，Infineon 公司已推出第五代 SiC SBD，采用了混合 PiN-肖特基结、薄晶圆和扩散钎焊等技术，使得其正向压降更低，具有很强的浪涌电流承受能力。Wolfspeed 和 Rohm 公司也开发了类似技术。国内可提供 SiC SBD 商用产品的公司仍较少，只有以泰科天润和中电 55

所为代表的几家单位可提供 SiC SBD 产品，耐压有 650V、1200V、1700V 这三个等级，最大额定电流为 40A。

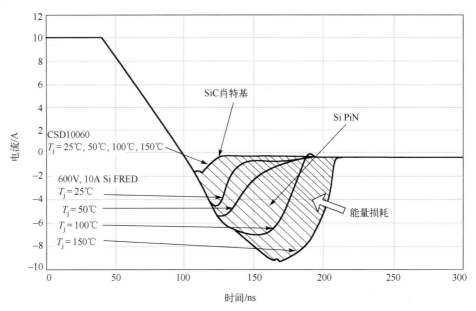

图 5-44　Si 基快恢复二极管和 SiC SBD 的反向恢复过程对比

　　除分立封装的 SiC SBD 器件外，SiC SBD 还被用作续流二极管，来与 Si IGBT 和 Si MOSFET 进行集成封装从而制成 Si/SiC 混合功率模块。多家生产 Si 基 IGBT 模块的公司均可提供由 Si IGBT 和 SiC SBD 集成的 Si/SiC 混合功率模块，其中美国 Powerex 公司提供的 Si/SiC 混合功率模块的最大定额为 1700V/1200A。美国 IXYS 公司生产出了由 SiC SBD 器件制成的单相整流桥，可满足变换器中/高频整流的需求。这些商业化的 SiC SBD 主要应用于功率因数校正（PFC）、开关电源和逆变器。

　　与商业化器件相比，目前 SiC SBD 的实验室样品已达到较高电压水平。Wolfspeed 公司和 GeneSiC 公司均报道了阻断电压超过 10kV 的 SiC SBD。要实现更高电压等级的 SiC 基二极管，需要采用 PiN 结构。2012 年德国德累斯顿工业大学实验室报道了 6.5kV/1000A 的 SiC PiN 二极管功率模块。近期有报道称成功研究了 20kV 耐压等级的 SiC PiN 二极管，这些高压 SiC 基二极管的出现将大大推动中/高压变换器领域的发展。

3. SiC MOSFET

　　功率 MOSFET 具有理想的栅极绝缘特性、高开关速度、低导通电阻和高稳定性，在 Si 基电力电子器件中，功率 MOSFET 获得了巨大成功。同样，SiC MOSFET 也是最受瞩目的 SiC 基电力电子器件之一。

　　SiC 功率 MOSFET 面临着两项主要挑战，分别是栅氧层的长期可靠性问题和沟道电阻问题。随着 SiC MOSFET 技术的不断进步，高性能的 SiC MOSFET 得以开发出来。在 2011 年，美国 Wolfspeed 公司率先推出了两款额定电压为 1200V、额定电流约为 30A 的商用 SiC MOSFET 单管。为了满足高温环境下的应用需求，Wolfspeed 公司还提供了 SiC MOSFET 裸芯片，供用户进行高温封装设计。随后，在 2013 年，Wolfspeed 公司又发布了新一代商用 SiC MOSFET 单管，将额定电压提高到了 1700V，此外，新产品还提升了 SiC MOSFET 的栅极最大允许负偏压值，从–5V 提高到–15V，增强了 SiC MOSFET 的可靠性。另外，日本的 Rohm 公司也推出了多款定额相近的 SiC MOSFET 产品，并在减小导通电阻等方面进行了多项优化工作。目前，Wolfspeed 公司主要采用水平沟道结构的 SiC MOSFET，如图 5-45 所示，而 Rohm 公司则更侧重于对垂直沟道结构的 SiC MOSFET 的研究。在 2015 年，Rohm 公司发布了新一代的双沟槽结构的 SiC MOSFET，如图 5-46 所示，该结构在很大程度上减轻了栅极沟槽底部电场的集中，确保了器件的长期可靠性。这一创新不仅减小了导通电阻，还减小了结电容，从而显著减小了器件的功耗。

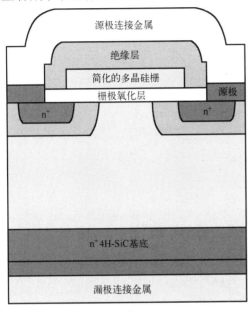

图 5-45　Wolfspeed 公司的水平沟道结构的 SiC MOSFET

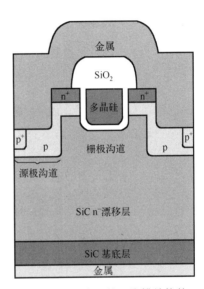

图 5-46　Rohm 公司的双沟槽结构的 SiC MOSFET

　　此外，Infineon 公司主要针对沟槽结构的 SiC MOSFET 进行研究，其主推的 Cool SiC MOSFET 与其他公司的 SiC MOSFET 相比，具有栅氧层稳定性强、跨导高、栅极门槛电压高（典型值为 4V）、短路承受能力强等特点，其在 15V 驱动电压下即可使得沟道完全导通，从而可与现有高速 Si IGBT 常用的+15V/–5V 驱动电压相兼容，便于用户使用，目前已有少数型号产品投放商用市场。

　　图 5-47 所示为相同功率等级下的全 Si 模块、混合 Si/SiC 模块和全 SiC 模块的功率损耗对比。由图可知，SiC 二极管优异的反向恢复特性明显减小了功率开关器件的开通电流应力，显著降低了功率开关器件的开关损耗。采用混合 SiC 模块代替全 Si 模块，会使总损耗降低 27% 左右。而在此基础上，使用 SiC MOSFET 替代 Si IGBT 后，一方面，拖尾电流的减小缩短了开关的关断时间，进一步降低了开关损耗；另一方面，SiC MOSFET 低导通电阻也减小了导通损耗。全 SiC 模块总损耗仅为全 Si 模块的 30%，这有助于电力电子装置效率的进一步提高。

　　图 5-48 将 Wolfspeed 公司的 1700V/300A 全 SiC MOSFET 模块与 Infineon 公司同等规格的 Si IGBT 模块进行了功率损耗对比。通常情况下，1700V/300A 等级的 Si IGBT 模块的工作频率不高于 5kHz。由图 5-48 可知，在 5kHz 开关频率下，SiC MOSFET 模块的功率损耗约为 300W，仅为 Si IGBT 模块功率损耗（约 1000W）的 1/3 左右。值得注意的是，当大幅提高 SiC MOSFET 的工作频率（如达到 30kHz）时，其总损耗仍然低于 600W，对比 5kHz 下的

Si IGBT 依然有明显优势；而且开关频率的大幅提高有利于无源滤波元件体积和重量的减小。因此，采用 SiC 功率器件的电力电子装置在效率和功率密度等方面有明显优势。

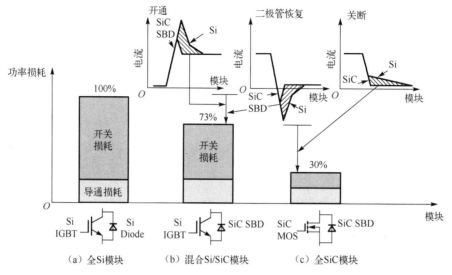

图 5-47　全 Si 模块、混合 Si/SiC 模块和全 SiC 模块的功率损耗对比

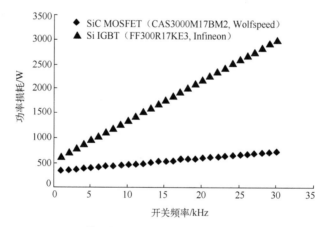

图 5-48　1700V/300A 等级的 Si IGBT 与 SiC MOSFET 模块的功率损耗对比

除商用产品外，Wolfspeed 公司对 SiC MOSFET 的研究已覆盖 900V～15kV 电压等级，其主要研究热点是提高其导通电流能力和降低比导通电阻。常温下额定电压为 900V 的 SiC MOSFET 的比导通电阻约为目前最好水平 600V Si 超结 MOSFET 和 GaN HEMT 的 1/2，且其比导通电阻的正温度系数比 Si 超结 MOSFET 和 GaN HEMT 的低得多，高温工作优势更为明显。Wolfspeed 公司报道了面积为 8.1mm×8.1mm、阻断电压为 10kV、电流为 20A 的 SiC MOSFET 芯片，其正向阻断特性如图 5-49 所示。该器件在 20V 栅压下的比导通电阻为 $127\text{m}\Omega\cdot\text{cm}^2$，同时具有较好的高温特性，在 200℃ 条件下，零栅压时可以可靠地阻断 10kV 电压。目前，通过并联多只芯片已制成可以处理 100A 电流的功率模块。美国北卡罗来纳州立大学研究室报道了 15kV/10A 的高压 SiC MOSFET 样品。2012 年美国陆军研究实验室报道了一款 1200V/ 880A 的高功率全 SiC MOSFET 功率模块（半桥结构），如图 5-50 所示。报道称 Powerex 公司已为美国军方成功研制了 1200V/880A SiC MOSFET，

这些大电流模块的研制提高了 SiC MOSFET 的功率等级和拓展了其应用领域。

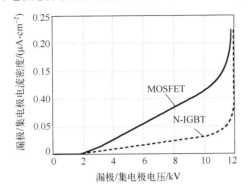

图 5-49　10kV SiC MOSFET 与 SiC IGBT 的
正向阻断特性

图 5-50　1200V/880A 的高功率全 SiC
MOSFET 功率模块

5.2.2　GaN HEMT

1. GaN 基功率器件

氮化镓（GaN）高电子迁移率晶体管（HEMT）首次亮相是在 2004 年，是由日本的 Eudyna 公司制造的耗尽型射频晶体管。这种 GaN HEMT 采用碳化硅（SiC）衬底，专为射频应用而设计。HEMT 结构最早于 1975 年由 T. Mimura 等人首次报道，而在 1994 年，M. A. Khan 等研究人员的工作揭示了在 AlGaN 和 GaN 异质结界面存在异常高浓度的二维电子气。借助这一发现，Eudyna 公司能够在千兆赫兹级的频率范围内实现出色的功率增益。2005 年，Nitronex 公司推出了采用 SIGANTICR 技术在硅衬底上生长的第一款耗尽型射频 GaN HEMT 器件。

射频 GaN 晶体管在射频应用领域蓬勃发展，其他公司也相继将产品推向市场。然而，这些器件的应用仍然受到芯片价格的制约，而且耗尽型器件并不适用于功率系统，因为它们需要在栅极上施加负电压以关闭器件。

在 2009 年 6 月，宜普电源转换（EPC）公司推出了第一款增强型 Si 基 GaN HEMT，通常称为增强型 eGaN。这种器件专门设计为功率 MOSFET 的替代品，因为 eGaN 器件不需要负电压来关闭。通过采用宽禁带半导体制造技术和设备，可以高效率地生产 GaN 晶体管产品，同时降低成本。此后，许多公司，如松下、Transphorm、GaN Systems、RFMD、Panasonic、HRL、国际整流器公司等，都宣布推出了 GaN 晶体管，专注于功率变换市场。

用于功率变换的半导体器件必须具备高效率、高可靠性、可控性和低成本等基本特性。如果缺乏这些特性，那么新的器件结构在经济上就不具备可行性。已经出现的许多新的结构和材料可被视为硅材料的潜在替代品，其中一些已经在经济上获得了成功，而另一些因技术制约而受到了发展的限制。

2. GaN 材料特性

自 20 世纪 50 年代后期以来，硅材料一直是功率器件和电源管理系统的主要材料。相对于早期的半导体材料，如锗或硒，硅材料的优势包括以下 4 个方面：

（1）硅材料使早期半导体材料的不可能应用变得可能；

（2）硅材料更可靠；

（3）硅材料在许多方面更容易使用；

（4）Si 基器件的成本更低。

所有这些优点都得益于硅材料的基本物理性质，而且 Si 基半导体制造基础设备和工程方面投入巨大。表 5-5 表明了三种半导体材料在功率管理市场应用方面的 5 个关键材料特性。

表 5-5　Si、SiC 和 GaN 的材料特性

参　数	单　位	Si	GaN	SiC
禁带宽度 E_G	eV	1.12	3.39	3.26
临界击穿电场强度 E_{crit}	MV/cm	0.23	3.3	2.2
电子迁移率 μ_n	cm^2/(V·s)	1400	1500	950
相对介电常数 ε	—	11.8	9	9.7
热导率 λ	W/(cm·K)	1.5	1.3	3.8

要比较这三种材料在器件性能方面的优劣，一种方法是计算它们在各自最佳情况下可达到的理论性能值。功率半导体器件被广泛应用于各种功率变换系统中，其关键性能参数包括传导效率（导通电阻）、击穿电压、器件尺寸、开关效率和成本。SiC 和 GaN 相对于 Si 而言，能够制备具有极低导通电阻、高击穿电压和更小尺寸的晶体管。半导体的禁带宽度与晶格原子之间的化学键强度有关，更强的化学键意味着电子更难从一个位置跃迁到下一个位置。所以，较大禁带宽度的半导体材料具有较低的本征漏电流和较高的工作温度。表 5-5 的数据表明了 GaN 和 SiC 都具有比 Si 大的禁带宽度。

3. 临界击穿电场强度（E_{crit}）

更强的化学键导致更大的禁带宽度，也会导致引起雪崩击穿时更高的临界击穿电场强度。器件的击穿电压可以近似如下

$$V_{BR} = (1/2)w_{drift}E_{crit} \tag{5-107}$$

因此，器件的击穿电压（V_{BR}）与漂移区宽度（w_{drift}）成正比。对于同样的击穿电压，SiC 和 GaN 材料的漂移区宽度是硅器件的 1/10 左右。为了维持这个电场，漂移区中的载流子需要器件在达到临界击穿电场强度时被耗尽。器件两端施加电压时，器件中的电子数（假设为 n 型半导体）可以用泊松方程计算得到

$$qN_D = \varepsilon_0\varepsilon_r E_{crit} / w_{drift} \tag{5-108}$$

式中，q 是电子电荷（1.6×10^{-19} C）；N_D 是耗尽区中的电子数；ε_0 是真空介电常数（8.854×10^{-12} F/m）；ε_r 是材料的相对介电常数。

由式（5-108）可以看出，如果材料的临界击穿电场强度高于传统硅材料的 10 倍，则相同击穿电压下施压两端之间的距离可以缩小 1/10。因此，耗尽区中的电子数 N_D 可以增大 100 倍，这就是 GaN 和 SiC 在功率变换中优于 Si 材料的原因。

4. 导通电阻（$R_{DS}(on)$）

多数载流子器件的理论导通电阻（以 Ω 为单位）可以表示为

$$R_{DS}(on) = w_{drift} / (q\mu_n N_D) \tag{5-109}$$

式中，μ_n 是电子的迁移率。结合式（5-107）～式（5-109），可以得到式（5-110）所示的击

穿电压和导通电阻之间的关系

$$R_{DS}(on) = 4V_{BR}^2 / (\varepsilon_0 \varepsilon_r E_{crit}^3) \tag{5-110}$$

对于 Si、SiC 和 GaN，利用式（5-107）可以画出图 5-51 所示的关系图。图 5-51 针对理想的器件结构，实际的功率半导体器件并不是理想的结构，所以要达到这个理论极限一直是一项挑战。对于 Si 基 MOSFET 的情况，用了 30 年时间才达到这个理论极限。

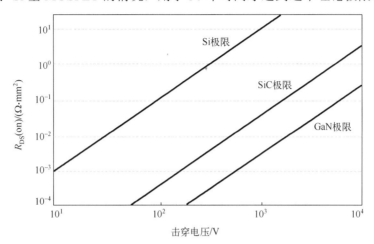

图 5-51　Si、SiC 和 GaN 基功率器件的击穿电压和导通电阻的关系

5．二维电子气（2DEG）

GaN 的晶体结构是六方的"纤锌矿"结构，如图 5-52 所示。这一结构具有强大的化学和机械稳定性，使其能够在高温环境下保持完整，不发生分解。与其他半导体材料相比，GaN 因其晶体结构而具有出色的压电性能，表现为卓越的电导率。这种压电效应主要是由晶格中的带电离子移动引起的。当晶格受到应变时，原子的微小位移将产生电场，其强度与应变程度成正比。通过在 GaN 晶体上生长一薄层 AlGaN，可以在界面处引发应变，从而诱导出图 5-53 所示的二维电子气（2DEG）。当施加电压时，这种 2DEG 能够高效地传导电子，如图 5-54 所示。

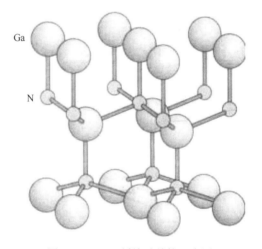

图 5-52　GaN 纤锌矿结构示意图

这种 2DEG 具有高的电导率，部分原因是电子被限制在界面处一个非常小的区域，这种限域性使得电子迁移率增大到 $1500 \sim 2000 \mathrm{cm}^2/(V\cdot s)$（未应变的 GaN 体材料的迁移率为 $1000 \mathrm{cm}^2/(V\cdot s)$），所以高浓度、高迁移率的电子是 GaN HEMT 的基础，这也是本书主要讨论的结构。

6．GaN 晶体管的基本结构

耗尽型 GaN 晶体管的基本结构如图 5-55 所示，其与其他功率晶体管一样，包括栅极、源极和漏极，源极和漏极穿过顶部的 AlGaN 层与下面的 2DEG 形成欧姆接触，使得源极和漏极之间形成了电流，当 2DEG 被耗尽时，半绝缘 GaN 缓冲层可以阻挡电流的流动。为了耗尽 2DEG，栅极位于 AlGaN 层的顶部。当栅极施加相对于漏极和源极的负电压时，2DEG 中的电子被耗尽，这种类型的晶体管称为耗尽型高电子迁移率晶体管（D-Mode HEMT）。

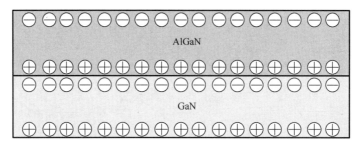

图 5-53　GaN/AlGaN 异质结横截面示意图（2DEG 的形成是两种材料界面处应变诱发的极化效应）

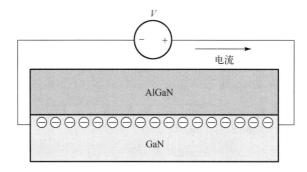

图 5-54　通过对 2DEG 施加电压，可以在 GaN 中产生电流

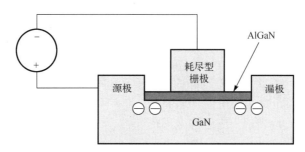

图 5-55　器件的栅极施加负电压时 2DEG 被耗尽（耗尽型 HEMT）

形成耗尽型 HEMT 器件有两种常见的方式。2004 年，最初通过在 AlGaN 层的顶部直接淀积金属层形成肖特基栅极而制备晶体管，如使用镍–金（Ni-Au）或铂（Pt）金属形成肖特基势垒；另一种方式是使用绝缘层和金属栅极，类似于 MOSFET，这两种类型的结构如图 5-56 所示。

在功率变换应用中，耗尽型器件的使用存在一定的不便之处。这是因为在开启功率变换器时，必须首先向器件的栅极施加负偏压。如果不这样做，器件将会发生短路现象。与之不同，增强型器件不受这种限制的影响，即使在栅极处于零偏压状态时，增强型器件也会处于关闭状态，如图 5-57（a）所示。因此，在这种情况下不会有电流通过器件，直到栅极施加正偏压，才会在源极和漏极之间形成电流，如图 5-57（b）所示。

制备增强型器件常用的 4 种结构包括凹槽栅增强型结构、注入栅增强型结构、p 型 GaN 栅增强型结构和共源共栅混合型增强型结构。

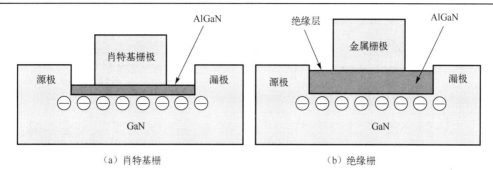

（a）肖特基栅　　　　　　　　　　　（b）绝缘栅

图 5-56　基本耗尽型 HEMT 横截面示意图

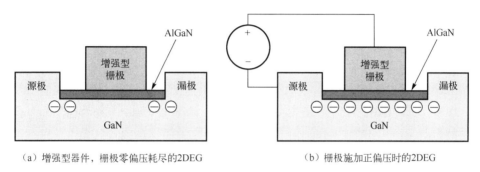

（a）增强型器件，栅极零偏压耗尽的2DEG　　　　　（b）栅极施加正偏压时的2DEG

图 5-57　增强型 HEMT 示意图

（1）凹槽栅增强型结构

之前详细讨论了凹槽栅结构的特性，这种结构是通过减薄 2DEG 上方的 AlGaN 势垒层（见图 5-58）而形成增强型的。通过减薄 AlGaN 势垒层，可使由电场产生的电压量按比例减小。当极化电场产生的电压小于由金属栅形成的肖特基内建电压时，栅极下方的 2DEG 消失。当栅极施加正偏压时，电子被吸引到 AlGaN 界面使得源极和漏极之间导通。

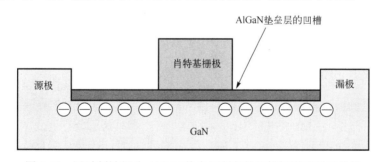

图 5-58　通过刻蚀部分 AlGaN 势垒层制备的凹槽栅增强型晶体管

（2）注入栅增强型结构

图 5-59（a）和（b）所示为在 AlGaN 势垒层中注入氟离子而产生增强型器件的方法。这些氟离子在 AlGaN 层中产生"陷阱"负电荷，用于耗尽栅极下面的 2DEG。当 AlGaN 层顶部为肖特基栅极时，形成增强型 HEMT。

（3）p 型 GaN 栅增强型结构

第一款商用 AlGaN/GaN HEMT 增强型器件在 AlGaN 势垒的顶部生长具有正电荷的 p 型 GaN（pGaN）层，如图 5-60 所示。这种具有正电荷的 pGaN 层产生的内建电压大于由

AlGaN/GaN 异质结压电效应产生的电压，所以耗尽了栅极下面的 2DEG，从而形成增强型 AlGaN/GaN HEMT 结构。

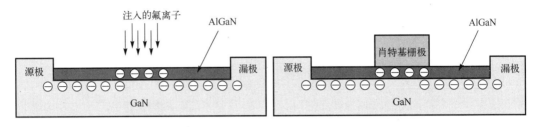

(a) 氟离子注入AlGaN势垒层　　　　(b) 施加正栅电压时，肖特基栅极下面重新形成2DEG

图 5-59　注入栅增强型结构

（4）共源共栅混合型增强型结构

构建片间互连增强型 GaN 晶体管是另一种方案，这种方法是将增强型硅 MOSFET 与耗尽型 HEMT 串联，如图 5-61 所示。在这种片间互连的电路中，当耗尽型 GaN 晶体管的栅极电压接近 0V 而导通时，MOSFET 在栅极施加正偏压的情况下导通，硅 MOSFET 与 GaN HEMT 串联，电流通过耗尽型 GaN HEMT 传导。当硅 MOSFET 栅极上不施加电压时，耗尽型 GaN 晶体管的栅极和源极之间产生负电压，GaN 器件被关断。

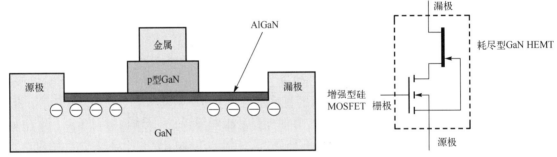

图 5-60　AlGaN 势垒层顶部生长 p 型 GaN，　　　图 5-61　低压增强型硅 MOSFET 与
零栅压时 2DEG 被耗尽　　　　　　　　　耗尽型 GaN HEMT 串联结构示意图

当 GaN 晶体管相比于低耐压（通常为 30V）硅 MOSFET 具有高导通电阻时，这种用于增强型 GaN 系统的解决方案是比较好的。由于导通电阻随器件击穿电压的增大而增大，当 GaN HEMT 具有高耐压且 MOSFET 具有低耐压时，这种方案是最有效的。图 5-62 显示了在这种连接电路中，由增强型硅 MOSFET 而产生的额外导通电阻。由于 MOSFET 具有低耐压特性，因此击穿电压为 600V 的这种器件只有约 3% 的额外导通电阻。相反，随着耐压的下降，GaN 晶体管的导通电阻减小，MOSFET 的导通电阻变大。所以，共源共栅混合型增强型结构的解决方案仅在耐压高于 200V 的情况下适用。

当漏极电压比栅极电压高至少 $V_{cs(th)}$ 时，增强型 GaN 晶体管也可以反向导通［见图 5-63（b）］。这种情况下，2DEG 再次聚集在栅极下方，电流从源极流到漏极。因为增强型 HEMT 没有少数载流子传导，所以器件工作类似于二极管，当取消栅极和漏极之间的正偏压时，器件会立即关断，这种特性在某些功率变换电路中非常有用。

共源共栅混合型晶体管与增强型 GaN HEMT 的导通方式相同，不同之处在于硅 MOSFET 的二极管传导反向电流，而且必须流过 GaN 器件。硅 MOSFET 二极管的正向压降导致了 GaN

HEMT 栅极到源极产生小的正电压，因此 GaN HEMT 正向导通。这种情况下，GaN HEMT 导通电阻形成的电压增大到了硅 MOSFET 的正向压降中。不同于其他增强型 GaN HEMT，共源共栅混合型晶体管有一定的恢复时间，这是由硅 MOSFET 的少数载流子注入引起的。

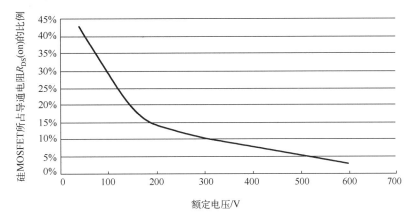

图 5-62　较高额定耐压时，低压硅 MOSFET 对该级联晶体管系统的导通电阻的贡献不大

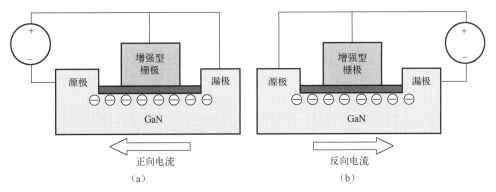

图 5-63　增强型 HEMT 晶体管可以正向、反向传导电流

5.2.3　Ga_2O_3 器件

以氧化镓（Ga_2O_3）为代表的超宽禁带半导体材料具有超宽的禁带宽度（约 4.8eV）和超高临界击穿电场强度（约 8MV/cm），因此具有击穿电压高、输出功率大等优点，成为目前的研究热点之一。

与常见的宽禁带半导体 GaN、SiC 相比，Ga_2O_3 材料的迁移率虽然不高，但是其击穿电场强度超大，电子饱和速度大，在高压低导通的电力电子领域具有巨大的优势。目前已知的 Ga_2O_3 材料的晶相共有 6 种，其中，β-Ga_2O_3 的热稳定性最高，单晶生长质量最好，是制备器件的最佳选择。基于 β-Ga_2O_3 制备的功率电子器件，其 Baliga（巴利加）品质因数是 GaN 器件的 4 倍，是 SiC 器件的 10 倍，是硅器件的 3444 倍。因此在相同的工作电压下，β-Ga_2O_3 器件的导通电阻更低、功耗更小，进而能够极大地降低器件工作时的电能损耗。此外，β-Ga_2O_3 单晶衬底与蓝宝石衬底的制备工艺类似，可以通过金属熔融法直接获得，目前 4 英寸 β-Ga_2O_3 单晶衬底工艺已经相对成熟，成本有望降至同尺寸 SiC 衬底的三分之一，因此在低成本方面具有极大的潜力。

　　与 GaN 功率器件相比，β-Ga_2O_3 功率器件没有电流崩塌现象，其可靠性更高；其击穿电场比 GaN 更高，理论上具有更高的输出功率。与 SiC 功率器件相比，β-Ga_2O_3 器件制作方法简单，且可利用平面型结构，更易于集成。当然，β-Ga_2O_3 的热导率较低，这也成为制约 β-Ga_2O_3 器件发展的瓶颈，因此，如何提高器件的散热效果成为目前亟待解决的关键问题。

　　Ga_2O_3 的材料外延技术主要有氢化物气相外延（HVPE）、金属有机化学气相沉积（MOCVD）和分子束外延（MBE）等。其中，HVPE 生长的材料尺寸较大、缺陷密度低、生长成本低，是目前材料生长的主流方法。但是，由于 Ga_2O_3 属于单斜晶系，其表面粗糙度较高，需要进行平整化处理，同时，由于其生长速率较高，其外延厚度不易控制。2022 年，韩国崇实大学在蓝宝石上通过 HVPE 生长 α 向 Ga_2O_3 薄膜，外延材料的 XRD 摇摆曲线如图 5-64 所示，外延的 Ga_2O_3 薄膜摇摆曲线的半高宽为 73arcsec（弧秒），并在此材料上制作了 MOSFET 器件，器件的击穿电压高达 2300V，表明 HVPE 生长的 Ga_2O_3 质量得到了显著提升。

　　相比于 HVPE 生长方法，通过 MBE 生长的外延材料厚度精确可控，但是，该方法的生长效率较低，且无法满足大尺寸外延的生长要求，在产业界并不是主流方法。即便如此，它依然是目前生长高质量外延材料的主要方法。

　　MOCVD 外延生长方法兼顾了 HVPE 和 MBE 两种方法的优点，它不仅可以获得较大的薄膜尺寸，而且可以有效地控制生长速率，是使 Ga_2O_3 外延生长步入产业化的有效途径。由于对该方法的研究起步得较晚，生长的材料质量还有待提高。

　　目前，Ga_2O_3 基功率二极管根据器件结构，可分为肖特基结构、场终端结构、鳍式沟槽型结构及 pn 结结构等，评价器件主要性能的参数有击穿电压、导通电阻、Baliga 品质因数等。

　　常规的 Ga_2O_3 基功率二极管主要由肖特基接触的阳极及欧姆接触的阴极构成。2013 年，日本 TAMURA 公司成功地制备出第一只 β-Ga_2O_3 基二极管，如图 5-65 所示，器件的击穿电压为 150V。

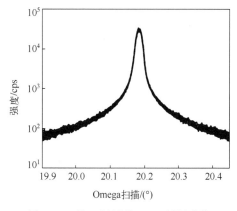

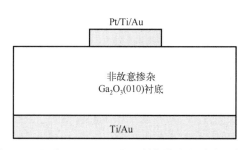

图 5-64　外延材料的 XRD 摇摆曲线　　　　图 5-65　日本 TAMURA 公司制作的常规功率二极管

　　从上面可以看出，仅采用常规肖特基结构的二极管的击穿电场距离其理论极限仍有较大差距。因此，若要获得更高的击穿电压及 Baliga 品质因数，器件需要进行新型场终端技术开发与改进。场终端技术主要是在阳极的边缘处通过离子注入或者金属电极等结构使得器件的电场分布更加均匀，从而起到削弱阳极边缘电场峰值的效果。随着 NiO 沉积技术的成熟，研究者尝试把高质量 p 型 NiO 与 n 型 Ga_2O_3 结合制备成异质 pn 结结构的 Ga_2O_3 二极管，以 pn 结代替肖特基结，提高其耐压特性。相对于 Ga_2O_3 功率二极管，Ga_2O_3 功率晶体管的研究目前还相对滞后，主要原因是难以获得绝缘衬底上高质量的外延材料，同时，高质量外延材料的尺寸较小，能够进行器件特性改进的物理空间较小。因此，Ga_2O_3 功率晶体管目前存在的问题较多，主要包括击穿电压低、电流密度低、增强型难以制备等。研究的主要方向包含场终端技术、垂直器件技术与增强型技术等几个方面，评价器件性能的主要参数有击穿电压、导通电阻、Baliga 品质因数等。

5.2.4　碳基纳米管器件

选择作为下一代亚 10nm 场效应晶体管沟道材料的潜在候选应非常谨慎，需要从多个角度进行全面评估，首先要考虑的因素是材料的薄度或厚度。众所周知，当晶体管沟道长度足够小时，源、漏极对沟道的控制会显著增强，犹如源、漏极和栅极争夺导电沟道控制权，导致晶体管的主要性能下降，这就是短沟道效应。解决短沟道效应的有效方法之一是增大栅电容，这也是 22nm 技术节点前广泛采用的策略，包括减小栅介质厚度和采用高 K 栅介质材料。然而，由于量子隧穿效应的限制，栅电容改进的潜力已经受到限制。另一种方法是减小沟道的厚度，沟道越薄，越容易受到栅的控制，所以抑制短沟道效应的能力越强。因此，Si 基集成电路中采用的绝缘衬底上的硅技术（SOI）和 FinFET 技术就采用减薄沟道的策略，以抑制短沟道效应。

其次，沟道材料的电子迁移率和空穴迁移率应足够高。迁移率表示载流子在电场中漂移的速度，影响晶体管的关键性能参数，如跨导、饱和电流等。拥有更高本征迁移率的材料具有更高的器件跨导、更快的速度、更容易实现更高的饱和电流。

再次，半导体沟道材料应具有较长的载流子平均自由程，以实现弹道输运。在这种输运模式中，载流子在晶体管沟道中传输时没有损耗，从而可以制备出弹道晶体管，以降低功耗。

最后，所选材料必须具备可批量制备的特性，这是实现产业化的前提。在所有这些考虑因素中，碳纳米管凭借其极小的尺寸（直径 1～3nm）、超高的本征电子/空穴迁移率，以及超长的载流子平均自由程而脱颖而出。

结合尺寸缩减潜力和弹道输运特性，可使碳纳米管晶体管和集成电路具备超低工作电压驱动的潜力，从而在低功耗方面具有巨大优势。综上所述，在沟道材料的选择中，碳纳米管沟道同时具备了天然小尺寸、更好的尺寸缩减潜力、高开态驱动和低功耗潜力等晶体管的关键因素。

碳纳米管电子学的进展曾受到 n 型器件的瓶颈所制约，这个问题直到 2007 年才得以解决。当时，北京大学的研究人员发现，低功函数金属钪（Sc）可以与碳纳米管形成良好的欧姆接触，从而实现了 n 型碳纳米管弹道晶体管。Sc 不仅能够与碳纳米管形成良好的浸润，还能够与碳管的导带形成良好的欧姆接触，这使得电子可以被精确地、无阻地注入碳管，从而实现了 n 型器件。这些器件在低温下的开态电导达到了 $0.6G_0$（$G_{on} = 0.6G_0$，$G_0 = 4e^2/h$），甚至达到了室温下的很高数值，其性能达到了与 p 型最佳性能相当的水平。后来研究发现，金属钇（Y）也可以形成 n 型欧姆接触，因此采用金属钇电极不仅可以降低 n 型碳纳米管晶体管的制作成本，还可以实现碳纳米管技术与基于钇的氧化物的顶栅工艺的良好兼容。

碳纳米管器件的极性可以通过接触电极的功函数来控制：使用钯（Pd）作为源漏接触可以制备高性能的 p 型碳纳米管场效应晶体管，而使用 Sc 或 Y 作为源漏接触可以制备高性能的 n 型碳纳米管场效应晶体管。这为制备碳纳米管 CMOS 器件提供了一种简单的方法：在同一根碳纳米管上分别蒸镀 Pd 电极和 Sc 电极，两个 Pd 电极之间的器件为 p 型，而两个 Sc 电极之间的器件则为 n 型。这个过程无须进行任何掺杂,因此被称为"无掺杂"的碳纳米管 CMOS 工艺。结合顶栅自对准技术,可以实现图 5-66 所示的碳管 CMOS 顶栅器件。图 5-66(b)、(c) 和(d)所示的器件转移曲线和输出特性曲线表明,p 型碳纳米管晶体管和 n 型碳纳米管晶体管的主要参数非常对称,包括饱和电流、开态区跨导、开态电导、亚阈值斜率等参数。

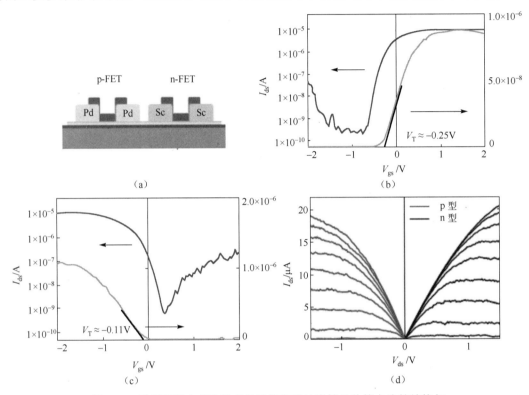

图 5-66　采用顶栅自对准技术的无掺杂碳纳米管晶体管电路的结构与
完美对称的 p 型和 n 型转移曲线和输出特性曲线

　　随着对碳纳米管及其晶体管工作原理的深入理解,碳纳米管能广泛应用的优势逐渐显现。这些优势包括低工作电压、高速运行能力及本质上的一维特性,这些使其在多个领域都有巨大的应用潜力。首先,在数字集成电路领域,碳纳米管由于具有低工作电压和高速度,因此是高性能、低能耗的理想选择,其一维结构使其能够实现高速的数字逻辑操作;其次,在射频器件领域,碳纳米管的高载流子迁移率使其在空间通信、高速无线电路、车辆雷达等需要快速信号传输的应用中具备显著优势,这有望带来更高的通信效率和性能。此外,作为一种纳米材料,碳纳米管的集体性能在宏观弯曲条件下变化不大,因此在可穿戴传感器、柔性显示器等领域有着巨大的应用潜力。碳纳米管可以用于制造柔性和透明的电子器件,为创新的应用场景提供支持。

　　综上所述,碳纳米管在低能耗数字电路、高速射频器件和柔性透明电子领域都有广泛的应用前景。

5.3　思考题和习题 5

1. 相比于以 SiO_2 为绝缘栅材料的 MOSFET,高 K 栅 MOSFET 具有哪些优势?

2．简述 SOI MOSFET 的阈值电压与硅层厚度之间的关系。

3．单鳍 FinFET 和三鳍 FinFET 各自的优势与劣势是什么？

4．简述功率 MOSFET 器件的结构与特性。

5．功率 U-MOSFET 导通电阻的组成是什么？影响因素有哪些？

6．简述超结 MOSFET 的工作原理与优势。

7．与 Si 相比，SiC、GaN 等第三代半导体材料的优势是什么？

8．列举 SiC 肖特基二极管的优点。

9．以 AlGaN/GaN 异质结结构为例，解释二维电子气产生机理。

10．说明 HEMT 的工作原理，试比较它与 MOSFET 的异同。

11．什么是碳纳米管？简述碳纳米管的特点。

第6章　表征与测量

随着信息技术的进步，芯片的集成度不断提高，结构变得越来越复杂，这对于半导体器件或芯片的设计、制造和封装都提出了更高的要求。为了确定半导体材料、器件、电路及系统是否具有特定的特性和功能，一般采用半导体表征技术和测量方法进行测试。表征（Characterization）是对没有标准的参数或特性进行研究，而测量（Measurement）按照国际标准进行，从而确保测试是有意义的。通过半导体表征可以获得关于半导体材料、器件的物理和化学特性信息，半导体测量则按照一定的标准精确计量器件或芯片，从而获得相关工程信息，两者都是半导体器件研究和应用的基础。

为了发现已经存在和未来可能发生的问题，各类测试是不可缺少的，半导体产业链中的测试环节如图 6-1 所示。在芯片设计中，通过工具进行规则检查、前/后仿真、时序分析等验证环节，从而判断设计的正确性；在半导体制造过程中执行来料检查、工艺监控和晶圆可接受测试等步骤，可以有效地监控工艺和器件参数；在半导体封装中，经过芯片探针、工艺监控和终测（功能测试和参数测试）等环节，确保将合格芯片交到客户手中；此外，整个半导体产业需要可靠性测试来及时发现芯片失效或故障，筛选出不合格产品；关于测试过程中发现的各类问题，可通过失效分析找出失效或故障的原因并提出改善措施，从而提高生产良率。

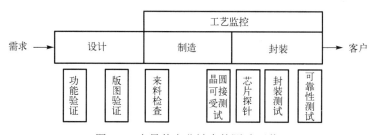

图 6-1　半导体产业链中的测试环节

电子领域有条被经验证明的 10 倍法则，即"如果一个芯片故障没有在芯片测试时发现，那么在 PCB 级发现故障的成本为芯片级的 10 倍"。很明显，尽早地发现生产中的失效或故障对于降低制造成本是很有意义的，所以，工程中相关信息的采集应具有"及时性"，这对半导体表征技术和测量方法提出了更高的要求。为了不影响生产效率，芯片制造和封装过程中通常以在线测试为主，而离线测试常作为辅助手段，用于特定问题的深入分析，其在可靠性测试（老化除外）和失效分析中较为常见。在线测试与离线测试所使用的表征技术和测量方法明显不同，前者多以无损检测技术为主，比如光学、激光、X 射线、光电、电容、超声波及热磁等，后者则没有太多的限制，可以使用机械、电子束、离子束等，非常直观、准确性较高。此外，工艺监控中还注重原位测试，采用无损检测技术以监测半导体器件在实时和原位条件下的变化，并进一步确保满足严苛的测试速度和环境要求。

本章按照半导体器件或芯片制造封装的流程，介绍来料检查、工艺监控、晶圆可接受测试、芯片探针、可靠性测试及失效分析等环节涉及的主要表征技术和测量方法。

6.1　来　料　检　查

半导体产业需要的材料复杂，最基础的衬底是由电学上的半导体材料制成的，其中硅是最具代表性的，占据最大的市场份额。除硅外，锗、砷化镓、碳化硅、氮化镓等也经常用来制作衬底，它们各有利弊，并无绝对的替代关系，而是在特定的应用场景中存在各自的比较优势。在工业生产中，硅衬底经过精炼石英矿石，直拉生长超纯硅锭，研磨锯切和抛光等步骤制造，并以晶圆的形式存在。晶圆应具备近乎完美的晶体特性和高标准的纯净度，以 12 寸单晶硅晶圆为例，纯度要求在 99.999999999% 以上，表面平整度小于 1nm，微粒小于 1nm。更重要的是，随着半导体制程的发展，对芯片缺陷密度、尺寸的容忍度不断降低，未来质量要求将会更加严格。总之，半导体器件质量的提高在很大程度上取决于晶圆的质量改进，同时高质量晶圆可以满足新器件和新工艺对性能的要求，明显提高产品的成品率。

半导体工业中使用的硅片主要有抛光片、外延片、退火片、结隔离片及 SOI（Silicon-On-Insulator Wafer，绝缘衬底上的硅）片等，如表 6-1 所示，不同类型硅晶圆的制造方法和用途有明显区别，因此在半导体制程开始之前，进行晶圆选型与品控至关重要，这就是来料检查（Incoming Quality Control）。来料检查又称来料品质检验，可以及时发现工艺问题，有效积累工艺数据，从而提高产品质量，降低制造成本。常见的质量规范包括表面规格、电学标准、机械标准、化学标准等，相关测试项目有表面缺陷、电阻率、导电类型、几何尺寸及碳氧含量等。

表 6-1　不同类型硅片的对比

	方　法	目　的	用　途
抛光片	研磨和化学腐蚀	去除平整性瑕疵，去除表面缺陷	存储芯片、功率器件
外延片	以原始硅片为籽晶进行薄膜沉积	控制晶格缺陷，满足线宽需求；调控外延层参数，优化芯片结构	CPU、GPU 等先进制程
退火片	在惰性气体环境中进行高温退火	减少抛光引起局部的原子晶格缺陷及硅片表面的含氧量	CMOS 电路、DRAM
SOI 片	键合或离子注入	减小寄生电容，抑制短沟道效应，提高集成度，提高运行速度，降低功耗	射频芯片、功率器件、传感器等
结隔离片	光刻、离子注入和热扩散	实现客户特定的电气性能需求	—

6.1.1　表面缺陷检测

晶圆不可避免地存在晶界、层错、孪晶等缺陷，在运输、制造、加工过程中可能引入颗粒异物、划痕、缺失等，可能会影响半导体器件的电气特性，因此，缺陷检测在半导体制程中是必不可少的步骤。工业中将缺陷分为表面缺陷和结构缺陷，表面缺陷出现在产品表面的局部位置，容易被肉眼或光学显微镜所发现，结构缺陷产生机制相对复杂，可能涉及整体结构，被探测和判断的难度较大。在来料检查及工艺监控中，通常以检测表面缺陷为主，兼顾显现在表面及次表面的结构缺陷，又称为表面缺陷检测，是公认成本最优的检测方式之一。常见的表面缺陷有晶体缺陷、表面冗余物和机械划伤等。对于晶体缺陷，通常用横断面技术来检测晶圆体内微缺陷，即通过高温或氧化等方法处理晶圆，再切割显示横断面，使用显微镜观察，通过计数的方式计算缺陷密度，如 12 寸晶圆中每平方厘米的缺陷不到 1 个。表面冗余物通常是在制造工艺中产生的，可以通过环境及工艺的改善来减少灰尘和颗粒，并采用有效的清洗手段去除，典型的硅片洁净度要求是在 8 寸晶圆表面每平方厘米少于 0.13 个颗粒，尺寸要小于或等于 0.08μm。而机械划伤不允许存在，可通过研磨、抛光等方式消除。

缺陷最有可能发生在漫长而复杂的制造过程中，以目检为代表的缺陷检测对于制造封装的每个环节来说都是不可忽视的，一般只做外观测试，不能做功能测试。表面缺陷在晶圆上会显示出独特的图案，如环形、斑点、重复和簇等，主要采用光学的方式进行检测或捕捉，按发展阶段可以分为人工目检、半自动检测、自动光学检测等。

1．人工目检

人工目检又称镜检（显微镜检查），是利用人的眼睛及光学放大技术对产品质量问题进行检查，并利用大脑进行人工判断的外观检测技术，是公认的简便易行且效率很高的筛选方法。在实际的测试中，需根据半导体器件主要的失效模式和机理，结合具体的工艺情况来合理制定标准，质检人员则按照标准操作规程进行检查和评估，识别表面冗余物、晶体缺陷、机械划伤，以及芯片的缺陷、连接不良等情况后，剔除残片、次片等不符合生产规范的芯片，提高产品的一致性。目前仍有企业招聘大量的质检工人，采取流水线的形式进行检测，即用肉眼或低倍显微镜粗略检查外观，定性发现异物、划痕、裂纹、崩边等明显缺陷，再在高倍显微镜下进行精检，精确测量尺寸、形状、位置等信息，从而识别微小缺陷。

显而易见，人工目检的成本低、见效快、灵活性高，可对各种不同错误进行判定，且缺陷检测的准确率可能更高，但在很大程度上受到质检员的主观条件和工作经验的影响，存在偶然性、随机性、重复性差及不能定量分析等问题，同时缺陷随着集成化程度的进一步提高变得更加微小，人工目检很难分辨，不能满足半导体制造行业高密度和高产量背景下的可靠性要求，仅适用于对产品出错成本不高的产品进行质量检测。

2．半自动检测

半自动检测又称自动视觉检测，其将自动化技术与光学技术相结合，为电子显微镜或工业相机增加明场、暗场、斜射、偏光多种模式，提高取像的质量和清晰度，有效弥补人眼识别的不足，然后由人工进行检测，结合电子影像及人脑进行判读。为提高检测速度，通常采用工业机器人在晶圆盒和目检机之间逐片取放晶圆，通过移动鼠标或操作按键改变晶圆的转向，实现晶圆正反面宏观检测。

与人工目检相比，半自动检测明显提高了获得有效信息的能力，更容易发现微小的缺陷，扩大了可识别缺陷范围，但仍然依靠人脑进行识别，在可靠性及稳定性上存在不确定性。

3．自动光学检测（Automated Optical Inspection，AOI）

AOI 以半自动检测为基础，以机器视觉作为检测标准，是人工智能与光机电的结合。简单地说，AOI 采用不同的光源、不同的照射角度及不同像素的相机，使产品的缺陷跟背景区分开，然后利用缺陷图像的颜色、灰度、形状、大小等来识别异物或图案异常等瑕疵，通过算法进行处理、分析及判断缺陷并分类，精准高效地输出检测结果，是目前缺陷检测的最优解。AOI 流程主要包括图像采集、数据处理、图像分析、缺陷报告等步骤。

（1）图像采集

通常摄影获得的图像需要与模板进行比较，因此获得图像信息的准确性对检测结果非常重要。图像采集系统主要包括摄影系统、照明系统和控制系统。

摄影系统是指光电二极管和匹配的成像系统，相当于人眼获取图像，其原理是光电二极管接收被测物体反射的光并产生电荷，由光电传感器收集并传输形成电压模拟信号，不同强度光强所产生的电压不同，从而可识别不同的被测物体。

照明系统用于确保被测对象的特性与其他背景不同，涉及光源的光谱特性、入射角度等。光源按照波长的不同，可分为可见光和特殊波长两种，前者通常用红绿蓝 LED 光源，通过光的反射、斜面反射、漫反射得到大部分信息，后者覆盖红外线或紫外线波长，用于特殊残留检测、特定缺陷检测及成分分析。光源按照入射角度的不同，可分为同轴光源、侧光源和背光源三种：同轴光源具有高密度、高亮度和均匀性，可突出物体表面的不均匀，克服表面反射造成的干扰，主要用于检测平整表面的碰撞、划痕、裂纹和异物；侧光源从很小的角度照射，几乎与物体表面平行，产生的反射面及反射强度可以提供丰富信息，适用于有一定高度的缺陷检测；背光源是利用被检测物体不同部位的光透射率差来实现检测的，适用于被测物体的缺失部分。

对于控制系统，因为光电传感器的视野范围有限，在与物体同步移动不匹配时会造成图像拉伸、收缩等变形，影响数据的准确，所以软硬件协调对于拍摄清晰的图像是非常必要的。

（2）数据处理（数据分类和转换）

数据处理是对采集的图像进行处理，为图像对比提供可靠的图片信息，主要包含背景噪声减小、图像增强和锐化等。

在图像获取过程中，杂散光、半导体器件的噪声及温漂、光源的不稳定、机械系统的抖动等因素，都会使得图像变得模糊，因此滤除噪声是抑制和防止干扰的一项重要措施。滤波的方法有很多，对 AOI 图像通常采用低通滤波平滑法来减小背景噪声，积分和平均值运算就是平滑实现的方式，主要有空域滤波与频域滤波两种方式，前者通过直接在图像空间中对邻域内像素进行处理，增强或减弱图像的某些特征，而达到平滑或锐化目的；对于后者，由于噪声集中在高频部分，因此可以在频域中构造低通滤波器而有效地阻止高频分量，再经过反变换来获得平滑的图像。

图像增强和锐化则是指提高被检测特征的对比度，突出图像中需要关注的特征，忽略不需要关注的部分，这就需要根据不同的应用场合选择不同的阈值取值方法。最简单的是图像二值化处理，就是给图像设定适当的阈值，把像素点的灰阶值定义为 0 和 255 两种极端值，图像数据量明显减小，让整幅图像有突出的黑白效果，凸显出需要关注的轮廓。对于频域增强，它是通过改变图像中的不同频率分量来实现的，不同的滤波器滤除的频率和保留的频率不同，可获得不同的增强效果（正/反傅里叶变换）；对于空域增强，其直接在空域对图像的像素进行处理，最常用的是直方图法，即图像中任意像素分布在某灰阶等级上的概率密度，用于增强动态范围偏小的图像反差，图像整体对比度得到明显增强，有利于缺陷的观察与判定。图像锐化是指补偿不清晰图像的轮廓，增强灰阶跳变的部分和图像的边缘，是图像平滑的逆过程，需要进行微分运算，可采用高通滤波方法使图像边缘清楚化。

（3）图像分析（特征提取和模板比较）

图像分析相当于人脑，对于图像中拥有独有属性的特征，使用算法实现图像属性的量化表达，再分割图像，最后完成比对分析处理。

对于特征提取，方向梯度直方图较为常见，它将归一化的图像分割为若干小块，再在每一小块内进行亮度梯度的直方统计，最后串联起来。对于图像分割，最简单的是基于度量空间的灰度阈值分割法，是根据图像灰度直方图来决定图像空间域像素分类，由于只使用图像灰度，因此结果对噪声十分敏感，可加入梯度等信息来改善分割效果，但运算速度较慢。

模板比较主要包含模板匹配、模式匹配、统计模式匹配等。模板匹配就是预先采集无缺陷的标准样品图像，将采集到的图像与模板进行比对，然后平移到下一个单元进行同样的比对，当出现的灰阶差异达到设定的阈值时，就判定为真正的缺陷。模式匹配则要求系统存储无缺陷及多种有缺陷样品图像信息，所有采集的图像与这些信息做匹配，判断是否合格。统计模式匹配是利用统计学，结合模式匹配，通过与已经存储的样品图像信息做匹配，能够适应较小的可接受偏差而不会出现错误。值得注意的是，阈值的设定过于严格会导致误判概率增大，而过于宽松会导致漏检概率的增大，这对被测物体的特征提取提出了很高的要求。

（4）缺陷报告

缺陷信息是否上报，主要是通过增加比对次数和扩大范围，来提高检测结果的准确度的，对于复杂情况可以进行多重判定算法，比如针对不同缺陷物质的特性对不同波长光的敏感度分别设定阈值，一般采集不同波长下的灰阶值，并追加三者之间判定的逻辑关系以提高检出的正确性，可以达到很好的效果。

AOI 可以把生产过程中各工序的工作质量及出现缺陷的类型等情况收集、反馈回来，供工艺人员分析和管理，广泛应用于 LCD/TFT、晶体管与 PCB 等制造领域，可与诸多工艺设备整合，替代长时间的人工分析，有效提高产品检测速度，提高可靠性及稳定度，是生产过程及质量控制的有效工具，适合长时间高吞吐量情况下进行的严格检测。

6.1.2　电阻率

电阻率及其分布的均匀性是评估半导体导电性能的重要指标。对于工业用晶圆，除外延片外，其他类型的电阻率通常不是均匀的（典型值为 $1 \sim 10\Omega \cdot m$），后续制程通过高温、离子注入等方式调整材料的电阻率，可以影响串联电阻、电容、阈值电压、放大倍数等电学参数。

电阻率依赖于自由电子和空穴的浓度 n 和 p 及自由电子和空穴的迁移率 μ_n 和 μ_p，满足

$$\rho = \frac{1}{q(n\mu_n + p\mu_p)} \tag{6-1}$$

在实际应用中，由于载流子浓度与迁移率的表征难度和成本远高于电阻率 ρ，通常采用电阻率的直接测量技术。

1. 晶圆映射（Wafer Mapping）

工业中有时需要对晶圆上的每个位置都进行电阻率的测量，这种模式称为晶圆映射或晶圆图，可理解为晶圆图绘，早期使用二维或三维的等高线图，如图 6-2（a）所示，这比表格形式可更直观地表现数据和过程，比如离子注入的均匀性、扩散分布，以及电阻率影响器件的串联电阻、电容、阈值电压等，对于半导体器件或芯片的质量控制是很必要的。

工业中还可以通过制作基于编码网格的晶圆图来可视化半导体器件或芯片的性能，从而进一步分析影响产量偏差的任何可能原因。大致流程是：原始晶圆的衬底区域（网格）是空白的，然后根据参数的测试结果为每个区域赋值，例如，合格区域赋值为 01，不合格但在结果阈值范围内的区域赋值为 00（可能被修复），超出结果阈值的不合格区域赋值为 10（无法

修复），网格排列显示就可以标记和判断晶圆处理状态的分布，从而清除不合格芯片，同时提供芯片空间信息来追溯管芯在晶圆中的位置。此外，不合格芯片在晶圆上聚集成分布图案，使工程师能够根据缺陷簇的类型追踪故障原因，从而推进生产过程的改进。

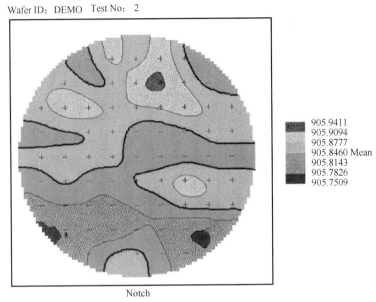

（a）等高线图

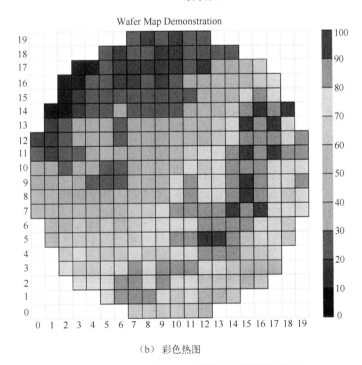

（b）彩色热图

图 6-2　晶圆映射的两种形式

晶圆图还可以覆盖其他电学和光学测试，包含薄膜厚度、掺杂浓度等信息，并将多道工序的映射数据整合，按照一定标准关联不同公司和设备的测试与质量数据，根据相关结果的分类（识别）绘制出具有圆形边界的彩色热图（Heat Map），成为确定制造过程中故障原因的重要信息，如图 6-2（b）所示。晶圆图的概念可扩展到设计、封装、测试等步骤中，每一道工序的数据（如良率、企业资源计划、物料管理）传输到管理系统中进行存储和分析，从而实现半导体工业全流程的可追溯，是当今用于分析半导体制造过程中数据的最流行的方法之一。

2. 方块电阻（Sheet Resistance）

在半导体工业中，常通过外延、溅射、蒸发、CVD 等方式制造微米甚至纳米级厚度的薄膜，其膜厚、均匀性、散热特性的能力大多和薄膜的导电性能相关，而这些薄膜存在任一面积远大于厚度（通常小于 $10\mu m$）的情况，为了实现有效表征，人们提出了薄膜电阻的概念，薄膜电阻是薄层厚度均匀时电阻率的一种特殊情况，通常比厚膜电阻（如普通电阻）具有更高的精度。

对于常规三维导体，其中 ρ 代表电阻率，A 代表截面面积，L 代表长度，截面面积 A 可被分解为宽度 W 和薄膜厚度 t，有

$$R = \rho\frac{L}{A} = \frac{\rho}{t}\frac{L}{W} = R_S\frac{L}{W} \tag{6-2}$$

式中，R_S 为薄膜电阻，描述的是电流从一个平方区域流向相对平方区域的电阻，对于正方形的情况，存在 $L=W$，则 $R=R_S$，所以方块区域的电阻仅与 R_S 及厚度有关，与正方形的尺寸无关，这就是方块电阻，其单位为 $\Omega/\square$。这里认为薄膜是二维实体，描述的是通过薄正方形材料测量的横向阻力，即电荷沿着薄膜传播（而不是垂直于薄层平面），也可称为表面电阻。

对于规则的三维导体，可以将薄层电阻乘以薄膜厚度来计算。

在半导体工业中，方块电阻可以用于比较具有显著不同尺寸器件的电学性能，是设计和制造之间的接口，例如，设计人员可以根据工艺库将实际的电阻值转换为方块电阻，制造人员可以根据方块电阻确定实际的电阻值。

3. 接触测量

电阻率及方块电阻的测量方法可分为接触测量与非接触测量两大类，其中接触测量包括以四探针法为代表的电势测量法和肖特基结探针法。

（1）四探针法，常见的有线性四点法、范德堡法等。

测量方块电阻的标准方法是四探针法，是一种直接测量方法，无须换算和调整，可以用来作为其他方法测量的参考标准，同时具有测试区域小、测量量程覆盖大等特点。该方法适用于具有足够导电性的材料，半导体工业中常用于测量扩散/离子层、外延层、导电薄膜及新材料的方块电阻。

线性四点法的 4 根金属探针以一字形排列，如图 6-3 所示，两根探针分别作为电流源和电压源，另两根探针用于测量电流和电压。在测量过程中，将探针放置在材料的表面，施加电流并测量电压，可以计算出电阻率

$$\rho = C\frac{V}{I} \tag{6-3}$$

式中，C 为四探针的探针系数，它的大小取决于 4 根探针的排列方法和针距。同时要求样品电阻率是均匀的，厚度必须大于 3 倍针距，且探针与样品有良好的欧姆接触。

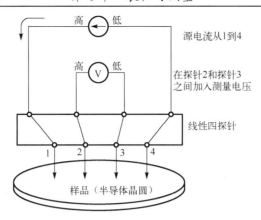

图 6-3　四探针电阻率的测试电路

与线性四点法测量传感方向电阻率不同，范德堡法采用围绕样品周边放置的四点探针，提供样品的平均电阻率，这对于各向异性材料很重要。在测试过程中，依次在相邻电极施加电流，测量另一对电极的电压，然后反转电流再测电压，对两次电压测量值取平均值，用来消除热电动势，这样使用 8 次测量的电压值和电流值计算电阻率，对样品的几何形状没有严格限制。此外，通常霍尔系数测试和电阻率集成在一起。霍尔效应是由磁场中的洛伦兹力引起的运动材料中载流子的偏转，导致正、负电荷在垂直于电流和磁场的方向上积聚，从而形成额外的横向电场。通过霍尔系数的符号可判断半导体材料的导电类型，根据霍尔系数及其与温度的关系可以计算载流子的浓度，从而确定材料的禁带宽度和杂质电离能，与电阻率联合可以确定载流子的迁移率，测量低温霍尔效应可以确定杂质补偿度。

对于电阻率与深度的关系，通常采用剥离表面（薄层）→测量电阻率→剥离→测量，如此反复，差分霍尔效应方法就是这样测纵向载流子浓度分布的，对于测量激活的杂质是最有效的。

（2）肖特基结探针法，主要包括三探针法、C-V 法等。

对于相同导电类型、低阻衬底的外延层等情况，由于电流会在低阻区短路，因此需要采用三探针法来测量电阻率，原理是将其中一根探针与样品构成肖特基结，在其上加一个反向偏压，当它增大到一定值时发生雪崩击穿，此时反向电流突然增大，通过击穿电压可计算出电阻率。C-V 法既可以测量低阻衬底同型材料，又可以测量高阻衬底异型材料，原理是探针与样品表面接触，形成金-半结构，在它们之间加一直流反向偏压时势垒宽度会改变，当叠加高频小信号时，其势垒电容随偏压的变化而变化，得到电容-电压的变化关系，从而获得掺杂浓度及其分布。

4．非接触测量

四探针法等测量方法虽属于非破坏性方法，但探针与样品接触，仍存在损伤可能，且运行速度相对较慢，不适合在线测量，多用于局域抽检或离线测量。在制造过程中，更多地使用非接触技术对电阻率进行间接测量，可以避免接触电阻的影响，一般分为电学测量和非电学测量。

（1）电学测量常见的有电容法、电感法、微波法等。

涡流法是电感法的一种，通常把低电阻固体材料放在交变磁场中，体内产生感应电流并自成回路，像水的旋涡，即涡流，通常涡流不是均匀分布的，而是移向表面的，在高频磁场下，电流集中在表面，用线圈或电容来测量涡流（阻抗）并与无样品时对比，可以发现其相位发生偏移，这是由材料的电导率引起的，从而可计算样品的电阻率。涡流法得到的是整个样品的平均电阻率，需要准备标准片校准，且样品厚度不能太小，否则涡流容易穿透，会影响测试结果。另外，涡流法要求样品衬底和导电层的方块电阻差距在 100 倍以上，这是扩散和注入很难达到的，主要用于测试均匀掺杂晶圆、半导体上金属层的电阻和厚度等。

（2）非电学测量主要以光学方法为主，包括光调制光反射、太赫兹时域光谱等。

光调制光反射（热波）是用一束氩激光加热晶圆表面的一个很小的区域，引起硅体积增大，从而引起表面光学性质的改变，用第二束激光探测热膨胀和光学性质的变化，从而表征自注入杂质的种类与注入量，因此不需要激活杂质，主要用于测量低剂量离子注入，这是电学方法不擅长的。太赫兹时域光谱和红外吸收光谱类似，一束飞秒激光脉冲经过时间延迟系统与光电导天线作用产生太赫兹波，入射到材料表面，用探测脉冲检测反射/透射太赫兹信号的振幅和相位等信息，由于两束激光具有时间的相关性，因此进行傅里叶变换能直接得到样品的电阻率、折射率、透射率、介电常数等信息。晶体中晶格的低频振动吸收、分子间弱相互作用等处于太赫兹频带范围，太赫兹频带范围对探测物质结构非常灵敏。

6.1.3　几何尺寸

除对表面缺陷、电学性能等提出了要求外，高速发展的半导体产业对晶圆的几何尺寸提出了更高的要求。典型硅晶圆的几何尺寸如表 6-2 所示，随着晶圆直径的不断增大，厚度随之增大，保证其不会在处理过程中破裂，同时所含晶片的数量大幅增大，减少了面积上的浪费（其中，每片晶圆上晶片的数量为晶圆的面积除以晶片的面积）。

表 6-2　典型硅晶圆的几何尺寸

晶圆尺寸/mm	晶圆尺寸/英寸	厚度/μm	每片晶圆所含 10mm×10mm 晶片的数量
25.4	1	—	—
50.8	2	275	—
76.2	3	375	—
100	4	525	56
125	5	625	—
150	6	675	—
200	8	725	269
300	12	775	640

硅片的几何参数主要有直径、厚度、平坦度、粗糙度等。

1. 直径

晶圆的直径是指通过中心点横穿表面且不包含参考面或基准区的直线尺寸，可以使用基于多传感器的光学比较仪（轮廓投影仪）和标准测量块组[符合国际半导体产业协会（SEMI）规范]进行测量。大致方法是把硅片置于样品夹具中，使样品的投影图像对准水平轴，旋转测微计的转轴，使硅片边缘与垂直轴接触，如图 6-4（a）所示，得到测微计数据 F。选用一个长度为 L 的标称直径测量块，旋转测微计转轴，使硅片边缘与垂直轴接触，如图 6-4（b）所示，得到测微计数据 S，可以得到硅片的直径：$D=L+(S-F)$。根据不同的导电类型和晶向，选取三个方向测量硅片的直径数据，可计算出硅片的平均直径。

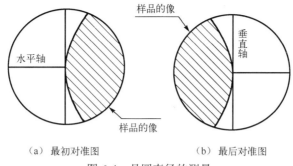

（a）最初对准图　　　　（b）最后对准图

图 6-4　晶圆直径的测量

2. 厚度

厚度是指给定点处穿过晶圆的垂直距离，中心点的厚度称为标称厚度，单位是 μm，其测量分为接触式和非接触式，前者使用测厚仪或千分尺，后者多采用静电电容法或干涉法实现。

静电电容法需要旋转晶圆，如图 6-5（a）所示，在其上、下探头之间输入高频信号，晶圆放置于两个探头之间（距离是精确已知的 a），传感器的电容板和晶圆正表面形成电容结构，可以求出传感器与硅片的距离 c，同样获得传感器与另一表面的距离 b，则晶圆厚度 $t=a-b-c$。

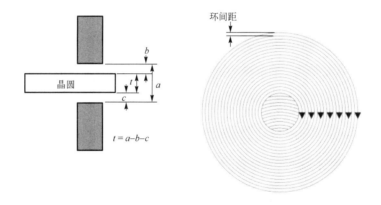

（a）静电电容法

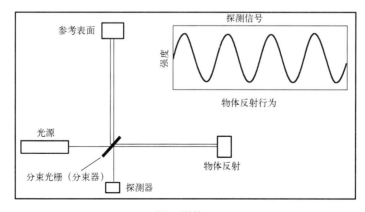

（b）干涉法

图 6-5　晶圆厚度的测量

干涉法一般采用单测头即可完成晶圆减薄厚度的测量，原理是近红外光透过晶圆，一部分下表面光可以反射回光路系统，与上表面的光形成干涉条纹。通过解析干涉信号即可获得晶圆的厚度数据。该方案的优势在于单边测量，能够在晶圆减薄的过程中实时监控厚度，这类场景的精度在百纳米级别，对效率的要求较高，通常要求 10kHz 以上的测量频率。

干涉仪是一种比较两个物体的位置或表面结构的仪器。振幅干涉仪的两个基本分束组件由光源、分束器、基准面和测试面组成，如图 6-5（b）所示。分束器从单个光源创建参考光束和测试光束。当两个光束重新组合时，观察到的强度会随着这些光束的振幅和相位而变化。假设两个光束的强度相等，并且在重新组合点处完全同相，则合成的强度是任一光束强度的4 倍。当两个光束在重新组合且完全不同步时，会发生相消干涉，即光束相互抵消，产生的强度为零。如果两个光束在空间上可以扩展，则可以观察到包含这两个光束的波前相对相位在被测试物体表面上的变化。构造干涉和相消干涉的交替区域会产生通常称为干涉条纹的亮带和暗带。当光束通过不同的光程长度时，会产生两个波前之间的相位差，部分原因是测试表面和参考表面的形状与纹理不同。通过分析干涉图，可以确定仪器视野中任何点的路径长度的差异。路径长度的差异是由干涉仪测试表面和参考表面之间的形状与倾斜差异引起的，通常选择的参考表面要明显优于测试表面。

通过解析上、下表面的反射光形成的干涉信号来获得厚度数据，从而可显示表面形貌。该方法不需要干涉物镜，主要通过建模方法拟合厚度数据，因此该方法的成本更加可控，测量精度仍能保持在纳米级别。与其他表面测量技术相比，干涉测量技术有几个优点。它对表面形貌具有非常高的灵敏度，通常以纳米为单位测量。它也不需要与测试表面进行机械接触，因此，不存在表面损坏或变形的风险。此外，干涉仪可以覆盖大面积、高横向分辨率，每次测量可收集数十万个数据点，横向分辨率仅受光学衍射和相机像素数的限制。

3．平坦度

理想情况下，晶圆是具有均匀厚度的完美圆形和扁平圆盘，实际中由于加工过程中的切片、磨抛、高温及厚度的变化，晶圆可能会产生一定的变化，这就需要满足芯片制造工艺对平整度和表面颗粒度的要求，其主要由平坦度和粗糙度来描述。

平坦度是指晶圆表面平整、均匀、无表面不规则的程度，属于宏观几何形状误差。不平坦晶圆可能导致制造的器件中的缺陷，如未对准、特征尺寸不均匀和电性能差，防止其流入后续工艺，这对提高产量和节约成本非常重要。为了确保晶圆顶部表面是平面的，根据美国材料与试验协会（ASTM）和 SEMI 标准，需要测量晶圆的以下参数。

（1）总厚度偏差 TTV。总厚度偏差 TTV 相当于 SEMI 标准中的 GFLR，是指晶圆在夹紧和紧贴的情况下，距离参考平面厚度的最大值和最小值的差值，也就是厚度相对于参考平面的变化，如图 6-6（a）所示。标准测量是取硅片 5 点厚度：边缘上下左右 4 点和中心点，取最厚与最薄的 2 点厚度差异值。对于硅片表面的固定质量面积（不包括硅片表面周边的无用区域），可用全局平坦度的最大值来描述（典型值小于 2μm），对应硅片的小区域范围则使用局部厚度偏差 LTV（SEMI 标准中的 SBIR）概念（典型值小于 0.2μm），测量大面积的平整度要比小面积更难控制。

（2）弯曲度。在切片过程中因刀走偏而造成弯曲，没有很好地处理各种应力，可能会产生弯曲。弯曲度是指晶圆在未紧贴状态下，晶圆中心点表面距离参考平面的最小值和最大值之间的偏差，如图 6-6（b）所示。偏差包括凹形和凸形的情况，凹形弯曲度为负值，凸形弯曲度为正值，其中参考平面由等边三角形的三个角定义。

（3）翘曲度。晶圆在未紧贴状态下，通常以晶圆背面为参考平面，测量的晶圆表面距离参考平面的最小值和最大值之间的偏差，如图 6-6（c）所示。偏差包括凹形和凸形的情况，凹形为负值，凸形为正值。

（4）总指示读数。晶圆在夹紧和紧贴的情况下，以晶圆表面合格质量区内或规定的局部区域内的所有点的截距之和最小的面为参考平面，测量晶圆表面与参考平面最大距离和最小距离的偏差，如图 6-6（d）所示。

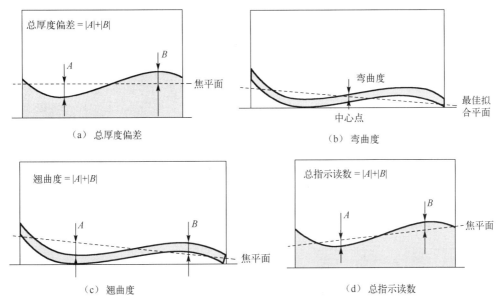

图 6-6　晶圆平坦度的常见参数

晶圆平坦度使用的是静电电容法和红外线干涉测量技术。在晶圆的自动扫描过程中会测量和存储一系列点，进行处理可得到相关结果，还可进行工艺处理前、后均匀层的定量残余应力（引起额外的弯曲）测量。电容测量非常快速，晶圆形状的完整映射可在几秒钟内完成。为了确定沉积晶圆上的导电层（外延层或多晶硅层）或从晶圆上去除材料（如通过蚀刻或抛光）的厚度分布，通常可测量晶圆处理前、后的厚度变化来获得相关参数。干涉的难点在于要求导入材料的折射率和消光系数等。此外，对于翘曲度和弯曲度的测量，晶圆不应因测量过程而变形，必须自由放置在卡盘上，为了精确测量厚度分布，可以将晶圆拉至与下电极接触。

4．粗糙度

在器件的制造中，表面颗粒对硅片上非常薄的介质层的击穿有着负面影响，因此，表面的粗糙度对良率提升和节省成本十分重要，它是指加工表面具有的较小间距和微小峰谷的不平度，是表面纹理的标志。粗糙度的两波峰或两波谷之间的距离（波距）很小（在 1mm 以下），属于微观几何形状误差。粗糙度常用的有以下几种。

（1）表面平均粗糙度 R_a。在所考察区域内相对中央平面测得的高度偏差绝对值的算术平均值。

（2）均方根粗糙度 R_q。在取样区域范围内，轮廓偏离平均线的均方根值，它是对应于

R_a 的均方根参数——类似于方差的概念。

（3）最大高度粗糙度 R_{max}。在横截面轮廓区域范围内相对中央平面最高点与最低点高度的差值——极值的概念。

在晶圆的测量中，表面的粗糙度通常处于纳米尺度，一般粗糙度越低，则表面越光滑，当粗糙度太高或分布不均匀时，后续的引线键合、倒装芯片组装、成型和测试等工艺步骤可能会因破裂而损坏薄芯片。其测试方法与平坦度基本相同，这里就不一一赘述了。

6.1.4 其他测试

1. 导电类型

确定半导体导电类型的最简单方法就是利用晶圆的取向面形状而制定一个标准样式。硅片通常是圆形的，直径小于或等于 150mm，具有图 6-7 所示的特征取向面（定位边），通过主取向面和次取向面可以判断晶圆的导电类型与方向，在一些生产工艺中还可辅助晶圆的套准。为了减少浪费，较大的晶圆使用 V 形定位槽替代，并在硅片背面靠近边缘的区域用激光刻上有关硅片的信息。切割位置通常在边缘，大多也是不能使用的区域。

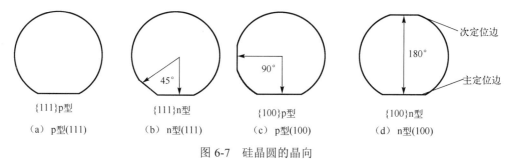

（a）p型(111)　　（b）n型(111)　　（c）p型(100)　　（d）n型(100)

图 6-7　硅晶圆的晶向

导电类型的测试方法主要有热电动势法、整流法等。在热电动势法中，利用温度梯度产生的热电动势来判断导电类型。以一冷一热两根探针接触样品表面，如图 6-8（a）所示。热梯度在半导体中诱导出电流，n 型和 p 型材料的多数载流子电流为

$$J_n = -qn\mu_n P_n \mathrm{d}T / \mathrm{d}x$$
$$J_p = -qp\mu_p P_p \mathrm{d}T / \mathrm{d}x$$

（6-4）

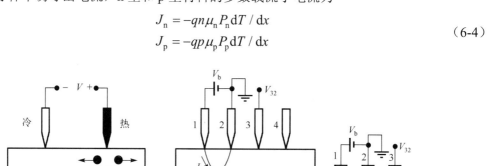

（a）冷热探针　　　　　（b）整流法　　　　（c）整流法的等效电路

图 6-8　导电类型的测试

其中热电功率 $P_n<0$，$P_p>0$，对于 n 型材料，室温下热探针相对于冷探针形成正电势（n 型材

料以电子导电为主，热激发下产生浓度梯度，电子向冷探针积累）；对于 p 型材料，室温下热探针相对于冷探针形成负电势（p 型材料以空穴导电为主，空穴向冷探针积累）。由于最大温差发生在加热或制冷的探针周围，因此所观察到的信号极性是由探针接触部分的导电类型所决定的，两探针间的温差越大，测试信号的幅度越大。热电动势法可以满足普通大部分晶圆的测试，但对于高阻或低阻情况并不可靠，这是因为该方法实际测量的是 $n\mu_n$ 或 $p\mu_p$，受到迁移率的影响很大，缩小了电阻率的有效测试范围，而对于锗材料的测量范围更小。

整流法利用金属探针与半导体材料表面容易构成整流接触的特点，可根据检流计的偏转方向或示波器的波形判断导电类型。在实际测量中，要求一根探针为整流型，另一根为欧姆接触，四探针法可以通过合适的电路实现。如图 6-8（b）所示，探针 1 和探针 2 上加直流电压，通过探针 3 和探针 2 测定结果电压。对 n 型衬底，V_b 为正，探针 1 与衬底形成的金属-半导体二极管上是正向偏压，而探针 2 形成的二极管上则为反向偏压。因此，图 6-8（c）中的电流 I 为反偏压二极管与探针 1 的漏电流。A 点电压为

$$V_A = V_b + V_{D1} \approx V_b \tag{6-5}$$

式中，V_{D1} 是二极管 1 两端的电压。因为探针 3 和 A 点间的电流非常小，所以

$$V_{32} \approx V_A \approx V_b \tag{6-6}$$

对 p 型晶圆，使用与图 6-8（c）相同的试验装置，二极管 1 上为反向偏压，二极管 2 上为正向偏压，因此

$$V_{32} \approx V_A \approx 0 \tag{6-7}$$

式（6-6）和式（6-7）说明了四探针排布是如何进行半导体导电类型的检测的。对硅绝缘体、多晶硅薄膜等进行检测时，用汞探针替代金属探针。整流法的缺点是只测试材料原始表面的导电类型，如果表面有氧化层，相当于一层绝缘体，则结果是电压表无电压指示。对于室温下电阻率在 $12\sim1000\Omega\cdot\mathrm{cm}$ 之间的 n 型硅和 p 型硅，这种方法可以给出相当可靠的结果，锗材料则不宜采用。此外，由于在点接触处会出现整流现象，而大面积接触则不会，所以电流的方向是由点接触处样品的导电类型所决定的。

2. 少子寿命

少子寿命是最重要的材料参数之一，它对极少量杂质或固有缺陷非常敏感，是材料质量在线表征和过程控制的理想参数，对于功率器件、太阳能电池的性能至关重要。少子寿命定义为过量少数载流子重组所需的平均时间，在很大程度上取决于复合过程的大小和类型。光电导衰减法是目前国际上通用的测量少子寿命的方法，有微波光电导衰减法和准稳态光电导法，它们都是无接触的，工作原理就是光激发产生过剩载流子，这些过剩载流子在样品的暗电导基础上产生额外的光电导，载流子浓度的变化导致了半导体的电导率的变化。

（1）微波光电导衰减法（Microwave Photoconductance Decay，μ-PCD）

μ-PCD 以反射微波作为探针，使用微波进行测量，样品 R 的微波反射率 σ、反射微波强度 P 和入射微波强度 P_{in} 之间的关系为

$$R(\sigma) = \frac{P(\sigma)}{P_{in}} \tag{6-8}$$

使用特定波长的激光激发样品产生电子-空穴对，导致电导率增大，即 $\sigma+\Delta\sigma$，所以

$$\Delta R = R(\sigma + \Delta\sigma) - R(\sigma) = \frac{P(\sigma + \Delta\sigma) - P(\sigma)}{P_{in}} = \frac{\Delta P}{P_{in}} \qquad （6-9）$$

微扰 $\Delta\sigma$ 可以近似为 $R(\sigma + \Delta\sigma)$，是泰勒公式的展开

$$\frac{\Delta P}{P_{in}} = \left[\frac{\Delta R_1(\sigma_1)}{\Delta\sigma_1} \right] \Delta\sigma \qquad （6-10）$$

式中，$\Delta R_1(\sigma_1)$ 表示某一小范围内反射率随电导率变化的变化率，$\Delta\sigma_1$ 表示某一小范围内电导率的变化量，而

$$\Delta\sigma = q\left(\mu_p + \mu_n\right)\Delta p \qquad （6-11）$$

式中，μ_p 是空穴迁移率，μ_n 是电子迁移率，Δp 是过剩载流子浓度，则 $\Delta R \propto q(\mu_p + \mu_n)\Delta p$，即微波信号的变化量与电导率的变化量成正比。所以，当撤去外界光注入时，电导率会随着时间而指数衰减，反映了少子的衰减趋势，从而可实现少子寿命的测试。

　　μ-PCD 测的是有效寿命，包括体寿命和表面寿命。其中，表面寿命的影响较大，因此通常需对样品进行钝化，降低样品表面复合速率。该方法的优点是测量结果与光强无关，是无接触、无损伤、快速测试，可靠性、重复性高，能够测试较短的寿命，能够测试低电阻率的样品，对测试样品的厚度没有严格的要求，可以制作高分辨率的寿命图。另外，μ-PCD 使用脉冲激光，光斑较小，可以精确测量，但不适用于寿命分布不均匀的样品。

　　（2）准稳态光电导法（Quasi-Steady State Photoconductance，QSSPC）

　　QSSPC 由一个相对长的脉冲光照射样品而产生光电导，保证在测试非常短少子寿命的样品时，在闪光灯衰减的时间之内样品处于准稳态，再通过光电探测器测量入射到样品表面的总的光通量，然后根据样品结构参数给出产生率 G；校准后的射频电路感应耦合测试硅片的光电导，输出的时间分辨信号被示波器记录，处理相关数据后可得到结果。QSSPC 最大的优势在于能够在大范围光强变化区间内对非平衡载流子浓度进行绝对测量，从而得出少子有效寿命，同时结合 SRH（Shockley-Read-Hall，通过单一复合中心的间接复合模型）可以得出各种复合寿命，如体内缺陷复合中心引起的少子复合寿命、表面复合速度等随着载流子浓度的变化关系。稳态扫描减小了陷阱效应的影响，因此可以用来灵敏地测量硅片的重金属污染及陷阱效应、表面复合效应等缺陷情况，并且它测量的寿命被认为是真实的寿命。

　　在准稳态下，由于每个光子都产生一个电子-空穴对，产生的过剩载流子 $\Delta n = \Delta p$，导致样品电导率增大，同时，产生率和复合率必须相等，利用少子寿命描述过剩载流子的产生率

$$G = \frac{q\Delta n W}{\tau_{eff}} \qquad （6-12）$$

过剩载流子在样品的暗电导基础上产生额外的光电导，则浓度变化导致了电导率变化

$$\Delta\sigma = (\mu_n \Delta n + \mu_p \Delta p)qW = q\Delta n(\mu_n + \mu_p)W \qquad （6-13）$$

可得

$$\tau_{eff} = \frac{\sigma_L}{G(\mu_n + \mu_p)} \qquad （6-14）$$

由过剩载流子的产生 G 和过剩载流子浓度随时间的变化率 $\Delta n_{av}(t)$ 的公式可得

$$G = \frac{N_{ph}f_{abs}}{W}, \quad \Delta n_{av}(t) = \frac{\Delta\sigma(t)}{q(\mu_n + \mu_p)W}$$

式中，N_{ph} 为光子数量，f_{abs} 是吸收光所占入射光的份额，W 是硅片的厚度。

根据测试得到的光电导和光强度，可计算出样品中的 $\Delta n_{av}(t)$ 和 G，进而计算出有效寿命。另外，通过测试在不同光照强度下的有效寿命和过剩载流子浓度 $\Delta n_{av}(t)$，可以得到少子有效寿命随过剩载流子浓度的变化曲线 τ_{eff}-$\Delta n_{av}(t)$，结合 SRH 模型分析样品中与过剩载流子浓度相关的复合过程。

3. 碳氧含量

大多数晶圆是从通过 Cz 法（直拉法）生长的单晶硅锭切割而成的。在高温过程中，氧气与碳从石英坩埚和石墨加热器中不同程度地被引入硅的晶格。氧原子融入晶格内形成间隙杂质，称为间隙氧（Interstitial Oxygen，OI），在一定温度下倾向于从硅中以 SiO_x 的形式沉淀出来，可以吸收杂质或形成缺陷，改变电阻率和反向击穿电压。碳原子通常占据硅原子的位置，属于替位杂质，称为替位碳（Substitution Carbon，CS），可能形成 SiO_x 积累的中心，会影响 OI 的行为方式，增大漏电流。此外，OI 可以提高硅片的机械强度，避免弯曲和翘曲等变形。因此，要获得高品质的晶圆，需要有效监测和控制 OI 与 CS 的浓度。

常用的碳氧监测技术有质谱分析、带电粒子分析和中子活化分析等，它们都是监测元素碳和氧的方法，是非特异性的，如果碳或氧以任何其他形式存在，则可能会监测不到。为了避免以上缺点，可以利用傅里叶转换红外光谱技术（Fourier Transform Infrared Spectroscopy，FTIR）分析硅和杂质间形成的化学键，专一地监测硅中的 OI 和 CS 的浓度。FTIR 的工作原理是：待测样品受到调制的红外光光束照射，键和基团吸收特征频率的辐射，振动或转动运动引起偶极矩变化，产生分子振动和转动能级，实现从基态到激发态的跃迁，使透射光强度减弱，不同频率下的红外线透射率和反射率可转化为吸收谱，与已识别材料的已知特征相匹配，就可以确认相关材料的化学键或分子结构的信息。此外，FTIR 不需要真空（氧气和氮气都不吸收红外线），可以方便地应用于微量的固体、液体和气体材料。

在晶圆中，硅原子与晶格结构中的碳原子（Si-C）和氧原子（Si-O-Si）形成化学键，使用波长为 $2\sim25\mu m$ 的红外光照射样品。硅对这些波长是透明的，当光穿过样品时，与波长共振的化学键可以吸收一部分光。吸收的光量与形成键的原子浓度成正比，因此可以建立检量线用于定量浓度。用红外光测定 Si-O 键在 $1105cm^{-1}$ 处的吸收系数来确定硅晶体中间隙氧的含量，测定在 $607cm^{-1}$（$16.47\mu m$）处的吸收系数来确定硅晶体中替位碳的含量。朗伯比尔定律是分光光度法的基本定律，用于描述物质对某一波长光吸收的强弱与吸光物质的浓度及厚度间的关系。当光径 b（样品厚度）固定时，即吸光度与浓度 c（低浓度）呈线性关系，其中 A 为吸光度，也称为光密度，它没有单位；系数 ε 称为吸收（或消光）系数，是物质在单位浓度和单位厚度下的吸光度，不同物质的不同谱带有不同的吸收系数 ε

$$A = \varepsilon \times b \times c \tag{6-15}$$

若忽略杂质水平不计，硅浓度的递增与光谱的吸光度被认为是一致的，便可以使用该光区带计算外延层厚度。在半导体工业中，FTIR 可作为失效分析技术识别工艺中的未知材料，比如溶剂中的有机污染物，可以通过气相色谱法分离后，用 FTIR 分析每一组分信息。

对于来料检测，工业中主要使用晶圆分选机，其集成了电阻率、厚度、导电类型、直径、平坦度等参数的测试功能,对于太阳能电池、功率器件等,一般需要增加少子寿命测试仪来监测表面或体内的少子寿命分布。此外,根据不同要求来进一步监测表面有机物、微量元素、结晶度等参数,以确保对来料质量的全面控制。

6.2　工　艺　监　控

半导体晶圆的制造工艺极其复杂,在任意一步中如果附着了灰尘或尘粒,就会产生无法预测的缺陷。如果晶圆表面出现致命缺陷,则无法正确创建版图。如果有许多缺陷,它们会阻止半导体器件正常工作,从而使芯片成为有缺陷的产品。如果在流程的早期出现任何缺陷,那么在随后的耗时步骤中进行的所有工作都将被浪费。随着集成电路(IC)的高速发展,工艺制程更加复杂,当工序达到 500 道时,只有保证每一道工序的良品率都超过99.99%,最终的良品率才可超过 95%;当单步工序的良品率下降至 99.98%时,最终的总良品率会下降至约 90%。因此,需要在半导体制造过程的关键点(几乎是每道工序)建立无损伤的计量和检查过程,这就是工艺监控(Processing Monitoring),要求控制质量达到几乎"零缺陷",以确保晶圆进入下一步工艺前的各项参数及性能达到相关指标要求,对于后续可能出现缺陷的晶圆进行分类并剔除不合格的产品,确保制造过程的稳定性和产品的良品率,有效避免后续工艺的浪费。

工艺监控过程根据特定标准使用检测设备,检查产品是否合规或异常及不适用,是一种检测晶圆中任何颗粒或缺陷的过程,涉及许多工具和技术,属于物理性的检测,主要应用于晶圆制造和先进封装中,根据监控内容的差异可细分为检测(Inspection)和量测(Metrology)两大环节。检测指在晶圆表面上或电路结构中,检测其是否出现异质情况,如颗粒污染、表面划伤、开/短路等对芯片工艺性能具有不良影响的特征性结构缺陷,通常包括无图案检测、有图案检测、缺陷复检、光罩/掩模版检测等方面;量测指对被观测的晶圆电路上的结构尺寸和材料特性做出定量描述。需要注意的是,量测和检测不仅指测量本身,还包括通过考虑误差和准确度及计量设备的性能与机制进行的测量。如果测量结果不在给定的规格范围内,则制造设备不会按设计运行,需要采取相应的措施来调整,以确保产品质量。

6.2.1　工艺监控基础

1. 质量工程

质量管理旨在以最经济的方式生产出具有使用价值的产品。在现代经济背景下,质量管理的范围已变得非常广泛,涵盖了战略、生产、服务及能源环境等多个层面,形成了全面质量管理的理念。半导体器件制造、封装和测试具有复杂性,质量管理一直是半导体制造的一个关键方面。质量管理主要包括质量保证和品质控制:前者主要按照 ISO 9000 等系列标准来建立质量体系并维持现阶段的状态,关注的是过程质量,如根据制造工艺制定温度、湿度、灰尘等控制标准,并安装集中监控系统维护和控制环境;后者是指对产品按照标准进行合格与否的判定,使用半导体表征技术和测试方法检验产品的性能是否达到规格的要求,包括来料检查(事前预防控制)、工艺监控(事中过程控制)及出货检查(事后验证,将量测结果与规范进行比较)等重要环节。

为了进一步对影响产品质量的因素进行改进,提出了质量工程的概念,实际上是一种在技术领域执行的量测、分析和改进的方法。质量工程的目标是找到最佳性能的工艺参数，并将干扰因子的影响减到最小。当产品功能实现时，两个及以上的质量特征就会发生改变，可以通过控制因素来改进，比如选择和组合各种技术、材料、尺寸和方法等，产品的开发和设计中的参数就是多种因素的组合。通常，我们希望对某些因素可以有效控制，比如设备的寿命，而尽量避免不可控因素，比如操作的差异等。由于控制因素的组合很多，可以通过正交试验等方法来有效地进行参数设计，同时确定控制因素还可以改善其他阶段的功能。

2．工艺监控

所有制造和量测过程都存在差异，例如，烘箱的温度可以上、下漂移，但需要保持在控制范围内，一定程度的差异相当于噪声，是不可避免的，可以量化，在大多数情况下是可控或可预测的。在工业生产中，要使过程具有更少的可变性，关键在于引起变化的输入（原因）是否得到控制和预测（过程监控或工艺监控），它是保持关键工序和关键参数稳定的手段。从成本和可靠性的角度考虑，工艺监控的参数数量在最低限度，在量产阶段还要考虑参数设计应避免强交互作用，即工艺中只有一个条件满足要求。测试所得的数据可以用来分析异常，如需要及时处理 4 个及以上的连续增加或减少的点，工业生产中则更多采用统计过程控制（SPC），即以被控制的工艺参数遵循正态分布为前提，通过统计分析来监控、控制和改进工艺，当工艺等物理参数服从正态分布时，就可以认为整个工艺是正常的。正态分布通常用平均值（中心）和标准差（可变性 σ）来描述，显示在一个或多个控制图（数据随时间的变化图）中，数据分布应以指定限值为中心并尽可能窄，当偏差超出规范值（数据积累或客户要求）时，工艺可能失控。控制过程大致为：先确认工艺参数是正常的，然后量测工艺参数（显示在控制图中）并通过消除工艺差异使其保持一致，继续工艺监控，改进工艺。循环这些步骤就可以持续改进工艺，产生稳定、可预测的数据分布，并使其在所控制参数的指定范围内。

控制图直观但不易量化，可以使用单个数字描述工艺监控的数据分布，这就是工艺能力指数，其表明工艺在多大程度上能够满足其规范，常见的有 C_p 和 C_{pk}。C_p 主要描述量化工艺的稳定性（一致性），一般规定工艺参数的上、下限不超过中心值±3σ，相当于 99.73%的工艺监控数据在规范内，所以 6σ 的值越小，分布越窄，表示稳定性越高。很明显，C_p 只考虑标准差，没有考虑平均值，这可以使用 C_{pk} 来解决。

$$下限工艺能力指数=（平均–下限值）/（3\sigma）$$
$$上限工艺能力指数=（上限值–平均值）/（3\sigma）$$

上、下限工艺能力指数 C_{pk} 是上、下限工艺能力指数的较低值。所以，当工艺数据不居中或不集中时，C_{pk} 减小，这时 SPC 就需要识别并采取措施来纠正。实际工艺中要求 C_{pk} 不大于 1.33，即±1.5σ 或 99.379%，这是一个很有难度的要求了。

3．薄膜测量

由于高性能电子产品的需求功能增加，芯片集成度迅速提高，半导体器件和电路结构更加复杂，对薄膜的需求从单层膜、多层膜发展到堆叠结构，因此膜结构的表征至关重要。从实现手段和技术原理出发，薄膜测量主要包括光学测试技术、电子束测试技术和 X 射线测试技术等。

（1）光学测试技术基于光的波动性和相干性，可测试远小于波长的光学尺度，并通过对光信号进行计算和分析以获得晶圆表面的测试结果，包括椭圆法、反射法、干涉法及共焦显微镜等，非接触的测试模式对晶圆本身的破坏性极小，测试速度是电子束的 1000 倍以上，能够满足半导体制造的吞吐能力要求，是工艺监控的主要技术；其缺点是需要借助其他技术进行辅助成像，在测试精度上不及另两种技术。相比而言，光学测试技术是最经济、最快的选择之一。

（2）电子束测试技术是指将电子束聚焦至某一探测点，逐点扫描表面产生图像。电子束的波长远小于光的波长，具备更高的精度优势，但要求额外工艺（如真空、金属涂层）处理，难以在测试速度方面取得重大突破，仅用于吞吐量要求较低的线下抽样测试环节，如纳米级缺陷的复查、关键区域抽检等。另外，电子束测试技术通常接收的是入射电子激发的二次电子，无法区分具有三维特征的深度信息，如套刻精度和多层膜厚等，需要光学测试替代。

（3）X 射线测试技术主要利用 X 射线的吸收特性、穿透力强和无损伤特点，对于表征薄膜结构非常有用，尤其是包含不透明或金属膜层的薄膜结构，同时能测试特定金属成分等，但适用场景相对较窄，运行速度较慢。此外，超声波、太赫兹成像等方法也可以用于薄膜的成像和测试。

工业中多采用光学测试技术和电子束测试技术互补的形式。光学检测的特点在于快速与完整，且测试成本低、范围广，可以全天候进行测试，在实时测试或与工艺机台集成的应用场景下就会使用，但是传统光学的波长处于纳米等级，需要使用电子束做更精细的测试。

6.2.2　量测

若一条产线中的量测结果持续偏离设计值，则表明工艺出现了问题，需要进行排查。半导体工业中的量测目标主要有薄膜厚度（膜厚）、关键尺寸、套刻精度及其他物理性参数。

1. 膜厚（Thickness，THK）

在半导体制造过程中，晶圆需要多次沉积各种材料薄膜，因此，薄膜的厚度及其性质会对晶圆成像处理的结果产生关键性的影响。在膜厚量测环节通过精准量测每一层薄膜的厚度、折射率和反射率，并进一步分析表面膜厚的均匀性分布，从而保证晶圆的高良品率。薄膜根据材料可分为两种类型，即不透明薄膜和透明薄膜。一般使用四探针法量测方块电阻，通过其电阻与横截面积计算不透明薄膜（金属层，一般为几百 Å）的膜厚；对于透明薄膜，根据多界面光学干涉原理，通过对薄膜实测光谱的回归迭代可得出膜厚及光学常数。

（1）椭偏仪（椭圆偏振技术）

常用的膜厚量测方式是使用椭偏仪，不会对材料表面造成损坏，也不需要真空环境，是一种方便、易于实现的量测方法，测试原理如图 6-9（a）所示。一束单色光以一定角度入射到薄膜表面（均匀各向同性），光束在界面发生折射、反射等，偏振状态由线性变为椭圆，并与材料的光学特性和厚度相关，通过量测反射光和透射光的偏振状态就可以分析得出结果。

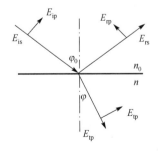
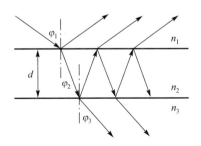

（a）光在单一界面上的反射和折射　　　　（b）光在介质薄膜上的反射

图 6-9　使用椭偏仪

设空气中的折射率为 n_0，在空气/薄膜界面发生反射角为 φ_0 的反射，厚度为 d_p 的薄膜样品中的折射率为 n，在薄膜/衬底界面发生折射角为 φ 的折射，则根据光折射定律

$$n_0 \sin \varphi_0 = n \sin \varphi \tag{6-16}$$

由于线性光可以分解为与入射面平行的 P 分量和与入射面垂直的 S 分量，定义 r_p、r_s 分别为 P 分量和 S 分量的振幅反射率，根据麦克斯韦方程组可获得光在界面上的菲涅尔反射系数公式，即椭圆偏振方程

$$r_\text{p} = \frac{E_\text{rp}}{E_\text{ip}} = \frac{n \cos \varphi_0 - n_0 \cos \varphi}{n \cos \varphi_0 + n_0 \cos \varphi} = \frac{\tan(\varphi_0 - \varphi)}{\tan(\varphi_0 + \varphi)} \tag{6-17}$$

$$r_\text{s} = \frac{E_\text{rs}}{E_\text{is}} = \frac{n_0 \cos \varphi - n \cos \varphi_0}{n_0 \cos \varphi_0 + n \cos \varphi} = \frac{\sin(\varphi_0 - \varphi)}{\sin(\varphi_0 + \varphi)} \tag{6-18}$$

图 6-9（b）是偏振光在单层薄膜上的反射路径。假设薄膜样品为厚度为 d、折射率为 n 的各向同性薄膜。入射光在多个界面上会有多次反射和折射，总反射光束是多光束相互干涉后的结果，薄膜位相厚度为

$$\beta = 2\pi \left(\frac{d}{\lambda} \right) n_2 \cos \varphi \tag{6-19}$$

根据多光束干涉理论，可以得到 P 分量和 S 分量的总反射系数

$$r_\text{p} = \frac{r_\text{1p} + r_\text{2p} \text{e}^{-\text{j}2\beta}}{1 + r_\text{1p} r_\text{2p} \text{e}^{-\text{j}2\beta}} \tag{6-20}$$

$$r_\text{s} = \frac{r_\text{1s} + r_\text{2s} \text{e}^{-\text{j}2\beta}}{1 + r_\text{1s} r_\text{2s} \text{e}^{-\text{j}2\beta}} \tag{6-21}$$

其中 r_1p、r_1s、r_2p、r_2s 分别为界面 1 和界面 2 上进行一次反射的 P 分量或 S 分量的反射系数。通常引入椭偏参量 ψ 和 $\varDelta$ 直接反映光在反射时偏振态的变化，ψ 表示出射光 S 分量和 P 分量的复反射系数比的实数值，$\varDelta$ 表示电场反射分量 E_rp 与 E_rs 的位相差。已知从样品反射或透射的偏振状态（n_1、n_3、λ、φ_1），则椭圆偏振为

$$\rho = \frac{r_\text{p}}{r_\text{s}} = \tan(\psi) \text{e}^{\text{j}\varDelta} \tag{6-22}$$

所以，用椭偏仪量测 ψ 和 $\varDelta$ 的值就能够计算出薄膜的折射率 n_2 和厚度 d，包含的角度及位相信息可以探测的信息层厚度是比入射波长还小的厚度，具有极高的精确度和稳定性。

椭偏光谱仪（Spectroscopic Ellipsometer，SE）在椭偏仪的基础上加入光栅单色仪组件，产生波长连续变化的入射光，突破单波长量测的限制，向多波长的光谱量测拓展。SE 能够在近紫外到近红外的范围内量测椭偏参量，充分提高量测精度，缩短数据采集和处理时间，可获得介电函数张量的复折射率等基本物理参数，从而与各种样品的属性相联系，包括形态、晶体质量、化学成分、导电性和应力等，适用于表征单层薄膜、复杂多层膜及超薄膜等结构。

随着芯片制程精度的提升，芯片上的可监控范围不断缩小，薄膜种类进一步增多，对薄膜量测的要求逐渐向灵敏度更高、量测稳定性更好的方向发展，目前，新型 SE 采用深紫外

光谱、参考型计算方法等，可实现对 0.1nm 薄膜的精确测量，并通过反射仪等提高了测试速度，从而显著地提升了分析薄膜的能力。

（2）白光干涉光谱（White Light Reflectance Spectroscopy，WLRS）

WLRS 利用光学干涉原理量测膜厚并获得表面轮廓，通常使用宽带光源（UV、VIS 或 NIR），不同基底厚度对应不同范围的光谱。工作原理如下：从光源发出的光经半反半透分光镜分成两束光（常采用光纤传输），分别投射到适当的反射或透射基底（如硅片、载玻片）上（包含透明和半透明薄膜堆叠结构）和参考镜表面，从两个表面反射的两束光再次通过分光镜后合成一束光，并由成像系统或传感器形成两幅叠加的像。由于两束光相互干涉，可以观察到明暗相间的干涉条纹，亮度取决于两束光的光程差，结合干涉条纹出现的位置可解析出被测样品的相对高度。不同类型材料的相应参数可利用不同的模型来描述，从而保证了不同类型材料膜厚量测的准确性，也可反向计算折射率。

WLRS 克服了单色相干光干涉相位不确定的缺点，可进行绝对量测，具有精度高、操作简单等特点，可用于表面粗糙度、台阶高度、微观结构分析等方面的量测。WLRS 要求样品厚度在几纳米至几百微米范围内，过厚或过薄的样品对量测精度都有较大的影响，并要求样品表面干净、较平整，无划痕、斑点等，且对白光具有一定的透光性，否则可能无法进行量测。

2. 关键尺寸（Critical Dimension，CD）

半导体芯片中的最小线宽一般称为关键尺寸。由于任何图形尺寸的偏离都会对最终器件的性能、成品率产生巨大影响，因此工艺控制都需要对指定位置的关键尺寸进行量测。通常通过量测从晶圆表面反射的宽光谱光束的光强、偏振等参数，来表征光刻胶曝光显影、刻蚀和 CMP 等工艺后的晶圆电路图形的线宽或孔径，以保证工艺的稳定性。在推进半导体更深技术节点的过程中，新材料、新结构的复杂度也日益增大，因此 CD 的正确量测正接受极大的挑战。当前 CD 量测主要采用光学关键尺寸量测和关键尺寸扫描电子显微镜两种方式。

（1）光学关键尺寸（Optical CD，OCD）量测

传统的光学显微镜很难满足先进工艺的测试需求，基于衍射光学原理的 OCD 测试技术逐渐成为主要的分析技术。OCD 原理与椭偏仪类似，将偏振光投射到被测对象表面，受到表面形貌的影响而反射，通过收集被测试对象的关键宽度及其他形貌（如单/多层膜高度、侧壁角等）尺寸的散射信息来实现精确量测。其基本流程是：首先采集基于宽带光谱反射、偏振反射和椭偏的测试光谱信号，其次建立光学模型，即由被测器件的基本信息建立模型（一系列参数表征），并根据工艺和结构优化设计参考光栅结构（图形放在划片槽或芯片区域）进行测试，从而建立理论光谱数据库，然后通过采集的测试光谱与理论模型中的光谱匹配（拟合），得出光谱吻合度最高（一般是均方差最小）的数据，进而确定对应理论光谱的参数组合值作为最终的量测结果（存在一定的误差）。

OCD 测试过程主要解决正问题和逆问题。正问题量测和获取待测微结构的散射信息，主要涉及仪器量测；逆问题利用电磁理论从散射信息中重构周期结构的关键尺寸信息。对于逆问题的求解，广泛采用的是有限元法、边界法、时域有限差分法等，需要选取合适模型来平衡计算时间和计算量之间的关系。严格耦合波分析法（Rigorous Coupled-Wave Analysis，RCWA）是最受欢迎的一种散射建模方法，其求解的大致步骤是：首先将电（磁）场及材料的介电常数分层并进行傅里叶级数展开来描述周期结构周围场情况的准确分布，然后以不同

层的交界作为边界条件，通过求解矩阵的特征值、特征向量的问题来求解麦克斯韦方程组，得到各阶次的振幅大小，进一步得到衍射光场信息。相比于其他的数值计算方法，RCWA 的计算速度很快，精度只依赖于展开谐波数的多少，与迭代次数无关，相对效率比较高。

OCD 具有速度快、成本低、无接触对样本无损的优点，弥补了扫描电子显微镜（Scanning Electron Microscopy，SEM）需要将待测晶圆置于真空和测试复杂结构时需要多次量测的不足，具备高精度、高集成度及很好的稳定性和重复性，可以一次获得诸多工艺尺寸参数，已经应用在量测 FinFET、极紫外光刻中。

（2）关键尺寸扫描电子显微镜（CD Scanning Electron Microscopy，CD-SEM）

CD-SEM 是 SEM 的一种，是用电子枪射出电子束聚焦后轰击样品表面，并做光栅状扫描，通过探测电子作用于样品所产生的信号来观察并分析样品表面的组成、形态和结构。入射电子（一次电子）作用于样品会激发多种信息，如二次电子、背散射电子、吸收电子、俄歇电子、阴极荧光、特征 X 射线等，如图 6-10 所示。

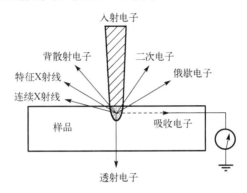

图 6-10　电子束与固体样品作用时产生的主要信号

SEM 主要是通过二次电子、背散射电子、透射电子、特征 X 射线等信号来分析样品表面特性。二次电子为入射电子所激发的样品原子的核外电子，能量较低（小于 50eV），仅在样品表面 5～10nm 内才有电子从表面逃逸，主要用于样品表面形貌的观察。入射电子在样品中存在泪滴状弥散范围，而在样品表层还没有明显弥散，使得二次电子像具有较高的空间分辨率。背散射电子是被样品中的原子反弹回来的一部分入射电子，具有能量高、分布范围宽的特点，一般来自几百纳米的深度范围，可以表征样品的表面形貌（空间分辨率不如二次电子）。背散射电子有更多的能量，产额随样品原子序数的增大而提高，可用来定性分析样品成分。透射电子是入射电子的一部分，只有在样品很薄时才会对成像产生显著影响，通常作为透射电子显微镜的主要信号，用于成像和微区成分分析。特征 X 射线是指入射电子将样品原子内层电子激发后，外层电子向内层电子跃迁时产生的特殊能量的电磁辐射，由于元素原子的各电子能级能量为确定值，因此常与能量色散谱仪等结合使用，进行精确的组成成分分析。

SEM 具有很高的分辨率，普通 SEM 的分辨率为几纳米，场发射 SEM 的分辨率可达 1nm，已十分接近透射电镜的水平。光学显微镜只能在低倍率下使用，而透射电镜只能在高倍率下使用，扫描电镜可以在几倍到几十万倍的范围内连续可调，弥补了从光学显微镜到透射电镜观察的一个很大的跨度，实现了对样品从宏观到微观的观察和分析，是目前应用得最为广泛的一种显微分析方式。此外，SEM 可以安装附件来接收不同的信号，如能谱仪、波谱仪及电子背散射衍射能谱等，以便对样品微区的成分和晶体取向等特性进行表征，也可以在动态过程中实时观察，有利于失效原因的分析、制备工艺的完善和事故的有效预防。

CD-SEM 除了具有常规的 SEM 的特点，还拥有更低的电子能量，电荷累积效应小，不需要对样品进行喷金处理，并为满足大尺寸晶圆提供大真空腔室，可以实施在线检测和线下检测。此外，CD-SEM 通过识别灰度确定图像边界，进而采用不同算法消除图像几何尺寸及入射电子束的束宽变化的不确定性，从而实现纳米级尺度的关键尺寸量测。可根据已有标记自动寻找量测位置。在未来，IC 芯片的关键尺寸将越来越小，图形也会逐渐趋向 3D 形态发展，量产后扫描速度更快，这些趋势将给 CD-SEM 的升级提出更多挑战。

OCD 和 CD-SEM 的结合为先进芯片制造带来了众多优势，可以实现更高效、更准确、更稳定的光刻过程控制，提升芯片制造的质量和产能，为芯片的发展提供更广阔的空间。

3. 套刻精度（OVL）

OVL 是指半导体制造中晶圆当前层图形相对于参考层图形沿 x 和 y 方向的偏差，理想情况是当前层与参考层的图形正对准，即套刻精度是零。为了保证在上、下两层中所设计的电路能够可靠地连接，当前层与参考层的套刻精度必须在相对较小的范围内，通常是 CD 的 $1/5 \sim 1/3$。由于 IC 是由多个电路层叠加而成的，需要不同的掩模版进行多次曝光，每次曝光都需要和之前经过曝光的图形进行精确对准，才能保证每一层图形都有正确的相对位置。OVL 会直接影响器件的性能、成品率及可靠性，其快速量测与精确评估也是过程工艺控制中最重要的步骤之一。

套刻精度量测通常在每道光刻步骤后进行，其结果可以用于光刻机的校正和优化，以及工艺控制和分析。晶圆上专门用来量测套刻精度的图形被称为套刻标识，这些标识在设计掩模时已经被放在指定的区域，通常是在切割道上（一片晶圆最后需要切割成上千片芯片，切割道就是预留出来用于芯片切割的，通常只有数十微米宽），每一层都会指定去对准前面某一层。从量测原理上来看，OVL 量测技术可以分为：基于成像的套刻精度（Image Based Overlay，IBO）量测技术和基于衍射的套刻精度（Diffraction Based Overlay，DBO）量测技术。

（1）IBO 量测技术利用具有图像识别和量测功能的高分辨率明场光学显微镜，量测专门设计的套刻标识中数字图形位置的偏差（灰阶度）来实现对套刻精度的量测，即在得出中心位置后可计算出晶圆第 n 层与第 $n+1$ 层图形结构中心的平面距离，相当于拍照分析，因此，图像质量会直接影响套刻精度的检测结果。在 28nm 以下的制程中，IBO 量测技术多采用高压 CD-SEM，它采用背散射电子机制，通过更高能量的入射电子入射样品表面，入射电子不会被吸收，经过多次散射以后最终回到样品表面并被收集，从而能够获得更深范围的样品内部形貌。使用 SEM 测试的问题在于测试速度慢，而 CD 需要多次测试，不利于大规模收集整片晶圆的数据。另外，由于当前层被多种材质的薄膜层覆盖，因此检测时需要不断调整焦距、照射光波的波长来获取高对比度的图像，容易引起图形位移、总量测不确定度增大等，如何减小量测误差成为后续研究的关键问题。IBO 量测技术的另一个弊端是套刻标识占据的尺寸过大，对于多光刻层的产品，套刻标识占用了过大的掩模面积，且 IBO 量测技术的标记精度更容易受到加工过程的影响。

（2）DBO 量测技术中的套刻标识是专门设计的纳米光栅结构，光栅结构在当前层和前一层上套叠，当一道均匀的光束打入时，光束透过套刻标识时发生衍射，衍射光束到达前一层后反射，由于前一层和当前层并不严格对准，光斑每个像素点的光强关于原点并不对称，反射回来的衍射信号（如光谱或角分辨谱等）分布与两层光栅的相对位置偏移存在近似正弦的变化规律，并且在一定套刻精度区间（对于±1 阶光而言）存在近似线性的关系，通过检测±1 阶衍射光的强度即可获得位移偏差。相比 IBO 量测技术，DBO 量测技术在设备引起的量测误差、量测结果的重复性、整个量测结果的不确定性三个方面表现得更优良，且不受衍射极限及工具引起的偏移等的限制，逐渐成为先进节点中套刻精度量测的主要技术。

4．其他

在半导体制程的工艺监控中，通常在关键工艺点对晶圆厚度、弯曲/翘曲、应力、晶圆形貌、方块电阻、杂质含量和台阶高度等参数进行量测，下面介绍其中的几种。

（1）台阶高度

当晶圆表面存在断层或凹凸不平时，薄膜的厚度均匀性会受到显著影响。为了准确评估这种影响，可引入两个关键参数：台阶高度和台阶覆盖率。台阶高度指的是晶圆表面从一个水平面到另一个水平面的垂直距离，特别是薄膜边缘或高度差异明显的区域。这一参数反映了晶圆表面的起伏状况，较大的台阶高度意味着薄膜需跨越较大的高度差异，可能导致厚度变化，进而影响整体的沉积质量。台阶高度的量测方法包括接触式方法和非接触式方法两种。接触式方法类似于薄膜厚度的测量，主要依赖接触式台阶仪。该仪器通过给电磁线圈施加力使探针划过样品表面，同时利用光学杠杆放大或电容量测技术来测定探针在垂直方向上的位移。借助光学系统检测探针的位移变化，研究人员能够精确地获取晶圆表面的起伏信息。而台阶覆盖率用于量化薄膜在不平整表面上的覆盖效果，即台阶处的膜层厚度与平坦区域的膜层厚度的比值。当台阶覆盖率接近 1 时，表明薄膜在跨台阶处（如底部或侧壁）与平坦区域的膜层厚度相近，显示出良好的覆盖均匀性。若台阶覆盖率远小于 1，则意味着跨台阶处的膜层厚度明显小于平坦区域的膜层厚度，表明薄膜在不平整表面的覆盖效果较差。

（2）晶圆形貌

DRAM 等器件的深沟槽结构具有高深宽比，这要求在工艺监控中既要关注 CD，还要关注深度信息，即晶圆形貌。为了精确地获得这些信息，可应用接触式和非接触式两种量测方法。接触式量测方法是使探针划过晶圆表面，位移传感器记录高度变化，生成相应图像，但需解决探针尖端接触造成的损伤问题，且硬探针可能不适用于软质表面。非接触式测量方法则采用宽光谱大视野相干性技术，获取高精度二维或三维形貌，并能量测晶圆表面粗糙度、电路特征图案高度均匀性等参数。例如，基于模型的红外反射光谱（MBIR）利用红外光入射样品后的反射，通过分析反射光强度与波长的关系来构建数值模型，从而解析样品结构。该过程以有效介质近似（EMA）理论为核心，将沟槽结构建模为多层薄膜堆叠。在中红外波长范围内量测反射光谱，并求解逆光谱问题，即可提取沟槽参数、膜厚及材料组成等信息。

（3）杂质含量

非接触式量测杂质含量通常采用 X 射线光电子能谱（X-ray Photoelectron Spectroscopy，XPS），又称化学分析用电子能谱（Electron Spectroscopy for Chemical Analysis，ESCA），它利用低能量（通常为 1～2keV）X 射线进行辐照，量测样品表面因光电效应产生的光电子能量分布及来源。X 射线可以深入样品，但只有样品近表面的薄层（几纳米）发射出的光电子可逃逸出来，而不会显著损失分析能量，是一种典型的表面分析技术。由于 X 射线束的直径大于电子束，导致在照射样品时覆盖的区域更广，从而使得 XPS 的空间分辨率相对较低，但能量分辨能力较强（通常为 0.5eV），可以通过定性分析图谱的峰位和峰形来获得样品表面元素成分、化学态、分子结构等信息。此外，由于光电子的强度不仅与原子的浓度有关，还与光电子的平均自由程、样品的表面光洁度、元素所处的化学状态、X 射线源强度有关，可以半定量地从峰强获得样品表面元素相对含量或浓度。

经 X 射线辐照后，从样品表面出射的光电子的强度 I 与样品中该原子的浓度 n 有线性关系，因此可以利用它进行元素的半定量分析，即

$$I = n \times S \tag{6-23}$$

式中，S 称为灵敏度因子（有经验标准常数可查）。对于某一固体样品中的两个元素 i 和 j，若已知它们的灵敏度因子 S_i 和 S_j，并测出各自特定谱线的强度 I_i 和 I_j，则它们的原子浓度之比为

$$n_i : n_j = (I_i / S_i) : (I_j / S_j) \tag{6-24}$$

由此可以求得相对含量。需要注意的是，XPS 检测信号来源于样品表面纳米级的区域范围，可能包含纳米颗粒、硅衬底及上面的杂质或污染，比如离子体等，因此在使用前必须进行清洗。在半导体工业中，XPS 是研究有机物、聚合物和氧化物的表面分析工具，也是一种很好的失效分析技术，用于解决与氧化、金属相互扩散及树脂与金属黏附有关的问题。

6.2.3　检测

随着半导体制程量产工艺达到 N3 级，晶圆表面的缺陷尺寸变得越来越小，缺陷产生频率也越来越高，需要使用检测设备来检查是否符合特定标准，以及是否存在异常或不妥，即工艺监控，具体而言在于找到缺陷的位置（可用坐标来描述），从而减少产量损失。晶圆表面缺陷的类型众多，综合考虑缺陷的物理属性和缺陷算法的针对性，一般将缺陷分为表面冗余物（异物、气泡、颗粒）、晶体缺陷和图案缺陷等，很难预测缺陷将在哪里发生。如果晶圆表面出现大量缺陷，则电路图案无法正确创建，从而导致图案丢失。如果有许多缺陷，那么它们会阻止半导体器件正常工作，从而使晶圆成为批量生产的缺陷产品。

在实际应用场景中，通过光学检测可寻找晶圆缺陷并快速锁定缺陷位置，并为光刻提供关键的工艺认证和系统性缺陷识别，再用电子束检测对缺陷进行成像处理，对部分关键区域表面尺度量测进行抽检和复查，确保检测的精度和速度，结合使用两种技术能够提高质检效率，减少对芯片的破坏。检测环节包括无图形检测、有图形检测和掩模版检测等。

1.　无图形检测（Partical Inspection）

无图形检测通常指裸晶圆从晶圆制造商处获得认证，在开始生产之前半导体晶圆厂收到后再次认证的检测过程，防止缺陷逃逸。无图形的硅片一般是指裸硅片或有一些空白薄膜的硅片，由于没有形成图案，无须图像比较，因此可以直接进行缺陷检测。

（1）光散射

目前，无图形检测主要利用散射原理实现高速扫描，从而实现高的晶圆产量，检测的缺陷主要包括表面的颗粒污染、残留物、凹坑、刮伤、裂纹、外延堆垛、CMP 凸起等，这些会影响后续工艺质量，降低产品良率和缩短使用寿命。其工作原理是将单波长光束照射到晶圆表面，当单波长光束在晶圆表面遇到粒子或其他缺陷时会散射激光（暗场散射）或反射激光（亮场散射）的一部分，通过多维度的光学模式和多通道的信号采集，经过表面背景噪声抑制后，并通过算法提取和比较多通道的表面缺陷信号，可实时识别晶圆表面缺陷、判别缺陷的种类，根据晶圆旋转角度和激光束的半径位置，计算和记录粒子或缺陷的位置坐标。

（2）光致发光（Photoluminescence，PL）

PL 是指用光激发发光体发光，发光的频率、相位、振幅、方向、偏振态等携带了材料的大量基本信息，是探测材料电子结构非常重要的方法。另外，它与材料无接触且灵敏度高，被广泛应用于材料的带隙检测、杂质与缺陷分析及材料的复合机制研究领域。

对于硅晶圆，检测时红外激光通过透镜后照射在被测表面，部分能量被硅吸收，造成硅片中部分原子的外围电子发生能级跃迁，即从较低能级跃迁至较高能级，由基态转变为激发态。此时的电子处于亚稳定状态，难以长时间处于激发态，将自发跃迁回最低能级的基态。在这一过程中将释放其在受激发过程中吸收的能量，其能量将主要以光子形式向外辐射。由于硅片缺陷处的掺杂浓度和晶体排列与正常区域存在较大差别，因此在均匀激光辐照激发时，激发亮度与该处的少子密度成正比，利用工业红外相机可采集激发图像，既可清晰分辨出存在的缺陷（复合区为阴影），也可获得少子寿命等信息。

2. 有图形检测（Pattern Inspection）

有图形检测是指在光刻、刻蚀、沉积、离子注入、抛光等工艺过程中对晶圆进行检测，引导完成表面的材料沉积或清除，主要采用成像检测，缺陷包括断线、桥接等表面缺陷，空洞、材料成分不均匀等亚表面和内部缺陷，以及一切可能降低芯片性能的各种其他缺陷。有图形检测将测试芯片的空间像与相邻芯片的空间像进行比较，以获得仅有非零随机缺陷特征信号的空间差分图像，在缺陷的位置会生成缺陷图（类似于晶圆映射）。其主要原理是将宽光谱或深紫外单波长高功率的激光照射在晶圆上，通过晶圆的转动实现表面电路图案的全扫描，通过对比晶圆上的测试芯片图像和相邻芯片的图像，对电路图案进行对准、降噪和分析，实现晶圆表面图形缺陷的捕捉和定位，利用算法进一步对缺陷进行分析及解构。

对不同的材料和结构，采用的光学检测方式也是不同的，主要分为明场检测及暗场检测，二者较为相似：明场检测常用定向照明光路，即照明光角度与采集光角度完全或部分相同，最终的成像是通过反射光形成的；暗场检测是指照明光角度与采集光角度完全不同，最终的成像是通过图形表面的结构散射得到的，在对高反射表面成像或产生边缘效应的情形中十分有效。有图形检测使用明场检测或暗场检测或两者的组合方式进行缺陷检测。随着技术的发展，二者的差别更多体现在照明光路与采集光路的物理空间是否分离上。明场光学检测设备的发展进一步追求更亮的光学照明、更大的数值孔径、更大的成像视野等，使用光源包括氙灯、汞放电灯、激光持续放电灯；在针对不同类型的圆片进行检测时，明场光学检测设备可利用不同的配置特征进行多种组合。暗场光学检测设备由于光路分离，在照明光上也有更多类型的选择，包括激光光源、环形光、光纤照明等，追求更高的成像分辨率、检测扫描速度及更高效的噪声控制；暗场检测对于具有周期排列特性的图形表面的检测效果更佳，可通过散射将激光打到若干确定的空间立体角，进而放置和衍射角度对应的矩形或者圆形光阑便可实现有效遮挡，从而最大程度地减小图像的背景噪声，得到更高的缺陷信号的信噪比。

3. 掩模版检测（Reticle Inspection）

单个缺陷有可能会损坏一个器件，但掩模版上的单个缺陷可能会损坏上千个器件，因此，其检测远比无图形检测、有图形检测重要。掩模版缺陷通常源于掩模版在制造过程中引入的图形缺陷，如线宽制造错误、部分细小图形的缺失及引入的外来颗粒。根据对掩模反射率影响的不同，掩模版缺陷可分为振幅型与相位型，前者多为表层缺陷，后者位于掩模版多层膜底部，且不能修复。掩模版缺陷还可以分为掩模基底缺陷、掩模多层膜缺陷、吸收图形缺陷等：掩模基底缺陷改变了多层膜的反射特性，包括透明缺陷（MoSi 层）、圆形缺陷（MoSi/Cr 层，可能来自基板的清洗）、米粒缺陷（外界）、断裂或针孔缺陷（极少出现）；掩模多层膜缺陷是指由光刻掩模基底上的凸起、凹陷及在沉积过程中落上的颗粒引起的多层膜变形，会同时影响掩模反射光的振幅与相位，降低成像质量；吸收图形缺陷属于顶部表面缺陷，通常是由掩模处理、存储或曝光增加引起的，在掩模使用中的影响很大。

掩模版主要采用成像检测，基于暗场/明场对同一位置和同一特征尺度进行多次重复量测，实现对掩模版缺陷的识别和判定，结果的标准差可作为掩模版的重复性精度指标。在生产环境中，掩模版检测分为在线和离线两种方式。前者是指每次曝光之前和之后对掩模版表面进行检测，后者是指定期地把掩模从系统中调出来做缺陷检测。掩模版检测分为工作波长检测和非工作波长检测。EUV 下的非工作波长检测多采用电子束或原子力显微镜（AFM）和透射电子显微镜（TEM）结合的方式，无法检测相位缺陷，速度过低（通常检测时间为几十小时），仅能量测表面形貌，很难满足缺陷仿真分析与补偿的要求。工作波长检测可以直接评估掩模的实际工作情况，可找到影响关键尺寸的缺陷，包括相位缺陷。

掩模版的部分缺陷可以通过清洗解决，对于简单的缺陷，可以在做图形曝光时调整图形在基板上的位置，尽量使不透光的图形覆盖在基板的缺陷上。掩模版缺陷补偿可分为物理补偿和软件补偿：物理补偿主要采用电子束/离子束蚀刻和沉积，从而修复吸收层，使图形接近理想形貌；软件补偿则通过吸收层的修正或偏移，主要将真实空间和理想空间的像差作为评估函数，通过多次仿真从而优化函数，实现补偿（难度很大）。

6.2.4　复检

随着工艺节点往先进制程发展，作为制程控制主力的光学缺陷检测已无法满足大规模生产和先进制程的开发需求，必须利用更高分辨率的电子束技术进一步复检，才能对缺陷进行清晰的图像成像和类型的甄别（尤其是对光学成像效果较差的较小几何形状），从而为制程优化提供依据。

复检（Review Inspection）的目的是更详细地观察、分类和分析检测到的缺陷与颗粒的形状及成分，以及所在位置的背景环境，为识别哪道工序、哪台设备、哪种材料（晶圆、光刻胶等）引起的缺陷提供有效信息，从而分析和判断缺陷产生的原因和对应的工艺步骤，并进行针对性的缺陷改善。检测的大致流程是：首先使用光学显微镜（Optical Microscope，OM）或 SEM 复检，通过与相邻管芯的电路图案进行比较，或者通过图像和芯片设计图形的直接比对，确认检测步骤并排查缺陷是否存在（类型、位置、发生的工序），然后将自动缺陷检测系统生成的文件（包含半导体晶圆的格标识、槽标识，相应的缺陷信号二进制信息）重新加载 SEM，通过缺陷类别的位置信息来确定缺陷位置，并拍照和存储缺陷的放大图像，最后系统按照预定规则对缺陷分类，将相关信息发送到质量控制部门，以便在故障和缺陷分析中使用。由于存在各种误差或算法补偿，使用缺陷数据文件中的位置信息不一定能发现晶圆上的缺陷，因此在实际测试中需要微调。此外，复检通常使用差分图像方法，将多个缺陷图像与同一参考图像进行比较，提高复检速度。

6.3　晶圆可接受测试

晶圆可接受测试（Wafer Acceptance Testing，WAT）在研发阶段用来验证设计的可行性，以及预期性能、可靠性和稳定性等，从而获得器件或电路的基本特征。在试生产阶段，用来验证器件成品率、特性一致性等量产能力，同时是工艺调整的依据；在量产阶段，反映的是产线工艺的波动、最大化生产能力和降低成本。对于制造厂来说，WAT 是重要的监控手段。对于设计来说，WAT 是验证设计的重要过程，利用好 WAT 对于产品验证及量产维护都有重要的意义。

6.3.1　可接受测试基础

1. 可接受测试（Acceptance Test）

可接受测试又称验收测试或工艺控制监控（Process Control Monitor，PCM），是为了确定是否满足规范或合同的要求而进行的测试，可能涉及化学测试、物理测试或性能测试。在半导体工业中，可接受测试包括 WAT、批次可接受测试（Lot Acceptance Testing，LAT）、封装后筛选等，为器件及系统提供更好的可靠性保证。

为了评估半导体制造工艺的质量和稳定性，在晶圆完成加工时，需要测量一些工艺参数和电参数（只能测量直流参数），确保生产过程的一致性并最大限度地提高产量，这就是 WAT，又称为参数测试或电测试。WAT 测试每片晶圆，作为晶圆是否可以正常出货的卡控标准，也是区分制造和设计责任的关键。封装后的筛选环节在封装厂进行，该环节涵盖所有电性测试，是产品交付客户前的最后一道关键的检验工序。

在实际生产中，即使是成熟工艺也存在对可靠性产生影响的异常情况（参数漂移），可能会导致产品发生变化，需要进行特别的测试，来保证关键参数保持在规定范围内。不同于正常工艺监控，这部分测试既不能影响正常制程，又要及时发现问题，通常采用抽样的原理，对晶圆或芯片进行简化测试，这就是 LAT，又称批量验收。在 LAT 之前，必须执行完整的标准测试，再从特定的生产批次中（如 25 片晶圆）随机抽取样品，进行破坏性（类似于失效分析）及特殊测试，如辐照、检查高倾斜状态（以确保足够的金属台阶覆盖范围，发现某些缺陷）、横截面（以确保金属和电介质厚度在其指定范围内，识别某些自上而下无法检测的缺陷）等，从而筛选出可能存在缺陷的样品。LAT 可以在制造封装过程中或完成后，前者属于在线测试，后者类似于终测。LAT 是基于"零"缺陷状态的测试，在发生故障时，需要重新进行测试，样本量需增加至两倍或同批次样品全部重测，以确保没有任何故障发生。同时，相关信息也会被传输到良率管理等系统中进行记录和跟踪。

在工业生产中，可接受测试与功能测试的很多参数是相同或相似的，如果封装（特别是先进封装）成本很高，则选择 WAT 来测量更多的参数，如果产品产量高到测试成本超过失效器件的封装成本，则可以跳过 WAT 对芯片进行盲封。这里要注意，半导体设计、制造和封装过程中的相关的测试参数、测试过程和测试设备是按照一定规范执行的，如国家标准、行业标准、企业标准等，这些是使用者对制造商（或设计商）的基本要求，必须严格执行。这里以混合集成电路（MIL-PRF-38534L）为例，它规定了 7 个质量等级：

K 级，是规范中的最高可靠性等级，它适用于航空应用。

H 级，是标准的军工等级。

G 级，是 H 级的低配版本，温度范围为–40～+85℃。

D 级，商用质量等级，温度范围为 0～+70℃。

E 类，L、K、H、G 或 F 类以外的情况。

L 级，是非密封器件的最高质量等级。

F 级，是非密封器件的标准质量等级。

2. 测试结构（Test Pattern 或 Test Structure 或 Testkey）

晶圆可接受测试主要借助探针卡在半导体晶圆上进行测试。测试设备与探针卡连接，放在探针卡上的金属元件或探针与晶圆上器件或管芯的焊盘连接（或构成电容等结构），以传输电学数据和必要的测试参数。

晶圆上用于专门收集 WAT 数据的测试结构称为 WAT 测试结构，它和芯片本身的功能没有关系，不设计在实际产品芯片内部，因为设计在芯片内部要占用额外的芯片面积，而额外的芯片面积会增加芯片的成本。一般根据工艺的成熟度，将测试结构设计在芯片之间的划片道（或芯片位置），它的作用是制造厂测量和控制其流片工艺上有无波动，以确保在晶圆制造期间和之后工艺符合规范，特别是关键参数的一致性。

WAT 使用特定测试机台的测试探针扎到测试 Pad（芯片上的金属触点）上进行测试，手动测试使用金线制成的极细探针与 Pad 接触，自动测试则是探针卡（含有触点或探针）与 Pad 电接触（需保证接触电阻最小化），并配备有自动模式识别的光学器件，能够确保晶圆上 Pad 和探针尖端之间的准确配准，整个过程由工程师在自动测试设备（Automatic Test Equipment，ATE）上按照测试规范要求编写程序运行测试。此外，可以在高温下对晶圆进行热卡盘探测，以更好地指示零件在高温应用中的工作方式。对于当今的多芯片封装，如堆叠芯片级封装或系统级封装（SiP），开发用于识别已知测试芯片和已知良好芯片的非接触式（RF）探针，对于提高整体系统产量至关重要。

划片道在封装之前的锯切时被去掉的区域不会影响芯片功能，但宽度会受到限制（60～150μm），力求做到最小宽度及最小面积，内部不能使用复杂的电路，通常由单个晶体管、电阻器、电容器和其他无源结构组成，是实际器件的替代品，包含很多工艺和器件数据。同时，加入特殊测试电路，就可以获得大部分制造设备的性能信息。测试结构均匀分布在晶圆上，一般与晶圆的尺寸有关，一般 8 寸晶圆用 5 点测试，即测每片晶圆的上、下、左、右和中间的电性参数，12 寸晶圆则采用 9 点测试。为保证测试一致性及测试硬件的重复利用，测试结构有统一的 Pad 数及间距，器件或电路图形放置在 Pad（一般小于 40μm）间。为了提高先进工艺的微小缺陷的检测能力，需要在有限面积中放置更多的测试结构，同时测试多个测试结构来提高测试效率，可以加入地址信号和开关电路，使一组 Pad 对应多个器件，从而减小 Pad 数量，提高面积利用率。需要注意的是，过多的测试结构可能会增加封装切割时的难度，也会给晶圆制造带来更多的风险，需要必要的、符合规则的设计。如果某些重要参数（对应不同的工艺）没有符合要求，芯片被标上墨点记号（或使用晶圆图），即分类（Sorting），然后当晶圆切割成独立的芯片时，标有记号的不合格晶粒会通过视觉系统识别墨点来淘汰，不再进行下一个制程。

3. 修调（Trim）

WAT 还可以与修调结合进行，目的是修补那些尚可被修复的不良品（设计了备份电路），提高产品的良品率。修调又称激光修补，主要是调整电路图形中相关电阻的大小使其在可接受的范围内，是为了优化器件或器件的参数特性而进行的微调步骤，主要通过使用激光束在电阻结构上烧"缺口"来实现。用激光束切割电阻器会减小电阻器的有效横截面，从而增大电阻值。在修调电阻时必须小心，因为不适当的激光修补会导致钝化损坏，使湿气进入管芯电路，并最终导致管芯腐蚀。WAT 之后通常进行加温烘烤，既可以烘干标记的墨水，也可以清理晶圆表面，达到出货标准。

晶圆测试除了在制造厂用于检测器件是否按设计工作，还会应用在封装厂的探针测试、研制过程中的设计验证、不合格器件或芯片的失效分析等方面。

6.3.2　测试参数及方法

WAT 是晶圆进行的第一次完整的电学测试，是非常重要的，可以分为在线 WAT 和最终 WAT，前者在制程中进行，后者在制程结束后进行，测试参数一般分为工艺部分和器件部分。

1. 工艺部分

（1）设计规则

器件之间的隔离对电路性能的影响很大，其测试主要查看漏电情况。

对于短路或桥接，主要用于验证制程中同层版图之间器件的隔离能力。测试方法：多采用交叉梳状非串联的两端结构，梳状条之间保持一定距离（有效隔离宽度），再加上衬底构成三端器件，测试仪器对其加载 1.1 倍的芯片直流工作电压，测试所需的电流（I_{brige}）来判断是否是短路或桥接。

对于开路，主要用于验证金属层、多晶硅层对关键尺寸的控制能力。测试方法：采用梳状串联的两端结构，在有效隔离宽度外放置条状图形，测试所得电学参数与短路的测试结果并共同分析，判定所在层是否正常。

对于绝缘，主要用于验证制程中不同层版图之间器件的隔离能力。测试方法与开路类似，但需要通过调整电极所在的版图层，以便测试多晶硅层间、金属层间、有源区间及多晶硅层-金属层等情况。

（2）电阻

由于测量厚度较难，因此通常使用薄层电阻 R_s 作为关键参数，其准确性会严重影响器件及电路的性能，测试方法主要是四探针法、电阻条法等。

对于多晶硅有源区电阻，可采用哑铃状（受到 Pad 间距的限制）或蛇状设计版图，引脚的面积越大，可以容纳越多的接触孔，从而减小接触电阻对多晶硅方块电阻的影响，因此蛇状版图结果更为准确。测试电路与阱电阻一致，但衬底的偏置电压对多晶硅方块电阻没有影响。对于阱，在所要测试的区域两端设计两条平行 Pad 版图（之间即为所测电阻），电阻两端和衬底视为三端器件，测量电阻的电压（1V）和电流即可得到该区电阻。对于金属电阻，多采用蛇状版图且金属层越长越好，也是为了消除接触电阻的影响，对于低阻值情况（$L/W>50$），需要采用四探针法进行测量。

接触电阻 R_c 相当于在电路中串联额外不可控的电阻，包括有源区接触电阻、多晶硅层接触电阻、金属通孔接触电阻等，工程中的测试结构可采用链条结构，和蛇状结构类似，通过增加接触孔的数目,对加载直流电压测试得到的整体电阻进行平均化后得到更准确的阻值。

（3）其他

① 栅氧完整性（GOI）

验证栅氧的重要指标,当栅氧不均匀或界面有缺陷时,就会失去氧隔离能力,产生漏电流（介质漏电）。

GOI 电容 C_{ox}：V_g 接电源,V_b 接地,加载 0.03V AC 电压测试电容,$C_{ox}=C/$面积,可能受到阱离子注入异常、离子注入损伤在退火过程中没有激活、氧化层的厚度异常等影响。

GOI 栅氧厚度 T_{ox}：V_b 接地,V_g 接电源,加载 0.03V AC 电压测试 C_{ox},$T_{ox}=(\varepsilon_0\times\varepsilon_{ox}\times$面积$)/C_{ox}$,影响因素与 C_{ox} 类似。

GOI 击穿电压 BV_{ox}：V_b 接地,V_g 从 0 开始扫描（不超过 $3V_{DD}$）,测量 I_g,当电流强度达到 $0.1\mu A/\mu m^2$ 时,扫描电压为击穿电压,即加压测流,也可以加流测压,方法类似,影响因素与 C_{ox} 类似。

② CD 测量

测量两条相同长度（L）、不同宽度（W_1 和 W_2）的电阻,换算出其宽度（CD）大小。
当 $W=W_1$ 时,R_s 为薄层电阻,可测得电阻 R_1

$$R_1=R_s\times L / (W_1-\Delta W)$$

当 $W=W_2$ 时,可测得电阻 R_2

$$R_2=R_s\times L / (W_2-\Delta W)$$

所以

$$R_1/R_2=(W_2-\Delta W) / (W_1-\Delta W)$$

则可求 ΔW（CD 的损失）和 R_s。

③ 额外的规则

主要是以漏电流来检测接触覆盖性的,版图通常为十字架结构,可以有效发现误触发等问题。

2. 器件部分

在 WAT 中,一般需要包括工艺平台所有的有源器件和无源器件的尺寸,从而为设计者提供参考。

（1）MOS 器件（包括寄生 MOS）

击穿电压 BV_d 是评估 MOS 器件耐压能力的重要参数。在测量时,需要将 V_g、V_b、V_s 接地,V_d 从 0 扫描至 V_{ds}（$V_{ds}<3V_{DD}$）,测试 I_d 的变化,当 I_d 达到 $1\mu A/\mu m^2$ 时,此时扫描电压就是 BV_d。若 I_d 流向 I_s,则击穿电压 BV_d 通常表示源漏和阱之间的击穿电压,多见于长沟道器件；若 I_d 流向 I_b,则可能是由源漏穿通造成的,多见于短沟道器件。影响 BV_d 的因素主要有阱离子注入异常、LDD（轻掺杂漏工艺）离子注入异常、离子注入损伤在退火过程中没有激活、多晶硅栅刻蚀后的尺寸异常、接触孔刻蚀异常等。

关断电流 I_{off} 是反映器件关断状态下漏电流大小的参数。在测量时,需要将 V_g、V_b、V_s 接地,给 V_d 施加 $1.1V_{DD}$ 来测试 I_d,$I_{off}=I_d/W$。影响 I_{off} 的因素包括阱离子注入异常、LDD 离子注入异常、刻蚀损伤在退火过程中没有消除、接触孔刻蚀异常等。

饱和电流 I_{ds} 是评估器件在饱和区工作时漏电流大小的参数。在测量时,需要将 V_b、V_s

接地，V_d、V_g 接 V_{DD}，然后测试 I_d，$I_{ds}=I_d/W$。$I_{dsat(Asym)}$ 则是用于评估器件源漏对称性的参数。先测得 I_{ds}，对调源漏再测 $I_{ds'}$，进而得到 $I_{dsat(Asym)}=|I_{ds}-I_{ds'}|/I_{ds}$。若出现问题，则可能与 n+或 p+离子注入异常、LDD 离子注入异常、栅氧化层的厚度异常等因素有关。

衬底电流 I_{sub} 反映了器件中衬底与源漏之间的电流情况。在测量时，需要将 V_g、V_s 接地，V_d 接电源，同时对 V_g 进行从 0 到 V_{DD} 的扫描以测试 I_{sub} 的最大值。若出现异常，则可能与热载流子效应、门极未对准或接触层过刻蚀等因素有关。

阈值电压 V_T 是表征 MOS 器件开启电压的重要参数。在测量时，需要给 V_d 施加 $1.1V_{DD}$，将 V_b、V_s 接地，同时对 V_g 进行从 0 到 2V 的扫描以找到 I_d 的最大值（或 $I_d=0.1\mu A \times W/L$），此时的 V_g 即为 V_T。

（2）其他器件

① 对于双极型晶体管

放大倍数 h_{fe} 是评估晶体管放大能力的重要参数。在测量时，需要给 I_b 加载 0.1μA 电流，同时在 ce 端加载 V_{DD} 偏压，并测试 I_c，放大倍数 h_{fe} 即为 I_c 与 I_b 的比值，即 $h_{fe}=I_c/I_b$。

反向击穿电压 V_b 是晶体管的重要参数，用于评估其耐压能力。在测量时，引脚浮空，在 ce 端加载扫描偏压并测试 I_c，当 I_c 达到 0.1μA 时的偏压就是 V_b。

② 对于二极管

结电容 C_j 是反映二极管结区电荷存储能力的参数。在测量时，在二极管的一端施加扫描电压，另一端接地，从而测得电容 C，$C_j=C/A$，其中 A 是电容的面积，影响 C_j 的因素主要有阱离子注入异常、n+或 p+离子注入异常、离子注入损伤在退火过程中没有激活、刻蚀尺寸异常等。

结漏电流 I_{leak} 是评估二极管漏电流大小的参数。在测量时，施加反向偏压 V_{DD} 并测试电流 I，$I_{leak}=I/A$，其中 A 是电容的面积。

反向击穿电压 V_b 是二极管的另一个关键参数，用于评估其耐压能力。在测量时，施加反向扫描偏压来测试电流 I_s，当 I_s 达到 0.1μA 时的偏压就是 V_b。

6.3.3　探针测试

可接受测试主要基于探针进行，大致分为两类：一类是基于点接触探针的测试，主要用于评估器件的电学参数（详见 6.4 节）；另一类则依赖于扫描探针，在样品表面进行扫描移动，主要用于分析表面形貌、载流子分布及表面功函数等特性。其中，扫描探针显微镜（Scanning Probe Microscopy，SPM）是最常见的一种工具，它通过探针接触样品表面来探测其形貌，清晰度主要取决于探针的大小，特别适用于纳米级表面的研究。由于 SPM 测试中探针尖端和样品之间的电流存在限制，其应用范围也受到一定的限制。在实际测试中常采用替代方式，如测量表面功函数、电阻、静电力、磁力等参数，进而衍生出多种新型的扫描探针技术。

1. 原子力显微镜

原子力显微镜（Atomic Force Microscope，AFM）通过测量表面的局部特性（如高度、磁性等）形成真实的三维表面图像，具有纳米级分辨率，无须对样品进行特殊处理或在真空环境下操作，这使得 AFM 在蚀刻、溅射、二次离子质谱、沉积、旋涂、化学机械抛光等工艺中，能够精确量化材料的沉积或去除情况。尽管 AFM 图像尺寸比 SEM 小，且扫描速度较慢，但在芯片截面成像应用中有明显优势。

AFM 具有两种主要的工作模式：接触模式和非接触模式。在接触模式中，AFM 采用软悬臂梁，其末端装有微小而高精度的尖端，可与样品表面进行接触。尖端与样品之间的相互作用力会导致悬臂根据胡克定律发生偏转，偏转量可通过激光二极管和一组光电探测器来测量。这种方法通过反射光来确定位置和偏转角，或者使用低成本、低灵敏度的应变压阻来测量。为了确保测量过程对样品无损，反馈系统可使尖端施加在表面上的力保持恒定，同时光栅扫描移动的尖端在 XOY 平面上移动，从而形成样品的形貌图像。在这种模式下，尖端和样品之间的力通常小于 10^{-7}N，因此可以近似为无损测量。非接触模式则在悬臂下方加入压电元件，使其以共振频率振荡。当悬臂尖端与样品表面的距离为 10～100nm 时，其间的相互作用力（如范德华力、静电力等）会改变振荡特性，可以提供关于样品表面特性的信息。例如，振荡幅度可以反映样品形貌，而振荡相位则可以用于区分不同的材料。该模式面临的最大挑战在于，当尖端与样品的间隙处于纳米量级时，由于样品表面积与体积的比值较大，表面力（如弯月面形成的力）可能比体积力（如重力）更大，从而改变了尖端与样品的实际距离。

2. 扩散电阻分布

扩散电阻分布（Spreading Resistance Profile，SRP）测试是用于研究半导体材料中的扩散电阻、电阻率及载流子浓度与深度关系的方法。扩散电阻 R_{sp} 即电流在材料中扩散到更大面积时的电阻，是由材料内的扩散效应产生的。其大小受掺杂浓度和扩散深度（也就是载流子分布）的影响，这对半导体器件的性能、稳定性和可靠性具有决定性作用。当在两个与无限平板形成电接触的探针尖端之间施加电压时，有

$$R_{sp} = \frac{\rho}{2a} \qquad\qquad (6\text{-}25)$$

式中，a 是接触面积的半径（样品厚度不少于 $2a$），ρ 是半导体材料的电阻率。大部分电阻发生在非常靠近接触点的地方，可以通过四探针法来确定局部电阻率。

加入 5mV 左右的电压就可以克服探针-硅电阻（接近欧姆接触），同时保持探针尖端电阻和其他连接电阻最小化，从而精确地测量扩散电阻。扩散电阻的测量首先是样品制备，样品被固定在小于 1° 的楔体上（使用石蜡进行固定），并使用金刚石膏研磨测试斜面，以确保表面的平整度和一致性。随后，使用两根探针接触斜面来测试电阻，并计算出 R_{sp}。为了准确评估样品的掺杂浓度，需要将得到的 R_{sp} 与标准样品进行比较，对于掺磷硼硅的样品，可以参考 Thurber 曲线[瑟伯曲线，用于描述半导体材料的掺杂浓度与某种电学性质（如扩散电阻或电导率）之间关系的标准曲线]。此外，还需要考虑表面损伤和浅结等情况对测量结果的影响，并进行相应的修正。通过连续测量和数据分析，还可以直观地揭示材料中已激活杂质的浓度分布情况。SRP 测试需要在黑暗中进行，以避免光电导效应，还可根据不同的深度选择斜角，电阻率的空间分辨率可以达到 5nm，同时具有很大的测试范围，能够分析 Si、GaAs、SiC 等外延、扩散、注入工艺中载流子浓度的空间分布情况，是半导体器件制造中比较重要的测试手段。

为了帮助开发先进半导体器件，研究人员基于 SRP 开发了用于扫描半导体载流子分布的扩散电阻显微镜（SSRM）。与 SRP 不同，SSRM 测量的是探针尖端和横截面之间的接触，以避免与倾斜相关的载流子溢出效应，结合宽范围放大器可实现对亚纳米尺度半导体器件的分析。SSRM 通常与 AFM 连用，利用其纳米级探针尖端清除氧化物和污染，确保与样品形成良好的欧姆接触。此外，SSRM 还能用于观察包括导电材料、聚合物在内的多种材料，并分析不同种类的掺杂剂。

3. 开尔文探针

开尔文（Kelvin）探针是一种极其灵敏的非接触、无损振动电容器装置，专门用于测量半导体材料的表面功函数。当原子聚集形成固体时，其内部的费米能级是连续的，而功函数则代表从固体内部将电子移至真空能级所需的能量。当不同材料结合时，电子会由功函数较低的材料流向功函数较高的材料，以达到费米能级的平衡。在固体表面，由于晶向或吸附作用，功函数可能会发生变化，这种变化仅限于表面的 1～3 层原子，这也是 Kelvin 探针测试的主要参数。在实际应用中，Kelvin 探针与样品表面构成一个点电容结构，其间距为 0.2～2.0mm。当探针尖端振动时，由于功函数差异引起的电荷变化会被采集并放大，从而可以精确地测量间距和功函数。通常使用金制作的探针尖端作为参考平面，以便准确地计算样品的表面功函数。对于半导体表面，Kelvin 探针是唯一能够直接测量功函数（费米能级）的方法。此外，光照可以引起费米能级的变化，进而导致能带偏移。因此，当 Kelvin 探针与白光或单色光结合使用时，可以表征界面及体缺陷状态，这种方法被称为表面光电压谱（SPV）。

将 Kelvin 探针与 AFM 结合，即构成了开尔文探针力显微镜（KPFM），也被称为扫描开尔文探针力显微镜。KPFM 有两种运行模式：在单通道模式下，振动的尖端以恒定高度通过样品，同时在悬臂上施加电压以克服两者之间的静电力振荡，这样就可以映射出功函数的差异，测试速度更快；在双通道模式下，首先在振幅调制模式下，保持尖端与样品表面接近，具有薄导电涂层的悬臂在其共振频率下可获得表面高度信息，然后类似于单通道模式那样进行恒定高度测试，反馈的电压即为表面电势，这种模式进一步提高了分辨率。KPFM 能够在原子尺度上测量表面功函数，可以获得关于半导体掺杂、能带弯曲、电介质中的电荷捕获和腐蚀等信息。通过这些二维表面图像，可以深入地了解固体表面局部结构的组成和电子状态。

6.4　测　　试

在半导体制造厂完成 WAT，晶圆就可以移交给封装厂，此时的管芯具备 Pad 结构，因此电气测试成为主要的测试方式。电气测试通过向被测器件（Device Under Test，DUT）提供一系列电信号，根据设定的被测参数来检查其功能。在测试过程中，会将激励响应与预期结果进行比较，如果超出预设范围，则视为器件失效或存在故障。该阶段需要对每个芯片都进行测试，涉及大量的测试参数和复杂的测试过程，需要相对较长的时间，通常需要自动测试设备（ATE）来执行。

6.4.1　测试基础

1. 工程测试的一些概念

（1）测试可信性

测试结果的绝对确定性是难以保证的，总有一些情况需要重新测试，不仅浪费了测试资源，还延长了测试时间。为了衡量测试设备提供正确测试结果的一致性，通常引入测试可信性这一概念。具有良好测试可信性的 ATE 能够减少重新测试的需求，从而间接地提高测试效率，这也是 ATE 市场主要由少数几家厂商主导的原因之一。ATE 的测试可信性是通过无效故障数量来评估的，即正常器件被认定为失效的数量。主要原因包括电气连接接触不良、ATE设置不当、温/湿度影响及 ATE 的可重复性等。其中，接触不良是最常见的问题之一，需要

ATE 供应商和封装厂共同协作解决。一般认为，如果测试可信性超过 95%，则对于不合格产品无须重新进行测试。如果测试可信性低于 85%，则整个测试系统就可以认为是无效的。在实际操作中，需要综合考虑成本、时间、设备和封装类型等多方面因素。

（2）测试产量

测试产量是指通过电气测试的芯片数量与总芯片数量的比值，较低的测试产量意味着管芯/芯片可能被大量丢弃，因此必须了解产量损失的原因，以评估工艺能力和预测产品的性能，从而有效地控制成本。产量损失的主要原因是工艺问题、产品设计限制及随机点缺陷。在工艺方面，氧化物/多晶硅的厚度变化过大、掺杂浓度变化过大、掩模对准、离子污染等都可能造成器件失效；在产品设计限制方面，主要是因为器件结构工艺参数的微小变化非常敏感，需要考虑设计的健壮性，在遇到设计受限时，提高工艺水平是必要的；随机点缺陷通常由晶体缺陷、环境中的灰尘或颗粒及设备等原因造成，也会对测试产量产生影响。

为了将缺陷密度分布转换为测试产量，可以使用产量模型或成品率模型。常见的模型主要有泊松模型、墨菲模型、Seed 模型、指数模型等，选择哪种模型取决于实际情况。如果晶圆之间的缺陷是大量随机均匀分布的，那么可以采用泊松模型，即 $Y=e^{-AD}$，其中 D 为缺陷密度，A 为芯片面积，该模型主要用来描述中小规模集成电路；如果缺陷聚集在某些区域（如晶圆边缘），那么多采用墨菲模型，即 $Y=[(1-e^{-AD})/AD]^2$，该模型主要用来预测大规模集成电路的成品率；Seed 模型假设晶圆上和晶圆之间存在不同的缺陷变化，即 $Y=e^{-\sqrt{AD}}$，该模型适用于大规模集成电路；指数模型假设高缺陷密度仅限于晶圆的小区域，$Y=1/(1+AD)$，主要适用于预测缺陷聚集的情况；也可以组合使用多种模型，如墨菲/Seed 模型，$Y=[(1-e^{-AD})/AD]^2/2+e^{-\sqrt{AD}}/2$。

通常将特定制造工艺的测试产量数据与预测模型进行比较，以拟合出最佳模型用于后续的量产分析。实际的分析可能更为复杂，如矩形芯片和圆形晶圆的缺陷分析结果可能会有所不同，此外，实验室试验、小型试验和量产预测之间也可能存在差异。

（3）测试保护带

测试保护带是为了确保在存在设计、制程或测试误差的情况下，芯片仍能满足规格要求而设置的额外容差或公差，可以确保部分设计失败时芯片仍能继续运行，是先进制程的标准要求。在大多数半导体测试中，通常有两个测试计划，分别面对生产和面对质量保证：前者用于生产中所有单元的电气测试，要求更为严格；后者是在产品交付给客户前的最终测试，要求与数据手册接近。两者之间的差异就是测试保护带。在一定的范围内，测试保护带应该足够大，以便将测试过程中的不稳定或噪声产生的误差都考虑在内。不同的测试设备带来的误差是不同的，同一个测试系统多次测试同一个单元也会有不同的结果。测试保护带使测试结果相对保守，通过面对生产的测试标准，就能达到数据手册的要求，减小客户获得不合格产品的概率，并避免因测试设备等不确定性因素导致的产品错误筛选。

随着特征尺寸的不断减小，为确保电路可靠性所需的额外测试保护带可能会显著影响电路性能，因此，在设计和制程之间寻求平衡变得至关重要。为确保实际加工能力，在可控范围内且符合既定的质量标准，通常会引入 C_{pk} 进行评估。

2. 缺陷与故障

缺陷通常出现在器件制造或使用阶段，主要是因制造条件的不正常和工艺设计有误等造成的物理结构的改变，如工艺缺陷、材料缺陷、寿命缺陷、封装缺陷等。缺陷是物理级（电路级）失效的一种，映射到逻辑级就可以建模为（逻辑）故障（非正常状态），映射到行为级就是错误（信号异常），而失效的测试过程则是通过特定的测试方法来识别和定位这些故障或错误。

为了方便分析和判断，可将故障特征进行抽象和分类，将具有相同效果的故障归为同一种故障类型和描述方式，从而形成了故障模型。常见的缺陷包括封装引脚间的漏电或短路、芯片焊点到引脚连线断裂、表面沾污、金属层迁移及金属层开路/短路等。尽管这些缺陷的产生原因各不相同，但它们可能具有相似的效果，因此在逻辑层可以被抽象为固定故障、静态电流故障、时延故障等类型。针对不同的设计层次，存在不同的故障类型。行为级的故障主要涉及电路功能，与硬件实现的关联较少，主要用于设计验证。电路级的故障包括固定故障、桥接故障和时延故障等。器件级的故障则有固定开路故障和固定短路故障等。

固定故障包括单一故障（SSA）和多故障（MSA）。当 SSA 为 0 时，故障位置直接接地，当 SSA 为 1 时，故障位置接电源，通过真值表可以描述 A 点出现故障，如图 6-11 所示。实际故障可能来自多种缺陷，但生成的测试向量只有一个。当同时有多个故障时，采用多故障模型。

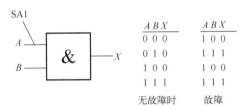

图 6-11 SSA 为 1 的模型逻辑真值表

时延故障是高速系统中常见的与时间相关的故障，尤其在时钟频率较高的情况下，长时间的延迟即被视为故障，这种故障通常因为某段线路的阻值偏大。时延故障模型主要分为跳变时延故障模型和路径时延故障模型。前者测试时强制使测试点电平达到故障值，然后给予输入跳变激励，经过特定时间后检查测试点是否跳变回正确值。后者关注指定路径上所有门电路的跳变时延总和，涉及整条路径中各门引脚与连线节点的连接情况，即多节点测试。

桥接故障是指两根或多根不应相连的信号线错误地连接在一起。这种故障可能源于单个或多个器件，甚至可能发生在不同层级之间，从而改变电路的拓扑结构并导致电路功能异常。桥接故障可分为输入桥接故障、反馈桥接故障和非反馈桥接故障等类型。输入桥接故障发生在器件内部的特定节点，需要在器件级进行分析。反馈桥接故障主要分析节点的桥接情况，若涉及输入，则还需进行器件级分析。非反馈桥接故障因反馈节点的逻辑不确定性而使得分析更加复杂。

固定开路故障可能发生在器件、门电路的内部、连线或信号线等位置，其可检测性取决于缺陷的面积和位置，通常需要在器件级进行分析。

在实际应用中，基于电流的故障模型与 I_{DDQ} 测试方法常被结合使用，以检测 CMOS 电路中的桥接、开路、短路等缺陷，从而提高故障检测的准确性和可靠性。

3. 测试向量及生成

假设测试一个 64 输入、64 输出及 12ns 内部时延的组合电路，以 1GHz 频率运行 ATE 来测试，且花费了 4ns 输入测试向量及 4ns 输出，那么总测试时间为 $2^{64} \times (12+4+4) \times 10^{-9}$ s，也就是 1 万多年才能完成。很明显，完全测试不可行，需要必要的方法和算法来减少测试向量。

　　常见的测试过程如下：先建立描述电路"好"或"坏"的模型，然后设计出能检验电路"好"或"坏"的测试数据，再把设计好的数据加在被检验的电路上；观察被检验电路的输出结果；最后分析与理想的结果是否一致。被测试的电路称为被测电路，测试向量（pattern）或测试图形是用于测试电路正确性的一组数据，既包括电路的输入数据，也包括用于和电路输出值进行比较的正确输出数据。把测试图形施加到被测电路的过程称为测试施加，测试向量施加后被测电路的输出称为测试响应，检查电路实际的测试响应与理想结果是否一致的过程称为测试分析。如果测试响应与理想结果相同，则认为电路没有故障，反之，认为电路存在故障。测试的流程如图 6-12 所示，其中测试生成最为复杂和重要。

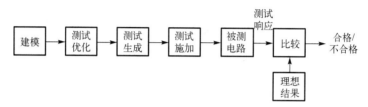

图 6-12　测试的流程

测试向量生成的大致流程如下。

　　① 建模。为了有效地通过测试评估缺陷，需建立简化的故障模型，形成更好的测试向量。对一个给定的测试向量而言，其故障覆盖率是衡量检测故障效率的关键指标。

　　② 故障减少。通过消除冗余故障和不常发生的故障，以及合并相同输出的故障，可以有效地减小故障数量，可以显著缩短测试向量建立和分析的时间，从而提高测试效率。

　　③ 故障仿真。在被测电路中引入一个故障，以验证测试向量是否检测到这个故障，这一过程有助于确定哪些测试向量是有效的，值得保留。

　　④ 可测试性度量。为了找出能达到电路中特定测试点的最佳路径，需要确保其他电路相关区域的可控性和可观测性，这对于后续测试的准确性和效率至关重要。

　　⑤ 测试压缩。在测试向量生成前，可以通过一些方法减小测试向量的数量，同时不显著影响其故障覆盖率，即使用简约的方法更快地完成电路测试。

　　⑥ 测试向量生成。这是整个流程的核心，在考虑可测试性的基础上，确定最终测试向量，在将其施加到被测电路时，能够区分正常电路和故障电路，这一步骤涉及的方法和算法最为复杂。

4．测试设备

（1）自动测试设备

　　自动测试设备（ATE）属于通用测试仪器，用于自动测试管芯/芯片的电气特性和性能，可以给被测器件（DUT）提供激励信号并测试其电行为，应选择要考虑的器件或芯片类型、测试内容、测试规格和成本等因素。ATE 由机台、负载板/探针卡、分选机和测试程序等部分组成。大致测试流程是：测试头对准（下压）并与（未切割）管芯的 Pad 或芯片的引脚接触，然后将编写的测试程序输入控制器，控制 ATE 对 DUT 进行测试，最后根据结果将晶圆或 DUT 放置到合适的位置。分选机将晶圆或 DUT 移动到 ATE 上，负载板、接触器等附件工具根据需要连接到 ATE，测试头在探针测试中与探针卡连接，相当于探针阵列，探针探测在终测中与负载板连接，配合接触器使用，测试头的体积很大，通常由机械臂进行移动。测试程序由一系列子程序（测试块）组成，每个测试块都有相应的设备参数，通过对 DUT 进行特定激励并测量测试响应来实现测试，然后将测量值与测试程序中设置的合格/不合格限值进行比较，测试后，处理程序会按照设置对芯片进行分类。

（2）负载板/探针卡

负载板或探针卡就是带有测试插座和元器件的 PCB，用作 ATE 和 DUT/晶圆之间的接口电路，具有设置 DUT 参数、传输测试与响应信号、校准 ATE 及提供附加测试等功能。理想的负载板不会给 DUT 的测试过程带来失真、噪声、时延或误差。实际的负载板有公板和专板之分，公板在现有的负载板上通过飞线的方式实现电路的搭建，具有成本低、时间短的特点；专板则需要针对特定器件或芯片进行设计，适合外围电路要求较高或测试较为精密的情况，成本高，周期长。负载板的设计需要注意电源布线和信号路：对于电源布线，通常将多个电源连接到相同的标称电压，以提高电源之间的抗噪性，并在电源和地之间接去耦电容来减小电源噪声；对于信号路，应避免将电源平面覆盖在信号平面上，低速数字信号和高性能信号应单独处于同一平面，且具有相同的轨迹长度，同时 DUT/晶圆与负载板之间的电缆应尽可能短，同时避免混合信号并行，以减少噪声耦合。

（3）附件工具

接触器（插座）是与 DUT 进行实际物理接触的部件，它在 ATE 和 DUT 之间建立必要的电连接。为确保测试的准确性和稳定性，接触电阻、杂散电容/电感、电容和电感耦合必须最小。选择不当的接触器可能会引发接触问题，导致测试错误甚至系统停机，进而严重地影响测试产量、可重复性及器件分类。接触器的电气性能受其尺寸、形状、材料和接触元件的接触面积等因素的影响。接触器通常配备一组接触元件，采用金属指状物或弹簧加引脚的形式与 DUT 的引线或焊球接触，材料是表面镀金的铍铜类金属。接触元件通常使用 S 形结构，接触力来自弹性元件的弯曲，避免接触元件变形引起的接触问题；此外，接触元件与引线接触时的运动具有一定的擦拭作用，有助于在接触前去除 DUT 引线上的污染物和氧化物。由于不同的封装有着不同的接触器，需要通过特殊夹具来装载不同形状和大小的芯片。随着使用时间的推移，接触元件会逐渐老化，为确保接触良好，应定期检测和维护接触器。

附件工具还包括加热板、电缆、射频线缆、插座基板、压力板托盘等。

6.4.2　封装工艺的测试

在封装厂，一系列的严格测试被实施以确保芯片的质量和可靠性，包括类似于来料检测的电路探针测试、工艺监控及类似于 WAT 的终测。只有符合标准的芯片才能进入下一步的老化工序，这是评估芯片可靠性的重要环节。封装中的工艺监控主要是晶圆减薄的厚度、平坦度测试及表面缺陷检测，晶圆切割、芯片互连（键合等）、切筋成型等工艺中的表面缺陷检测，在关键工序（如回流焊）后应使用 X 射线照相进行抽检，以保证封装质量。

1. 芯片探针（Chip Probe，CP）

在半导体制造中，工艺良率的波动可能会导致晶圆厂产出的芯片存在缺陷，在封装阶段可能会引发诸如破裂或接合不良等严重问题，这是封装厂及客户都无法接受的情况。因此，在封装前进行严格的测试和筛选，这就是芯片探针（CP），又可以称为晶圆探针。CP 测试属于晶圆级测试，其主要目的是在封装前识别和剔除存在缺陷的芯片，从而确保封装质量的可靠性。通过 CP 测试，相关信息可以及时反馈到制造前端，有助于进一步优化生产工艺并降低封装成本，这对于采用先进封装技术的产品而言尤为重要。此外，部分引脚会被封装在内部，有些功能只能在 CP 测试阶段进行；也有根据 CP 测试结果，将芯片分级投放到不同市场的情况。

在 CP 测试前，晶圆上的管芯尚未划片封装，只能通过探针接触到 Pad 再与 ATE 连接，从而进行测试和分类，结果通常保存在晶圆图中，包括良率、测试时间、失效管芯位置及其他测试信息，是第一道验证芯片设计规格的测试，封装厂根据晶圆图挑选芯片并进行封装。通过进行更全面的 CP 测试，可以尽早地筛选出失效的芯片，但硬件成本也会提高，测试项目的选择需要折中考虑成本和测试覆盖率。为了降低成本，可以通过优化测试顺序、根据算法进行抽样测试等方式进行测试策略的调整。在 CP 测试阶段，由于管芯没有封装，测试精度有限，因此一般选择对良率影响较大的项目进行直流参数测试和简单的功能测试，大致测试流程如下。

① 在测试前确定测试方法和参数，通常在芯片设计时就进行了可测性设计（Design For Test，DFT），这相当于为测试制订了一个详细的计划；

② 根据芯片类型、测试内容、测试要求及成本来选择合适的 ATE；

③ 根据具体的要求制作探针卡并编写相应的测试程序；

④ 根据测试计划对芯片施加输入信号并采集其输出信号，逐步清理程序错误并调整探针力度等信息，保证整个测试的稳定性和可靠性；

⑤ 进入量产阶段，判断芯片功能和性能是否达到标准要求，进一步优化测试流程，将失效率较高的项目前移，较低的后移甚至删除，以缩短测试时间，同时关注良率的稳定性。

2．终测

终测（Final Test，FT）又称后测试或封装测试，是在芯片封装后进行的关键测试，它主要验证封装后的器件或电路在实际应用中的性能，并与可靠性测试相结合，以全面评估芯片的功能完整性和封装质量。FT 在测试阶段占据至关重要的地位，确保每个封装完成的芯片都经过严格的筛选，以满足设计规格的要求。理论上，FT 会采用全面的测试项目，以确保测试效率和功能覆盖的最大化，但考虑封装和测试的成本，通常将 CP 测试和 FT 视为整体，综合设计测试方案，这样可以确保测试的经济性和高效性。需要注意的是，与封装质量密切相关的测试项目应被优先安排在终测中，而某些特定类型的测试［系统级封装（如 SiP）等］则应在 CP 测试阶段尽早完成。

FT 关注封装的良率，通常会长时间占用 ATE，有时以 ATE 代指 FT，其流程与 CP 测试基本一致：基于 DFT 和 CP 测试数据编写测试计划、选择 ATE、制作负载板和编写测试程序、调试设备和程序、量产测试，根据测试结果对芯片进行分类，针对特定类别的失效芯片进行深入分析或重测。FT 的测试内容可根据封装和芯片类型选择，主要包括连接性测试、功能测试、结构测试和参数测试等。此外，FT 可以使用晶圆图来记录良率等信息，并进行简单的修复，如参数微调和局部电路修复等。

系统级测试（System Level Test，SLT）属于板级或系统级的测试，制造芯片并集成在自家板卡的公司（如 Intel 等）通常在 FT 后进行 SLT，属于定制化测试。SLT 将测试主机、测试板、测试插座上的芯片之间建立电气连接，硬件与 FT 类似，目的是提高产品板的生产良率并降低生产成本，测试内容主要有芯片功能测试、接口测试及内存相关测试等。随着系统芯片（SoC）、系统级封装（SiP）等技术的发展，SLT 在未来可能会成为芯片测试中最重要的环节之一。

在半导体测试中，如何以最少的测试步骤实现相同的缺陷率目标是另一个重要的考虑因素，这通常需要根据故障率、测试时间和测试条件进行综合评估。对于汽车电子产品，通常要求零缺陷，通常在 CP 测试和老化之后要加入高/低温测试；对于消费电子产品，尽管在产品研发及小型试验期间，也会使用高/低温 FT 及 SLT，但在量产之后可以酌情取消。

3. 条带测试

条带测试是在半导体器件仍处于引线框条带状态、芯片引线已完成电隔离但尚未切割成单独芯片时进行的电气测试。测试之后与传统封装一样，进行标记、分割、视觉分拣、包装和运输等。不同于传统的封装与测试相互独立的情况，条带测试实际上是将测试过程插入封装过程，类似于托盘测试方法，即 DUT 以矩阵形式排列，通过有效的矩阵检索方案和并行测试技术，实现多芯片同时测试，显著提高了测试效率，缩短了测试周期。

条带测试的优势在于保持了封装在引线框条带中的完整性，使芯片得到保护，同时降低了单独处理每个单元的需求，从而降低了引线弯曲、封装裂纹、ESD（静电保护）损坏等问题的风险。这种方法尤其适用于小型封装（如芯片级封装）的处理和测试，因为它解决了接触难题。此外，由于封装样式和尺寸的多样性，单芯片测试通常需要定制额外的工具，对于产量较低的产品而言成本较高。相比之下，条带测试仅需使用对齐技术即可适应新的要求。

条带测试还提供了类似于晶圆图的带状图记录功能，能够记录与批次和单芯片相关的重要数据。这些数据可以映射到封装测试过程中，可为可追溯性、故障排除、产量分析和统计过程控制提供有力支持。条带测试也存在一些问题，如需要协调封装和测试两个独立环节；在筛选和重新测试方面，对单芯片相对容易，但条带测试可能需要经历第二次测试过程，这对成本和芯片质量都有影响。通常，对于不合格的产品，需要在分割为单独芯片后进行再次测试。此外，在条带测试后的分割和分拣过程中，芯片仍有损坏风险，因此需要进行更为严格的工艺评估和鉴定，以确保单体化步骤不会对芯片造成损害。

随着新器件和芯片引脚数量的增大，确保引线间适当的电隔离变得越来越重要。同时，芯片之间的串扰、专门的 ESD 防护等问题也对条带测试提出了更高的要求。

6.4.3　测试方法

随着集成电路规模日益的扩大，测试成本逐渐上升，甚至在某些情况下超过了芯片本身的成本，这促使我们在芯片设计的初期阶段就必须将测试问题纳入考量范围，从而诞生了可测性设计（DFT）的概念。DFT 的核心思想是在芯片设计阶段预先插入各种硬件逻辑，旨在提高芯片的可测试性。通过这些硬件逻辑，我们能够生成有效的测试向量，以应对大规模芯片的测试需求。测试工程师依据 DFT 的 ATE 将生成的测试向量加载到芯片，最终完成芯片的测试和分类工作。DFT 的设计方法可分为专项设计和结构化设计两种。专项设计遵循一套标准的设计规范，通过简化和加速测试流程，例如，提供置位和复位信号、注意避免逻辑门输出过多等，在不改变电路结构与功能的前提下，提高了电路节点的可控性和可观性，对于具有特殊结构的电路测试尤为有效。受到人工设计的限制，更为常用的是结构化设计方法，即利用系统和自动化的手段来提高芯片的可测试性。

DFT 的核心技术包括扫描路径设计、边界扫描、内置自测试及多种调试和功能测试模型，与自动测试向量生成技术配合可生成简洁、高故障覆盖率的测试向量，可以显著地缩短测试时间，降低出厂芯片的故障率，从而在确保产品质量的同时，优化生产效率和成本控制。

1. 自动测试向量生成

自动测试向量生成（Automatic Test Pattern Generation，ATPG）是在半导体测试中检查器件故障或电路结构，根据相关算法自动生成所需的测试向量（集合）的过程。ATPG 一般会使用各种随机的测试向量检测容易检测的故障，而对于难测的故障，则需要使用敏化路径的方式进行分析。基于布尔逻辑运算的算法被用来生成测试向量并作用在测试电路，使故障向后传播到可以观测的点，测试向量按顺序加载到 DUT，并将输出的响应与预期结果进行比较，以确定测试结果。一个完整的测试周期包含测试建立和测试应用两个阶段，前者需要特殊设计，后者通过 ATE 实现。测试建立阶段是指在晶体管级或门级对物理缺陷进行建模，使故障器件对给定输入的输出响应与预期响应不同。对于简单电路，可以手动设计测试向量，但对于日益复杂的集成电路，从测试成本和效率方面考虑，应尽可能减小检测所有重要故障所需的测试向量集，以达到最小化或接近最小化检测的目标。因此，测试建立主要通过 ATPG 算法实现，并用故障覆盖率和执行测试的成本来衡量和评价 ATPG 的好坏。

常用的 ATPG 算法包括 D 算法、PODEM 算法和 FAN 算法等。

D 算法的主要思想是逐级敏化从故障到电路所有输出的全部可能通路。首先将故障激活，形成 D 状态，然后将 D 状态向输出端传播，同时确定其他内部节点的值（使输入端合理化），当在过程中设定的值与其他节点冲突时，输入端与传播输出路径可以重复和递归，最终当 D 状态通过最短路径传播到输出端时，输入端所对应的值就是测试向量（最小测试向量集）。D 算法在生成测试向量时可能会考虑电路中的所有可能逻辑组合，复杂度随着内部节点的增加而指数增长，这对于超大规模集成电路（VLSI）的测试不利。

PODEM（路径导向决策）算法是对 D 算法的改进，它吸收了穷举法的优点，采用反向跟踪的方式，首先对输入逐一分配不同的值来激活故障，再将激活条件回溯，待满足激活条件的所有输入赋值以后，再进行正向传播，每确定一个故障位置就回溯，确定输入赋值和传播路径，直到故障传播到输出端。当所有输入组合都无法找到合适的测试向量时，则认为用该策略无法完成测试。由于 PODEM 算法的复杂度随着输入端数量的增大而指数变化，比内部电路节点少得多，减小了回溯和迭代的次数，因此比 D 算法更高效，有更高的故障覆盖率。

FAN 算法进一步改进了 PODEM 算法，在利用拓扑信息来提高测试效率的基础上，采取了新的策略加速测试生成的完成，例如，每一步都尽可能多地确定唯一输入值，以减少盲目选择可能性，对于路径敏化过程中的故障必经路径进行唯一敏化，当遇到头线（传播主路径）时停止回溯，多路并行回溯等策略可进一步减小回溯和判断的次数。

对于特别复杂的电路，ATPG 算法可能不再适用，通常会通过伪随机方式进行测试生成，即根据已知的故障特性建立故障列表，并尽可能多地覆盖更多的故障，根据列表就可以使用伪随机方式生成输入向量，进而模拟故障性能。由于测试向量的产生是"随机"的，未被其覆盖的故障一般需要使用 ATPG 方式来解决，结合概率性和确定性的测试生成方法就是混合 ATPG。

基于路径敏化的算法是生成测试向量的核心，其目标是在器件出现固定故障时，从电路中识别出一条可以明确定位故障的路径。ATPG 的流程可以大致描述为以下步骤。

① 建立故障模型。依据物理缺陷和电路设计的特性，构建精确的故障模型。

② 选择故障。选择单一故障关系，并确定与该故障相关的输入/输出，找到对应的算法。

③ 故障激活。在分析故障点时，应确认特定状态才能激活故障，即输入信号必须能够触发与故障相反的逻辑，并通过最短、最高效的路径传递到输出端。这种方式有助于准确、迅速地检测和识别故障。

④ 生成向量。利用专门的算法实现测试向量的自动生成。

⑤ 模拟故障。对测试向量进行模拟验证，如出现问题则执行回溯、调整或分配敏化路径，再激活故障验证，反复循环，直到对应的故障可以传播到输出端，得到正确的输入集。

⑥ 移除故障。将故障从故障库中移除，故障库更新后重新迭代。

2. 扫描路径设计

扫描能够将电路中的任意状态移入或移出，实现测试数据的串行化。扫描路径设计将难以测试的时序电路简化为一个组合电路网络和带触发器的时序电路网络（反馈），从而提高了电路内部节点的可控性和可观测性，使测试生成更为便捷。其工作原理为：利用触发器间的扫描链实现测试数据的串行化，根据物理缺陷建立的故障模型，通过 ATPG 自动生成测试向量。利用多个时钟脉冲，将输入值输入扫描链上的触发器，同时在扫描输出端通过多个时钟脉冲得到测试响应。将此响应与期望的响应进行对比，便可以准确地定位到缺陷发生的位置，实现对量产芯片的有效筛选。对于基于扫描路径设计的电路，仅需对组合电路部分和不在扫描路径上的触发器进行测试，而扫描路径上的触发器则采用固定形式的测试方法和图形，无须额外的测试生成。

扫描路径设计是一种广泛应用的结构化 DFT 设计方法，主要分为全扫描、部分扫描和随机访问扫描三类。全扫描将所有时序电路转换为扫描单元以进行测试生成；部分扫描则仅使用部分电路；随机访问扫描运用随机寻址机制，允许直接访问任意扫描单元。扫描路径的设计过程包括设计规则检查和修复、扫描路径合成、提取和验证等步骤，其中扫描路径合成最为关键。该步骤涉及将电路中的时序单元替换为可扫描的时序单元（触发器），并根据版图信息对不同的扫描单元进行重新排序。最后，使用扫描路径缝合技术将每个触发器连接到下一级的输入，从而形成完整的扫描链。扫描路径设计的测试过程如下。

① 初始化过程，通过端口或内部寄存器控制，使芯片进入扫描路径模式。

② 移位模式，启动移位操作，将数据串行移入扫描链（寄存器），并移出测试结果。

③ 捕获模式，关闭移位操作，让故障电路的输出被寄存器捕捉。

④ 重复移位和捕获的过程，直到将所有故障通过扫描链串行输出并被 ATE 捕捉比较。

扫描路径设计虽然有效，但存在一些限制：它需要增加额外的电路面积和 I/O 引脚，这会增加硬件的复杂性和成本；由于采用串行扫描的移入/移出方式，测试时间往往较长，这可能会影响生产效率；将移位寄存器划分为多个短寄存器会导致输入和输出显著增大，这可能使大规模集成电路的设计更加困难。此外，该方法还可能对成本、性能、功耗等方面产生不利影响，因此，在使用扫描路径设计时，需要根据具体应用场景做出选择。

3. 边界扫描

JTAG（Joint Test Action Group，联合测试工作组）是一种遵循 IEEE 1149.1 国际标准的测试协议，它为芯片级、板级和系统级的设计提供了一套规则，主要用于对芯片内部进行测试、访问、下载、调试及执行边界扫描等功能。边界扫描（Boundary Scan）是 JTAG 中的核心功能，它在 I/O 引脚间插入移位寄存器，一般在边界（周围），因此又称边界扫描寄存器（Boundary Scan Register，BSR），当信号输入激活 BSR 时，可以观察到其中的记录，从而实现对连接芯片的测试。

BSR 在正常模式下处于旁路状态，而进入测试模式时会被激活，从而控制 I/O 引脚并读取数据。其基础结构包括测试访问端口（Test Access Port，TAP）、TAP 控制器、指令寄存器（IR）和数据寄存器（DR）。TAP 控制器内置移位寄存器和状态机，能有效地隔离输入信号和芯片，实现对输入/输出信号的观测和控制。TAP 包含三个输入端口：TCK（测试时钟输入）、TMS（测试模式选择输入）、TDI（测试数据输入），以及一个输出端口 TDO（测试数据输出）。IR 主要用于芯片/设备识别，而 DR 则用于数据存储，其工作原理如下：TCK 和 TMS 通过 TAP 控制器改变状态，可以选择使用 IR 或 DR，并控制边界扫描测试的各状态。当输入引脚连接 TDI 端口并输入信号时，可以实现内部节点的测试。通过 IR 识别的数据被存储到 DR，测试结果数据由 TDO 输出。在实际测试中，外部测试设备接收输出测试结果，并将其与预期结果进行比较，从而可以定位并发现故障。

边界扫描通过 BSR 将多引脚 I/O 转换为扫描链式 I/O（串行），从而显著降低了对物理测点（如引线或 Pad）的需求，并缩短了测试时间，进而降低了测试成本，因此，它成为最广泛使用的 DFT 技术之一。此外，边界扫描还允许多个器件通过 BSR 串联，形成一个扫描链，实现串行输入、输出和控制，从而可以对每个器件都进行单独测试。这种使用少量引脚对芯片进行测试的方法已被广泛应用于 PCB、闪存及可编程逻辑器件等，从而实现控制和在线编程。边界扫描的主要缺点是需要专用接口和调试器，这增加了调试的成本。

4．内置自测试

内置自测试（Built-In Self Test，BIST）是一种将额外的硬件和软件功能设计到芯片中，使其能够自我测试的技术，即使用自己的电路测试自己的功能或参数，从而降低对外部 ATE 的依赖。由于 BIST 可以简化测试流程并适用于几乎所有电路，因此在半导体工业中得到了广泛应用，例如，在 DRAM 中可使用 BIST 技术，该技术包括植入测试向量生成电路、时序电路、模式选择电路和调试测试电路等。

与扫描路径设计不同，BIST 的测试向量是内部生成的，使得运行速度更快，故障覆盖率更高，测试时只需从外部施加必要的控制信号，运行 BIST 即可检查被测电路的缺陷或故障，从而缩短测试时间。此外，BIST 可以解决一些关键电路（如芯片内的存储器）无法通过外部引脚进行直接测试的问题，同时适应 ATE 测试成本增加和 IC 复杂度提高的需求，被视为 ATE 的替代方案。BIST 大致的流程如下：测试向量生成器根据外部输入信号自主生成测试向量，对内部被测电路进行测试，并将结果输出到响应分析器进行对比，以确定是否有故障，信号的输入、输出及被测电路的时钟由 BIST 控制器控制。在 BIST 技术中，常见的两种类型是逻辑 BIST 和存储器 BIST：前者用于测试随机逻辑电路，通过伪随机测试图形生成器生成测试图形，应用于器件内部扫描，采用多输入寄存器获得输出信号；后者仅用于存储器测试，通常由加载、读取和比较测试图形的测试电路组成，采用 March、MATS+ 等算法来检测器件中的缺陷。此外，还有用在模拟电路中的 Analog BIST、用在嵌入式中的 Array BIST 等其他类型。

尽管 BIST 技术具有诸多优势，但仍存在一些挑战和问题：它提高了芯片设计的复杂性，并需要额外的晶圆面积、加工要求和封装尺寸及引脚等；在设计时需要考虑硬件故障可能引起的测试盲点、外部电源及激励、灵活性和可更改性及故障覆盖率等问题。因此，在可预见的未来，BIST 技术还无法完全取代 ATE，两者将在很长一段时间内共存。

6.4.4　测试参数

半导体器件的测试参数主要有直流参数和交流参数两大类，具体的测试参数可能会因不同的半导体器件类型和测试目的而有所差异。

1. 直流测试

直流测试是一种基于欧姆定律稳态的测试方法，用于确定元器件的电气参数，通常与时间无关，主要验证在一定负载的条件下电路连接性及直流电参数是否符合其设计规格。

连接性测试又称开路/短路测试，其主要目的是验证 ATE 与晶圆/DUT 之间的电气连接是否正常，或者筛选出因缺陷导致开路/短路的芯片。为了防止过度电应力引起的瞬间过大电压对芯片造成影响，电路设计中通常在引脚与地之间加入保护二极管，正常工作时这些二极管是反向截止的。连接性测试利用了这些保护二极管，将所有引脚接地，电源单元在被测引脚上施加小电流（如 3V 偏置），使其中一个保护二极管正向导通，如果导通压降大于 1V（如 1.5V），则引脚开路；如果小于 0.2V，则引脚短路。电源和接地引脚需要在开路条件下测试，并注意测试限值。在整个过程中需要做好钳位保护，以防止电压过大造成芯片和设备的损坏。连接性测试可快速确定器件是否存在引脚短路、键合线缺失、引脚因静电损坏、探针卡或插座接触不良等。

V_{OL}（输出低电压）/I_{OL}（输出低电流）和 V_{OH}（输出高电压）/I_{OH}（输出高电流）是用于评估芯片输出性能的关键参数，验证有效输出状态下的输出端阻抗（内阻），测试速度相对较快。V_{OL} 和 V_{OH} 测试通常用来保证器件在允许的噪声条件下所能驱动的多个器件输入引脚的能力，在最小的 V_{DD} 下加载负载电流，从而测试输出端的电平。在测试过程中，可以采用静态法或动态法。静态法是对引脚施加电流，再逐一测电压；动态法是提供参考电压 V_{REF}，形成动态负载电流再测电压。I_{OL}/I_{OH} 测试保证器件能在特定的电流负载下维持预定的输出电平，在特定电压水平下测量输出端所能提供的电流。一般来说，内阻越大，驱动能力越弱，内阻越小，驱动能力越强，因此，对于完成设计和制造的芯片，I_{OL}/I_{OH} 越大越好。

I_{IL}/I_{IH} 指的是输入引脚为低/高电平时，允许的最大上拉/下拉电流，反映的是输入引脚到 V_{DD}/V_{SS} 的电阻值，确保输入阻抗满足设计需求、输入电流不会超标。串行静态法测试 I_{IL}/I_{IH} 是在最大 V_{DD} 下给被测引脚施加 V_{IL}/V_{IH}，同时给其他引脚施加 V_{OH}/V_{IH}，以测试 I_{IL}/I_{IH}。此外，还可以采用并行动态法和合并静态法进行测试，前者采用 PMU（参数测量单元）同时对多个引脚进行，后者将所有输入引脚合并为一个引脚，以测量漏电流的总和。

I_{OZL}/I_{OZH} 代表输出引脚高阻态下的漏电流，用来确保引脚关断时漏电流不会超标。I_{OZL}/I_{OZH} 串行静态法测试是在 V_{DD} 下使输出呈现高阻状态，然后测试输出引脚 $V_{DD}(V_{CC})/V_{SS}$（GND）的电流。此外，还可以使用并行静态法测试来进行验证，与 I_{IL}/I_{IH} 类似。

V_{IL}/V_{IH} 测试旨在验证在输入为 V_{IL}/V_{IH} 时，输入引脚能正确识别逻辑状态。该测试一般将 V_{DD} 设置为器件规格所允许的最小值，以判断输入电平是否符合标准。在此条件下，测试输出结果是否为 0 或 V_{DD}。

I_{DD} 表示 CMOS 电路中从漏极到漏极的电流（I_{CC} 是 TTL 电路中集电极到集电极的电流），

用于评估芯片的总电流是否超出标准。静态法 I_{DD} 测试是指芯片处于最低功耗下，测量流入 V_{DD} 引脚的总电流。如果需要测试不同逻辑下的静态电流，可以测试 I_{DDQ} 来提高测试覆盖率。而总静态电流 Gross I_{DD} 测试是一种快速评估方法，用于在电源上电时测量流入 V_{DD} 引脚的总电流，可以在 CP 测试和 FT 阶段进行，通常紧随连接性测试之后，能够及早发现因结构缺陷或损坏而导致功耗异常的芯片，从而提高生产效率和产品质量。

除此之外，直流测试还涉及 I_{OS}（短路输出电流）、TTL 电路的 V_I（输入电压）及电源参数等。

2．交流测试

交流测试是在一定频率下对芯片施加交流电压，测量其阻抗，以验证交流信号质量和时序参数是否符合设计规格。

① 上升时间和下降时间。衡量信号在上升沿或下降沿时电压变化的速率，关键测量点在于输入信号与时钟频率的 50%处。它们与建立时间和释放时间紧密相关，共同构成了保持时间的区间。为确保数据的准确性，输入数据必须在建立时间结束前稳定有效。保持时间则确保数据在时钟锁存后保持稳定，而释放时间则关注数据在不被采样时的持久性。

② 传输时延。传输时延是指输入信号发生变化，到相应输出反应之间的时间间隔，在电压幅度 50%之间测量（根据不同测试标准和芯片类型有所差异），并且给出最大时间和最小时间，它保证了输出信号可以在输入信号出现后多久内出现。

③ 建立时间。建立时间是指在参考信号（如时钟或触发信号）发生变化（取中间值）前，为了确保能被正确读取，数据必须提前保持稳定不变的最短时间。在最小建立时间之前，数据可以随意变化，但如果超过了最小建立时间，就有可能无法被识别。

④ 保持时间。保持时间是指参考信号（如时钟信号）发生变化（到达一定电压阈值）后，为了确保无误，数据必须保持稳定持续的最短时间。

⑤ 最小脉宽。最小脉宽包含最小低脉冲宽度和最小高脉冲宽度，用于确保脉冲定时的最小可操作值。

⑥ 最大工作频率。最大工作频率就是器件可运行的最大速度。

⑦ 读取/写入周期时序。先由读取周期时序 t_{RC} 参数确定读取/写入周期的长度，再确定哪个信号控制读取/写入的功能。

芯片 ATE 测试流程通常包括以下步骤：连接性测试、Gross I_{DD} 测试、总功能测试、DC 测试、其他功能测试、ADC/DAC 测试、结构测试（BIST 和扫描）、交流测试、特殊参数测试（如功率器件的开关时间）。实际的测试流程可能因测试量的大小、测试参数及测试设备排产等因素而有所调整，部分直流测试可能需要进行预处理，并应用预设限值（各种标准或规范），因此，测试项目和顺序并不固定，需根据具体情况进行调整和优化。

6.5　可　靠　性

可靠性（Reliability）是指产品在特定条件下和规定时间内实现其规定功能的能力。在半导体产业中，这些特定条件包括工作条件（如电压和负载）、环境条件（如温度和湿度）及存储条件（如运输和保管）。规定时间指的是产品的生命周期，例如，太阳能电池需要能够持续工作 20 年以上，LED 和小功率器件需要具有 10 万小时以上的使用寿命，而手机按键需要能够承受 30 万次以上的按压。规定功能要求产品的开发技术、工艺和标准必须符合相关的电气、外观和机械规范,以确保每个器件的可靠性都得到不断提高。在产品的设计和应用过程中,除受到使用者操作和维护的影响外,更多的是受到产品自身(包括设计、制造、原材料或零部件等方面)及外界环境和机械因素的影响。为了确保产品在这些影响下仍然能够正常工作,需要通过可靠性测试来识别潜在的故障因素或筛选出不合格的产品。

6.5.1 可靠性测试

可靠性测试是用来检测样品在受到各种应力后质量是否下降的方法,主要通过模拟严苛的环境条件对芯片进行冲击,以评估产品的寿命和潜在的质量风险。通过选择不同的应力,可以加速不同的失效机制,如温度、湿度、电流、电压和压力等。在可靠性测试中,应力是指外界对产品造成的破坏力,包括机械、环境和电气等多方面的因素,这与传统的机械应力概念有所不同。除老化等工序外,大多数可靠性应力都具有破坏性。因此,可靠性的本质是统计和概率性的,它描述了产品质量的时间特性,通常使用可靠度、失效率和平均无失效工作时间来衡量。

可靠度是产品在规定条件下和规定时间内完成规定功能的概率,其呈指数分布

$$R(t) = e^{-\lambda t} \tag{6-26}$$

失效率是产品在单位时间内失效的概率,通常用于描述复杂的单元/系统、电子元器件的可靠性。在使用寿命内,失效率通常很低,有时可以假设为常数。

$$\lambda = 1 / \text{MTBF} \tag{6-27}$$

式中,λ 表示固有失效率,不包括早期失效和磨损失效(寿命终点);MTBF(平均无失效工作时间)是产品无失效工作时间的平均值。可靠性描述通常选择 MTBF,因为大正数(如 2000 小时)比非常小的数字(如每小时 0.0005)更直观、更容易记住,但 MTBF 包括磨损失效期,不能估计产品的使用寿命,设计时需要留出足够的余量。

1. 浴盆曲线

在整个寿命周期内,从产品投入使用到报废,大多数产品的失效率呈现一定的规律性变化。这种变化可以用失效率曲线来表示,该曲线以使用时间为横坐标,以失效率为纵坐标。由于曲线形状类似于浴盆,两头高而中间低,因此也被称为“浴盆曲线”。不考虑具体的失效机理,产品的失效率随时间的变化大致可分为三个阶段:早期失效期、偶发失效期和磨损失效期,如图 6-13 所示。

早期失效期,也称为老炼期,是产品失效率较高的阶段,此时问题较多且会迅速暴露。随着问题的逐步解决,失效率迅速下降并趋于稳定。这一阶段的失效主要是由设计、原材料和制造过程中的缺陷所导致的。偶发失效期,也称为随机失效期或稳定工作阶段,此时产品处于正常运转状态,失效率较低且保持稳定,即处于有效寿命期。在这个阶段,产品的失效率往往具有随机性,通常是由极端环境条件或偶遇过大载荷所引起的,对应的失效率函数为常数。磨损失效期的产品失效率较高,并随时间的延续而增大,这是由老化、磨损、损耗和疲劳等综合原因所导致的,标志着产品有效使用寿命的结束。

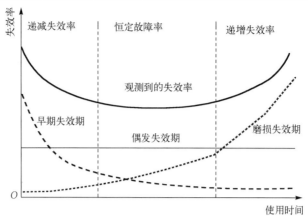

图 6-13 失效率曲线的三个阶段

然而，并非所有零件或系统机器都会表现出完整的"浴盆曲线"失效特征。例如，航空发动机等为保证健壮性和安全性，通常采用冗余设计。即使一小部分失效，整体功能也可维持，允许继续飞行。大多数电子产品也属于此类，它们在初始的"调试期"具有较高的失效率，随后进入稳定的运行阶段。对于汽车而言，新产品在初始阶段工作正常，但随着磨损的增加，失效率会逐渐增大，这更接近"浴盆曲线"的后期阶段。

2．可靠性试验

可靠性试验是评估产品可靠性的重要手段，它通过模拟各种环境条件，如高温、低温、高湿和温度变化等，以加速产品在实际使用、运输和存储过程中的状况。这种试验有助于监控原材料和工艺流程的变化，并为失效分析提供纠正措施的依据。通过可靠性试验，可以判断产品是否达到研发、设计、制造和使用过程中的预期质量目标，同时发现潜在的失效模式和机理，从而优化研发设计和工艺流程，提升产品的整体可靠性。在不同的阶段，可靠性试验的目的也是有所不同的，如表 6-3 所示。可靠性研制试验通过向试样施加应力，揭示产品在材料、结构、设计、工艺和环境适应性等方面的问题。经过故障分析定位后，这些问题得以纠正和排除，从而提高产品的可靠性指标。在试产阶段，新产品定型后，为了暴露其薄弱环节，会有计划、有目的地对产品施加模拟实际环境的应力以激发故障。这一阶段的目标是分析故障、改进设计与工艺，并验证改进措施的有效性。通过暴露潜在缺陷并采取纠正措施，产品的可靠性得以稳步增长，达到规定的可靠性指标。在量产阶段，可靠性试验主要用来监控产品质量的稳定程度，包括测试原材料质量的变差或性能下降及工艺流程的失控等问题。

表 6-3 不同阶段的可靠性试验

阶段	目的	可靠性试验	特点	要求
研发	发现设计缺陷，确保充足的冗余和健壮性	可靠性研制试验	高应力，短时间	无故障
试产	是否满足可靠性要求	可靠性增长试验	中应力，中长时间	无明显故障
量产	保证生产工艺的稳定	工艺监控、筛选试验、可接受试验	短应力，短时间	有条件地允许故障发生

根据试验方法和目的的不同，可靠性试验可分为统计试验和工程试验两类。前者主要用于验证产品的可靠性或寿命是否符合规定要求，如材料设备鉴定试验和产品验收试验等，依据抽样原理进行。而后者则是为了测定产品的可靠性特性而进行的试验，通过获得的可靠性

数据，可以揭示产品在材料、设计、制造和组装等方面存在的缺陷，并提出相应的改进措施。这类试验包括筛选试验、可靠性研制试验和可靠性增长试验等，需要对所有样品进行测试。

3. 筛选试验

筛选试验是一种非破坏性试验，主要用于检测潜在故障并确保元器件在规格范围内。由于器件的失效机制在制造过程中就已确定，因此筛选试验不能改变其失效模式或提高固有可靠性水平，然而，它可以有效地剔除早期失效产品或选择具有特定特性的产品，从而使失效率降低一到两个数量级，提高产品的使用可靠性。筛选试验是保证可靠性的重要手段，它应在不影响产品正常工作的前提下进行。根据产品的寿命要求和预期工作条件，结合生产周期，可以适当增大筛选应力的强度（无须精确模拟实际条件），以提高筛选效率和缩短筛选时间，发现常规质量检测难以察觉的缺陷。

不同类型的半导体器件需要进行不同的试验筛选项目和程序。例如，三极管的主要失效模式包括短路、开路、间歇工作、参数退化和机械缺陷这 5 种，每种失效模式又涉及多种失效机制，这些都是制定合理的筛选程序的重要依据。对于半导体器件而言，主要的失效机制包括温度、电迁移、时间相关介质击穿、热载流子效应、黏合/焊接失效、温度循环造成的封装失效及疲劳失效等。为了高效区分合格产品和不合格产品，选择合适的应力来加速相应的失效机制是至关重要的。

不同等级的筛选试验具有不同的试验条件和项目。根据 GJB 7243—2011《军用电子元器件筛选技术要求》的规定，元器件筛选可分为 Ⅰ（S）、Ⅱ（B）、Ⅲ（B1）三个等级，分别对应于宇航级、中档和一般的元器件筛选。筛选还分为一次筛选和二次筛选，一次筛选是生产方在交付用户时按照产品标准规范进行的筛选，但如果其项目或应力不能满足使用方对元器件质量的要求，就需要进行二次筛选。在安排筛选顺序时，应将成本较低的试验项目放在前面，以减少高费用试验的元器件数量。同时，前面的试验应有助于后续项目中缺陷的暴露。另外，经电测合格的元器件在进行密封性试验时，可能会因静电损伤等原因导致失效。如果密封试验过程中的静电防护措施得当，通常将密封试验放在最后，而筛选时间选择在早期失效期的终端。三极管的典型筛选程序（参考 GJB 128A—97）包括：高温存储、温度循环、跌落测试（大功率管不做）、功率老炼、高/低温测试（有要求时做）、常温测试、气密性和外观检查，从而全面评估器件的性能和可靠性，确保最终产品的品质。

4. 老化

老化（Burn-in）也称为功率老炼，是一种被广泛认可的方法，用于检测半导体器件的早期失效。通常在正常使用之前进行测试，老化能够暴露各种问题，通过及时处理可以有效地降低失效率，确保元器件的可靠性。通过在压缩的时间框架内模拟实际的应力条件，老化可以加速器件的内部和封装的物理、化学反应，使潜在的缺陷尽早显现（例如，在 125℃下老化 160h 等效于在室温环境下工作一年，可以评估和量化失效因素的影响），这是筛选试验中最为关键的部分。

老化对于表面沾污、焊接不良、沟道漏电、硅片裂纹、氧化层缺陷等问题具有显著的筛选效果。例如，离子迁移是半导体器件的一种常见的失效类型，主要发生在钝化层或金属导体之间。氯化物或钠离子沾污是主要的离子沾污形式。在 npn 晶体管中，沾污的钠离子在温度和偏压的作用下容易迁移到 N 掺杂区，导致高漏电流甚至短路；而氯离子迁移到 P 掺杂区材料处，会引起 npn 晶体管的发射极-集电极短路。这类缺陷可能在几个月内都无法被察觉，但老化能够通过高温和功率的组合加速离子迁移，从而在短期测试中显现出中长期故障，同时不会影响正常的失效率。对于没有问题的正常元器件，老化可以促使其电参数趋于稳定。

老化测试根据条件可分为静态老化、动态老化和老化中测试。静态老化时，器件或 PCB 在非工作模式下仅加载电源电压。这种方式成本低、操作简单，但监控节点有限，其主要目的是在高温下诱发与杂质污染相关的失效，使内部杂质在稳定电压下加速迁移到器件表面。动态老化则提供输入激励信号，通过检测相关信号判断样品的老化状态或极端环境下的工作状态。这种方式能施加更多的压力、检测更多的故障，更接近实际应用环境，可全面考察元器件内部节点、电介质和导电通路的电气特性。老化中测试是指在动态老化过程中采样电参数，并完成全部或部分功能测试。

根据测试温度，老化可分为常温老化、高温老化和热循环老化。民品常采用常温老化；若时间过长，则采用高温老化，温度通常不超过产品的工作环境温度（元器件不超结温）；航空航天领域常采用热循环老化，温度控制在规定的最高/最低工作环境温度内。由于成本高，CP 测试阶段一般不进行老化处理，可通过提高电压替代。只有对可靠性要求极高的芯片（如车用芯片）才会在 CP 测试、FT 和 SLT 阶段进行三温（低温、常温和高温）测试和其他可靠性测试。此外，精密筛选是一种在元器件使用条件下进行长期老化并多次测量参数变化量的方法，用于挑选和预测，主要应用于航空航天、军工等高可靠性领域。老化总时间通常不超过产品寿命的 20%。

6.5.2　寿命试验

寿命试验是可靠性鉴定与验收试验中的核心环节，用于在实验室环境下模拟实际工作条件以评估产品的寿命特性。尽管存在一定的近似性，但其试验结果仍具有重要的参考价值。通过寿命试验，可以揭示产品寿命的分布情况、失效模式及其规律，进而计算出平均寿命、失效率等关键指标。结合失效分析，可以进一步深入理解主要的失效机制，为产品的可靠性设计、预测、筛选、改进和质量保证提供有力依据。

1. 寿命分布

在实际工程应用中，产品失效的可能性往往不是恒定的，而是随时间变化的函数，即所谓的失效分布。在产品使用前，可以通过寿命分布来预测其寿命，这是基于寿命数据的集合得出的。寿命分布通常与失效机制、失效模式及所施加的应力类型密切相关，因此，同类产品往往具有相似的寿命分布函数，例如，开关的开关次数可以通过离散型随机变量的概率分布来描述。常见的寿命分布主要包括如下几种。

（1）威布尔（Weibull）分布

威布尔分布描述了失效率与时间的关系，呈现幂函数形式。通过调整形状参数 β、尺度参数 θ 和位置参数 t，可以灵活地模拟不同的失效分布情况。其失效率分布函数为

$$\lambda(t) = \frac{\beta}{\theta}\left(\frac{t}{\theta}\right)^{\beta-1}, \quad \beta > 0, \quad \theta > 0, \quad t \geqslant 0 \tag{6-28}$$

式中，θ 表示数据点的离散程度，t 表示失效发生的时间点，较大的 β 值意味着产品将在较短时间内出现失效。

威布尔分布能够很好地刻画浴盆曲线：当 β 介于 0 和 1 之间时，失效率逐渐降低，适用于描述早期失效阶段，此时需进行老化处理；当 β 等于 1 时，失效率保持恒定，对应于偶发失效阶段；当 β 在 1 和 2 之间时，失效率递增，表明进入早期磨损失效阶段，增长趋势逐渐放缓；当 β 等于 2 时，失效率与 t 呈线性关系，也称为瑞利分布，常用于通信和真空设备领域；当 β 大于 2 时，失效率迅速增大，属于快速磨损失效阶段，此时大部分失效逐渐显现。

（2）对数正态分布

对数正态分布的失效率与时间相关，其对数服从正态分布，使用 σ（尺度参数）和 μ（位置参数，失效前时间的中值）调整失效分布情况。其失效率分布为

$$\lambda(t) = \frac{f(t)}{R(t)} = \frac{\varphi\left(\dfrac{\ln t - \mu}{\sigma}\right)(\sigma t)^{-1}}{1 - \varphi\left(\dfrac{\ln t - \mu}{\sigma}\right)} \tag{6-29}$$

对数正态分布是由随机变量相乘形成的，这与半导体失效机制中多变量相乘的关系相吻合。与威布尔分布相比，对数正态分布能更快地预测较低的平均失效率（数据右倾或接近对称），适用于分析因应力、疲劳、化学反应或退化（如腐蚀、迁移或扩散）而失效的器件。寿命数据通常以每种失效机制为基础进行分析，可以通过对一组样品进行相同的测试来研究相同的失效，如电迁移失效。对数正态寿命分布是指寿命数据的自然对数 $\ln(t)$ 呈现正态分布的分布，因此，在对数正态寿命分布图中，寿命数据呈直线，即累积失效率与时间的关系曲线呈直线，是半导体工业中分析寿命或可靠性数据的重要工具。

（3）指数分布

指数分布是可靠性工程中广泛应用的分布类型，其显著特点是具有恒定的失效率。当由大量电子元器件构成的系统在稳定工作状态下其寿命维持不变时，便遵循指数分布。此外，指数分布的一个关键属性是无记忆性，这意味着系统的剩余寿命与其已使用的时间无关。

2．加速寿命

确定产品的寿命分布主要有两种方法：一是进行试验，这需要大量的试验样本和时间；二是利用现有模型，可以节省时间并减少所需样本，但可能不够精确，且模型变量的赋值较复杂。

（1）加速寿命试验

在寿命试验中，可以分为贮存寿命试验、工作寿命试验和加速寿命试验三种。贮存寿命试验是在规定的环境条件下对产品进行非工作状态的存放试验。工作寿命试验则是在规定的条件下对产品进行加负荷的试验。为了缩短试验时间、节省样品与试验费用，并快速评价产品的可靠性，通常需要进行加速寿命试验，这种试验一般采用加大应力的方法，促使样品在短期内失效，以预测在正常工作或存储条件下的可靠性，但不会改变样品的失效分布。如果加速寿命与工作寿命的失效模式相同，就可以运用加速寿命试验。考虑到时间、成本和可靠性等因素，在半导体工业中广泛应用加速寿命试验获得相关数据并进行拟合，可以判断出失效分布类型。再结合失效分析，可以进一步分析失效机理。

加速寿命试验根据试验应力的加载方式通常分为恒定应力试验、步进应力试验和序进应力试验。恒定应力试验是对产品施加固定不变的应力，其水平高于产品在正常条件下的"负荷"水平，应力加载时间如图 6-14（a）所示。试验时将一定数量的样品分成几组同时进行，

每组对应不同的"负荷"水平，直到各组都有一定数量的产品失效为止，这种方法理论成熟且精度较高。步进应力试验是在不同时间段对产品施加不同水平的"负荷"，其水平阶梯上升，都高于正常条件下的"负荷"，应力加载时间如图 6-14（b）所示，在每一时间段上都会有某些产品失效，未失效的产品则继续承受下一个时间段上更高一级水平的试验，直到在最高应力水平下也检测到足够失效数（或者达到一定的试验时间）为止。这种试验时间较恒定应力的试验时间短，但统计分析方法不够成熟且操作复杂，经常作为恒定应力加速寿命试验的预备试验。序进应力试验可以看作步进应力试验的极限情况，其加载的应力水平随时间连续上升，主要优点是试验时间短，但其精度相对较低，相关失效模型的建立和分析还不够完善，图 6-14（c）表示了应力加载最简单的情形，即随时间呈直线上升。

目前应用最广泛的是恒定应力试验，但其试验时间相对较长，并且通常需要较多的样品。当样品非常昂贵、数量有限或测试设备有限时，步进应力试验和序进应力试验则具有更大的优势。此外，根据失效情况，寿命试验可分为完全寿命试验和截尾寿命试验。完全寿命试验要求所有样品都出现失效才停止，获得的是完全样本数据，但试验时间较长。相比之下，截尾寿命试验在部分样品失效后即停止，分为定时截尾和定数截尾两种方式，其数据不完整，通常需要借助特殊统计方法，如极大似然估计、贝叶斯估计等，来估算产品寿命。

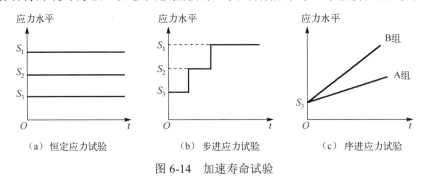

图 6-14　加速寿命试验

（2）加速寿命试验模型

加速寿命试验常用的模型有 Arrhenius 模型、Eyring 模型及以电应力为加速变量的加速模型。在实际应用中，Arrhenius 模型用得最为广泛，主要用于描述电子元器件寿命与温度之间的关系，其本质是化学变化过程。该模型的方程表达式为

$$\frac{\mathrm{d}M}{\mathrm{d}t} = A\mathrm{e}^{-E_\mathrm{a}(kT)} \tag{6-30}$$

式中，$\mathrm{d}M/\mathrm{d}t$ 为化学反应速率，E_a 为激活能量（eV），k 为玻耳兹曼常数（$0.8617\times10^{-4}\mathrm{eV/K}$），$A$ 为常数，T 为热力学温度。式（6-30）可进一步简化为

$$\lg t = a + b\left(\frac{1}{T}\right) \tag{6-31}$$

$$b = \frac{T_1 T_2}{T_2 - T_1} \lg \frac{t_1(F_0)}{t_2(F_0)}, \quad T_2 > T_1 \tag{6-32}$$

式中，F_0 为累计失效概率，$t(F_0)$ 为产品达到某一 F_0 所用的时间。

$$E_\mathrm{a} = bk / \lg \mathrm{e} \approx 2.303bk \tag{6-33}$$

$$a = \lg t_2(F_0) - \frac{b}{t_2} \qquad (6\text{-}34)$$

式（6-34）是以 Arrhenius 方程为基础的反映元器件寿命与热力学温度 T 之间的关系式，是以 T 为加速变量的加速方程，为元器件可靠性预测提供了基础。

如果没有适用于特定产品和环境的现成模型，就需要通过试验来建立。通常将样品应力分为三个级别：高应力、中应力和低应力。其中低应力和高应力更容易获取信息。高应力能够更快地加速样品达到失效状态，从而缩短试验时间，并且激发出与使用条件下出现的相同的失效机理。低应力则接近于实际使用条件进行激发，以确保样品在试验时间内能多次产生失效。最后，通过加速工作循环获得加速数据，为统计拟合后建立模型提供必要的条件。

3. 加速寿命试验

加速寿命试验（Accelerated Life Testing，ALT）和高加速寿命试验（Highly Accelerated Life Testing，HALT）是产品可靠性设计中最有效的两种试验方法。它们都通过加强应力，并结合与物理失效规律相关的统计模型，在短时间内预测产品在正常应力下的寿命特征。这两种方法主要针对早期失效阶段。它们的区别在于：ALT 适用于描述由损耗造成的失效机理，适用于可靠性评价和失效结构的鉴定，验证 MTBF 目标，并检测超出标准的失效情况。而 HALT 采用的应力多为阶梯应力且比 ALT 更加严酷，多为破坏性（可理解为极限寿命试验），以更短的时间把潜在的缺陷激发成可观测的故障，直到找到产品的各种工作极限与破坏极限。HALT 适用于发现设计和工艺缺陷，确定失效机理（非耗损），并为制定高加速应力筛选方案、进行健壮性设计及后续研发提供依据，多用于产品研发设计阶段。在多数情况下，最好将这两种方法结合起来使用，以连续的测试、分析、验证及改进构成整个可靠性设计的试验流程。此外，HALT 主要关注提高产品可靠性，并非用于确定产品寿命，而 ALT 可以应用加速寿命分析模型，且不需要过多的环境设备。

加速寿命试验需要采用不破坏样品原有特性的试验条件，或使失效机制容易单纯化的试验条件，以便确定和分析试验结果。同时需要平衡环境应力、试验样本数和试验时间的关系。常用的应力包括热应力（如温度）、电应力（如电压、电流、功率）、湿应力（如湿度）、化学环境（如气体浓度、盐度）、机械应力（如振动、摩擦、压力、载荷、频率）和辐射等。常用的试验方法包括高温存储、高温工作、超功率工作、高温高湿存储等。其中，高温存储的加速寿命试验最容易成功，而超功率则比较困难。常见的试验方法如下。

（1）高/低温度试验

高/低温度试验包括低温和高温两个阶段。在低温阶段，试验从 20℃开始，以 10～20℃为一个阶梯逐步降低温度。在每个温度下停留 15min，直至产品出现异常。采用相同的方法在高温阶段进行，直至产品出现异常。当产品出现异常时，如果返回常温后功能恢复正常，则异常发生时的温度即为工作极限。若功能无法恢复正常，此时的温度则为破坏极限。

（2）温度循环试验

温度循环（Temp Cycle，TC）试验是在特定的温度范围内进行多个高/低温度循环变化，旨在找到产品的上、下工作极限。这种试验可能会导致芯片永久的电气或物理特性变化，也称为热疲劳失效。在每个极值温度下，驻留时间至少为 5min，具体取决于产品的温度稳定时间。该试验的目的是检查样品是否出现可恢复性故障，并确定其可操作界限。与破坏界限的确定不同，TC 试验不涉及这一步骤。TC 试验主要评估封装产品中具有不同热膨胀系数的金属之间界面的接触良率，主要的失效机制包括电介质断裂、导体和绝缘体的断裂，以及不同界面的分层等。

与 TC 试验类似，还有热冲击试验（TST）。与 TC 试验相比，TST 的高/低极限温度更高/更低，温度转换时间更短，极限温度的停留时间更长。在试验期间，需要进行定点目检。TST 的失效机制包括电介质断裂、材料老化和导体变形等，更侧重于晶圆测试。

（3）随机振动应力试验

在此项试验中，产品是将振动加速度自 5g 开始，每阶段增加 5g，并在每个阶段维持 10min 后，在振动持续（振幅为 0.06 英寸）的条件下执行功能测试，直到出现异常。若异常在 5Grms（振动强度的单位）下恢复正常，则该振动量值为工作极限；若功能无法恢复，则该振动量值为破坏极限。此外，还包括变频振动试验，即在几分钟内将振动频率在 20～2000Hz 范围内进行对数变化并循环数次，该试验具有破坏性，需定期目检以检查外壳、引线和密封件的损坏情况。

（4）温度及振动组合应力试验

此项试验将高速温度传导及随机振动测试合并进行，从而显著改善加速老化的效果。在试验中，振动应力从 5Grms 开始，并在每个温度循环中增大 5Grms，而温度循环应力则与前述相同，组合测试至少需要 5 个循环周期，并重复进行直至达到可操作界限和破坏界限。

记录在上述试验过程中被测物的任何异常状态，并分析是否可以通过设计更改来解决这些问题，进行修改后，再进行下一步的测试。通过提高产品的可操作界限和破坏界限，从而可提升其可靠性。根据产品生命周期的阶段，可靠性测试还包括可靠性验证试验（相当于 FT）和产品可靠性测试（多用于组件），分别对应于生产导入阶段和量产阶段。

4. 工作/贮存寿命

对于产品寿命，存在一个"10℃规则"，就是环境温度每上升 10℃，产品寿命就会缩短一半，环境温度上升 20℃ 时，产品寿命就会缩短到原来的四分之一。该规则可以说明温度对产品寿命的影响，相反地，通过升高环境温度来进行加速寿命试验可以加速产品失效的过程。

（1）高/低温工作寿命

高/低温工作寿命（High/Low Temperature Operation Life，HTOL/LTOL）中，HTOL 采用高温和电压加速，预测半导体器件在未来长时间内的正常工作寿命，即生命周期的预估。与老化不同，HTOL 专注于磨损失效期，需要保证测试时间足够以避免早期失效结果，其本质是通过加速热激活失效机制来检验产品的电气可靠性，主要失效机制有时间相关介电击穿、电迁移、热载流子效应、氧化层破裂、相互扩散、不稳定性、离子沾污等。测试温度根据半导体器件的可靠性等级确定，一般是 125℃，也可通过提高环境温度来缩短试验时间。对于电压加速，一般要求大于或等于器件的最高工作电压（非标准工作电压），如 1.1 倍，可以是直流、交流或脉冲，但需避免过大而造成热失控。在 150℃ 测试条件下通过 1000h 的 HTOL 测试，相当于使用 8 年，属于抽样测试。由于测试时间较长，因此需要严格执行测试要求和标准，并定期确定数据。LTOL 旨在评估器件在低温环境下长时间工作的可靠性。该测试涉及在特定的时间和低温条件下对器件施加特定的偏压或电应力。LTOL 的相关测试要求与 HTOL 相似，同样着重于检查热载流子效应，这是一种常见的由高电压和低温共同加速的失效机制。

（2）高/低温贮存寿命

高/低温贮存寿命（High/Low Temperature Storage Life，HTSL/LTSL）的目的是评估器件在无电应力施加的高温环境下长期存储的可靠性。与预处理中的短时间稳定烘烤不同，HTSL 的测试时间要长得多，通常达到 1000h，以充分评估高温和时间对器件可靠性的影响。HTSL 可以在控温烘箱中进行，测试温度一般为 150℃，而特种器件的测试温度甚至可以达到 400℃。在进行 HTSL 测试前，不需要对器件进行预处理。测试结束后，应及时进行目检和电气测试，以全面评估器件的性能和可靠性。需要注意的是，在 HTSL 测试过程中不会对样品施加电应力，因此不能替代老化，但还是能有效地检测出氧化、键合和金属生长等过程中的各种缺陷，对于封装后芯片的测试尤为重要。LTSL 是指在低温环境下评估器件的存储寿命，通常要求在−40℃的条件下存放至少 168h，主要在航空航天、军工等特殊领域有少量需求。

6.5.3　环境试验

环境试验是评估产品在不同环境条件下的适应性和可靠性的重要方法，它包括力学环境试验、气候环境试验和综合环境试验等多种类型。此外，高加速应力筛选作为一种特殊的环境试验方法，因其具有高效性、成本效益良好、针对性强和适用性高而得到广泛应用。需要注意的是，每种试验方法都有其独特的优点和作用，高加速应力筛选不能完全替代其他环境试验。在实际应用中，应综合考虑产品特性和使用环境，确保全面评估。

1．力学环境试验

力学环境试验通过模拟产品在实际运输和使用过程中可能遇到的力学条件，来检验产品的结构完整性和耐冲击能力。

① 机械冲击试验

机械冲击试验通过施加极大的冲击力，使产品产生瞬态振动和极大的应力，从而检验其抗冲击能力和结构牢靠性。机械冲击试验通常是破坏性的，需要将样品固定在平台上，利用重力加速度进行多次冲击，以暴露可能存在的结构缺陷、封装异物、芯片粘片、芯片裂纹、引线键合和外引线缺陷等问题。重复的冲击脉冲也会造成类似于极端振动造成的损坏。理论上跌落试验也是冲击的一种，通过模拟产品跌落的过程，来检验产品的耐冲击性和结构完整性，可以发现元器件的虚焊、漏焊等多种故障，对于一些器件及芯片来说是重要的筛选项目。需要提醒的是，样品受力的方向包括但不限于外包装的角、棱、面。

② 恒定加速度试验

恒定加速度试验用于确定产品经受恒定加速度环境所产生的力（重力除外），可以显示机械冲击试验不一定能检测出的结构和机械缺陷，评价器件的结构完好性，还可以用作高应力试验来测定封装、内部金属化和引线系统及器件其他部件的结构强度极限值。该试验通常将样品固定在旋转中心一定半径的圆盘式台面上，通过离心机等速旋转获得不同的恒加速度数值，通过改变样品在台面上的方向就可以进行不同方向的试验，如果需要也可以加载电流，从而查找间歇短路/开路等缺陷。

2．气候环境试验

气候环境试验主要模拟产品在各种气候条件下的适应性，如温度、湿度、气压等变化对产品性能的影响。这种试验可以帮助了解产品在极端气候条件下的工作能力和耐久性。

① 盐雾试验

盐雾试验是评估产品耐盐雾腐蚀性能的重要手段，通过在一定容积空间内模拟海洋、近海等含盐大气环境，以加速腐蚀速度，从而验证金属材料的抗盐雾腐蚀效果和非金属材料的劣化程度。在半导体封装领域，盐雾试验同样具有重要意义。由于半导体封装中的外壳、引线、封接环等部分通常由金属或合金制成，因此盐雾试验能够有效地检测这些部分的耐腐蚀性能。在盐雾环境中，金属材料表面会受到腐蚀而变得粗糙，导致电路可靠性降低；同时，如果封装的密封性能不佳，盐雾还会渗透到芯片内部，对芯片造成损害。盐雾试验是国军标中"三防"试验之一，涉及温度、湿度、氯化钠溶液浓度、pH 值等参数。针对半导体芯片多为平板型的特点，一般选择评级法作为结果判断方法，即通过计算腐蚀面积与总面积的百分比，并观察金属表面是否生锈、生锈类型、腐蚀程度及是否有气泡/开裂等情况，同时检查电气功能是否受到影响，按照一定标准对产品进行评级和合格线划定。

② 太阳辐射试验

太阳辐射试验通过模拟自然环境下的太阳辐射条件，以评估产品的稳定性、可靠性和性能等。太阳辐射是一种常见且强烈的辐射源，其红外光谱部分可导致产品短时高温和局部过热，从而引发对温度敏感的元器件失效、结构材料的机械破坏及绝缘体材料的过热损坏等问题。紫外光谱部分产生光化学效应，可使有机材料分子键断裂、降解或交互，导致材料老化变质。尤其是当太阳辐射与温度、湿度等因素共同作用时，产品的破坏更为明显，机械性能和电气性能也会随之降低。具体方法是：对于加热效应，多采用循环方式，即 8h 辐照，16h 不照射，循环 3d，在一定程度上可以代替高温试验。对于光化学效应，需要一定的温湿度条件及较长时间的光照，通常采取加速试验，即 20h 辐照，4h 不照射，循环 10d。

3. 综合环境试验

综合环境试验是将环境、力学环境试验与电测试紧密结合的一种评估方法。

① 预处理（Precondition，PC）是模拟产品/器件在应用到电子产品前可能经历的外部环境，包括运输、存储、回流焊、浸润助焊剂甚至返修的过程，在测试中，外部环境体现为一定湿度、温度对产品内部的影响，是封装可靠性测试前需要进行的必要步骤，主要用于塑封、球栅阵列封装及表面贴装。其大致流程如下：初始电性能测试、目检、温度循环、烘烤、潮湿浸泡、回流（模拟回流焊过程）、助焊剂浸渍、清洗、烘干、目检及最终电性能检测。

② 高压釜试验（Autoclave，AC），又称压力锅试验、饱和蒸汽试验，是一种用于加速产品金属部件腐蚀，并评估产品承受极端温度和湿度条件能力的测试方法。通常将待测品放置在严苛的温/湿度及压力环境[典型条件：温度 121℃，相对湿度 100%RH，2atm（2 个标准大气压），不加偏压]下测试，测试时间为几小时到 1000h。如果封装不良，湿气可能从接口渗入，导致爆米花效应、腐蚀引起的断路、引脚因污染产生短路等常见问题。对于 PCB，可以进行吸湿率试验。

③ 温度、湿度、偏置（THB）试验旨在加速金属腐蚀，特别是针对封装表面金属的腐蚀。除了控制温度和湿度，该试验还需要对器件施加偏压，以提供腐蚀所需的电势差，常采用的应力条件为：85℃/85%RH/1000h，并在规定的时间点施加偏压进行测试。THB 的主要缺点是持续时间长，需要数周才能获得可用数据，需要开发持续时间较短的替代方案。

对于非气密性封装，较为常用的是高加速应力测试（Highly Accelerated Stress Test，HAST），使用更严苛的压力条件，采用高温、高湿及高压的环境加速湿气对产品的影响，加快试验进程，缩短产品或系统的寿命试验时间，从而在短时间内暴露产品在这方面的缺陷，典型参数为 130℃/85%RH/96h。HAST 加速水分渗透到材料内部与金属之间的电化学反应，尤其是对模具金属线和薄膜电阻器的腐蚀，此外，它还可用于验证哪些产品可能因离子污染而易于发生腐蚀，是使用新工艺、新封装及新场所前必做的测试。HAST 分为不带偏置和带偏置，前者和 HAST 一致，对封装的可靠性进行测试，需进行预处理（PC），后者是为了让器件加速腐蚀，需要在保证功耗最低的前提下最大化偏置电压，并查看芯片的工作状态。

4．高加速应力筛选

高加速应力筛选（Highly Accelerated Stress Screen，HASS）是在生产阶段进行的一种筛选方法，基于 HALT（高加速寿命试验）得出的工作或破坏极限及其改进措施。它的核心目的是确保工艺材料的变更不会引入新的缺陷，并要求所有产品参与。HASS 旨在短时间内识别有缺陷的产品，从而缩短纠正周期，并找出存在相同问题的产品。HASS 所采用的应力值旨在经济、有效地揭示早期失效，并不需要模拟实际应力，通常高于实际环境应力，但不超过设计极限，以避免性能下降或寿命缩短。

① 制定 HASS 条件。基于 HALT 结果，通常将温度和工作极限缩小 20%，振动和破坏极限缩小 50%作为初始条件进行测试，观察产品是否失效。若有失效，则需判断是由过大环境应力还是由产品本身质量问题引起的。前者应放宽 10%应力后重测，后者则表示当前测试条件是有效的。若无失效，则需增加 10%应力后重测。

② 筛选验证。首先进行有效性测试，使用上一步制定的条件对包含一定缺陷的样品进行测试，观察相关缺陷是否能够被检测出来，是否需要加严或放宽测试条件来达到预期效果，再对样品以调整过的条件测试 30～50 次，如未发生因应力不当而被破坏的现象，则验证通过，反之则再调整参数，直到获得合适的测试条件。

③ 量产 HASS。根据客户反馈对验证后的测试条件进行微调，最终应用于量产。

此外，HASA（高加速应力抽检筛选）是一种基于抽样理论的筛选试验方法，用于产品批量生产阶段，旨在防止缺陷产品交付给客户。HALT、HASS 和 HASA 作为验证设计与制造质量的试验方法，已成为工业界的标准。

6.5.4　电应力类试验

过度电应力（Electrical Over Stress，EOS）是指由于过大的电压、电流或功率而对电路造成的破坏，静电放电和闩锁是 EOS 的特殊情况。静电放电是正负电荷失衡时产生的一种现象，具有积聚时间长、低电量、大电流和作用时间短等特点，瞬间电压可达几千伏，远大于大多数器件和电路的极限，产生 EOS 破坏，是最高频的失效原因之一。静电放电可能是由瞬态过大的电流、不良的接地、引脚短路及电路内部损坏而引起的，可以在设计中为芯片加入分压电阻、二极管等保护结构，失效模式通常为栅极氧化层、接触尖峰和结损坏等。对于可靠性测试而言，按照标准进行测试就可以保证产品的有效性和可靠性。

1．静电放电

静电放电（Electro-Static Discharge，ESD）模型根据静电的产生方式及对电路的损伤模式的不同，主要分为人体放电模式、机器放电模式、组件充电模式和电场感应模式等，前三种模式应用得最为广泛。

人体放电被认为是 ESD 的主要来源，人体放电模式（Human-Body Model，HBM）是描述 ESD 的常用模式。在人体因走动摩擦等因素累积静电后，一旦接触芯片，静电就会迅速进入芯片并放电到地，瞬间（几百纳秒）电流可达数安培。HBM 测试通过串联 RC 网络模拟人体放电，衡量芯片的静电承受能力，是一种常用的 ESD 测试方法。典型流程：使用 $1M\Omega$ 电阻给 100pF 电容逐步充电，每次增大一定电压（如±500V），然后通过 $1.5k\Omega$ 电阻放电。当电容击穿时，记录下的电压即为 ESD 临界电压。

机器放电模式（Machine Model，MM）是指机器本身积累静电，当触碰芯片时经由引脚释放。由于机器是金属，放电时间极短（几纳秒到几十纳秒），200V 机器放电的危害可能大于 2kV 人体放电。MM 测试是在指定引脚加载持续的 ESD 电压后测试样品是否损坏，以评估芯片的静电承受能力。在工业生产中，如果能保证生产测试流程规范、设备和操作人员充分接地，则可以忽略 MM 测试。

器件充电模式（Charged-Device Model，CDM）描述的是芯片在制造、测试和运输过程中，由于摩擦等因素在体内积累静电，并在接触地面时放电的现象，其衡量的是芯片自身积累电荷对地放电的场景下的静电承受能力的强弱。由于没有限流电阻，CDM 电流通常高于 HBM 电流，放电时间通常在微秒量级。然而，由于芯片包装不同及摆放角度、位置的不同，会产生不同的等效电容，使得积累的电荷和电容量难以被真实模拟，通常可分为带电引脚接地放电、引脚朝上经由金属放电等情况。

2. 闪锁

闪锁（Latch-Up，LU）是 CMOS 工艺中常见的失效，它发生在电源与地之间，由于寄生 pnp 和 npn 相互作用形成低阻抗通路，进而引发大电流并可能烧毁器件。这种现象通常在输入和输出接口处最易发生，但也可能偶尔在内部电路出现。为了解决这一问题，可以优化芯片结构、版图及应用电路设计。对于可靠性测试，LU 评估的是芯片在出现闪锁效应时的过流能力。除悬空和时序引脚外，所有芯片都需要在稳定的低功耗状态进行 LU 测试。对 V_{CC} 引脚做电压测试，即施加 $1.5V_{CC}$ 或最大偏压，并测试其他引脚以确认电压是否符合要求。对其他引脚做电流测试，即在待测引脚施加信号，并测试 V_{CC} 引脚以确认电流是否满足要求。

3. 浪涌（Surge）

通常 V_{CC}、V_{DD} 等电源并非始终保持稳定，它们可能瞬间产生远大于稳态电流的峰值电流或过载电流，这种现象称为浪涌。尽管浪涌电压通常比 ESD 电压低，但其持续时间较长，足以对器件造成损坏。浪涌还可能来自电容、电感等非线性器件的充放电过程，特别是电路开启的瞬间。根据脉宽的不同，浪涌可分为短脉宽浪涌（μs）和长脉宽浪涌，前者产生的热量来不及被散热器吸收，可以估算芯片内部温度上升的情况；后者等效于直流，主要受到热斑效应的影响；此外，当器件反复承受低于标准浪涌的电流冲击时，可能会产生性能退化或失效。在应对浪涌时，器件内的体二极管承受主要的应力，所以该二极管所能承受的最大电流就是浪涌电流，即加载浪涌电压可用来测试电流及波形等参数。需要注意的是，不同类型的芯片对浪涌的承受能力有所不同，功率器件要求更高，而信号类芯片的要求则为 $1.6V_{CC}\sim 2V_{CC}$。

除此之外，电应力类试验还包括电磁兼容测试、线脉冲传输、电快速瞬变等。

6.6　失　效　分　析

半导体失效分析（Failure Analysis，FA）是一个系统性过程，旨在探究半导体器件或芯片失效的原因和机制。当器件在电气、外观或机械等方面不符合预定标准时，即被视为失效。电气失效可分为功能失效和参数失效，前者是指器件无法按照预期执行特定的功能，后者是指器件虽能运行，但无法满足某些与功能无关的可测量标准，以 DAC 为例，若其无法将数字信号转换为模拟信号，则属于功能失效，若转换过程消耗电流过多，则属于参数失效。

为了提高分析效率，FA 通常从验证样品的失效现象开始，进而分析失效模式，随后，利用多种 FA 技术对样品进行表征，独立收集各项特性和观察结果。当这些测试结果共同指向同一失效部位，并获得失效原因或机制的信息时，即可得出结论，从而完成整个 FA 过程。

6.6.1　失效分析基础

1. FA 流程

FA 流程受到多种因素的影响，包括器件类型、失效现象、失效前承受的应力、失效位置、失效率、失效模式、失效特性和失效机制等。每一步操作都基于前一步的结果。对于特定的失效机制，通常存在特定"标准"FA 流程，可以指导我们如何观察和分析失效，从而大致确定失效方向。下面是一个针对简单芯片的 FA 流程示例。

① 收集失效信息。深入了解失效现象，包括失效模式、失效发生的具体位置（工序）、样品经历的工艺条件（包括之前所有的工艺）及已知的失效率等。

② 验证失效类型。通过电气测试来验证失效的具体类型，确保验证结果和已知数据一致。

③ 外部目检。对样品外部进行全面的目检，包括光学检测和颗粒碰撞噪声检测等非破坏性测试，以寻找异常情况，如引线缺失/弯曲、封装裂纹/划痕/缺口、污染、引线氧化/腐蚀等。

④ 小型试验。通过试验验证电气测试结果，确定失效并非仅由接触问题引起。

⑤ 曲线跟踪。寻找表现出开路、短路及具有异常 *I-V* 特性（过度泄漏、异常击穿电压等）的引脚，如果直流条件下未发现异常，则加入动态参数进行进一步追踪。

⑥ X 射线检查。在不打开封装的情况下进行 X 射线检查，以查找封装内部异常情况，如引脚断裂/缺失、芯片不正确/缺失、芯片连接空隙过大等。特别需要注意检查结果的一致性，例如，X 射线检查显示引脚处有断线，那么曲线跟踪获得的数据也应该显示该引脚处于打开状态。如果两者结果不一致，必须进行进一步验证，以确定哪个结果是准确的。

⑦ 超声扫描显微镜检查。对于塑封样品，还会采用超声扫描显微镜来确定样品是否有内部分层，如腐蚀、断线和黏结剥离等。

⑧ 开封。在完成非破坏性测试后，可以对样品进行开封，以暴露管芯的内部特征，从而进一步进行后续的 FA。

⑨ 内部目检。在完成开封后，使用超声扫描显微镜（有时用 SEM）从低倍到高倍放大进行观察，查找导线腐蚀/异常、键合异常、管芯裂纹/腐蚀/划痕、EOS/ESD 位置、晶圆缺陷等异常情况。

⑩ 热点检测。如果曲线跟踪结果表明样品的 *I-V* 特性（特别是在功耗方面）存在问题，

则这可能是管芯局部加热引起的。例如，在输入引脚和 GND 间有异常大的电流，可能两者之间存在短路，这种短路会产生大量的热量，可以通过热点检测技术进行定位和确认。

⑪ 光发射显微镜。如果器件在功耗方面没有表现出异常特点，则可以使用光发射显微镜来寻找发光缺陷（需要注意的是，发光位置并不一定意味着就是失效点）。

⑫ 微探针检查。如果样品中没有异常热点，则需要通过微探针按区域逐步检查和分析电路，以便精确定位失效部位。

⑬ 芯片逆处理。如果上述失效分析步骤不能定位失效部位，那么需要执行芯片逆处理（逐层解剖芯片），继续寻找表面的损坏或缺陷。

很明显，当出现芯片破裂、焊点失效、封装破裂等失效机制时，上述流程无法直接应用或完成，因此，不存在真正意义上的"标准"流程，需要根据实际情况灵活应对。

2. 失效机制

失效模式描述器件如何发生失效，包括偏离标准的程度，如过大的失调电压或偏置电流。失效机制则是器件失效的物理现象，如金属腐蚀、ESD/EOS 过大等。而根本原因是指引发器件失效的最初始、最关键的条件或因素，例如，器件接地不当导致 ESD 损坏等。FA 的目标就是通过观察失效模式来确定失效机制，进而确定发生失效的根本原因，因此，了解芯片在设计、制造和封装过程中的失效机制是至关重要的，这有助于预防并解决潜在的性能问题。

（1）与晶体缺陷相关的失效机制

晶圆中的晶体缺陷能够对器件的参数产生影响，在极端条件下可能导致器件失效，这些参数包括少子寿命、结漏电流、BJT 中的 c-e 漏电流、MOS 栅极氧化物质量、MOS 阈值电压等。晶体缺陷（如点缺陷和位错）及电中性杂质可以形成复合中心来捕获载流子，从而导致少子寿命缩短，进一步影响器件的性能。当 pn 结中存在包含电活性金属杂质的位错时，会出现较大的漏电流，而产生的应变和位错能进一步形成复合中心，从而引发更大的漏电流。如果 pn 结的漏电流过大，可能会造成器件功耗增大、I-V 特性偏移及 DRAM 存储稳定性降低。在 BJT 中，如果 c-e 间存在位错并包含金属杂质，则基极电流将为零，在发射极形成期间，扩散可能增强这种位错，进而增大 c-e 漏电流，这意味着即使没有基极电流，c-e 漏电流也会增大。硅中的堆叠失效通常是由氧化过程中的金属污染引起的，这会增大 MOS 栅极的漏电流并降低其击穿电压，从而增大栅极的缺陷密度，同时硅中的间隙氧杂质也会引起表面出现氧沉淀，进一步降低栅极的击穿电压。MOS 管的阈值电压取决于晶圆的电阻率，电阻率变化的原因之一就是氧沉淀物导致载流子浓度的变化。

（2）与芯片相关的失效机制

通过半导体制造工艺可以在晶圆上制造出各种器件，在这一过程中可能会遇到各种失效问题，通常与缺陷、结构、环境、污染等因素有关。失效机制包括接触迁移、电迁移、栅极氧化物击穿、热载流子效应、移动离子污染、氧化物断裂、硅结节、结尖峰、电介质层击穿、ESD、EOS、慢速电荷俘获、结烧坏、金属烧坏、芯片腐蚀/划痕等。

接触迁移主要发生在相互接触的材料之间，当它们互相扩散时，可能导致金属原子（如铝）扩散到硅衬底中，有两种发生方式：Al 扩散到 Si 和 Si 扩散到 Al。如果 Al 扩散到硅衬底中的量达到一定程度，则可能会引起结尖峰，导致器件永久损坏。另外，如果 Si 原子完全穿透 Al 层，可能在金属接触中形成空隙，导致开路。此外，Si 原子还可能在表面聚集成硅结节（很多的小山丘），导致引线接合问题。为了减少 Al 的扩散，通常使用 Si 或 Cu 掺杂 Al

的方法来形成更耐相互扩散的合金，或者在 Al 层和硅衬底之间沉积金属阻挡层。

电迁移是指由于电流流过导体而导致金属原子逐渐移动，这可能导致金属线中形成空隙或小丘，从而分别导致开路和短路。

在 MOS 管中，栅氧击穿仅仅是对介电层的破坏，这是因为载流子流过沟道，由栅极进行控制，而栅极与沟道之间由氧化物隔离。栅氧击穿有时也称为栅氧断裂，通常表现为从栅极到沟道或衬底的路径变短，一般由 EOS、ESD、电介质层击穿等缺陷引起，这些缺陷可能以流动离子、杂散粒子等形式存在。

热载流子效应是由高源-漏电压和高沟道电场导致的。在这种情况下，沟道中的高能载流子加速进入漏极，与晶格原子碰撞，产生移动的电子-空穴对，其中一些被栅氧捕获，从而导致器件的阈值电压和跨导发生偏移，同时碰撞产生的过量电子-空穴对会增大衬底电流，破坏载流子的平衡，从而出现闩锁效应。

3．失效验证

失效验证是验证样品失效的过程，是进行 FA 的前提。为了确保失效验证的准确性，最好的方法是使用 ATE 对样品进行电气测试，测试过程遵循与生产相同的标准。通过分析这些数据，可以更准确地判断出特定的失效机制，从而提高 FA 的效率。如果数据不可用，可根据失效的测试块来假设可能的失效机制和特性。在不能使用 ATE 的场景中，通常采用小型测试与曲线跟踪技术来进行失效验证和特性表征，与 ATE 形成良好的互补。

小型测试是使用各种台式设备来表征样品失效模式，这涉及激励器件并测量其响应。由于不同的测试参数需要不同的测试条件，因此在每次表征新的测试参数时都需要修改测试设置。为了进行失效验证，需要的设备包括各种电源、万用表、频率计、示波器、曲线跟踪器等，在某些情况下，还需要搭建电路来模拟实际应用。

曲线跟踪是使用曲线跟踪器（可理解为图示仪）来分析电路的电压-电流特性，可以识别引脚之间出现的异常电压-电流关系，甚至可以在管芯电路内部进行（无须连接外部引脚）。有时也会使用连接曲线跟踪器的微探针来实现与选定节点的电接触。在失效验证和 FA 的早期，曲线跟踪可以识别在输出引脚处表现出的异常电压-电流关系的电气失效。具体来说，一根探针接 DUT 的参考引脚（如 GND、$\pm V_{CC}$），而另一根探针则逐一连接到其他引脚上，以得出每个引脚的电压-电流曲线，并与标准曲线进行比较。关于电压-电流曲线的解释：$V=0$ 的垂直线表示短路，$I=0$ 的水平线表示开路，纯电阻会显示为一条直线，对角线斜率的倒数就是电阻值（$R=V/I$）。此外，曲线跟踪还是测量 pn 结的击穿电压、晶体管的 β 曲线的有效工具。

4．开封和微切片

在 FA 过程中，非破坏性技术采用无损检测方法，在正确操作情况下不会对样品造成显著的永久性变化，也不会影响其他测试。而破坏性技术则通过电气、视觉、机械、化学等方式永久性地改变样品，因此通常先进行非破坏性测试。为了更准确地表征失效模式并有效地进行 FA，在进行破坏性 FA 之前，一般需要进行开封和微切片等处理。

（1）开封（去壳）

开封的目的是打开塑封，从而直接对芯片和封装内部进行目检、电气测试和化学分析。目前，开封方法有手动化学蚀刻、喷射蚀刻、热机械开封和等离子体刻蚀等。手动化学蚀刻主要通过酸腐蚀封装表面以去除覆盖芯片的塑料，通常的做法是在封装表面挖出空腔，然后倒入加热的硝酸或硫酸，在芯片充分暴露后，用丙酮和去离子水清洗并吹干，还可以将封装浸泡在加热的硫酸中，但这会完全破坏芯片，仅用于背面裂纹的检查。喷射蚀刻是手动化学蚀刻的升级，使用自动化设备喷射加热的硝酸到去除封装的区域，其余部分被橡胶覆盖，相对可控有效。由于酸可能会腐蚀管芯的金属和其他敏感区域，有时需要热机械开封，大致流程是：加热封装，再通过机械研磨和切割，使封装上下分离，可以保留管芯但引线会被破坏。为了实现更好的选择性蚀刻，可使用等离子体刻蚀，通过塑料与气体反应来去除封装从而暴露管芯，但成本较高，时间更长。对于金属、陶瓷等气密性封装，通常使用机械去壳（如切割焊缝、拧开）的方式打开封装，以保持内部芯片和引线的完整性。

（2）微切片

微切片技术利用机械作用暴露芯片或封装的测试平面，通过重复锯切、研磨、抛光和染色等步骤，直到所需平面能够被显微镜检查和进一步分析。在进行微切片时，需要将样品封装在塑料中，以确保其具有稳定性、支撑性和保护性。微切片可以垂直于芯片或封装的表面进行，以暴露并检测其剖面，或者逐层进行水平方向的切片，以便观察每一层的情况，大致流程如下：首先制备样品，通过锯切样品减小其尺寸，清洁后安装到环氧树脂模具中，注意尽量减少测试平面所需的锯切和研磨；为了最大限度地减少气泡并提高微切片质量，树脂应使用真空浸渍工艺；固化过程应尽量不使用快速固化树脂，以防止自动修复有分层或裂纹的样品。然后，使用切割机沿着平行于测试面的平面锯切封装样品，适当的锯切可以最大限度地减小暴露测试平面所需的研磨量。接下来，在样品切割到最佳尺寸后，使用研磨纸逐层进行研磨，研磨纸的目数从小到大，每一步都应清除上一步的所有划痕，直到样品只有一个表平面。最后进行抛光，先用颗粒直径较大的金刚石研磨膏进行粗抛光，再用直径较小的氧化铝研磨膏进行细抛光，直到横截面上的刮痕全部消失。

6.6.2　非破坏性分析

非破坏 FA 采用的技术与半导体测试采用的无损检测技术类似，除了常见的光学显微镜（内/外目检），还包括 X 射线照相（用于内部成像）、气密性测试、扫描声学显微镜（用于分层检测）及 X 射线衍射（缺陷及应力分析）等。

1．X 射线照相

X 射线照相（X-Ray Radiography）的原理是材料阻挡 X 射线的能力与其密度成正比，因此，观察不同材料的传输差异，可以建立对比度的图像。由于不同成分的材料对 X 射线的阻挡效果各异，可以用来评估材料的特性，例如，铝对 X 射线是透明的，在 X 射线图像中看不到。X 射线还可以对一定厚度的材料进行扫描，检测横断平面上微小的密度差异，实现断层分析。实际上，X 射线照相就是医学中使用的 CT（电子计算机断层扫描），是最古老和最常用的医学成像技术之一，具有扫描速度快、图像清晰等特点。典型的 X 射线照相设备由灯丝产生 X 射线，再被引导到样本并透射通过样本，探测器会收集并转换为电信号，进一步放大并转换为灰度图像。新型的 X 射线系统使用微光光源、实时检测和自动操作等技术，以实现更高的分辨率和吞吐量。在半导体表征中，X 射线照相通常用于精细检查封装细节和缺陷，如引线偏移/键合、焊接错位、芯片连接空隙、封装空隙/裂纹及封装组件的定位等。

2．气密性测试

气密性测试主要用于检测气体泄漏，即检测气体是否能够在密封封装中自由进出。虽然完美的密封是无法实现的，但泄漏的程度决定了密封失效的程度，可能引起内部腐蚀及因水分导致的参数变化。为了有效地检测封装的密封性，并对受影响的材料进行适当隔离，气密性测试是必要的，它常用于检测密封封装的裂纹/不完全密封、金属壳焊接不足等问题。

气密性测试分为细检漏和粗检漏，前者用于检查封装损坏或导致小泄漏的缺陷，后者则用于检查因较大的损坏或缺陷造成的漏气。由于测试方法不同，两者不能互相取代，也不能单独进行，一般是先粗检漏再细检漏。在细检漏方法中，氦示踪气体法应用得最广泛，其步骤如下：（1）抽真空，去除封装内及表面的气体或水分残留；（2）在压力下将封装放入氦气中，使氦原子进入封装内；（3）在真空下精确测量氦的泄漏率。由于氦气在空气中的含量少、运动速度快、质量小且为惰性气体，不易吸附，因此具有高灵敏度和高检测效率。氟碳检漏测试是最常用的粗检漏技术之一，其步骤如下：（1）抽真空，去除封装内及表面的气体或水分残留；（2）在压力下将封装放入氟碳液体中；（3）当封装浸入加热的透明氟碳液体时，对其进行目检，如看到气泡冒出，表明存在严重的泄漏失效。此外，还有一种染料渗透试验可以应用于识别封装内密封失效的泄漏路径，其步骤如下：（1）将样品浸入荧光染料中；（2）在压力下将封装放入染料溶液中并持续数小时；（3）用丙酮漂洗样品，然后进行空气干燥；（4）在紫外线灯下对样品进行目检，染料痕迹就是泄漏点。

3．扫描声学显微镜

扫描声学显微镜（Scanning Acoustic Microscope，SAM）检测又称超声波无损检测，是通过向样品发射超声波来工作的，在超声波经过不同材料界面时，由于样品对超声波的吸收和反射程度不同，因此可以通过采集回波信息的变化来反映样品的内部结构。在半导体工业中，该技术主要用于非破坏性检测封装内部界面的剥离或分层，如管芯、塑封材料、管芯连接材料等，尤其适用于检查不透明材料的内部结构。

典型的 SAM 可以采用脉冲回波或透射检测来扫描，前者用于检测封装发回的回波，而后者用于检测穿过封装后的声波。超声波换能器产生的频率范围为 5kHz～150MHz，由于声波在该频率下不能通过空气传播，因此需要通过介质或耦合剂（如去离子水、酒精）传播到样品。超声波的传递要求介质是连续的，当超声波穿过样品时，分层、裂纹、气孔和缺陷等不连续界面会影响信号传播，其中一部分会被反射回来，来自同一个脉冲的回波不会干扰另一个脉冲，可以使用相同的超声波换能器接收声波，回波被转换为电压，经放大、数字化后形成二维图像。超声波穿过材料时还会被散射，通过检测散射的方向并测量飞行时间（Time Of Flight，TOF），可以确定边界和物体及其距离。SAM 有多种扫描模式，其中 C 扫描模式聚焦平面上的反射回波，能够提取特定深度的信息并逐点扫描建立三维图像，因此应用得最广泛。

SAM 可以检测的失效机制包括内部裂纹、芯片连接空隙、塑封到芯片分层、塑封到芯片连接分层、塑封到引线框分层等，其中，内部裂纹可能会导致严重的可靠性问题，必须及时解决。

4．X 射线衍射（X-Ray Diffraction，XRD）

XRD 是一种将单色 X 射线入射到晶体的技术，由于晶体是由原子规则排列而成的，原子间距离与入射 X 射线的波长有相同的数量级，因此在某些方向上产生强烈的衍射，衍射线分布规律由晶胞大小、形状和位向决定，即满足布拉格方程

$$2d \sin\theta = n\lambda \tag{6-35}$$

式中，θ 为入射角，d 为晶面间距，n 为衍射级数，λ 为入射线的波长。2θ 为衍射角，如图 6-15 所示，通过将材料特有的衍射图案与标准图案对比，可以确认材料存在的物相。此外，由于衍射强度取决于原子种类及其在晶胞中的位置，因此可以确定材料中各相的含量。

　　X 射线的衍射峰的宽度和晶粒尺寸有关，晶粒越小，其衍射线将变得越弥散而宽化。谢乐公式描述了晶粒尺寸与衍射峰半峰宽之间的关系（线宽法），如下

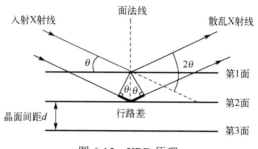

图 6-15　XRD 原理

$$D = \frac{K\lambda}{\beta \cos\theta} \tag{6-36}$$

式中，K 为谢乐（Scherrer）常数，β 为衍射峰半宽高，通过该公式可计算出晶粒的平均尺寸。

　　此外，XRD 还可以通过分析晶面间距的变化来得到材料的应力信息，并采用劳埃法测定单晶取向，从而进一步获得晶体内部的微观结构，高分辨率的 XRD 还能够确定多层结构的结构参数、缺陷密度等信息。总之，XRD 具有设备简单、无须制样和无损伤等特点，是研究半导体材料与器件的重要工具。

6.6.3　破坏性分析

　　破坏性分析是在开封和微切片之后进行的，且不受无损检测的束缚，可以使用多种表征技术对半导体器件及封装进行全面的检测，包括缺陷检测、成像、成分和化学分析及其他方面。

1. 缺陷检测

（1）热点检测

　　热点检测也称为显微热成像，是一种基于液晶的热成像技术，用于定位芯片表面的热点区域。这些热点表示高电流的存在，这可能是由管芯缺陷或异常引起的，可以用于检测介电短路或击穿、金属化短路、结漏电、移动离子污染等。在检测过程中，高敏感度的液晶被滴在芯片表面，液晶通常存在两种液晶相：各向同性相和向列相。在低温下，液晶呈现固态，外观为乳白色，并表现出与晶体结构类似的光学性质，即向列相，其中长分子的松散排列具有扭曲光线的特性；在较高温度（超过清亮点温度）下，液晶变为透明液体，其长分子排列倾向于均匀分布，即各向同性相，此时不具有独特的光学特性。通过光源和偏振滤光片的显

微镜，可以观察到两种液晶薄膜的显著差异：向列相薄膜会扭曲光线，克服交叉偏振的阻碍，使得光反射呈现彩虹色；相反，热点会导致液晶温度升高，变为各向同性薄膜，其表面反射的光被交叉偏振光挡住，呈现黑色，调整偏振滤光片就可以得到最佳的对比度。为改变液晶的视觉特性，器件需加偏置以产生所需的热量，并确保缺陷处能传导足够的电流。偏置通常采用脉冲或振荡的电流，既可以加热热点处的液晶，又不会因电压过高而使整个液晶变暗。在定位热点后，可以直接洗掉液晶。

热点检测可以轻易检测到 1mW 的热点源，但需要注意的是，芯片上出现的热点位置并不一定表示实际的故障部位，一些热点只是被迫传导的高电流，异常来自器件或电路的其他部分，因此为了得出正确的结论，需要将热点检测与其他 FA 技术相结合。

（2）电子束感应电流

电子束感应电流（Electron Beam-Induced Current，EBIC）技术是指利用电子束在样品中激发感应电流，进而生成图像并描述样品的特征，如定位 pn 结、识别局部缺陷及掺杂非均匀性等。EBIC 技术收集的电流（nA 或 μA 量级）是样品吸收电子束电流（pA 量级）的几千倍。此外，EBIC 技术无须消除钝化层，也不需要电源，可以与 SEM 集成在一起，被广泛应用在工业检测领域。其工作原理如下：当电子束穿透半导体时，它会在无电场条件下冲击电子和空穴，使其产生移动并重新复合；然而，如果半导体器件内存在电场，电子和空穴的移动受到影响，被分离并被扫到不同的区域。只要与样品有适当的电接触，就能收集、放大和分析这些电子与空穴的运动，从而将这些载流子的变化显示为图像。

EBIC 技术通常不适用于检测 MOS 器件及电路，这是因为栅氧容易捕获电子束注入的电荷，导致陷阱电荷的形成，进而产生寄生 MOS 或 ESD，使得漏电流增大到器件失效的程度。在存在缺陷的 pn 结区域，电子和空穴的复合会增强，从而减小 EBIC 技术可以收集的电流，导致图像中的缺陷区域比没有缺陷的区域更暗，使得 EBIC 技术能够用于检测表面以下的损伤部位。由于 EBIC 信号主要来自扩散层且对复合非常敏感，因此非常适用于检测寄生 pn 结、掺杂层及导致集电极漏电流的 c-e 通道等。此外，EBIC 技术还可以测量耗尽层宽度和少子寿命，并确定 ESD、EOS 故障点。

（3）光束感应电流

随着微电子技术的不断发展，结深的增大和结构复杂度的提高使得利用红外特性的光束感应电流（Optical Beam Induced Current，OBIC）技术日益受到重视。OBIC 技术使用超快激光束扫描半导体样品表面，并依赖单光子吸收（仅涉及单光子激发）传递能量，能够克服半导体带隙（如硅的 1.2eV），为电子提供足够的能量，使其跃迁至导带，从而产生感应电流。由于短波长的光子具有更高的能量，激光束扫描样品时产生的电流变化转换为图像对比度变化，从而形成 OBIC 图像。OBIC 技术主要用于定位和识别半导体样品上的各种缺陷或异常，包括 pn 结的复合中心、MOS 的缺陷位置、层间短路、闩锁结构等，还可以确认 BJT 的工作状态。但是，半导体器件上表面通常是由多层金属和其他材料构成的，其透射不均匀，使得光很难均匀穿透至半导体本身，这限制了 OBIC 的广泛使用。若从背面照射，还需要考虑衬底吸收光产生的电子，平衡两者的波长范围会降低 OBIC 的空间分辨率，难以实现亚微米以下的测试。这种局限性可以通过双光子吸收来克服，双光子吸收是一种非线性的吸收形式，两个光子同时到达样品，每个光子能量都必须小于半导体的带隙，但大于带隙的一半，可以相干地激发电子，产生的电流与光强的平方成正比，对于聚焦区域之外的成像非常有效，这种方法称为双光子 OBIC。

（4）光发射显微镜

在器件工作时，由于载流子复合，因此某些缺陷会发光，这在正常器件中是不会出现的，光发射显微镜（Photo/Light Emission Microscopy，LEM）就用于检测缺陷部位的发光。由于缺陷发光效率非常低，肉眼无法观察，需要借助图像增强技术放大缺陷部位的光发射，进而获得辐射图像，再与芯片图像重叠就可以精确定位缺陷位置。此外，某些缺陷能使正常的晶体管达到饱和而实现发光，需要补充微探针、高功率检测等技术来确认异常光发射的物理异常，主要用于检测硅化物介质层的电致发光、结击穿、结缺陷、MOS 饱和电流、晶体管热电子效应等引起的雪崩发光，以及其他未知的电致发光。

2. 成像

（1）透射电子显微镜

透射电子显微镜（Transmission Electron Microscope，TEM）技术是一种用于分析样品形态、晶体结构及成分的技术。与 SEM 收集发射电子的方式不同，TEM 利用经过透镜和孔聚焦的极细相干电子束撞击样品。对于晶体材料，入射电子会受到样品的衍射，衍射强度因样品的密度和厚度而局部变化，从而转换为图像对比度；对于无定形材料，电子穿过样品时，内部的化学和物理差异会导致电子散射的变化，进而产生图像对比。TEM 的空间分辨率远超 SEM 的空间分辨率，其电子束波长与加速电压的平方根成反比，因此，在 80～300kV 加速电压下，TEM 可以实现原子尺度的测量。需要注意的是，TEM 对样品厚度有严格要求，样品制备将直接决定图像质量。

（2）聚焦离子束

聚焦离子束（Focused Ion Beam，FIB）技术的工作原理与 SEM 类似，独特之处在于它使用的是精细聚焦的镓离子束，当此离子束扫描材料表面时，会激发产生二次离子、原子和二次电子等信号，这些信号被搜集并分析，从而形成具有高分辨率的图像。在 FIB 技术中，离子束撞击样品表面的能量是一个关键参数，能量越高，从表面溅射出的材料就越多。因此，在显微镜应用中，为了保护样品的完整性，通常使用低能量的离子束。而在需要高精度铣削或切片芯片特定区域时，则采用高能量的离子束。此外，FIB 通常与 SEM、TEM 组成系统使用，既可以通过控制离子束从表面剥离或溅射，也可以与化学气体反应相结合，实现沉积氧化硅、金属层及进行选择性刻蚀，是微纳级表面形貌加工的重要技术。

（3）扫描隧道显微镜

扫描隧道显微镜（Scanning Tunneling Microscopy，STM）技术是一种非光学的超高分辨率成像技术，能够获得原子级的导电表面图像，甚至能够实现对单个原子的精确操控，是表面物理和化学研究中最重要的工具之一。STM 与 AFM 类似，工作原理是基于量子力学中的隧穿效应，当尖端和样品表面之间只有几埃到几纳米的距离时，在两端施加偏压会导致极小的隧穿电流（nA 量级）流动，这种电流的大小与尖端和样品表面之间的距离呈指数关系，从而能够将微小的空间变化转换为可检测的电流信号，最终精确地绘制样品表面的形貌。STM 有两种工作模式：恒高模式和恒流模式。前者是尖端高度保持不变，而尖端与样品表面的距离发生变化，导致隧道电流变化，但这种模式容易损坏尖端和样品；后者是保持隧道电流恒定，即尖端和样品表面之间的距离保持不变，从而获得样品表面的信息。STM 技术使用压电管控制尖端的位置，并通过反馈系统保持尖端与样品的距离稳定，从而得到高质量灰度图像，其中凸起呈现白色，凹陷呈现黑色。由于使用隧穿电流成像，因此 STM 一般不用于非导电样品的表征，尽管可以采用喷金等方式解决，但可能会掩盖某些特性，分辨率也会降低。

在半导体工业中，STM 通常在高真空环境下使用，以防止样品氧化和污染，可用于分析表面缺陷、显示沉积的形态、测量表面粗糙度，并可用于研究电荷机制。

3. 成分和化学分析

（1）二次离子质谱

二次离子质谱（Secondary Ion Mass Spectroscopy，SIMS）能够分析几乎所有真空下稳定的固体物质，并识别其中的所有元素，其检测限可达 ppb（浓度单位，表示十亿分之一）级，包括浓度很低的半导体掺杂，并能探测从几埃到微米深度的元素分布。该技术通过高能离子束轰击材料使原子被溅射出来，其中一小部分是带正电或带负电的离子形式，即二次离子，收集并通过质谱法进行分析，从而提供有关样品成分及定量的信息，通过分析原子的质量可以识别存在的元素。SIMS 具有局部破坏性，其溅射产率受多种因素的影响，包括样品的材料、晶区及一次离子束的性质、能量和入射角等，因此需要选择合适的一次离子束来提高灵敏度，通常氧原子用于溅射正电元素或电离电位较低的元素（如 Na、B 和 Al 等），而铯原子用于从负电元素（C、O 和 As 等）中溅射负离子。后者作为液态金属可以提供更小的光束直径，使其更适合高分辨率的工作，但灵敏度可能受到一定的影响。

根据扫描方式的不同，SIMS 可分为 S-SIMS（静态 SIMS）和 D-SIMS（动态 SIMS）两种模式。前者在低束流密度下对材料进行轰击，从而保证只有单层原子被激发，可以达到超高的分辨率，适用于有机物分析。通过与 TOF 探测器配合使用，可以实现极高灵敏度的表面分析；此外，只有长时间的样品溅射才能让二次离子从较深的区域逸出，通过检测二次离子发射与溅射时间的关系，可以进行一定深度下的成分分析。后者采用高能量、高密度的离子束流对材料进行逐层剥离，并同时检测不同深度的二次离子信息，可以实现测试元素在空间中的分布，但其破坏性较大，给绝缘体的测试带来困难，主要用于无机样品的深度剖析、痕量杂质鉴定（如掺杂）等领域。

（2）激光电离质谱

激光电离质谱（Laser Ionization Mass Spectrometry，LIMS）技术是一种简单快速、高元素灵敏度、宽分析范围及非破坏性成分分析的技术，特别适用于分析大块材料及吸附在衬底上的材料。其工作原理是使用聚焦高功率密度激光束照射样品表面，材料被加热、熔化并气化成高能量密度的原子态物质，之后这些原子或分子吸收激光能量发生电离，这一过程就是激光脱附。根据辐照能量的不同，激光脱附分为激光解吸和激光电离。前者的辐照能量较小，适用于分析样品表面或吸附在样品表面的物质，后者的辐照能量较大，适用于大部分样品的分析。在离子从样品中脱离后，使用 TOF 质谱仪对离子进行分析，即通过离子穿过高真空区域的渡越时间（已知的电场加速）来量化离子的质量。LIMS 技术主要用于导体和绝缘体材料的微观分析、薄膜表面分析，以及污染及吸附物的检测。

（3）色谱法

色谱法是一种将化学物质的混合物分离成其各组成部分的方法，以便进行准确识别，它利用不同分析物在固定相和流动相之间的分配平衡差异进行分离。色谱法的核心是使含有分析物的溶液（作为流动相，也称为载液或洗脱液）流过吸附剂。在这个过程中，分析物会被吸附在固体材料上（也称为固定相或吸附剂）。由于不同的分析物对吸附剂具有不同的黏附强度，因此它们在吸附剂中移动不同的距离，黏附力较弱的组分的移动速度更快，黏附力较强的组分的移动速度更慢，这种差异使得分析物的各种成分有效分离；随后，分离的组分从吸附剂中洗脱出来，并在不同时间从吸附剂中出现；最后对这些组分进行检测和分析，并确定其性质，如折射率、紫外线吸收率或电导率。

色谱法通常使用分析柱进行分离，如果内部是固定相的颗粒状填充，就是填充床，如果内部中空，固定相是内壁上的膜或层，就是开放柱。根据分离原理，色谱法可分为气相法、液相法和离子交换法等。在气相法中，流动相通常是惰性气体，待分析的样品被蒸发注入柱，通过流动相的流动将其输送到分析柱进行分离。在液相法中，流动相通常是低黏度的液体，流过填充床进行分离，填充床可以是多孔载体和吸附剂等。在离子交换法中，柱的固定相填料通常由含有离子交换树脂的小直径惰性聚合物颗粒组成，可以进行 ppb 级定量分析。由于离子污染是腐蚀的主要来源，因此离子色谱法被广泛应用于半导体行业，尤其是在识别导致产量、质量和可靠性问题的污染物方面。

4．其他

（1）微探针

在 FA 之前，需要通过原理图和版图来确定关键节点，然后进行失效隔离。这一过程通常采用等离子体刻蚀去除芯片上表面的覆盖物，或利用激光精确地形成开口，接下来使用激光切割金属线以隔离各节点，从而精确地定位失效位置。如果需要检测芯片上的异常电压和/或电流，这就是电学隔离，需要电气测试设备来施加激励信号并测量电流和电压，而微探针（Microprobing）是实现与管芯中有源电路电接触的关键技术，是通过将探针尖直接置于测试点或与测试点连接的区域来实现电接触的，探针的尺寸根据电触点和探测面积的大小来选择，同时探针还有软、硬之分，通常使用硬探针，而软探针对样品的损伤小，多用于修调后测试。实际上，微探针在微观分析管芯电路关键位置的过程中发挥着重要的作用，通过手动或自动控制可以定位测试区域，选择探测点、施加正确的压力以实现良好的电接触等，这些操作需要丰富的经验，是 FA 技术不可或缺的一部分。

随着半导体器件、芯片结构的日益复杂化，FA 面临着越来越大的挑战。以 OBIC 为代表的静态光学隔离技术和激光电压成像、动态光子发射等动态光学隔离技术受到更多的关注。通过将这些光学技术与其他 FA 技术相结合，研究人员能够更精确地分析器件性能并定位导致失效的关键缺陷。

（2）残余气体分析

残余气体分析（Residual Gas Analysis，RGA）是一种用于识别真空环境中气体的分析技术，其工作原理是在被分析的气体样品中产生离子束，并利用在电场或磁场中运动离子发生的偏转，从而将不同的离子按质荷比进行分离。典型的 RGA 有电离器、质量分析仪和离子检测器三部分。电离器使用热发射灯丝产生电子束撞击气体原子使其电离，RGA 系统通常需要在高真空下工作；质量分析仪根据气体中的离子质量进行区分，包括飞行时间、四极杆、离子阱、回旋共振等，其中四极杆质量分析仪应用得最为广泛，它将四根杆分为两对，通过施加射频反相交变电压将具有特定质荷比的离子引导至收集器。离子检测器用于测量不同质量离子的电流或计数率，从而确定它们的相对丰度或浓度，根据需求不同可选灵敏度较低的法拉第杯或灵敏度较高的电子倍增器。RGA 的输出结果是一张质谱图，其显示了气体中各种物质的相对强度，可以识别出气体的成分。在半导体行业中，RGA 被广泛用于识别气体、蒸汽或残留物，包括在真空系统中修复泄漏产生的残留物，以及导致工艺问题和产品失效的污染物等，例如，通过分析密封封装内的残余气体，可以确定芯片腐蚀的原因。

（3）元素分析

俄歇发射光谱（Auger Electron Spectroscopy，AES）又称为俄歇电子能谱，是一种用于识别样品表面元素的技术。其工作原理如下：电子（第一个）在高能电子束的轰击下从其原子内壳层（如 K 能级）被电离出来，来自同一原子较高能级（如 L1 能级）的另一个电子（第二个）会填补这个空位，并释放能量；第二个电子的能量转移，可能导致同一原子中另一个能级（如 L2 能级）的电子（第三个）被电离出来，该电子就是俄歇电子，也就是说，俄歇过程涉及至少三个电子的状态变化，所以 AES 无法检测氢原子和氦原子。由于每个俄歇电子的能量对于所来自的原子而言都是独一无二的，因此可以实现元素识别。俄歇电子从样品中逸出不能损失太多能量，检测深度一般小于 50Å，主要提供样品表面的成分信息，更深的位置需要采用 FIB 等方式挖出一个凹坑才能精确测试；AES 的横向分辨率较好，能够对小于 1μm 的区域进行分析，配合 FIB 和光栅扫描，还可以建立元素分布的三维图。在半导体工业中，AES 可以用于表面污染物的识别、薄氧化层及掺杂浓度检测、腐蚀分析等，但由于使用电子束，因此不适用于有机材料检测。

能量色散 X 射线谱（Energy Dispersive X-ray Spectrocopy，EDX），是另一种用于识别样品元素的技术，通常与 SEM 集成。其工作原理是：样品受到电子束的轰击，电子与样品的原子发生碰撞导致内层电子被电离，外层电子跃迁至内层空位时释放出具有特征能量的 X 射线。由于跃迁电子释放的能量取决于它从哪个壳层跃迁来和跃迁到哪个壳层，每个元素的原子在跃迁过程中释放出具有独特能量的 X 射线，所以通过测量样品在电子束轰击过程中释放的 X 射线能量，就可以确定原子的"身份"。通过测量特征 X 射线的能量，EDX 光谱图能显示样品中的不同元素，每个元素的峰高代表其在样品中的相对含量，峰越高，表示含量越大。在半导体工业中，该技术主要用于无机污染、元素组成等检测领域。

FA 还有 SEM 电压对比（Voltage Contrast，VC）、X 射线荧光（X-Ray Fluorescence，XRF）、中子活化分析（Neutron Activation Analysis，NAA）等，这里就不一一介绍了。

6.7　思考题和习题 6

1．晶圆分选机进行光学、电学、化学表征时，主要测试晶圆的哪些参数？可以使用哪些表征技术？

2．在半导体器件制造过程中，晶圆需要经过掺杂、薄膜沉积、图形化及互连等步骤，主要测试晶圆的哪些参数？可以使用哪些表征技术？

3．为有效控制半导体器件制造的良率及成本，通常采用逐一检测或批次抽检等方式进行可接受测试，工程测试中应如何选择？采用的表征技术有何不同？

4．晶圆或芯片的电学参数检测通常使用 ATE 进行 CP、WAT 和 FT，三者有什么区别？分别测量哪些参数？

5．HALT、HASS 和 HASA 是半导体工业中标准的可靠性测试方法，三者有什么区别？

6．在管芯失效、管芯破裂和封装破裂等模式下，失效分析有不同的流程，请尝试写出。

7．半导体表征和测量在半导体产业链中发挥至关重要的作用，请写出设计、制造、封装过程中涉及的测试环节。

8．半导体工程测试包括原位测试、离线测试、在线测试等，请简述三者有何不同，以及主要涉及哪些表征技术。

9．半导体器件在研发阶段、试生产阶段、量产阶段所需的表征技术和测试方法有着明显的区别，请尝试分析。

10．对于一维、二维和三维材料或器件，需要测试的参数和使用的表征技术存在差异，请尝试分析。

11．光学技术、电子束技术和 X 射线技术是半导体测试中的重要表征手段，请列举常见的表征方法及其主要测量参数。

12．对于半导体器件的分析，可以采用光学、电学、力学、热学及分析化学等测试方法，请写出常见的表征技术。

13．为了提高集成电路的测试效率，需要根据故障模型进行 DFT 设计，请简述常见的 DFT 设计方法和基本原理。

14．自动光学检测可以大幅提高半导体缺陷的检测效率，请简述检测流程和关键技术。

15．材料的电阻率、掺杂浓度和少子寿命等决定着半导体器件的性能，请简述相关参数的表征技术。

16．预测半导体芯片质量和可靠性，可使用成品率模型和寿命分布模型，请简述两者之间有何区别，以及常见的模型。

17．请简述 ATE 测试的主要参数。

参 考 文 献

[1] 刘恩科，朱秉升，罗晋生，等. 半导体物理学[M]. 7 版. 北京：电子工业出版社，2014.

[2] DANAID A. NEAMEN. 半导体物理与器件[M]. 赵毅强，姚素英，解晓东，译. 北京：电子工业出版社，2008.

[3] JOSEDF LUTZ, HEINRICH SCHLANGENOTTO, UWE SCHEUERMANN, 等. 功率半导体器件——原理、特性和可靠性[M]. 卞抗，杨莺，刘静，译. 北京：机械工业出版社，2013.

[4] 陈星弼. 微电子器件[M]. 4 版. 北京：电子工业出版社，2018.

[5] 刘树林，商世广，柴常春，等. 半导体器件物理[M]. 2 版. 北京：电子工业出版社，2015.

[6] 曹培栋. 微电子技术基础——双极、场效应晶体管原理[M]. 北京：电子工业出版社，2001.

[7] 施敏. 现代半导体器件物理[M]. 北京：科学出版社，2002.

[8] 杨建红. 固体电子器件[M]. 5 版. 兰州：兰州大学出版社，2005.

[9] 张屏英，周佑谟. 晶体管原理[M]. 上海：上海科学技术出版社，2002.

[10] 上海科技大学半导体器件教研组. 晶体管原理[M]. 上海：上海科学技术出版社，1978.

[11] 秦海鸿，赵朝会，荀倩，等. 碳化硅电力电子器件原理与应用[M]. 北京：北京航空航天大学出版社，2020.

[12] B. Jayant Baliga. 功率半导体器件基础[M]. 韩郑生，陆江，宋李梅，译. 北京：电子工业出版社，2013.

[13] 许振嘉. 半导体的检测与分析[M]. 2 版. 北京：科学出版社，2007.

[14] 张永刚，顾溢，马英料. 半导体光谱测试方法与技术[M]. 北京：科学出版社，2007.

[15] 雷绍充，邵志标，梁峰. 超大规模集成电路测试[M]. 北京：电子工业出版社，2008.

[16] MURAKAMI H, NOMURA K, GOTO K, et al. Homoepitaxial growth of β-Ga$_2$O$_3$ layers by halide vapor phase epitaxy[J]. Applied Physics Express, 2014, 8(1): 015503.

[17] CHA A, BANG S, RHO H, et al. Effects of nanoepitaxial lateral overgrowth on growth of α-Ga$_2$O$_3$ by halide vapor phase epitaxy[J]. Applied Physics Letters, 2019, 115(9):091605.

[18] JEONG Y J, PARK J H, YEOM M J, et al. Heteroepitaxial α-Ga$_2$O$_3$ MOSFETs with a 2.3kV breakdown voltage grown by halide vapor-phase epitaxy[J]. Applied Physics Express, 2022, 15(7): 074001.

[19] MAZZOLINI P, FALKENSTEIN A, GALAZKA Z, et al. Offcut-related step-flow and growth rate enhancement during (100) beta-Ga$_2$O$_3$ homoepitaxy by metal-exchange catalyzed molecular beam epitaxy (MEXCAT-MBE)[J]. Applied Physics Letters, 2020, 117(22): 1-6.

[20] DIETER K, SCHRODER. Semiconductor material and device characterization[M]. 3rd ed. New York: Wiley-Interscience, 2006.

[21] MICHAEL L B, VISHWANI D A. Essentials of electronic testing for digital, memory & mixed-signal VLSI circuits[M]. New York: Springer, 2002.

[22] ZAINALABEDIN N. Digital system test and testable design using HDL models and architectures[M]. New York: Springer, 2011.

[23] MANIJEH R. Fundamentals of solid state engineering[M]. New York: Kluwer Academic, 2002.

[24] BARDELLI L, POGGI G, PASQUALI G, et al. A method for non-destructive resistivity mapping in silicon

detectors[J]. Nuclear Instruments and Methods in Physics Research A, 2009, 602: 501-505.

[25] JERZY K. Contactless methods of conductivity and sheet resistance measurement for semiconductors, conductors and superconductors[J]. Measurement Science and Technology, 2013, 24: 062001.

[26] CHOON BENG S. Characterization of micro-bumps for 3DIC wafer acceptance tests, Mar 18-21, 2019[C]. New York: IEEE.

[27] LIANG-CHIA C, DAE WOOK K, XIUGUO C, et al. An insight into optical metrology in manufacturing[J]. Measurement Science and Technology, 2021, 32(4): 042003.

[28] KOJI N. Electron microscopy in semiconductor inspection[J]. Measurement Science and Technology, 2021, 32: 052003.

[29] MIRA N, SATYAJIT D, JOHN G, et al. Sheet resistance measurements of conductive thin films: a comparison of techniques[J]. Electronics. 2021, 10: 960.

[30] GAUBAS E, SIMOEN E, VANHELLEMONT J. Carrier lifetime spectroscopy for defect characterization in semiconductor materials and devices[J]. ECS Journal of Solid State Science and Technology, 2016, 5: 3108-3137.

[31] KJELL J. G ÅSVIK. Optical metrology[M].3rd ed. New York: John Wiley & Sons, Ltd., 2002.

[32] MA J, TAO Z, YONG C, et al. Review of wafer surface defect detection methods[J]. Electronics, 2023, 12(18): 1787.

[33] SHEN Y, REN J, HUANG N, et al. Surface form inspection with contact coordinate measurement: a review[J]. International Journal of Extreme Manufacturing, 2023, 5(2): 022006.

[34] CAO W, BU H, VINET M, et al. The future transistors[J]. Nature,2023, 620(7974): 501-515.

[35] 温德通. 集成电路制造工艺与工程应用[M]. 北京：机械工业出版社，2007.

[36] 卢荣胜，吴昂，张腾达，等. 自动光学（视觉）检测技术及其在缺陷检测中的应用综述[J].光学学报，2018，38（8）：0815002.

[37] 周春兰，王文静. 晶体硅太阳电池少子寿命测试方法[J]. 中国测试技术，2007（33）：25-31.